市政工程识图与制图

主 审：边喜龙
主 编：于景洋 郑福珍 毕 铁
副主编：刘 冰 丛 波 张海棚

内 容 提 要

本书主要介绍了建筑工程图纸的投影原理与绘制方法，轴测投影图的识读与绘制方法，以项目案例展示了建筑施工图、室内给排水工程施工图、室内供暖工程施工图、通风空调工程施工图、市政给排水管道工程施工图和道路工程施工图的识读、绘制过程和方法。

本书力求浅入深出，以项目为载体、任务为引领，较为鲜明地体现了职业教育的特点，带领读者分析各类工程施工图的识读与绘制，同时在学习内容中加入了习题、作业、图纸等网络资源，为读者提供了自主学习空间和扩展资源。

本书既可作为给排水工程技术专业、供热通风与空调工程技术专业、建筑设备专业和市政工程技术专业等工程类专业识图与制图课程的教学用书，也可作为建设单位、施工单位、监理单位的施工员、造价员、质检员、安全员、监理员的培训用书和从事建筑工程和市政工程的技术人员的自学用书。

图书在版编目(CIP)数据

市政工程识图与制图/于景洋，郑福珍，毕轶主编
．—哈尔滨：哈尔滨工业大学出版社，2022.5(2024.8 重印)
ISBN 978-7-5603-7009-5

Ⅰ.①市… Ⅱ.①于… ②郑… ③毕… Ⅲ.①市政工程-工程制图-识图 Ⅳ.①TU99

中国版本图书馆 CIP 数据核字(2022)第 084242 号

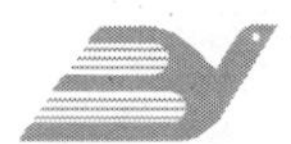

HITPYWGZS@163.COM
艳|文|工|作|室 13936171227

策划编辑 李艳文 范业婷
责任编辑 范业婷 李佳莹
出版发行 哈尔滨工业大学出版社
社 址 哈尔滨市南岗区复华四道街 10 号 邮编 150006
传 真 0451-86414749
网 址 http://hitpress.hit.edu.cn
印 刷 哈尔滨圣铂印刷有限公司
开 本 787 毫米×1 092 毫米 1/16 印张 18.75 字数 456 千字
版 次 2022 年 5 月第 1 版 2024 年 8 月第 3 次印刷
书 号 ISBN 978-7-5603-7009-5
定 价 58.00 元

序

近年来，我国的职业教育取得了伟大的成就，保障了现代职业教育体系结构的良性运转，培养了大规模的职业教育研究队伍，逐步实现了职业教育社会地位的提高，创新了灵活多样的职业教育培养模式，增强了职业教育的适应性。

面向未来，职业教育要继续取得长足的发展，一要聚焦重点，更新观念，要坚持以习近平新时代中国特色社会主义思想为引领，坚持立德树人，树立科学的职业教育发展观。二要优化专业结构，加强专业设置与产业布局的适配性。高职院校专业设置应与产业相结合、相适应，学校要充分发挥办学自主权，灵活设置新专业。三要深化“三教”改革，推进“课堂革命”，通过“教师革命”“教材革命”“教法革命”增强教育适应性。

“三教”改革中，教师是根本，教材是基础，教法是途径。“三教”改革的落脚点是教材，教材是高职院校课程建设与教学内容改革的载体，也是融合企业元素与教育元素的直观载体。2020 年 1 月，国家教材委员会印发的《全国大中小学教材建设规划（2019—2022 年）》明确指出：职业教育教材关键是体现“新、实”，反映新知识、新技术、新工艺、新方法，及时编修，提升服务国家产业发展能力，同时解决“多而少优”的问题。职业教育的教材应该去繁就简，侧重于实际工程项目，又不失于理论基础。

随着产业发展日新月异，新技术、新规范、新工艺快速发展与更新，职业院校学生需要具备的知识、技能、素质等要求越来越高。在这样的环境下，职业院校教材如何甄选知识点？专业知识、技能、职业素养的培养应该怎样在教材中呈现？如何更有效地激发学习兴趣、提高学习能力？这些都已成为职业院校教材需要关注的问题。

“市政工程识图与制图”是高职院校市政工程类专业基础课程，以帮助学生构建完整的专业知识体系为教学目标，使学生对课程及由课程拓展的专业能力有系统全面的认知。作为高职院校市政工程重要的基础课程，识图与制图课程是培养学生工程图纸识读能力，使其熟练掌握制图软件操作的重要环节，也是培育学生养成良好识图制图习惯，提升其综合职业素养的重要课程。本教材的编写坚持正确的政治方向和价值导向，遵循教材建设规律、职业教育教学规律和技术技能人才成长规律，依据职业教育国家教学标准体系，结合作者多年来丰富的教学经验，邀请设计单位、施工单位、管理单位的专家参与，以工程项目为载体，联系市政工程实践。让学习者较清楚地了解工程图纸的形式和表达内容，同时教材配备了大量网络资源，重点突出识图环节、绘图方法，引导学习者提升自学能力，满足专业实用性，对提升市政工程识图与制图课程教学质量具有重要的现实意义。

编　者

2022 年 3 月

前　言

“市政工程识图与制图”是高职院校市政工程类专业基础课程，本书为适应“专业群”理念，从职业分类和职业能力角度出发，为满足企业岗位的多专业识图人才需求，纳入新技术、新工艺、新规范，配套信息化资源，引入典型工程案例。通过内容和形式的创新，本书更符合时代要求，接近工程实际。

本书共9章，涵盖了建筑工程、市政工程、建筑设备工程中基本的识图和绘图方法与技巧，突出实践性和应用性，构建了以项目为载体、工作过程系统化的工学结合型教材，层次分明地介绍了识读图纸、绘制图纸的方法和技巧，突出了职业教育的特色。

本书由多年从事高职教育教学和从事相关工程的设计单位、施工单位、管理单位人员合作编写，由黑龙江建筑职业技术学院于景洋、郑福珍、毕轶担任主编，哈尔滨市给水工程规划设计院有限责任公司刘冰、丛波，黑龙江省新时代市政环保工程有限公司张海棚担任副主编，黑龙江建筑职业技术学院教师袁忠文、刘仁涛、郭启臣、沈义、王策、付莹、栗海舰，吉林省吉林轻工业设计院有限公司宋学丹，哈尔滨供水集团有限责任公司于雷，铁力市水务局齐方业，共同参与了本书的编写。

本书编写分工为：第1章由袁忠文编写，第2章由袁忠文、刘仁涛编写，第3章由郭启臣、于雷编写，第4章由沈义、王策编写，第5章由于景洋、宋学丹、栗海舰编写，第6章由郑福珍编写，第7章由付莹、毕轶编写，第8章由刘冰、丛波编写，第9章由张海棚、齐方业编写。

本书既可作为给排水工程技术专业、供热通风与空调工程技术专业、建筑设备专业和市政工程技术专业等工程类专业识图与制图课程的教学用书，也可作为建设单位、施工单位、监理单位的施工员、造价员、质检员、安全员、监理员的培训用书和从事建筑工程和市政工程的技术人员的自学用书。

本书编写过程中参考了大量文献和工程设计、施工成果，在此一并感谢！

由于编者水平有限，加之时间仓促，疏漏之处在所难免，恳请读者多提宝贵意见。

编　者

2022年3月

目　　录

第1章　识读建筑投影体系

本章主要介绍投影的基本知识，利用光－物体－影子的关系分析物体的投影。通过识读点、线、面的三面投影图，使读者掌握投影规律。通过识读剖面、断面图，培养读者识读工程图纸的能力。

1.1　三面投影体系

如图1.1所示为三个不同形状的空间物体在V面的投影图，它们具有相同的投影图，所以单凭一个投影图来确定物体的形状是不可能的。为了解决这一问题，可采用三个互相垂直的平面组成三面投影体系来准确清晰地反映出这个空间物体的形状。

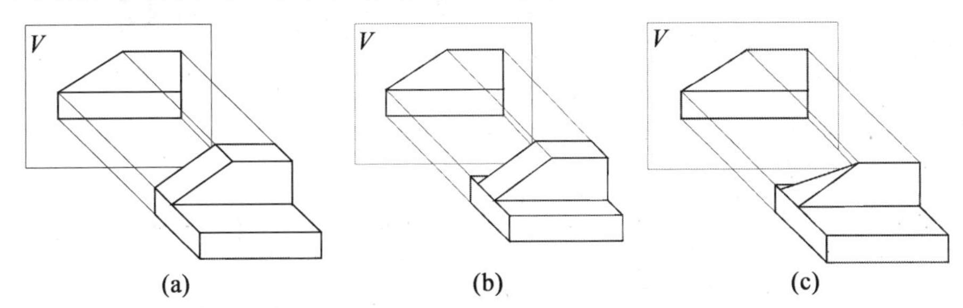

图1.1　三个不同形状空间物体在V面的投影图

知识链接

影子和投影（图1.2）：物体在阳光或灯光的照射下，在地面上或墙上会产生影子，这种常见的自然现象称为投影现象。人们长期观察与研究投影现象，把能够产生光线的光源称为投影中心，光线称为投影线，承接影子的平面称为投影面。这种把空间形体转化为平面图形的方法称为投影法。由此可知，产生投影必须具备投影线、空间形体和投影面，这就是投影的三要素。

投影的分类：按投影线的不同情况，投影可分为中心投影和平行投影。所有投影线都从一点引出的，称为中心投影（图1.3（a））。所有投影线互相平行的，称为平行投影（图1.3（b））。平行投影法又分为正投影法和斜投影法。投影线与投影面斜交，称为斜投影；投影线与投影面垂直，则称为正投影。

工程上绘制图样的方法主要采用正投影法，这种方法制图简单，图形真实，度量方便，能够满足设计与施工的需要。

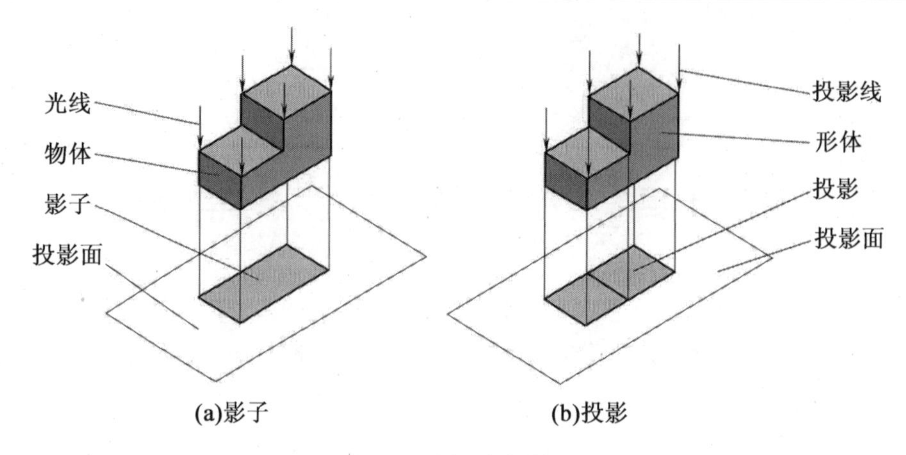

(a)影子 (b)投影

图1.2 影子和投影

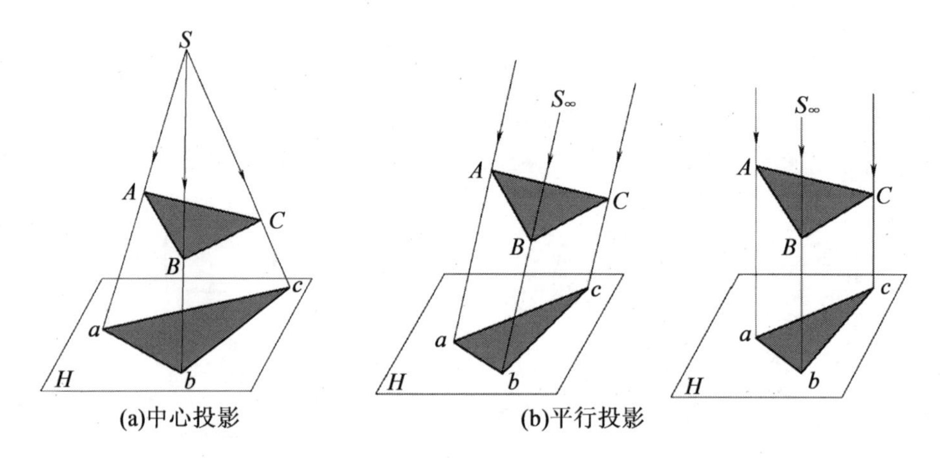

(a)中心投影 (b)平行投影

图1.3 投影的分类

任务1 建立三面投影体系

1. 确立三个投影面(图1.4)

首先,把物体放在观察者和投影面之间,物体靠近观察者一面称为前面,反之称为后面。将物体从前向后看(投影)得到图形,称为正立投影面,简称正立面,用 V 表示;从上向下看(投影)得到图形,称为水平投影面,简称水平面,用 H 表示;从左向右看(投影)得到图形,称为侧立投影面,简称侧立面,用 W 表示。

2. 确立三个投影轴(图1.5)

相互垂直的投影面之间的交线,称为投影轴,三个投影轴相互垂直相交,其交点称为原点,用 O 表示。

V 面与 H 面的交线,称为 OX 轴,简称 X 轴,代表长度方向;

H 面与 W 面的交线,称为 OY 轴,简称 Y 轴,代表宽度方向;

V 面与 W 面的交线,称为 OZ 轴,简称 Z 轴,代表高度方向。

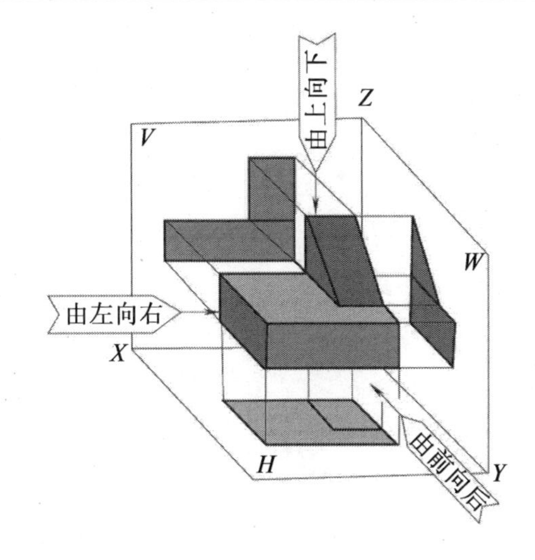

图1.4　三面投影图的形成

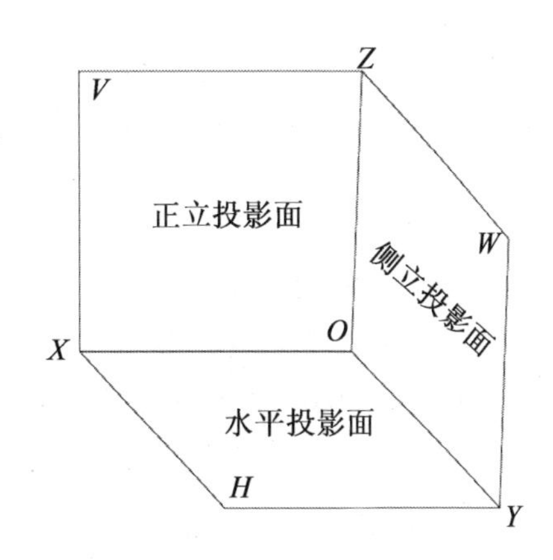

图1.5　三个投影面

3. 旋转投影面

如图1.6所示，为把互相垂直的三个投影面绘制在一张二维的图纸上，可将其旋转并展开。具体操作为：假设 V 面不动，H 面沿 OX 轴向下旋转90°，W 面沿 OZ 轴向后旋转90°，使三个投影面处于同一个平面内。需要注意的是，这时 Y 轴分为两条，一条随 H 面旋转到 OZ 轴的正下方，用 Y_H 表示；一条随 W 面旋转到 OX 轴的正右方，用 Y_W 表示。

4. 投影面的对应关系（图1.7）

物体的 OX 轴方向尺寸称为长度，物体的正面投影图（V 面）和水平投影图（H 面）都在 X 轴方向表示出物体的长度，所以物体的左右位置在 V 面和 H 面应对正，即“长对正”。

物体的 OZ 轴方向尺寸称为高度，物体的正面投影图（V 面）和侧立面投影图（W 面）在 OZ 方向表示出物体的高度，所以物体的 V 面和 W 面高度也应该平齐，即“高平齐”。

物体的 OY 轴方向尺寸称为宽度，物体的水平投影图（H 面）和侧立面投影图（W 面）在 Y_H 和 Y_W 方向表示出物体宽度，所以物体的 Y_H 和 Y_W 宽度也应该相等，即“宽相等”。

在三面投影体系中，称“长对正、高平齐、宽相等”为“三等关系”，它是物体三个投影面之间最基本的投影关系，是读图和制图的基础。

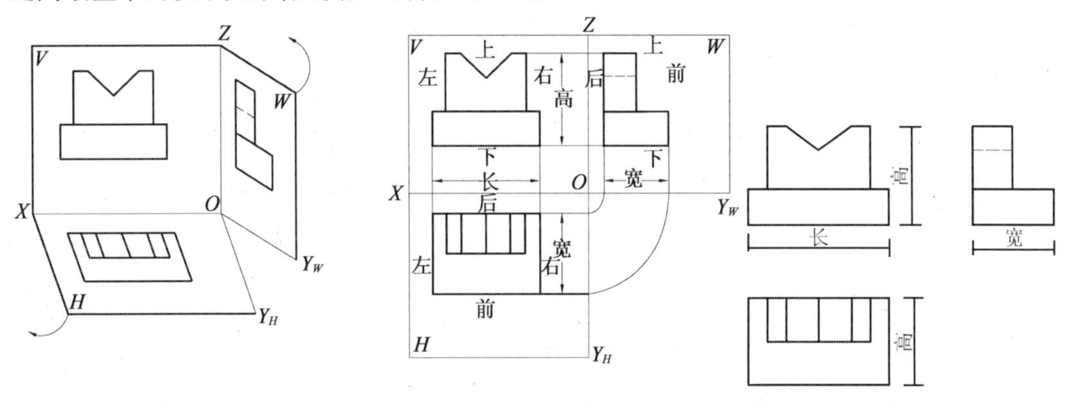

图1.6　投影图的旋转与展开　　图1.7　投影面的对应关系

任务2 识读点的投影

1.识读点的三面投影

如图1.8(a)所示,置于三面投影体系中空间点A,如何识读点A的三面投影?

图1.8(a)采用正投影的方法,自点A分别向三个投影面观察点A的投影,得到如下投影:

点A在V面上的投影a',就是空间点A的正面投影;

点A在H面上的投影a,就是空间点A的水平投影;

点A在W面上的投影a'',就是空间点A的侧面投影。

为了便于进行投影分析,用细实线将两点投影连接起来,分别与X轴、Y轴、Z轴相交,得a_Y、a_Y、a_Z、$a_{Y'}$,如图1.8(b)所示。

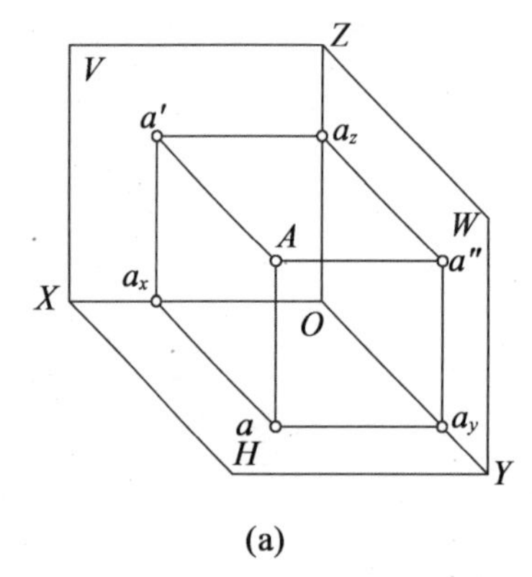

(a)

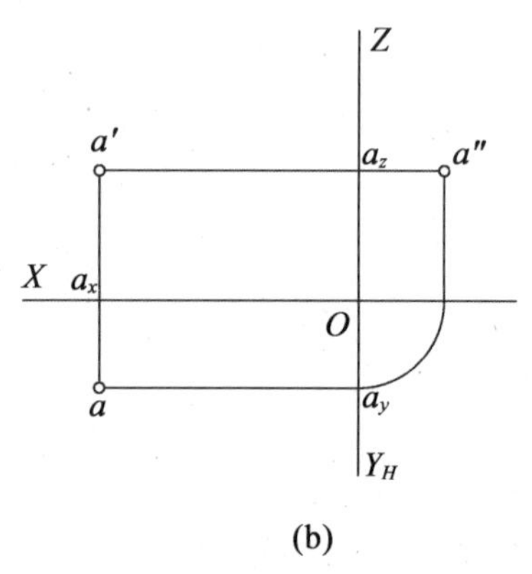

(b)

图1.8 点的三面投影

2.识读点的坐标(图1.9)

为了更方便地表达出点的空间位置,在点的投影中引入直角坐标的概念,将三面投影体系中的三个投影面看作直角坐标系中的三个坐标面,则三条投影轴相当于坐标轴,原点相当于坐标原点,因而点A的空间位置可用其直角坐标表示为$A(x,y,z)$。

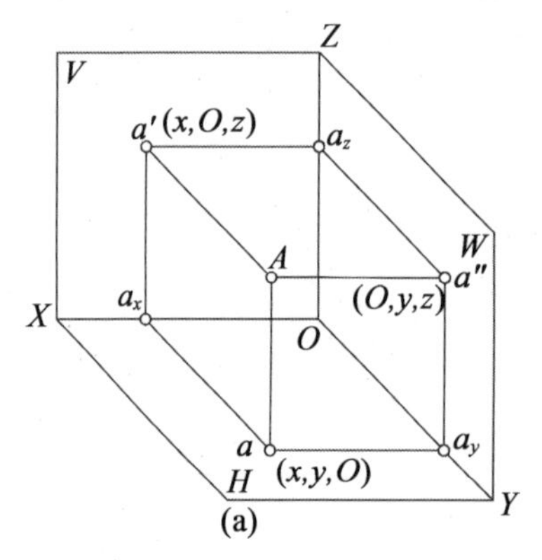

(a)

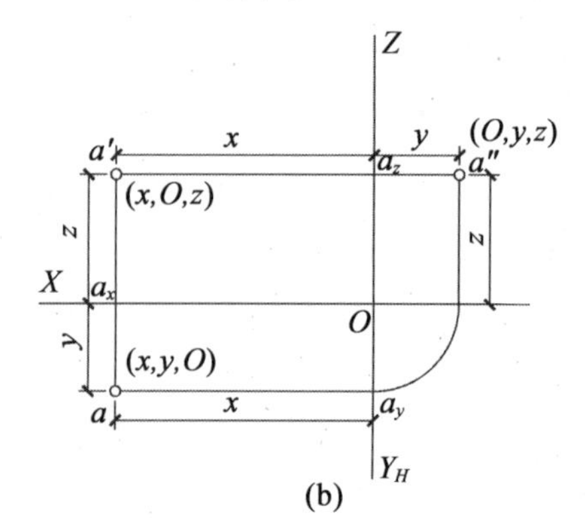

(b)

图1.9 点的坐标

点按空间位置可分为一般位置的点和特殊位置的点。特殊位置的点又分为投影面上的点和投影轴上的点。

(1)识读一般位置的点投影。

如图 1.10 所示,点 A 在空间中,H 面投影由 X 轴、Y 轴坐标决定,即 $a(x,y)$;V 面投影由 X 轴、Z 轴坐标决定,即 $a'(x,z)$;W 面投影由 Y 轴、Z 轴坐标决定,即 $a''(y,z)$。

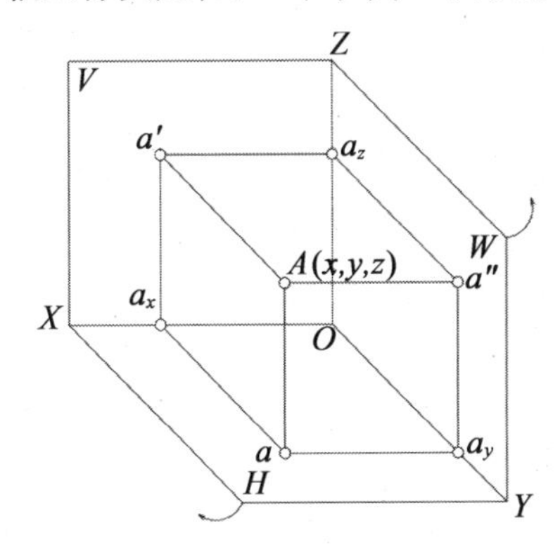

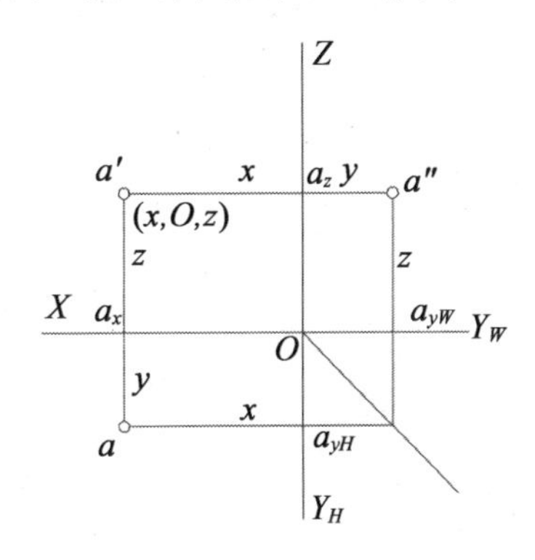

图 1.10　识读一般位置的点投影

显然,空间点的位置不仅可以用其投影确定,也可以由它的坐标来确定。若已知点的三面投影,可以量出该点的坐标;反之,若已知点的坐标,也可以作出该点的三面投影。

(2)识读特殊位置的点。

①识读投影面上的点。

当点的三个坐标中有一个坐标为零时,则该点在某一投影面上。如图 1.11 所示,点 A 在 H 面上,点 B 在 V 面上,点 C 在 W 面上。对于点 A 而言,其 H 面投影 a 与点 A 重合,V 面投影 a'在 OX 轴上,W 面投影 a''在 OY_W 轴上。同理可得出 B、C 两点的投影。

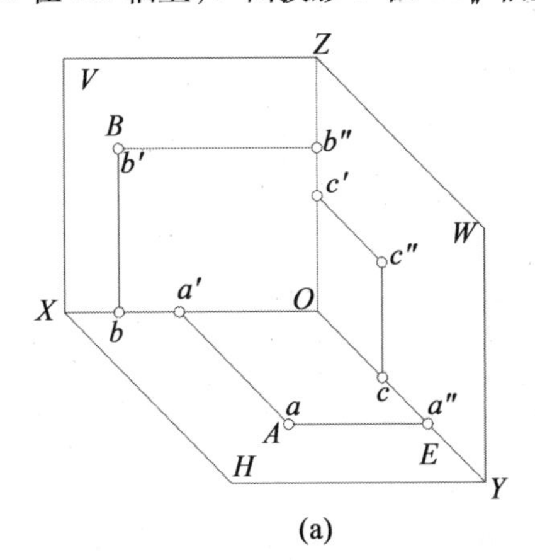

(a)

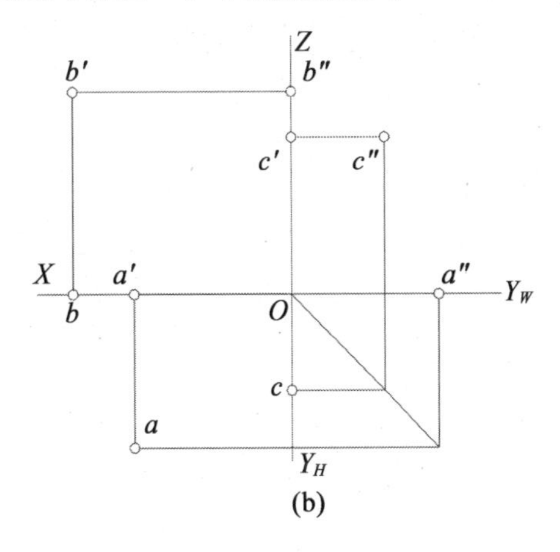

(b)

图 1.11　识读投影面上的点

②识读投影轴上的点。

当点的三个坐标中有两个坐标为零时,则该点在某一投影轴上。如图 1.12 所示,点 D

在 X 轴上，点 E 在 Y 轴上，点 F 在 Z 轴上。对于点 D 而言，其 H 面投影 d、V 面投影 d' 都与点 D 重合，并在 OX 轴上；其 W 面投影 d'' 与原点 O 重合。同理可得出 E、F 两点的投影。

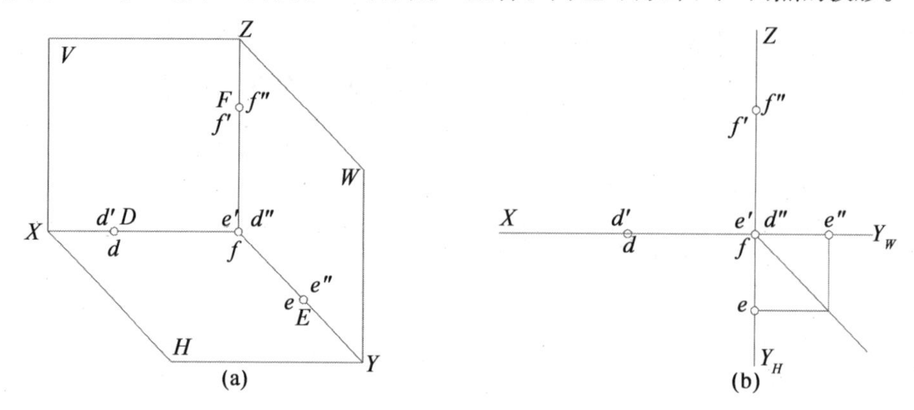

图 1.12 识读坐标轴上的点

3. 点的投影特性

(1)点的投影的连线垂直于相应的投影轴。

正面投影的连线与水平投影的连线垂直于 OX 轴；正面投影的连线与侧面投影的连线垂直于 OZ 轴；水平投影到 OX 轴的距离等于侧面投影到 OZ 轴的距离。

(2)点的投影到投影轴的距离，反映该点到相应的投影面的距离。

$aa_X = a''a_Z = Aa'$，反映点 A 到 V 面的距离；

$a'a_X = a''ay_W = Aa$，反映点 A 到 H 面的距离；

$a'a_Z = aa_{YH} = Aa''$，反映点 A 到 W 面的距离。

根据上述投影特性可知，由点的两面投影就可确定点的空间位置，故只要已知点的任意两个投影，就可以运用投影规律求出该点的第三个投影。

4. 判断空间两点的相对位置

以其中一个点为基准通过空间两点的相对位置，判断另一个点在该点的前或后、左或右、上或下。

判定方法 1:空间两点的相对位置可以根据其坐标关系来确定，x 坐标大者在左，小者在右；y 坐标大者在前，小者在后；z 坐标大者在上，小者在下。

判定方法 2:空间两点的相对位置可以根据它们的同面投影来确定，V 面投影反映它们的上下、左右关系，H 面投影反映它们的左右、前后关系，W 面投影反映它们的上下、前后关系。

若要知道空间两点的确切位置，则可利用两点的坐标差来确定。

如图 1.13 所示，X 轴坐标表示左右方向，即 $x_a < x_b$；Y 轴坐标表示前后方向，即 $y_a < y_b$；Z 轴坐标表示上下方向，即 $z_a < z_b$。所以点 A 在点 B 的右、后、上方。

当两个点处于某一投影面的同一投影线上时，则两个点在这个投影面上的投影重合，重合的投影称为重影，空间的两点称为重影点(图 1.14)。

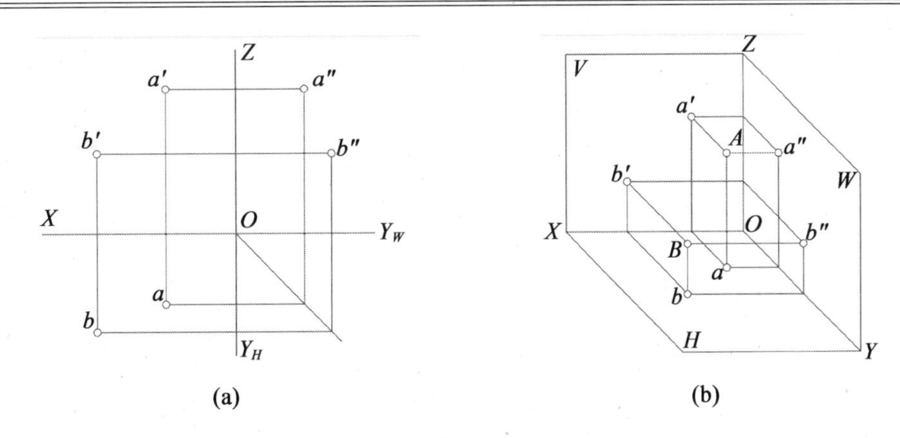

图 1.13　判断两点的相对位置

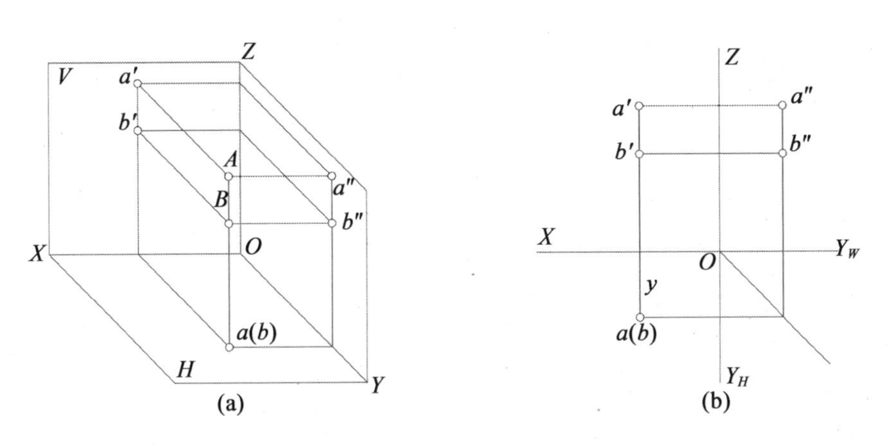

图 1.14　重影点及其可见性的判别

表 1.1 所示为重影点的直观图和投影图，当点 A 位于点 B 的正上方时，即它们在同一条垂直于 H 面的投影线上，其 H 面投影 a 和 b 重合，A、B 两点是 H 面的重影点。由于点 A 在上，点 B 在下，向 H 面投影时，投影线先遇点 A，后遇点 B，所以点 A 的投影 a 可见，点 B 的投影 b 不可见。为了区别重影点的可见性，将不可见点的投影用字母加括号表示，如重影点 $a(b)$。点 A 和点 B 为 H 面的重影点时，它们的 x、y 坐标相同，z 坐标不同。

表 1.1　重影点的直观图和投影图

名称	H 面的重影点	V 面的重影点	W 面的重影点
直观图			

续表 1.1

名称	H 面的重影点	V 面的重影点	W 面的重影点
投影图	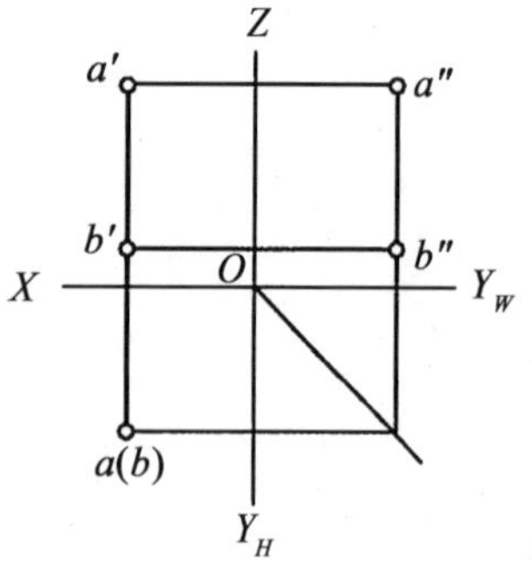	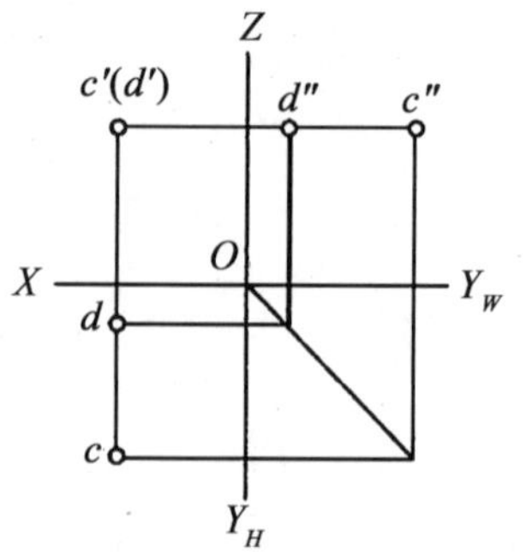	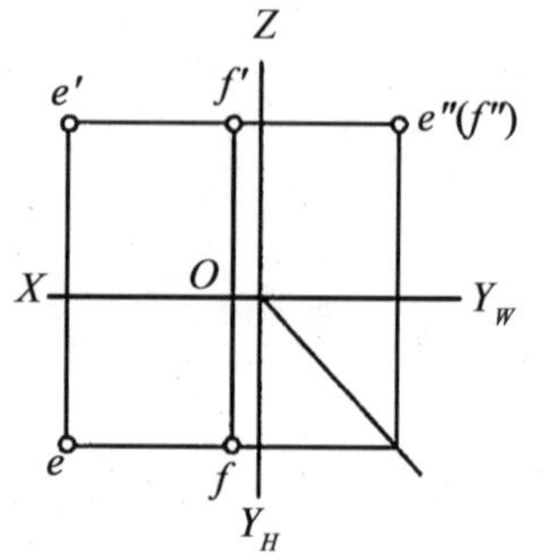

同理，当点 C 位于点 D 的正前方时，它们是相对于 V 面的重影点，其 V 面投影为 $c'(d')$。当点 E 位于点 F 的正左方时，它们是相对于 W 面的重影点，其 W 面投影为 $e''(f'')$。

任务 3　识读直线投影

如图 1.15 所示，AB 在 V 面投影为 $a'b'$；在 H 面投影为 ab；在 W 面投影为 $a''b''$；在 H 面、V 面、W 面的倾角分别为 α、β、γ。

按直线与三个投影面之间的相对位置，可将直线分为三类：投影面平行线、投影面垂直线和一般位置直线。前两类统称为特殊位置直线。

1. 一般位置直线

倾斜于三面的直线，称为一般位置直线，如图 1.15 所示。

(1)一般位置直线的投影特性。

①直线的三个投影仍为直线，均小于实长。

②直线的三个投影倾斜于投影轴，三个投影与投影轴的夹角不反映直线与投影面的真实倾角。

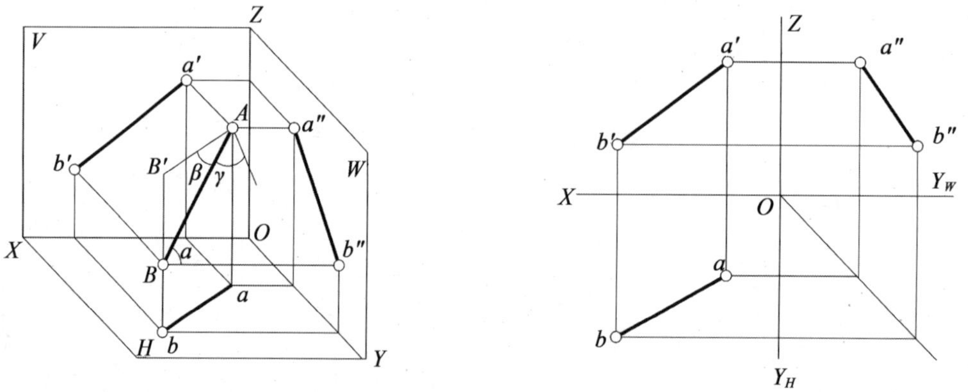

(a)　　　　(b)

图 1.15　一般位置直线

(2)直线的实长与真实倾角。

一般位置直线的三面投影既不反映实长，也不反映真实倾角，但可以通过直角三角形法，求得空间直线的实长和真实倾角。

2. 特殊位置直线

(1)投影面的平行线。

只平行于一个投影面，而倾斜于另外两个投影面的直线，称为投影面平行线。投影面平行线可分为以下三种情况：

①平行于 H 面，同时倾斜于 V 面、W 面的直线称为水平线，如表1.2中 AB 线。

②平行于 V 面，同时倾斜于 H 面、W 面的直线称为正平线，如表1.2中 CD 线。

③平行于 W 面，同时倾斜于 H 面、V 面的直线称为侧平线，如表1.2中 EF 线。

投影面平行线的投影特性见表1.2所列。

表1.2　投影面平行线的投影特性

名称	立体图	投影图	投影特性
水平线	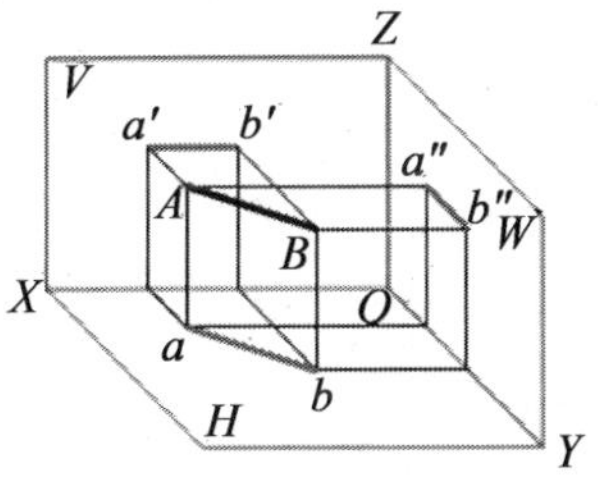	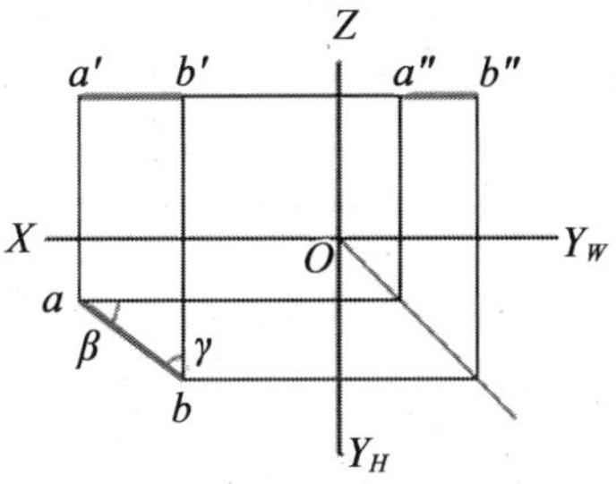	(1) $a'b' // OX$，$a''b'' // OY_W$； (2) $ab = AB$； (3) ab 与投影轴夹角分别为 β、γ
正平线	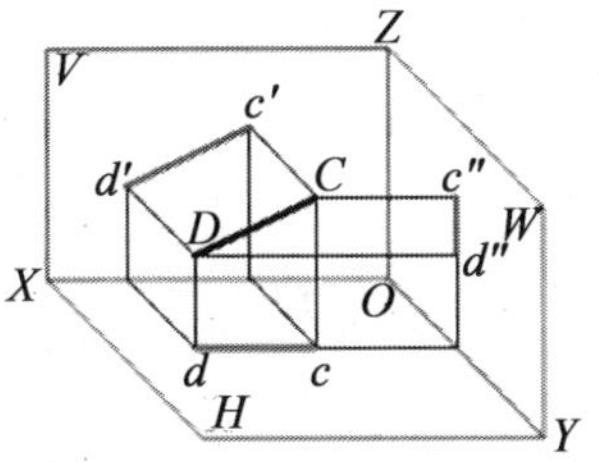	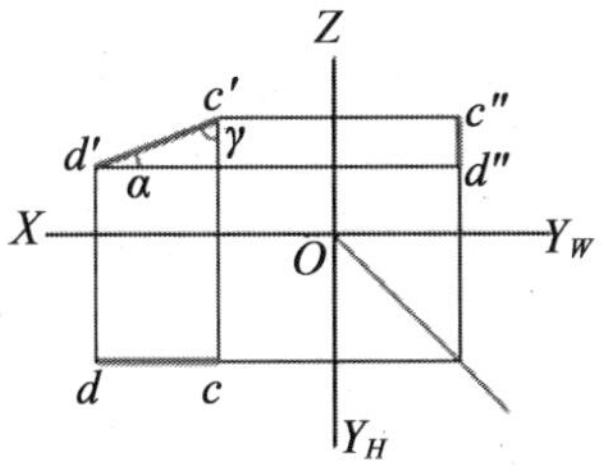	(1) $cd // OX$，$c''d'' // OZ$； (2) $c'd' = CD$； (3) $c'd'$ 与投影轴的夹角分别为 α、γ
侧平线	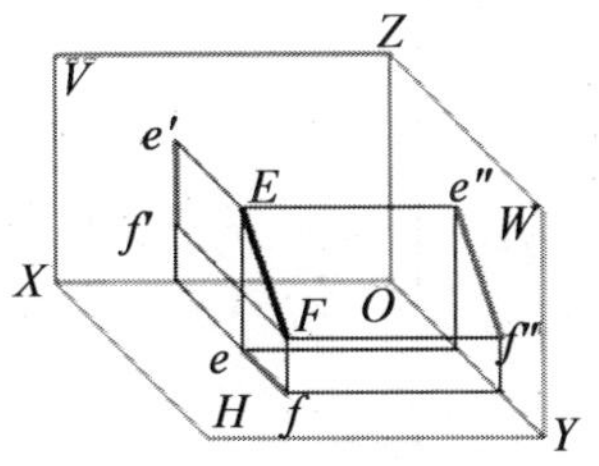	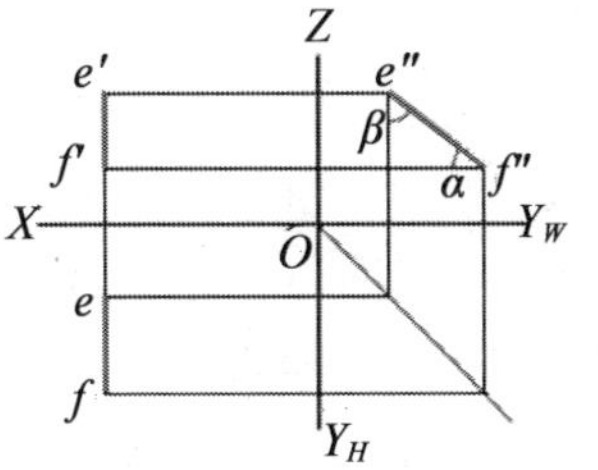	(1) $ef // OY_H$，$e'f' // OZ$； (2) $e''f'' = EF$； (3) $e''f''$ 与投影轴的夹角分别为 α、β

综合表1.2中的水平线、正平线和侧平线的投影特性,可归纳出投影面平行线的投影特性如下:

①所平行的投影面上的投影反映实长,投影与投影轴之间的夹角反映直线与另两个投影面的倾角;

②另外两个投影分别平行相对应的投影轴,长度小于实长。

(2)投影面的垂直线。

垂直一个投影面且投影面的垂直线与另外两个投影面平行的直线,称为投影面的垂直线。

投影面的垂直线有三种情况:

①与 H 面垂直的直线称为铅垂线;

②与 V 面垂直的直线称为正垂线;

③与 W 面垂直的直线称为侧垂线。

投影面垂直线的投影特性见表1.3所列。

表1.3 投影面垂直线的投影特性

名称	立体图	投影图	投影特性
铅垂线	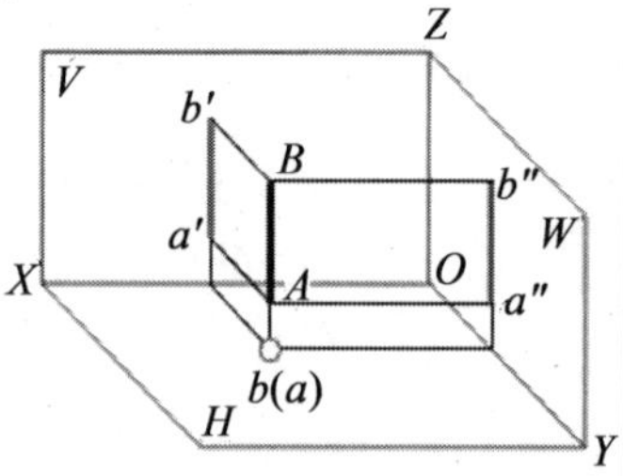	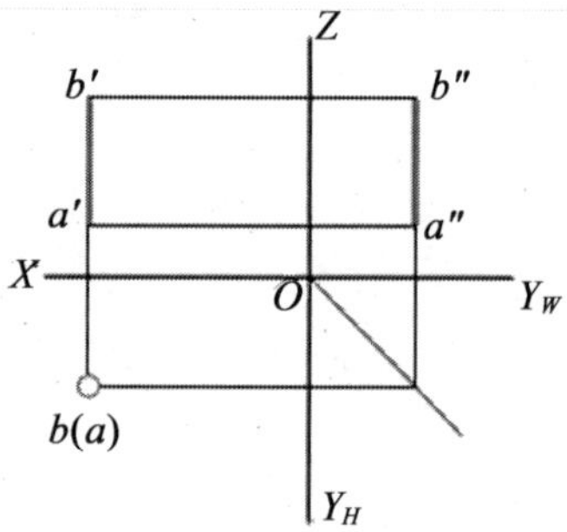	(1) ab 积聚为一点; (2) $a'b' // a''b'' // OZ$; (3) $a'b' = a''b'' = AB$
正垂线	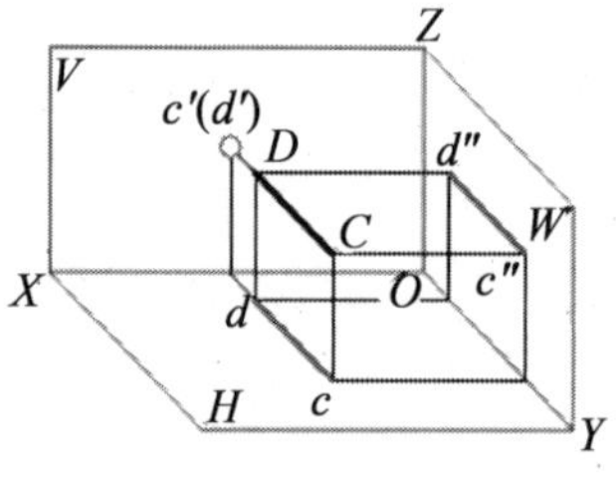	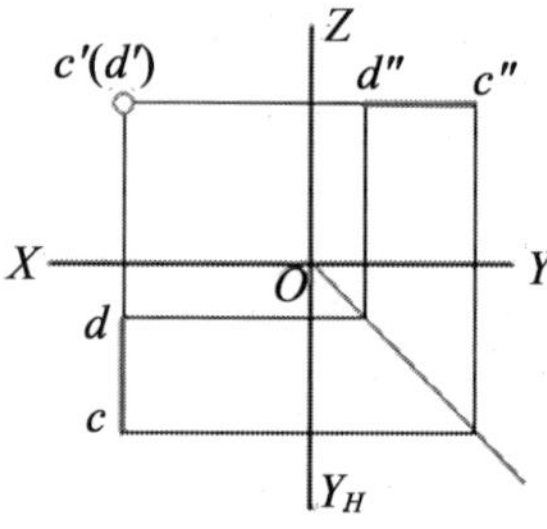	(1) $c'd'$ 积聚为一点; (2) $cd // OY_H$, $c''d'' // OY_W$; (3) $cd = c''d'' = CD$
侧垂线	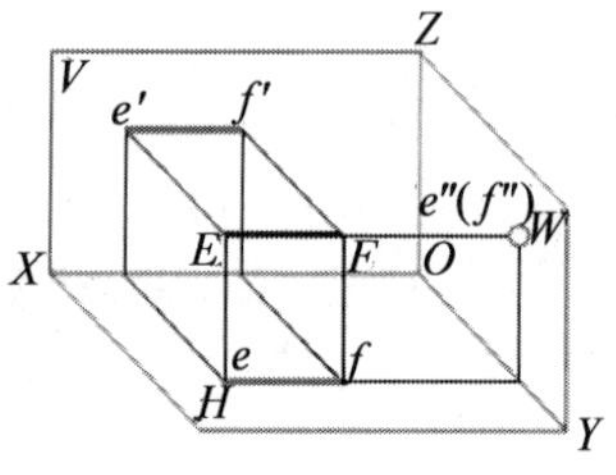	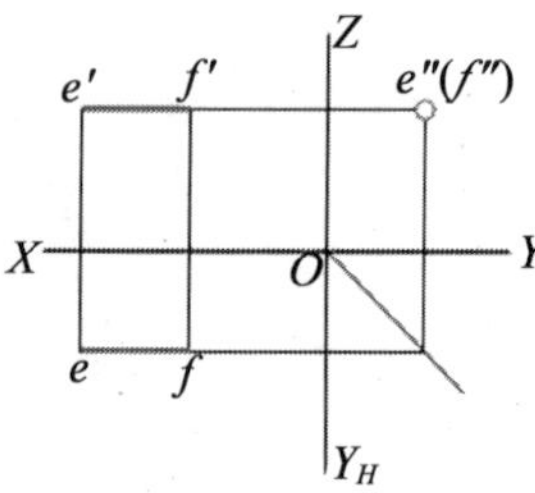	(1) $e''f''$ 积聚为一点; (2) $ef // e'f' // OX$; (3) $ef = e'f' = EF$

综合表1.3中的铅垂线、正垂线和侧垂线的投影特性,可归纳出投影面垂直线的投影特性如下:

①直线在它所垂直的投影面上的投影积聚为一点;

②直线的另外两个投影平行于相应的投影轴,且反映实长。

任务4　识读平面的投影

根据平面与投影面的相对位置不同,在三面投影体系中,将平面分为三类:投影面平行面、投影面垂直面和一般位置平面。相对于一般位置平面,前两类统称为特殊位置平面。

1. 一般位置平面

倾斜于三个投影面的平面称为一般位置平面,如图1.16所示。

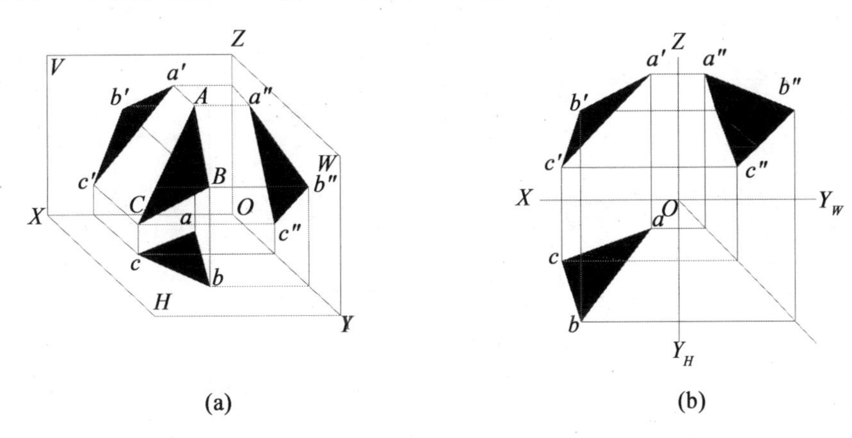

图1.16　一般位置平面

用平面图形表示的一般位置平面,其投影特性如下:

①三面投影都不反映空间平面图形的实形,是原平面图形的类似形,面积比实形小;

②三面投影都不反映该平面与投影面的倾角。

2. 特殊位置平面

(1)识读投影面的平行面。

平行于一个投影面,与另外两个投影面垂直的平面,称为投影面的平行面。它有三种情况:

①与 V 面平行的平面,称为正平面;

②与 H 面平行的平面,称为水平面;

③与 W 面平行的平面,称为侧平面。

投影面平行面的投影特性见表1.4所列,水平面 P 平行于 H 面,同时与 V 面、W 面垂直。其水平投影反映图形的实形,V 面投影和 W 面投影均积聚成一条直线,且 V 面投影平行于 OX 轴,W 面投影平行于 OY_W 轴,它们同时垂直于 OZ 轴。同理可分析出正平面、侧平面的投影情况。

表 1.4 投影面平行面的投影特性

名称		直观图	投影图	投影特性
水平面	图形平面	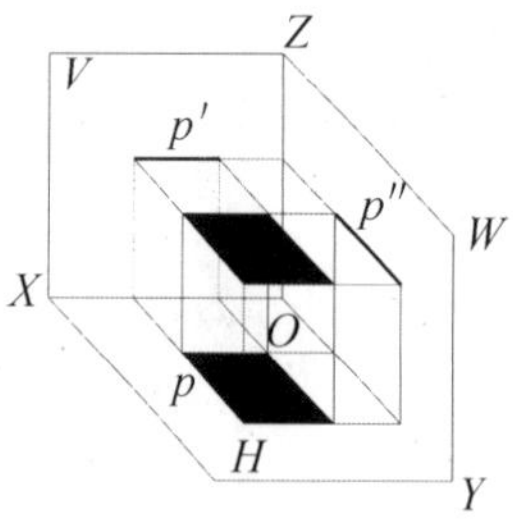 Z V p' p'' W X O p H Y	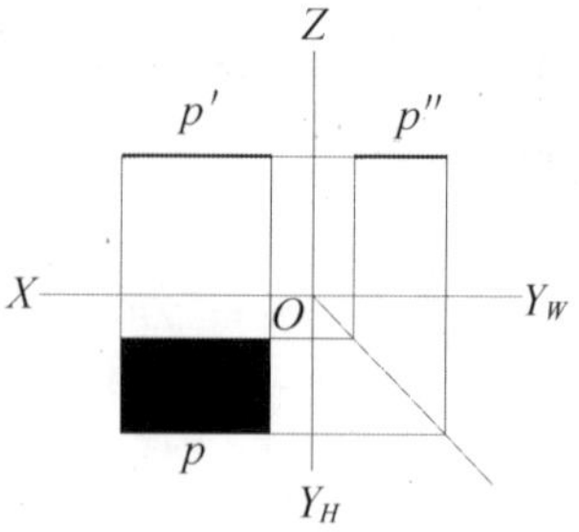 Z p' p'' X O Y_W p Y_H	(1)水平投影 p 反映实形; (2)正面投影 p' 和侧面投影 p'' 均积聚为直线,且分别平行于 OX 轴和 OY_W 轴
水平面	迹线面	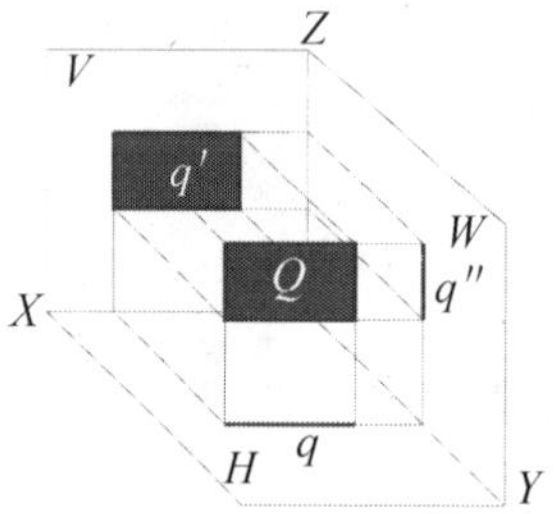 Z V q' W Q q'' X H q Y	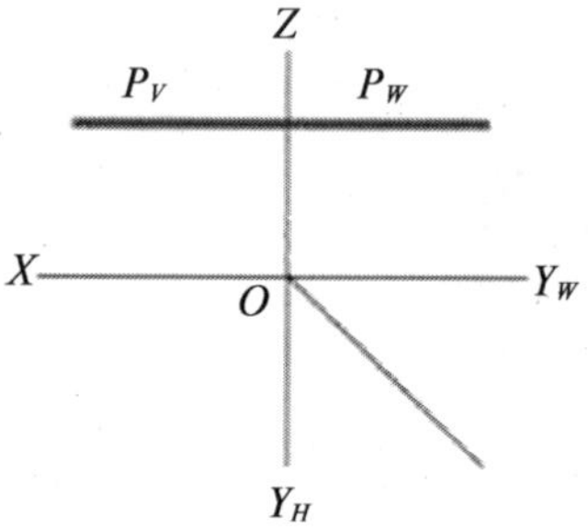 Z P_V P_W X O Y_W Y_H	(1)无水平迹线 P_H; (2) $P_V // OX$ 轴, $P_W // OY_W$ 轴,且有积聚性
正平面	图形平面	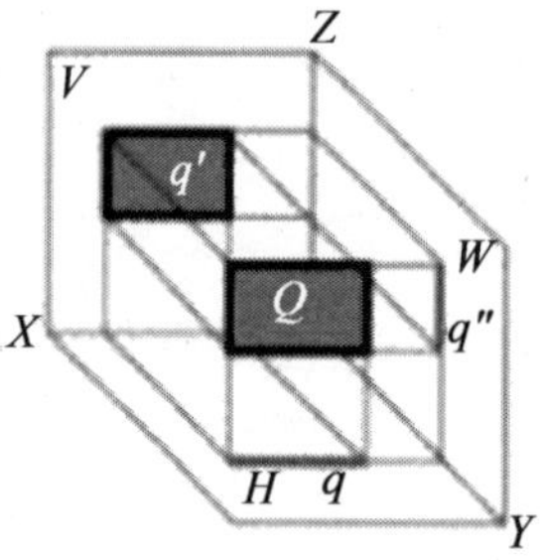 Z V q' W Q X q'' H q Y	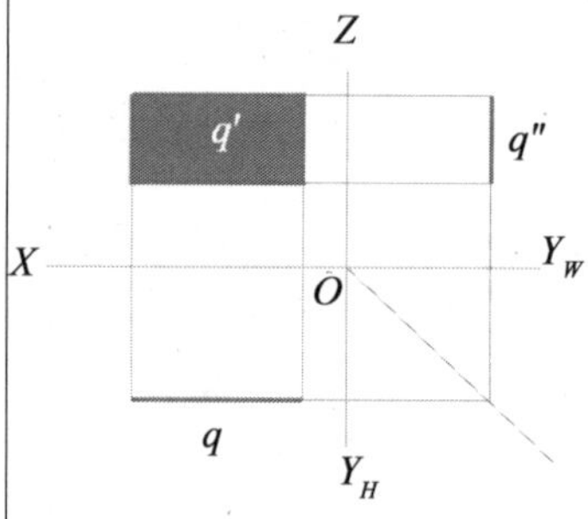 Z q' q'' X Y_W O q Y_H	(1)正面投影 q' 反映实形; (2)水平投影 q 和侧面投影 q'' 均积聚为直线,且分别平行于 OX 轴和 OZ 轴
正平面	透线平面	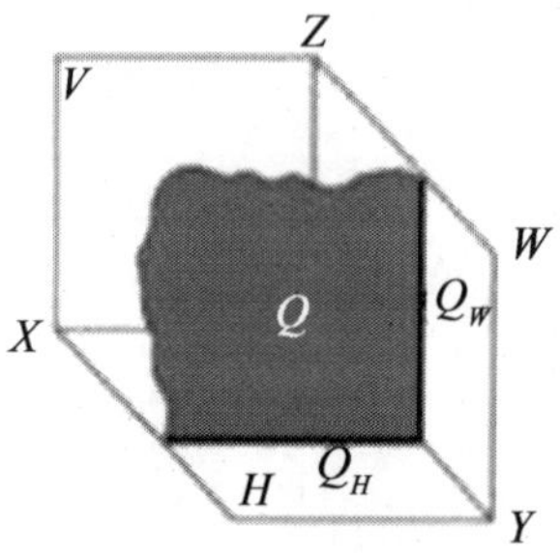 Z V W Q Q_W X H Q_H Y	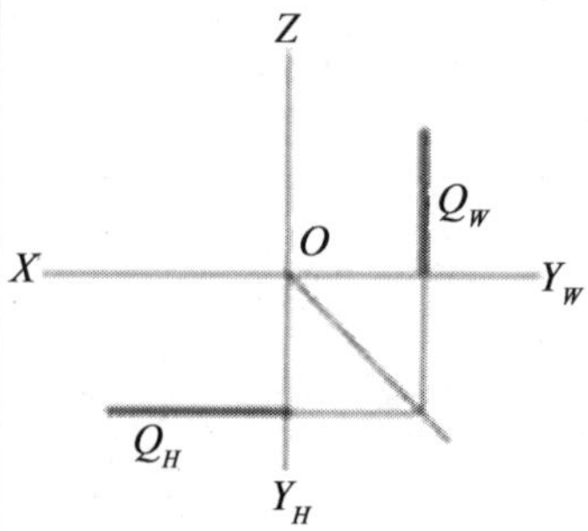 Z Q_W O X Y_W Q_H Y_H	(1)无正面迹线 Q_V; (2) $Q_H // OX$ 轴, $Q_W // OZ$ 轴,且有积聚性

续表1.4

名称		直观图	投影图	投影特性
侧平面	图形平面	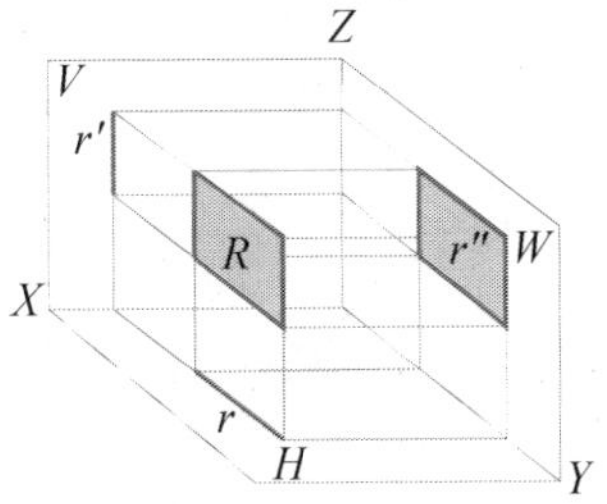	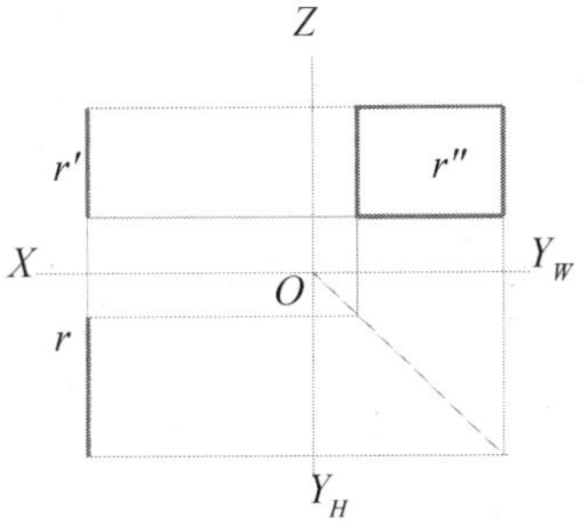	(1)侧面投影 r'' 反映实形; (2)水平投影 r 和正面投影 r' 均积聚为直线,且分别平行于 OY_H 轴和 OZ 轴
	迹线平面	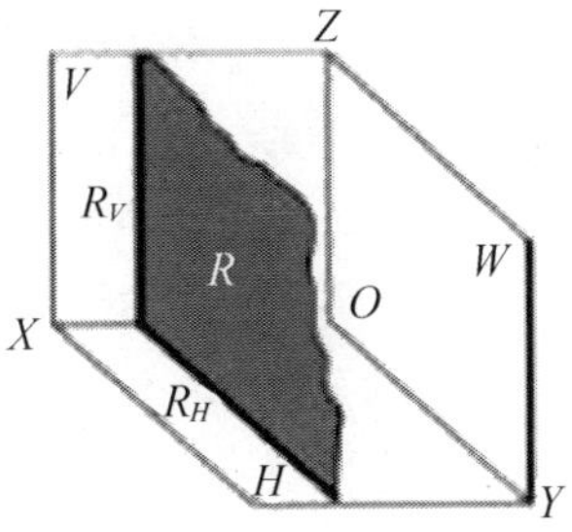	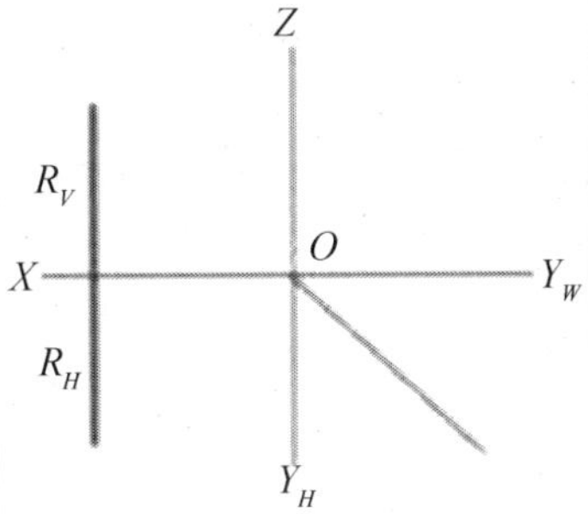	(1)无侧面迹线 R_W; (2)$R_H // OY_H$ 轴,$R_V // OZ$ 轴,且有积聚性

综合表1.4中水平面、正平面、侧平面的投影特性,可归纳出投影面平行面的投影特性如下:

①平面在它所平行的投影面上的投影反映实形;

②平面在另外两个投影面上的投影积聚为一条直线,且分别平行于相应的投影轴。

(2)识读投影面的垂直面。

垂直于一个投影面,且与另外两个投影面倾斜的平面,称为投影面的垂直面。它有三种情况:

①与 V 面垂直的平面,称为正垂面;

②与 H 面垂直的平面,称为铅垂面;

③与 W 面垂直的平面,称为侧垂面。

投影面垂直面的投影特性见表1.5所列。

平面与投影面的夹角称为平面的倾角,平面与 H 面、V 面和 W 面的倾角分别用 α、β、γ 表示。在表1.5中,平面 P 垂直于水平面,其水平面投影积聚成一条倾斜直线 p,倾斜直线 p 与 OX 轴、OY_H 轴的夹角分别反映铅垂面 P 与 V 面、W 面的倾角 β 和 γ,由于平面 P 倾斜于 V 面和 W 面,所以其正面投影和侧面投影均为类似形。

表 1.5　投影面垂直面的投影特性

名称		直观图	投影图	投影特性
铅垂面	图形平面	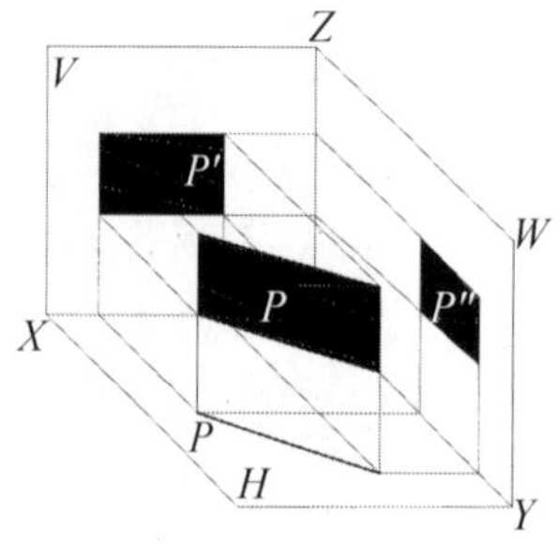 Z V P′ W P P″ X P H Y	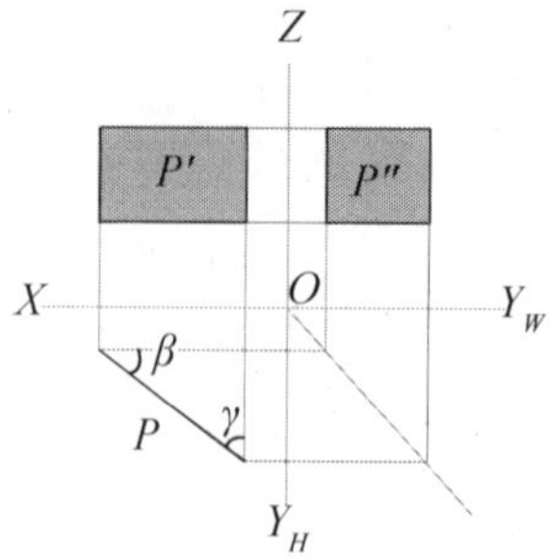 Z P′ P″ X O Y_W β P γ Y_H	(1)水平投影 p 积聚为一条直线，并反映对 V 面、W 面的倾角 β、γ； (2)正面投影 p' 和侧面投影 p'' 是平面 P 的类似图形，且面积缩小
铅垂面	迹线平面	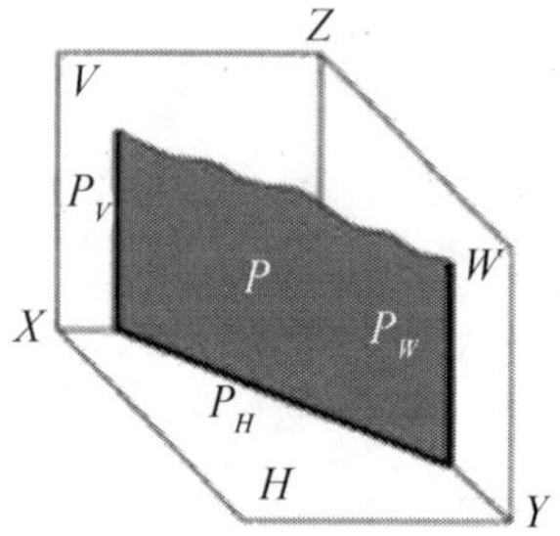 Z V P_V W P P_W X P_H H Y	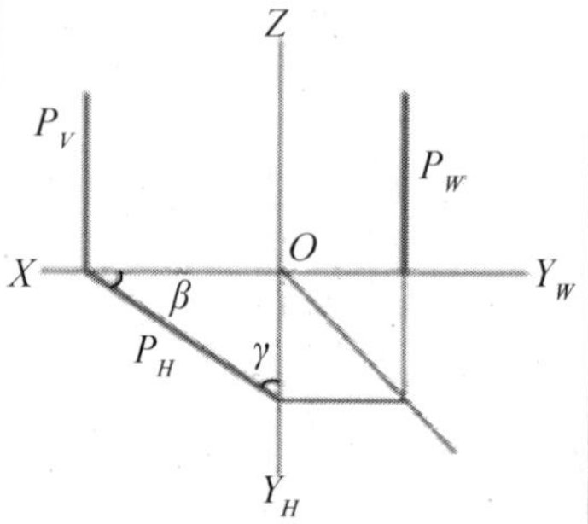 Z P_V P_W O X Y_W β P_H γ Y_H	(1)P_H 有积聚性，它与 OX 轴的夹角为 β，它与 OY_H 的夹角为 γ； (2)$P_V \perp OX$ 轴，$P_W \perp OY_W$ 轴
正垂面	图形平面	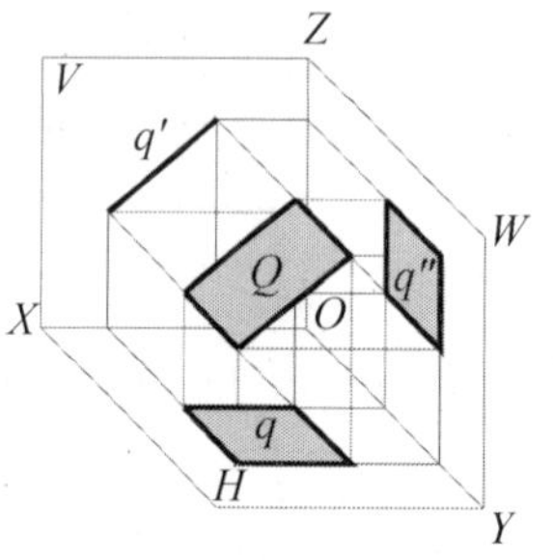 Z V q′ W Q q″ X O q H Y	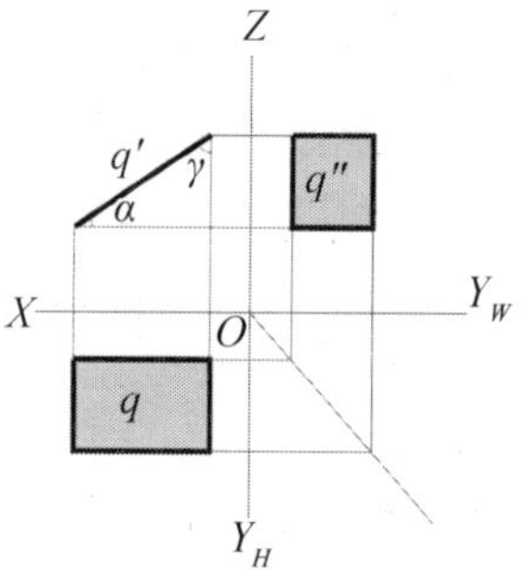 Z q′ γ q″ α X Y_W O q Y_H	(1)正面投影 q' 积聚为一条直线，与 H 面、W 面的倾角为 α、γ； (2)水平投影 q 和侧面投影 q'' 是 Q 的类似图形，且面积缩小
正垂面	迹线平面	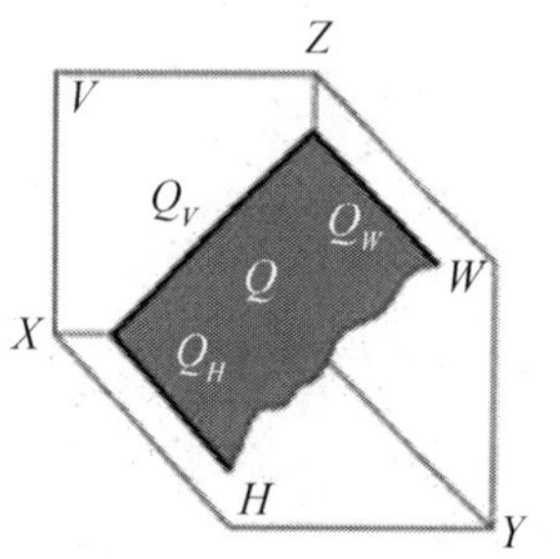 Z V Q_V Q_W Q W X Q_H H Y	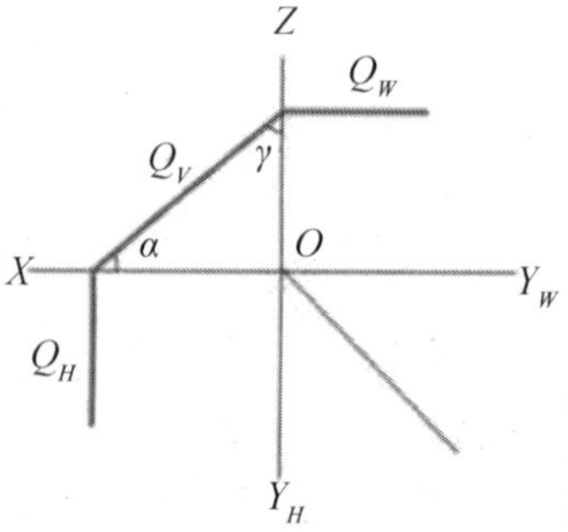 Z Q_W Q_V γ α O X Y_W Q_H Y_H	(1)Q_V 有积聚性，它与 OX 轴的夹角为 α；它与 OZ 轴的夹角为 γ； (2)$Q_H \perp OX$ 轴，$Q_W \perp OZ$ 轴

续表 1.5

名称		直观图	投影图	投影特性
侧垂面	图形平面			(1)侧面投影 r'' 积聚为一条直线,与 H 面、V 面的倾角为 α、β; (2)水平投影 r 和正面投影 r' 是 R 的类似图形,且面积缩小
	迹线平面			(1) R_W 有积聚性,它与 OY_W 轴的夹角为 α,它与 OZ 轴的夹角为 β; (2) $R_V \perp OZ$ 轴,$R_H \perp OY_H$ 轴

综合分析表 1.5 中的平面 Q 和平面 R 的投影情况,可归纳出投影面垂直面的投影特性如下:

①平面在它所垂直的投影面上的投影积聚成一条直线,此直线与相应投影轴的夹角反映该平面对另外两个投影面的倾角;

②平面在另外两个投影面上的投影为原平面图形的类似形,面积比实形小。

习题 1.1

根据前文介绍的投影规律,自行总结分析投影特性。

知识链接

(1)平行投影的相似性(图 1.17)。

点的投影仍是点;直线的投影在一般情况下仍为直线(直线与投影面垂直,直线投影则为点);平面的投影在一般情况下仍为平面(平面与投影面垂直,平面的投影则为直线)。

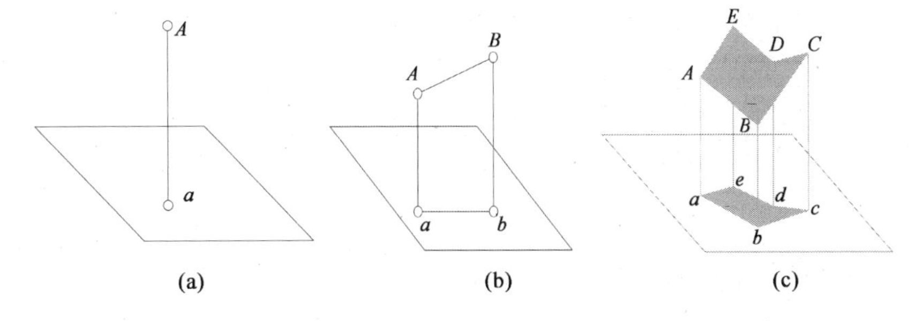

图 1.17 平行投影的相似性

(2)平行投影的从属性(定比性)。

若点在直线上,则点的投影必在该直线的投影上。如图 1.18 所示点 B 在直线 AC 上,点 B 的投影 b 一定在直线 AC 的投影 ac 上。直线上的点把该直线分成两段,两线段之比等于其投影之比,即 $AB:BC=ab:bc$。

(3)平行投影的平行性。

两平行直线的投影仍互相平行。如图 1.19 所示,$AB/\!/CD$,其投影 $ab/\!/cd$。

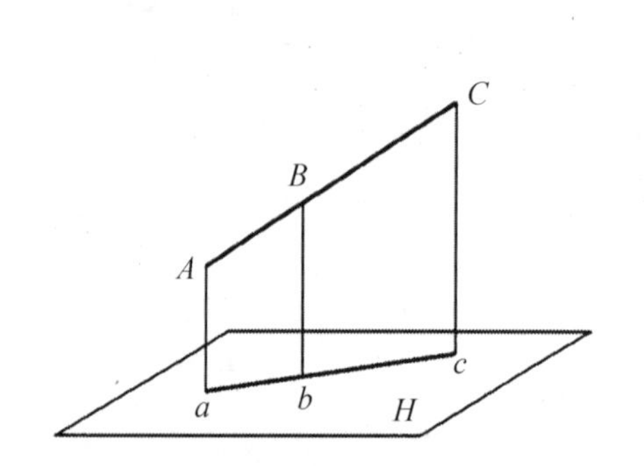

图 1.18 平行投影的从属性(定比性)

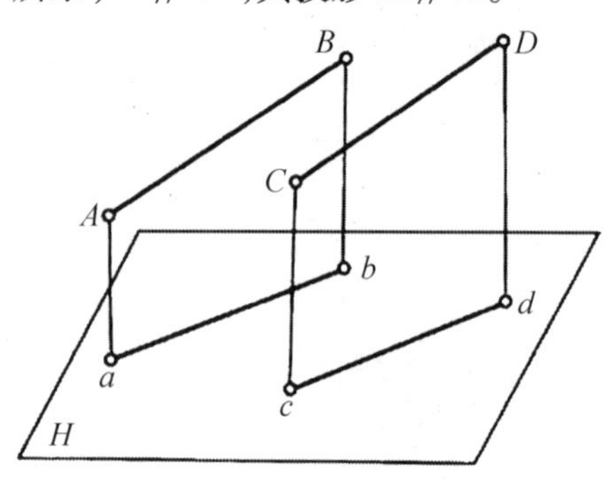

图 1.19 平行投影的平行性

(4)平行投影的显实性。

平行于投影面的直线和平面,其投影反映实长和实形。如图 1.20 所示,直线 AB 平行于投影面 H,其投影 $ab=AB$,即投影 ab 反映 AB 的真实长度。平面 $ABCD$ 与 H 面平行,其投影 $abcd$ 反映 $ABCD$ 的真实大小。

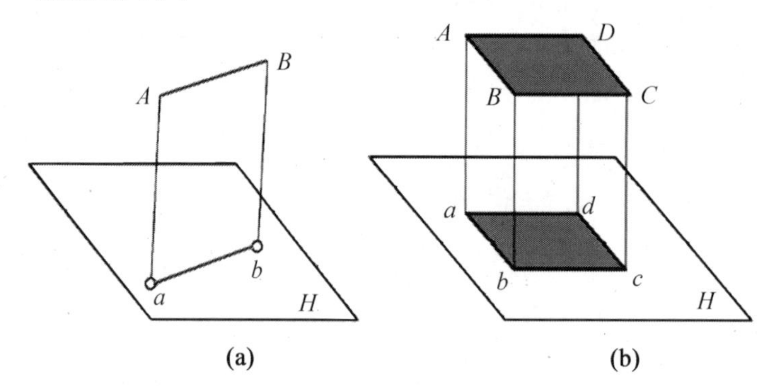

图 1.20 平行投影的显实性

(5)平行投影的积聚性。

垂直于投影面的直线,其投影积聚为一点;垂直于投影面的平面,其投影积聚为一条直线。如图 1.21 所示,直线 AB 垂直于投影面 H,其投影积聚成一点 $a(b)$。平面 $ABCD$ 垂直于投影面 H,其投影积聚成一条直线 $a(b)d(c)$。

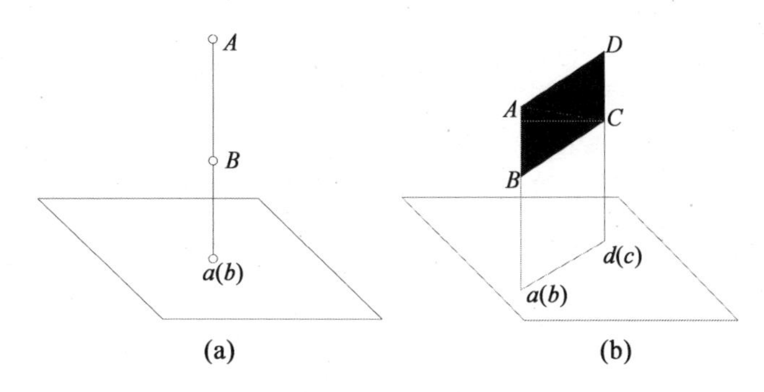

图 1.21　平行投影的积聚性

1.2　剖面、断面图的投影

在绘制形体的投影图时，可见的轮廓线用实线表示，不可见的轮廓线则用虚线表示。当形体的内部结构比较复杂时，必然会造成形体视图图面上实线和虚线混淆不清，因而给制图、读图和标注尺寸带来不便，对于这种问题，可采用绘制剖面图、断面图解决。

任务 1　识读剖面图

1. 识读剖面图基础

(1)剖面图。

假想用剖切平面剖开物体，将处在观察者和剖切平面之间的部分移去，将剩余的部分向投影面进行投影，所得图形称为剖面图，简称剖面。

(2)剖面图的标注。

制图标准规定，剖面图的标注由剖切符号和编号组成。

①剖切符号。

剖切符号应由剖切位置线和投射方向线组成，均应以粗实线绘制，如图 1.22 所示。

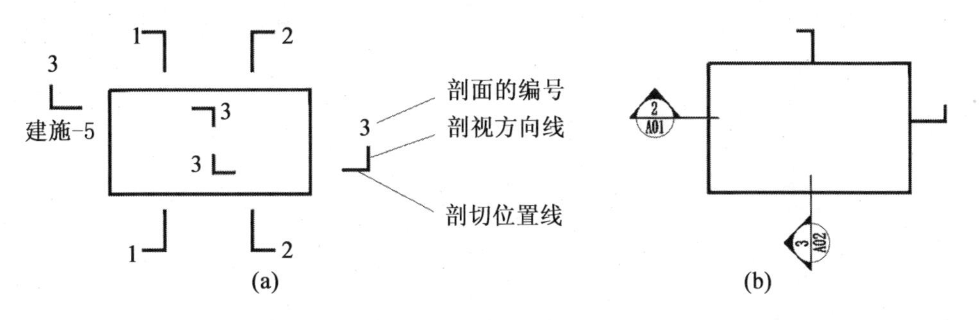

图 1.22　剖面的剖切符号

②剖切编号。

对一些复杂的形体，可能要同时剖切几次，对每一次剖切要进行编号。

③剖面图名称。

制图标准规定,在剖切符号和单边箭头一侧用一对大写英文字母或阿拉伯数字来表示剖面图名称,并在相应剖面图的上方居中标注对应的剖面图名称。字母或数字中间用长为5~10 mm的细短线间隔,如“A—A剖面图”,在剖面图名称的字样底部画上粗下细两条等长平行的短线,两线间距为1~2 mm。

④材料图例。

剖面图中包含了形体的断面,在断面上必须画上表示材料类型的图例,常用的建筑材料剖面图例见表1.6。

表1.6 常用的建筑材料剖面图例

名称	图例	备注	名称	图例	备注
自然土壤			砂砾石、碎砖三合土		
夯实土壤			石材		
砂、灰土		靠近轮廓线绘制较密的点	毛石		
普通砖		砌体断面较窄时可涂红	泡沫塑料材料		
饰面砖			金属		断面狭小时可涂黑
混凝土		断面较小、不易画出图例线时,可涂黑	玻璃		
钢筋混凝土			防水材料		多层或比例大时采用上面图例
木材		上为横断面下为纵断面	粉刷		采用较稀的点

(3)绘制剖面图的注意事项。

①绘制剖面图首先应选择最合适的剖切位置,使剖切后绘制的图形能确切反映所要表达部分的真实形状。

②剖切是假想的,除了剖面图外,其他视图仍应按原来未剖切的形体完整地绘制视图。

③在绘制剖面图时,被剖切面切到部分(即断面)的轮廓线用粗实线绘制,剖切面没有切到、但沿投射方向可以看到的部分(即剩余部分),用中实线绘制。

④剖面图中已经表达清楚的内部结构，一般虚线省略。

(4)剖面图分类。

剖面图的剖切平面的位置、数量、方向和范围应根据物体的内部结构和外形来选择，根据具体情况，剖面图宜选用下列几种。

①全剖面图。

假想用一个剖切平面将形体全部"切开"后所得到的剖面图称为全剖面图，如图1.23(b)所示。全剖面图一般用于不对称或者虽然对称但外形简单、内部比较复杂的形体。

②半剖面图(图1.23(c))。

当形体具有对称平面，在垂直于对称平面的投影面上投影时，以对称线为分界，一半画剖面，另一半画视图，这种组合的图形称为半剖面图。半剖面图可将形体的内部结构和外部形状完整、清晰地表达出来。

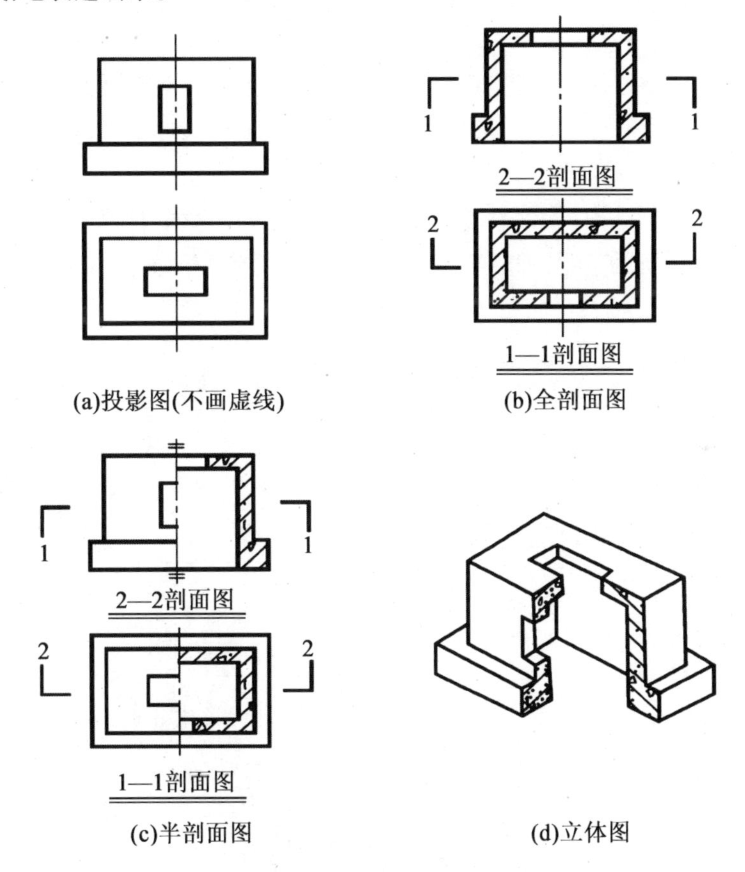

图1.23 全剖面图和半剖面图

绘制半剖面图时应注意以下几点：

a.半投影图与半剖面图应以对称线(细点画线)为分界线，也可以用对称符号作为分界线，而不能画成实线；

b.由于剖切前视图是对称的，剖切后在半个剖面图中已清楚地表达了内部结构形状，所以在另外半个视图中虚线一般不再出现；

c. 当对称线垂直时，将半个剖面图画在对称线的右边；当对称线水平时，将半个剖面图画在对称线的下边；

d. 半剖面图的标注与全剖面的标注相同。

③局部剖面图。

用一个剖切平面将物体的局部剖开后所得到的剖面图称为局部剖面图，简称局部剖。当物体只需要表达其局部的内部结构时，或不宜采用全剖面图、半剖面图时，可采用局部剖面图，如图 1.24(a)所示。

局部剖面图只是形体整个投影图中的一部分，其剖切范围用波浪线表示，是外形视图和局部剖面的分界线。波浪线不能与轮廓线重合，也不应超出视图的轮廓线，波浪线在视图孔洞处要断开。

局部剖面图一般不再进行标注，它适合于用来表达形体的局部内部结构。

④阶梯剖面图。

用两个或两个以上的平行平面剖切物体后所得的剖面图，称为阶梯剖面图，如图 1.24(b)所示。

⑤旋转剖面图。

用两个相交的剖切平面(交线垂直于基本投影面)剖开物体，把两个平面剖切得到的图形旋转到与投影面平行的位置，然后再进行投影，这样得到的剖面图称为旋转剖面图，如图 1.24(c)所示。

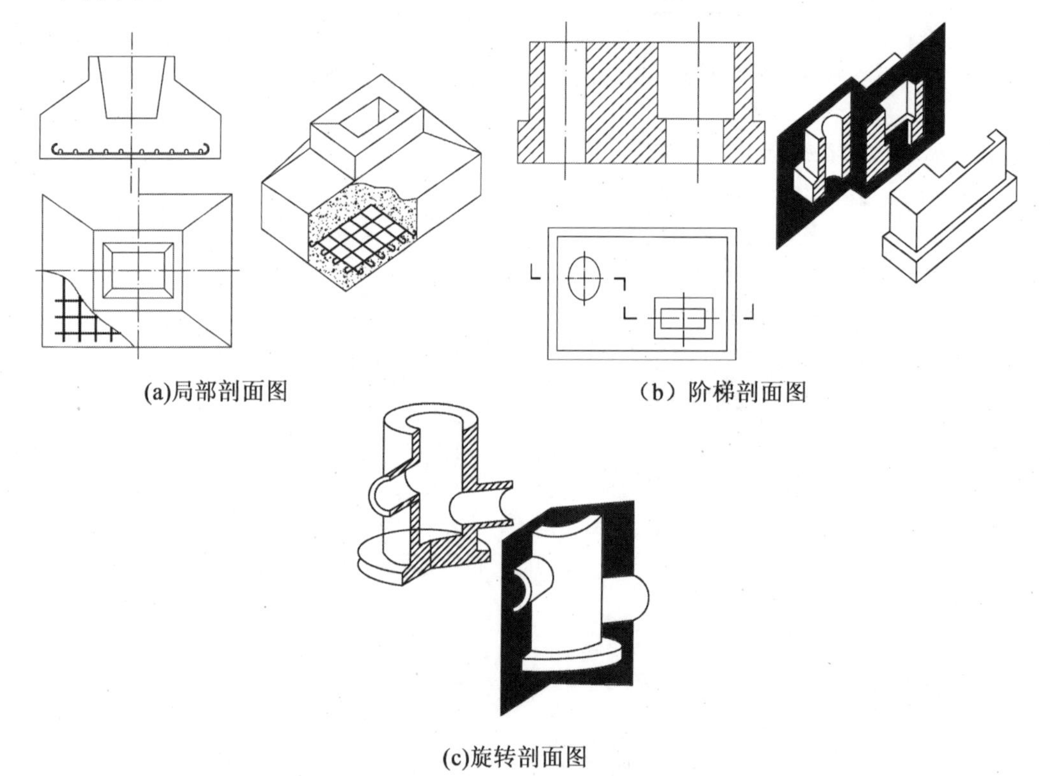

(a)局部剖面图 (b) 阶梯剖面图

(c)旋转剖面图

图 1.24 局部剖面图

任务2　断面图识读

假想用一个剖切平面将物体剖开，只画出剖切平面剖到的部分的图形称为断面图，简称断面。断面图适用于表达实心物体，如柱、梁、型钢的断面形状，在结构施工图中，也用断面图表达构配件的钢筋配置情况。

1. 断面图与剖面图的区别

(1)绘制内容不同。

剖面图除应画出剖切面切到部分的图形外，还应画出投影方向看到的部分，被剖切面切到的部分的轮廓线用粗实线绘制，剖切面没有切到但沿投影方向可以看到的部分用中实线绘制，断面图则只用粗实线画出剖切到部分的图形，如图1.25(c)、(d)所示。

(2)标注方式不同。

断面图与剖面图的剖切符号也不同，如图1.24 (d)所示。断面图的剖切符号，只有剖切位置线没有投影方向线。剖切位置线为6～10 mm的粗实线。用编号所在的位置表示投影的方向，编号标注在投影方向一侧。在断面图下方注出与剖切符号相应的编号1—1、2—2等，但不写“断面图”字样。

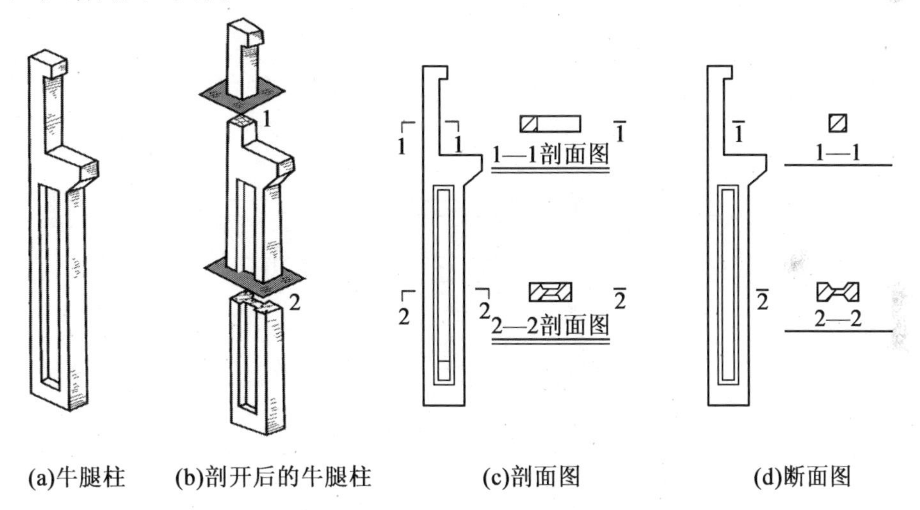

(a)牛腿柱　(b)剖开后的牛腿柱　(c)剖面图　(d)断面图

图1.25　断面图与剖面图的区别

2. 断面图的分类

断面图按其配置的位置不同，分为移出断面图、重合断面图和中断断面图。

(1)移出断面图。

绘制在投影图之外的断面图，称为移出断面图。移出断面图的轮廓线用粗实线绘制，断面图上要画出材料图例，如图1.26所示。

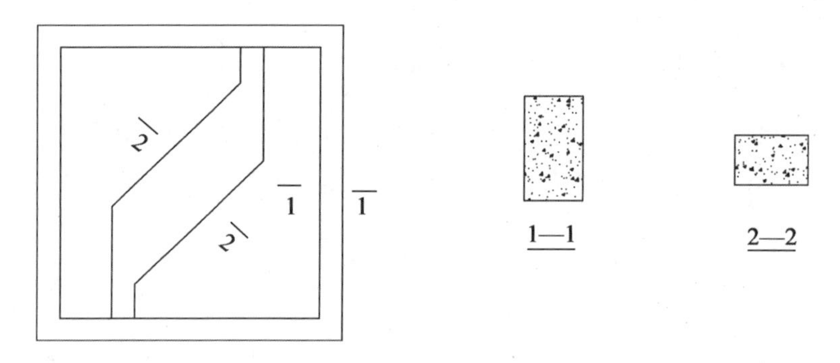

图 1.26 移出断面图的画法

(2)重合断面图。

断面图绘制在投影图之内,称为重合断面图。重合断面图的轮廓线用细实线绘制。当投影图的轮廓线与断面图的轮廓线重叠时,投影图的轮廓线仍需要完整画出,不可间断,如图 1.27(a)、(b)所示。因为断面尺寸较小,画重合断面图时可以涂黑,如图 1.27(c)所示。

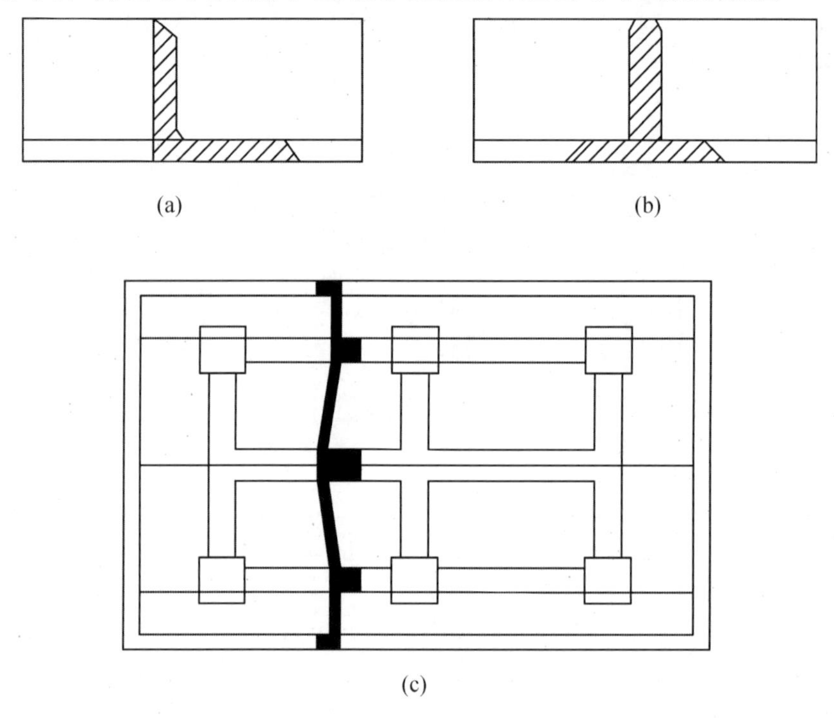

图 1.27 重合断面图的画法

(3)中断断面图。

绘制在投影图中断处的断面图称为中断断面图。中断断面图只适用于杆件较长、断面形状单一且对称的物体。中断断面图的轮廓线用粗实线绘制,投影图的中断处用波浪线或折断线绘制。中断断面图不必标注剖切符号,如图 1.28 所示。

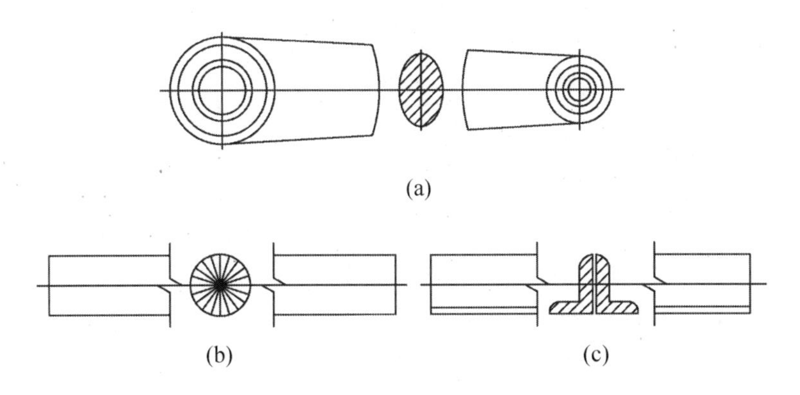

图 1.28　中断断面图的画法

3. 断面图的标注

(1)剖切符号。

断面图的剖切符号,仅用剖切位置线表示。剖切位置线绘制成两段粗实线,长度宜为 6~10 mm。

(2)剖切符号的编号。

断面的剖切符号要进行编号,用阿拉伯数字或英文字母按顺序编排,标注在剖切位置线的同一侧,编号所在的一侧为该断面的剖视方向。

习题 1.2

1. 断面图识读

如图 1.29 所示,根据所给投影图,判断该形体的空间形状。

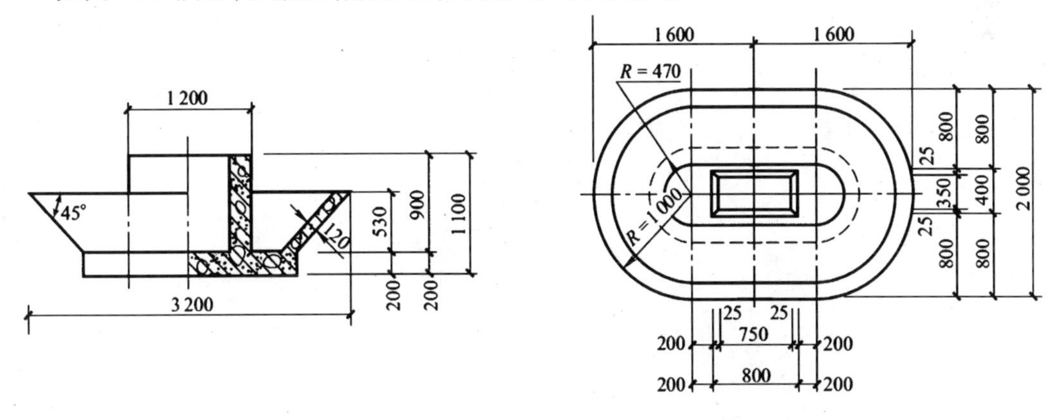

图 1.29　第 1 题图

2. 剖面图是如何形成的?剖面图有哪些类型?剖面图如何标注?

3. 断面图是怎样形成的?断面图有哪些类型?断面图如何标注?

4. 剖面图与断面图有什么不同?

5. 剖面图和断面图有哪些简化画法?如何使用?

第2章　绘制三面投影图

本章主要介绍立体表面点、直线、平面投影的绘制及其投影特性。通过点、线、面投影图的绘制,准确掌握点、线、面的投影特性。

点、线、面是构成各种形体的基本几何元素,它们不能脱离形体而孤立存在,研究点、线、面的投影规律,有助于认识形体的投影本质,掌握形体的投影规律。

2.1　绘制点、线、面的三面投影图

如图2.1(a)所示,将形体向三个投影面作投影,再将三面投影体系展开,形成三面投影图。绘制形体的投影图时,应将形体上的棱线和轮廓线都画出来,并且按投影方向,可见的线用实线表示,不可见的线用虚线表示,当虚线和实线重合时只画出实线。

三面投影图绘制步骤如下。

(1)先绘制正面投影图,然后根据“三等关系”,绘制其他两面投影。

(2)“长对正”可用靠在丁字尺工作边上的三角板,将 V 面、H 面两投影对正;“高平齐”可以直接用丁字尺将 V 面、W 面投影拉平;“宽相等”可利用过原点 O 的45°斜线,利用丁字尺和三角板,将 H 面、W 面投影的宽度相互转移,如图2.1(b)所示,或以原点 O 为圆心作圆弧的方法,得到引线在侧立投影面上与“等高”水平线的交点,连接关联点从而得到侧面投影图。

三个投影图的位置不能乱放,三面投影图之间存在着必然的联系。只要给出物体的任何两面投影,就可求出第三个投影面。

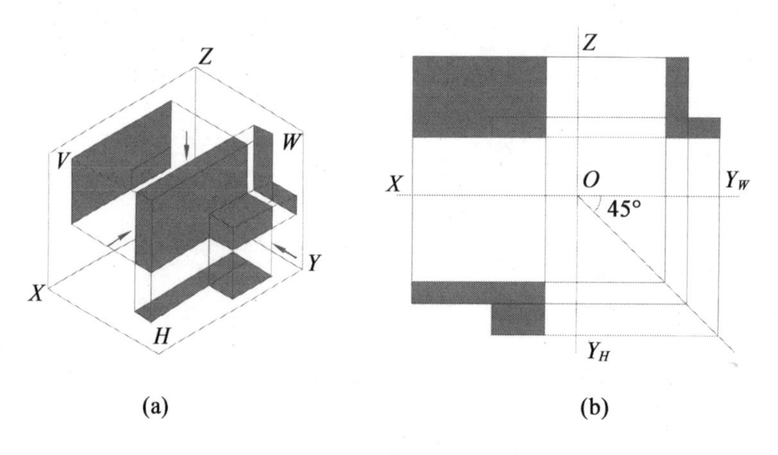

图2.1　形体的三面投影

任务 1　绘制点的三面投影图

1. 已知点的水平面和正面投影,求点的侧面投影

已知点 A 的水平投影 a 和正面投影 a',求其侧面投影 a'',如图 2.2 所示。

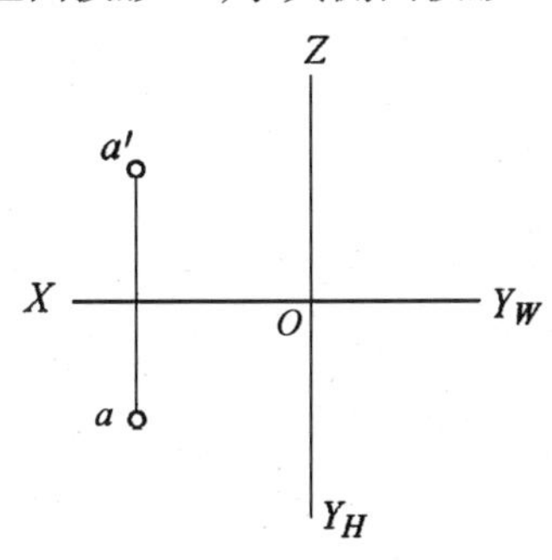

图 2.2　求点 A 的侧面投影图

制图步骤:

(1)过 a'引 OZ 轴的垂线 $a'a_z$,所求 a''必在这条延长线上(图 2.3(a))。

(2)在 $a'a_z$ 的延长线上截取 $a_z a''=aa_x$,a''即为所求(图 2.3(b))。或以原点 O 为圆心,以 aa_x 为半径作弧,再向上引线,如图 2.2(c)箭头所示;也可以过原点 O 作 45°辅助线,过 a 作 $aa_{y_H}\perp OY_H$ 并延长交所作辅助线于一点,过此点作 OY_W 轴垂线交 $a'a_z$ 于一点,此点即为 a'',如图 2.3(d)箭头所示。

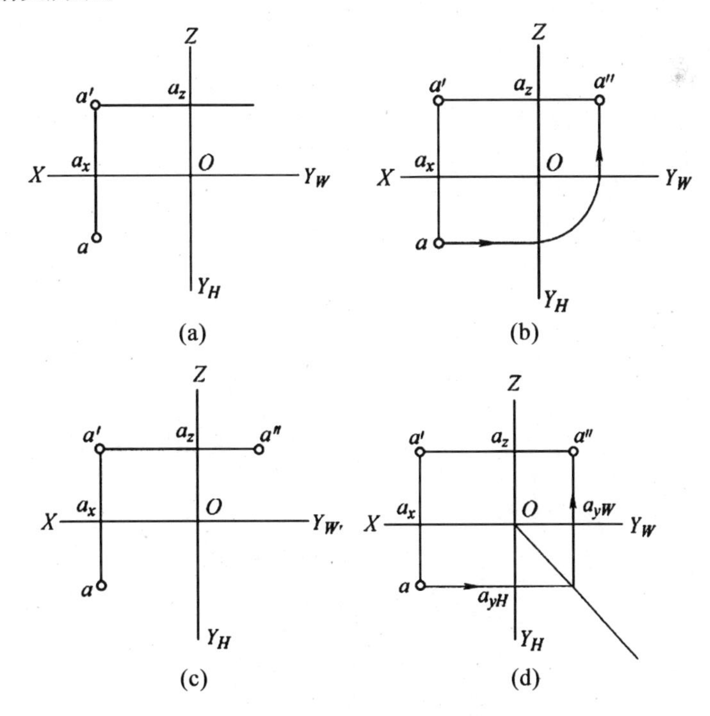

图 2.3　求点 A 的侧面投影步骤图

2. 已知点坐标，求点侧面投影

点的一个投影能反映两个坐标，反之点的两个坐标可确定一个点的投影。H 面投影由 X 轴、Y 轴坐标决定，即 $a(x,y)$；V 面投影由 X 轴、Z 轴坐标决定，即 $a'(x,z)$；W 面投影由 Y 轴、Z 轴坐标决定，即 $a''(y,z)$，如图 2.4 所示。

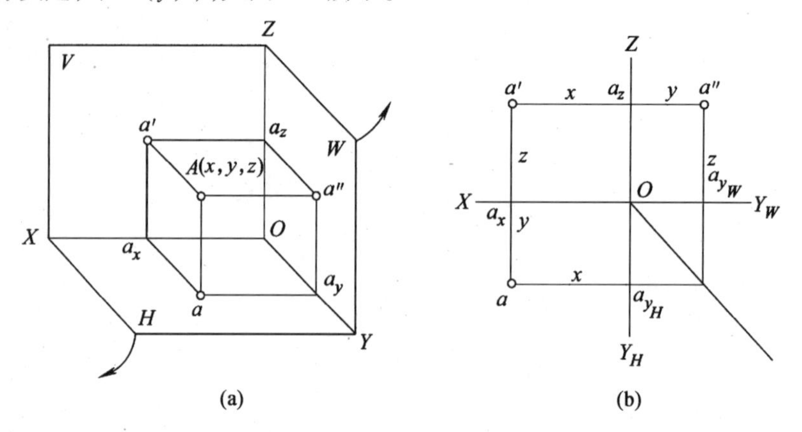

图 2.4　已知点坐标，点求侧面投影

显然，空间点的位置不仅可以用其投影确定，也可以由它的坐标来确定。若已知点的三面投影，可以确定该点的三个坐标，反之若已知点的坐标，也可以作出该点的三面投影。

【例 1】　已知点 $A(14,10,20)$，作其三面投影图。

(1) 方法一（图 2.5）。

①在投影轴 OX、OY_H、OY_W 和 OZ 上，分别从原点 O 截取 14 mm、10 mm、10 mm、20 mm，得点 a_x、a_{y_H}、a_{y_W} 和 a_z。

②过点 a_x、a_{y_H}、a_{y_W} 和 a_z，分别作投影轴 OX、OY_H、OY_W 和 OZ 的垂线，即可得点 A 的三面投影 a、a'和 a''。

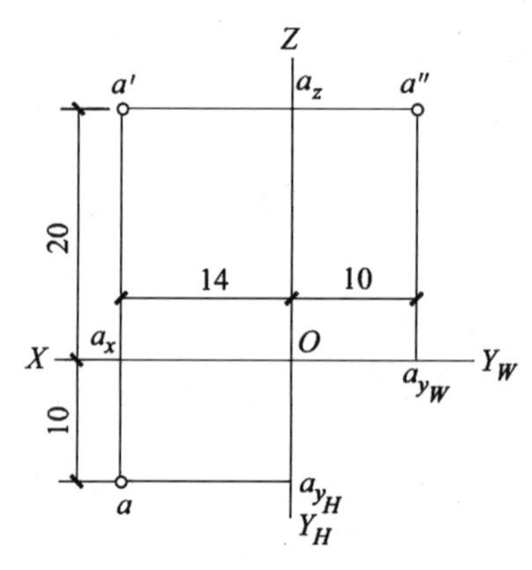

图 2.5　作三面投影（方法一）

(2) 方法二（图 2.6）。

①在 OX 轴上，从 O 点截取 14 mm，得 a_x 点。

②过 a_x 点作 OX 轴的垂线，在此垂线上，从 a_x 点向下截取 10 mm，得点 a，从 a_x 点向上

截取 20 mm，得点 a'。

③在 OY_H 和 OY_W 轴之间作 45°辅助线，从点 a 作 OY_H 的垂线与 45°线交得 a_0 点，过 a_0 作 OY_W 轴垂线，过 a' 作 OZ 轴垂线，与过 a_0 点作出的 OY_W 的垂线交得 a'' 点。

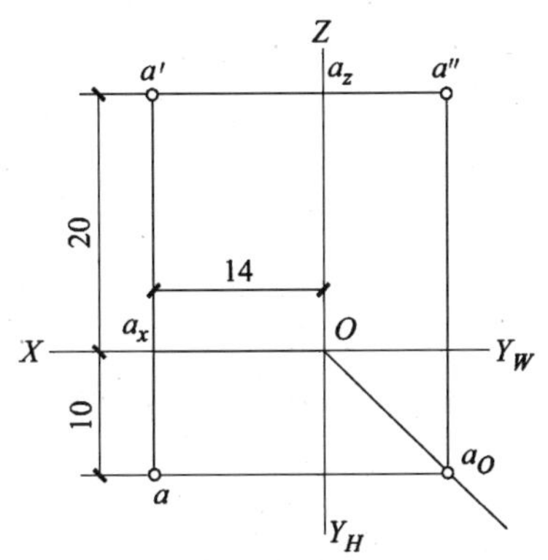

图 2.6　作三面投影（方法二）

任务 2　绘制直线的投影图

如图 2.7 所示，已知直线 AB 的水平投影 ab，AB 对 H 面的倾角为 30°，端点 A 距水平面的距离为 10，点 A 在点 B 的左下方，求 AB 的正面投影 $a'b'$。

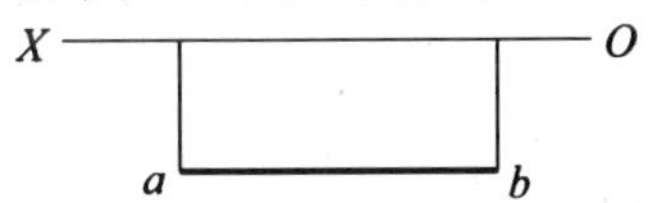

图 2.7　直接 AB 的水平投影 ab

由已知条件可知，AB 的水平投影 ab 平行于 OX 轴，因而 AB 是正平线，正平线的正面投影与 OX 轴的夹角反映直线与 H 面的倾角。点 A 到水平面的距离等于其正面投影 a' 到 OX 轴的距离，从而先求出 a'。

（1）过 a 作 OX 轴的垂线 aa_x，在 aa_x 的延长线上截取 $a'a_x=10$，如图 2.8 所示。

（2）过 a' 作与 OX 轴成 30°角的直线，与过 b 作 OX 轴垂线 bb_x 的延长线相交，因为点 A 在点 B 的左下方，故所得交点即为 b'，连接 $a'b'$ 即为所求，如图 2.9 所示。

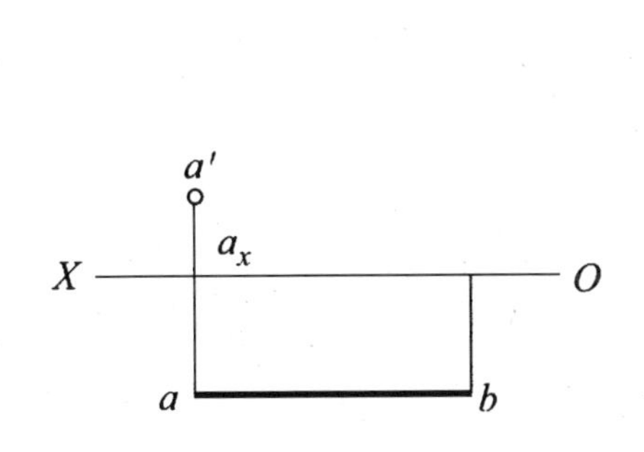

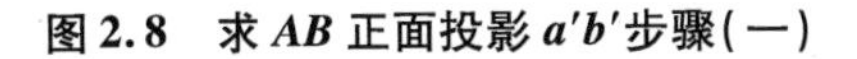

图 2.8　求 AB 正面投影 $a'b'$ 步骤（一）

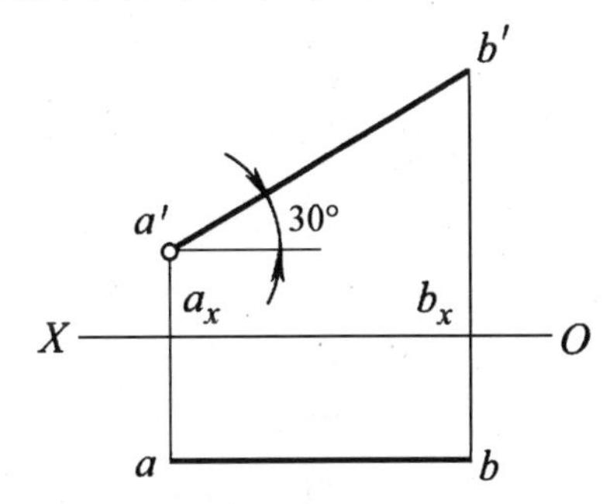

图 2.9　求 AB 正面投影 $a'b'$ 步骤（二）

任务3 绘制平面的三面投影图

已知正方形平面 $ABCD$ 垂直于 V 面及 AB 的两面投影,求作此正方形的三面投影图。

由已知条件得知,正方形 $ABCD$ 为一正平面,因而 AB、CD 是正平线,AD、BC 是正垂线,$a'b'$ 长即为正方形各边的实长。

制图步骤(图2.10):

①过 a、b 分别作 $ad \perp ab$、$bc \perp ab$,截取 $ad = bc = a'b'$;

②连接 dc 即为正方形 $ABCD$ 的水平投影;

③正方形 $ABCD$ 的正面投影积聚为直线 $a'b'$,再根据投影关系分别求出 a''、b''、c''、d'',并连线,即为正方形 $ABCD$ 的侧面投影。

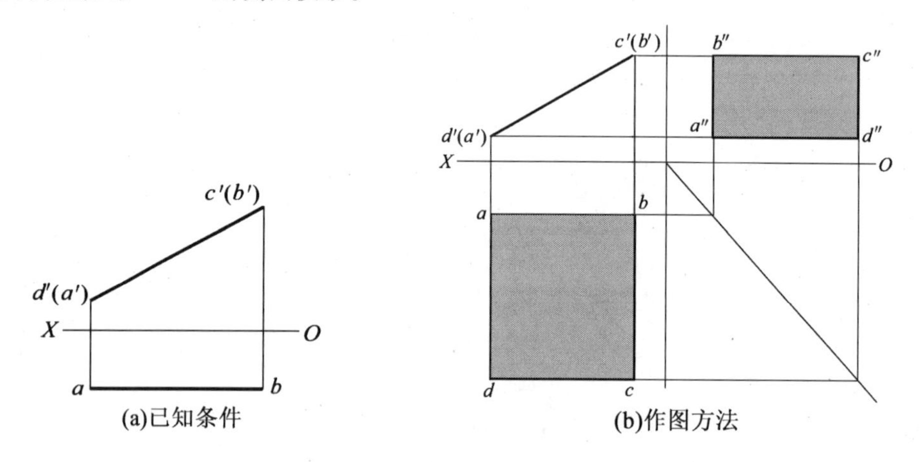

图2.10 绘制平面的三面投影图

2.2 绘制基本几何体及其三面投影图

立体可分为基本几何体和组合体。基本几何体是由平面或平面和曲面围合而成的立体,简称基本体。组合体是由两个或两个以上基本几何体组合而成的立体。基本体依据其体表面的几何性质,又可分为平面立体和曲面立体。研究基本体的投影,实质上就是研究基本体表面上点、线、面的投影。

绘制平面立体的投影,需绘制出平面立体各棱面(线)的投影。当可见棱线与不可见棱线的投影重合时,用实线表示。最基本的平面立体是棱柱和棱锥。

任务1 识读基本棱柱体投影

棱线互相平行的立体,称为棱柱体,如三棱柱、四棱柱、六棱柱等。棱柱体是由棱面(棱柱体的表面)、棱线(棱面与棱面的交线),以及棱柱体的上下底面共同组成。

三棱柱的三面投影特性(图 2.11)如下:

(1)三角形上底面和下底面是水平面,左、右两个棱面是铅垂面,后面的棱面是正平面;

(2)水平投影是一个三角形,是上下底面的重合投影,与 H 面平行,反映实形,三角形的三条边,是垂直于 H 面的三个棱柱面的积聚投影,三个顶点是垂直于 H 面的三条棱线的积聚投影;

(3)正面投影是左右两个棱面与后面棱面的重合投影,左右两个棱面是铅垂面,后面的棱面是正平面,反映实形,三条棱线互相平行,是铅垂线且反映实长,两条水平线是上下底面的积聚投影;

(4)侧面投影是左右两个棱面的重合投影,左边铅垂线是后面棱面的积聚投影,右边的铅垂线是三棱柱最前一条棱线的投影(左右两个棱面的交线),两条水平线是上下底面的积聚投影。

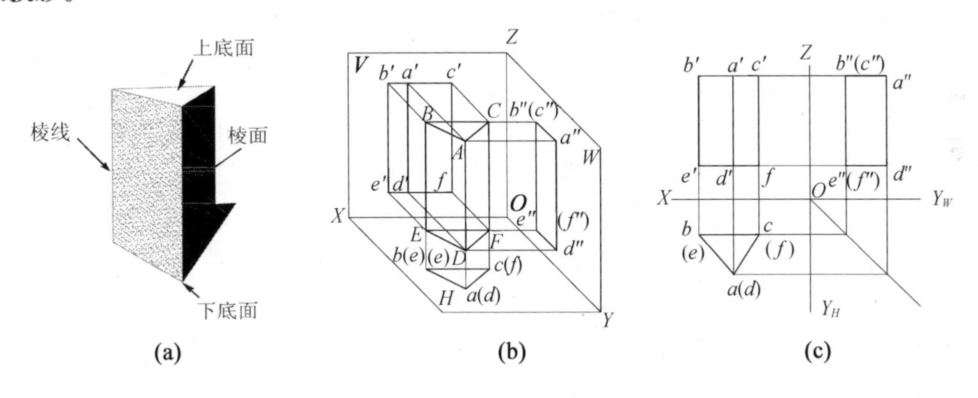

图 2.11　三棱柱的三面投影

在平面立体中,可见棱线用实线表示,不可见棱线用虚线表示,以区分可见表面和不可见表面。

任务 2　绘制基本棱锥体投影

如图 2.12 所示,正三棱锥由底面△*ABC* 和三个三角形棱面 *SAB*、*SBC*、*SAC* 组成,底面是水平面,其水平投影反映实形,正面和侧面投影积聚成直线;棱面 *SAC* 为侧垂面,侧面投影积聚成一条直线,水平投影和正面投影为类似形;棱面 *SAC* 和 *SBC* 为一般位置平面,其三个投影均为类似形。

绘制正三棱锥的三面投影时,先从反映底面△*ABC* 实形的水平投影△*abc* 画起,绘制△*ABC* 的三面投影;再画出顶点 *S* 的三面投影;然后绘制棱线 *SA*、*SB*、*SC* 的三面投影,即得到三个棱面的三面投影,完成正三棱锥的三面投影图。

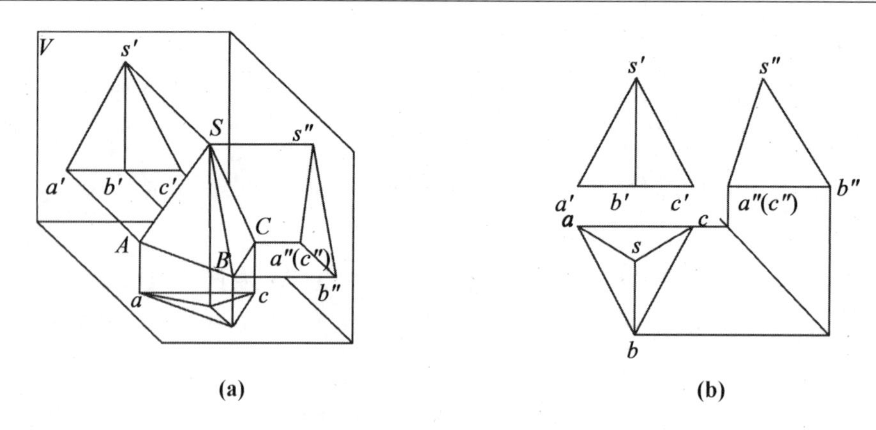

(a) (b)

图 2.12 正三棱锥的三面投影

任务 3 绘制组合体的三面投影图

建筑工程中的形体大多以组合体的形式出现,组合体由基本几何体组成。根据组合体构成类型及其投影方式的不同,组合体可分为叠加型、切割型、相贯型和综合型四种类型。

叠加型组合体由若干个基本几何体叠加而成,如图 2.13 所示。

绘制和识读组合体的投影图时,可将组合体分解成若干个基本形体或简单形体,并分析它们之间的关系,然后逐一解决绘制和读图问题。这种把一个复杂形体分解成若干基本形体或简单形体的方法,称为形体分析法,它是制图、读图和标注尺寸的基本方法。

绘制组合体的投影图,一般先进行形体分析,选择适当的投影图,然后制图。

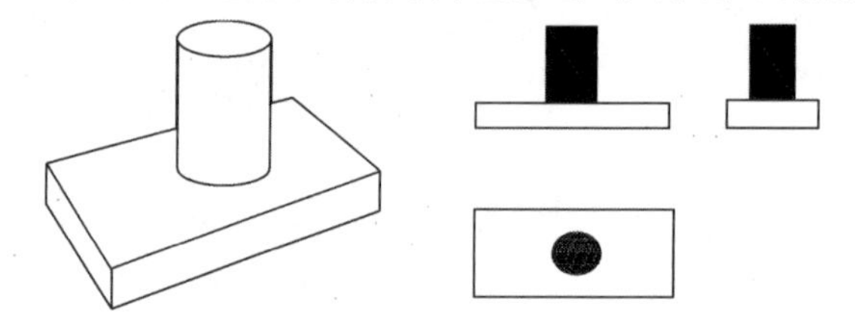

图 2.13 叠加型组合体

1. 绘制组合体三面投影图

(1)形体分析。

如图 2.14(a)所示为室外台阶,把它可以看成是由边墙、台阶和边墙三部分组成。其中两边的边墙是两个棱线水平的六棱柱;中间的三级台阶可看成是一个棱线水平的八棱柱(图 2.14(b))。

(2)选择投影图。

选择投影图的原则是用较少的投影图把形体的形状完整、清楚、准确地表达出来。投影图的选择包括确定形体的安放位置、选择正面投影及确定投影图数量等。

①确定形体的安放位置。

形体的安放位置是指形体相对于投影面的位置,该位置的选取应以表达方便为前提,即应使形体上尽可能多的线(面)为投影面的特殊位置线(面)。但对建筑形体,通常按其正常工作位置放置。

②选择正面投影。

正立面图是表达形体的一组视图中最主要的视图，所以在视图分析的过程中应重点考虑。其选择的原则如下：

a. 应使正面投影尽量反映出形体各组成部分的形状特征及其相对位置；

b. 应使视图上的虚线尽可能少一些；

c. 应合理利用图纸的幅面。

如图 2.14 所示的台阶，如果选 C 向投影为正视图，它能较清楚地反映台阶踏步与边墙的形状特征，而若从 A 向投影，则能很清楚地反映台阶踏步与两边墙的位置关系，即结构特征。但为了能同时满足虚线少的条件，选 A 向更加合理。

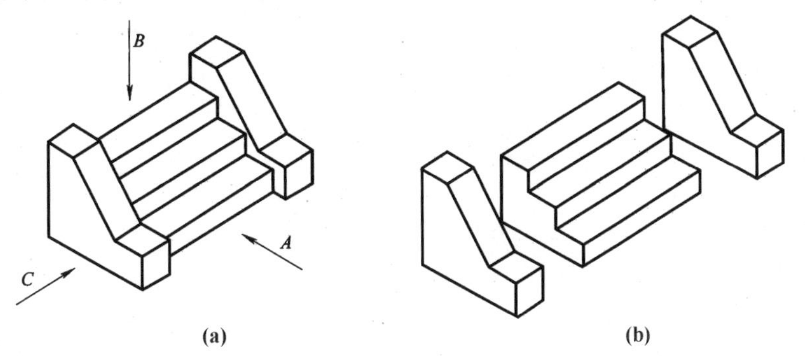

图 2.14　室外台阶的形体分析

③确定投影图数量。

当正面投影选定后，组合体的形状和相对位置还不能完全表达清楚，需要增加其他投影进行补充。为了便于读图，减少制图工作量，在保证完整、清楚地表达物体形状、结构的前提下，尽量减少投影图的数量。

确定投影图数量的方法为通过对组合体进行形体分析，确定各组成部分所需的视图数量，再减去标注尺寸后可以省去的视图数量，从而得出最终所需的视图数量及其名称。

(3)制图步骤。

①选取制图比例、确定图幅。按选定的比例，根据组合体的长、宽、高计算出三个视图所占的面积，在视图之间留出标注尺寸的位置和适当的间距，并依次选用合适的标准图幅。

②布图、画基准线(图 2.15)。先固定图纸，画出图框和标题栏。然后根据视图的数量和标注尺寸所需的位置，把各视图匀称地布置在图幅内。对于一般形体，应先根据形体总的长、宽、高尺寸，画出各视图所占范围(用矩形框表示)，目测并调整其间距，使布图均匀。如果形体是对称的，应先画出各投影图的基准线、对称线，并依此均匀布图。

③绘制视图的底稿。

根据形体投影规律，逐个绘制各基本形体的三视图。制图的顺序是一般先画实形体，后画虚形体(挖去的形体)；先画大形体，后画小形体；先画整体形状，后画细节形状。绘制每个形体时，要三个视图联系起来绘制，并从反映形体特征的视图画起，再根据投影关系绘制其他两个视图,如图 2.16 所示。

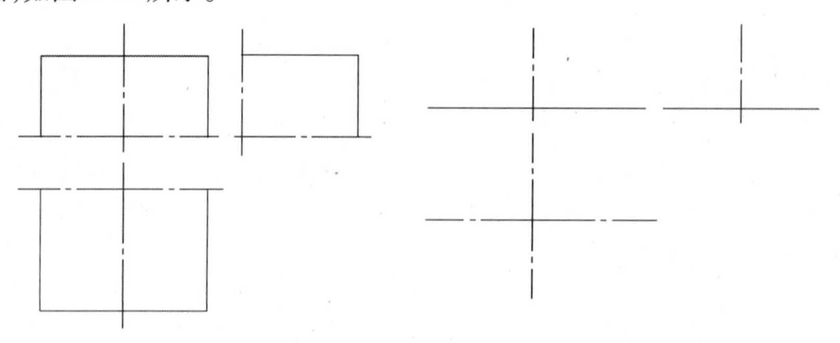

图 2.15　布图、画基准线

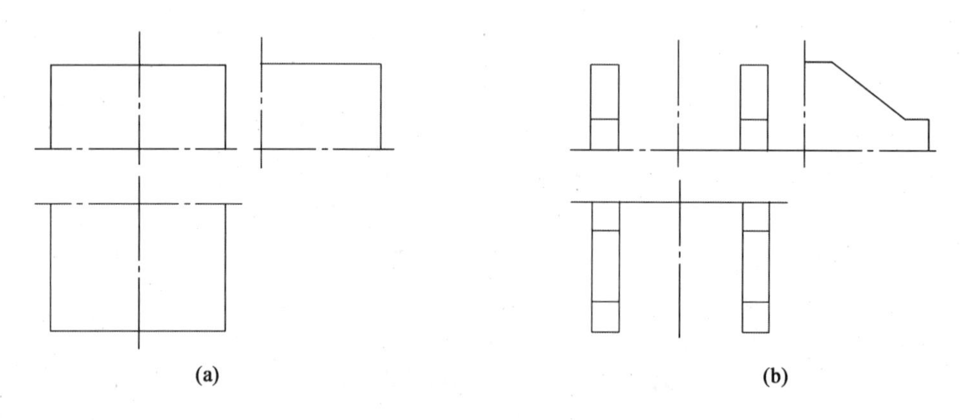

图 2.16　绘制视图的底稿示例

④检查、描深。

底稿画完后,用形体分析法逐个检查各组成部分(基本形体)的投影,以及它们之间的相互位置关系;对各基本形体间邻接表面处于相切、共面或相交时产生的线、面的投影,用线、面的投影性质重点校核,纠正错误,补充遗漏。确认无误后,可按规定的线型进行加深,如图 2.17 所示。

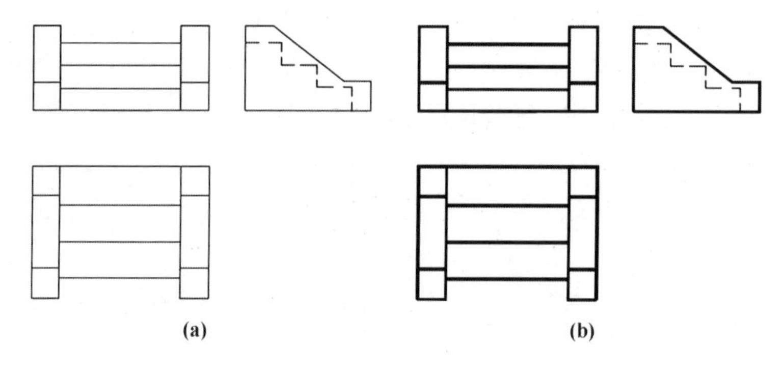

图 2.17　检查,描深

习题 2.1

1. 绘制如图 2.18 所示的四棱台三面投影图。
2. 绘制如图 2.19 所示的组合体三面投影图。

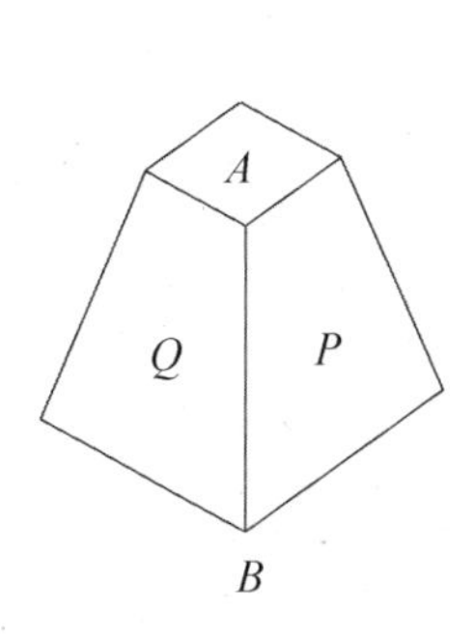

图 2.18　四棱台

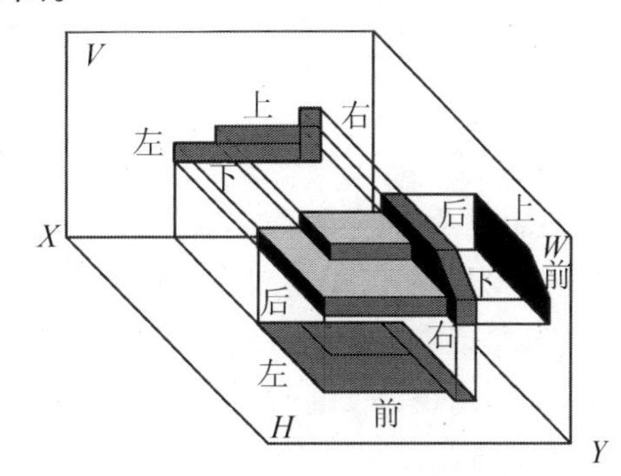

图 2.19　组合体的投影

第3章　识读与绘制轴测投影

如图3.1(a)所示,正投影三视图能够完整、严格、准确地表达形体的形状和大小,其度量性好、制图简便,因此在工程技术领域应用广泛,但这种图缺乏立体感,须经过专业技术培训才能读懂。因此,在工程上常采用一种按平行投影法绘制,但能同时反映出形体长、宽、高的三维空间形象且富有立体感的单面投影图,来表达设计人员的意图。由于绘制这种投影图时是沿着形体的长、宽、高三个坐标轴的方向进行测量作图的,所以把这种图称为轴测投影图,如图3.1(b)所示。

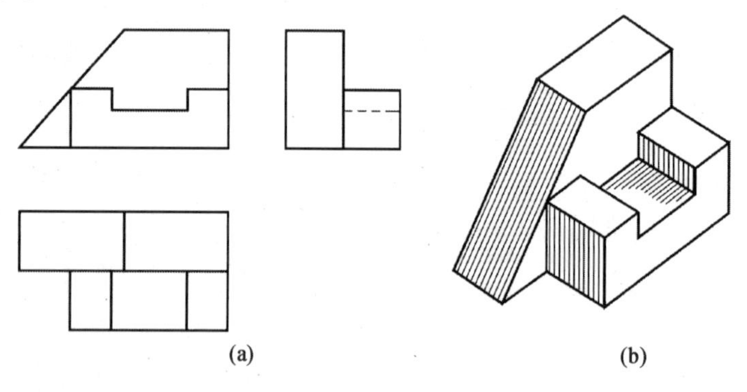

图3.1　形体的三视投影及轴测投影

如图3.2所示,该图形能在一个投影面上同时反映出物体长、宽、高三个方向的尺寸,立体感较强。但同时也发现原本为正方形的三个表面均发生了变形,尺寸的测量性变差。绘制过程比较麻烦,轴测投影图在应用上有一定的局限性,因此工程上常用它作为辅助图样,在市政、给排水和暖通等专业图中,常用轴测投影图表达各种管道的空间位置及相互关系。

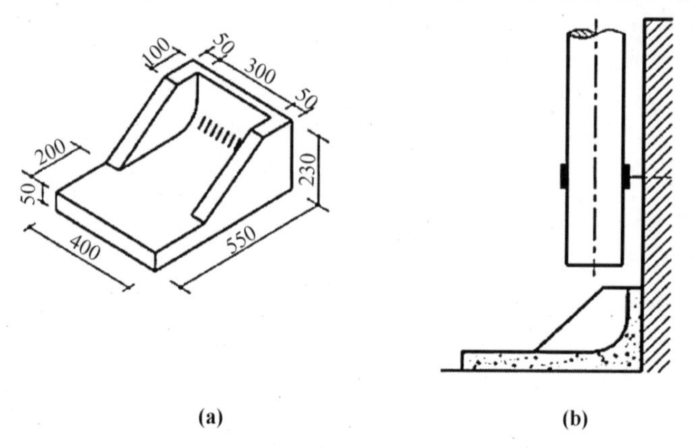

图3.2　轴测投影图和构造图的对比

3.1　识读轴测投影图

1. 轴测投影的基本概念

轴测投影就是将空间形体及确定空间位置的直角坐标系，沿不平行于任一坐标轴的方向，用平行投影法投影到一个投影面 P 上而得到图形的方法，该图形就是轴测图。若投影方向线与投影平面垂直，称为正轴测投影法，所得图形称为正轴测图，如图 3.3(a)所示；若投影方向线与投影平面倾斜，称为斜轴测投影法，所得图形称为斜轴测图，如图 3.3(b)所示。

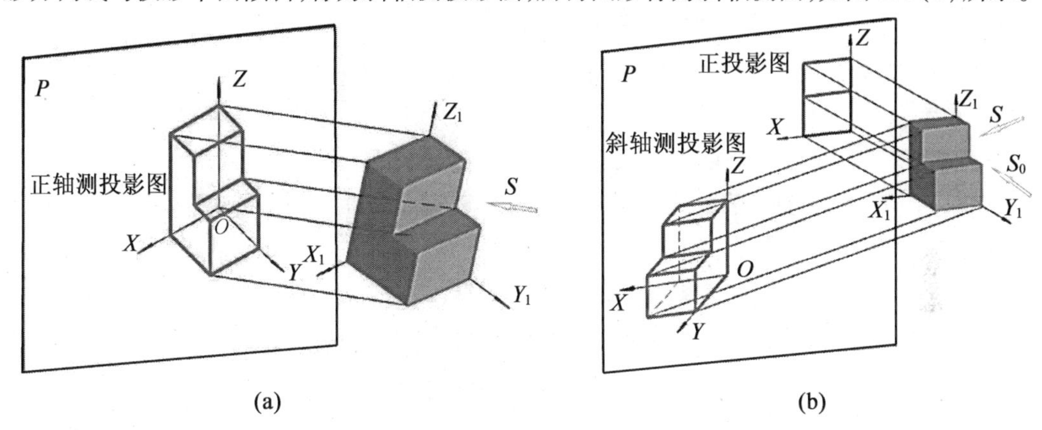

图 3.3　轴测图的形成

(1)轴测投影面：得到轴测投影的单一投影面，如图 3.3 中 P 平面。

(2)轴测投影轴：三个坐标轴 X_1 轴、Y_1 轴、Z_1 轴在轴测投影面 P 上的投影 OX 轴、OY 轴、OZ 轴称为轴测投影轴，简称轴测轴。

(3)轴间角：两轴测轴之间的夹角称为轴间角，如图 3.4 中的 $\angle XOY$、$\angle YOZ$、$\angle ZOX$，三个轴间角之和为 360°。

(4)轴向伸缩系数：轴测轴上的单位长度与相应坐标轴上的单位长度的比值，称为轴向伸缩系数。如图 3.4 所示设 p_1、q_1、r_1 分别为 OX、OY、OZ 轴的轴向伸缩系数，于是有：

OX 轴的轴向伸缩系数 $p_1 = OA/O_1A_1$；

OY 轴的轴向伸缩系数 $q_1 = OB/O_1B_1$；

OZ 轴的轴向伸缩系数 $r_1 = OC/O_1C_1$。

轴间角和轴向伸缩系数是轴测投影中两个最基本的要素，不同类型的轴测图表现为不同的轴间角和轴向伸缩系数。

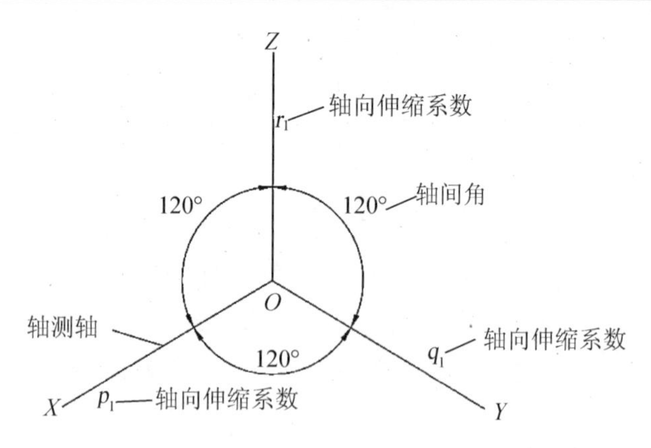

图 3.4 轴测坐标系

2. 轴测投影的分类

如图 3.3 所示，轴测投影分为正轴测投影和斜轴测投影，每类根据轴间角和轴向伸缩系数的不同又分为三种：

(1) 正(斜)等测投影，三个轴向伸缩系数均相等，即 $p_1 = q_1 = r_1$；

(2) 正(斜)二测投影，仅有两个轴向伸缩系数相等，如 $p_1 = r_1 \neq q_1$；

(3) 正(斜)三测投影，三个轴向伸缩系数均不相等，即 $p_1 \neq q_1 \neq r_1$。

工程上最常用的轴测投影是正等测投影和斜二测投影，正二测投影在某些场合中也适用。

3. 轴测投影的特性

轴测投影具有平行投影的投影特性。

(1) 平行性。

空间相互平行的直线，其轴测投影仍相互平行。

(2) 度量性。

立体上与三个坐标轴平行的直线，在轴测图中均可沿轴的方向测量。

(3) 变形性。

立体上与坐标轴不平行的直线，其投影会缩短或变长，不能在轴测图上直接量取，而是要先确定直线两个端点的位置，再画出该直线的轴测投影。

(4) 定比性。

若一点将空间中一直线分为成一定比例的两段，在轴测投影中，该比例不变；空间中平行两直线的长度之比，在轴测投影中，比例不变。

习题 3.1

1. 轴测投影的参数包括(　　　　)、(　　　　)和(　　　　)。

2. 轴测投影图的特性是(　　　　)、(　　　　)、(　　　　)和(　　　　)。

3. 正等轴测投影图的轴间角相等，均为(　　　　)，在画图时，通常将 *OZ* 轴垂直放置，*OX* 轴和 *OY* 轴与水平方向成(　　　　)夹角。

4. 简述轴测投影的形成、分类及基本性质是什么？

5. 什么是轴测投影面？什么是轴测轴、轴间角？

6. 什么是横向伸缩系数？横向伸缩系数如何表示？

7. 轴测图按投影方向分为哪几类？

3.2　绘制轴测投影图

任务 1　绘制正等测图

正等轴测图是正轴测图中的一种，投影方向线与 P 平面垂直，且 OX 轴、OY 轴、OZ 轴与 P 平面的夹角均相等，三个轴向伸缩系数均相等，常简称为正等测图或正等测。

1. 正等测图的轴间角和轴向伸缩系数

正等测图中三个轴间角相等，均为 120°；三个轴向伸缩系数也相等，均为 0.82，为简化制图步骤，常将轴向伸缩系数值取为 1，即 $p=q=r=1$，称为简化的轴向伸缩系数，如图 3.5 所示。

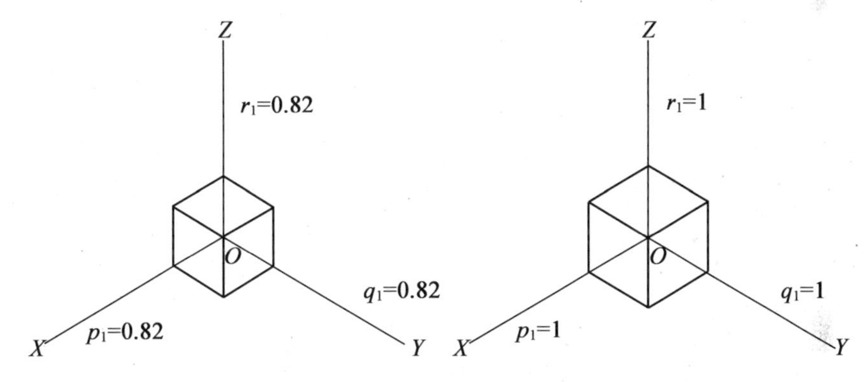

图 3.5　正等测投影实例

2. 绘制平面立体的正等测图

制图总思路如下：

①确定物体的坐标轴；

②绘制正等测的轴测轴；

③运用平行投影的特性作出平面立体上的点、线、面；

④整理图线，加深加粗平面立体上可见的图线。

(1) 坐标法。

坐标法是根据平面立体表面各点间的坐标关系，绘制各点的轴测投影，依次连接各相应点，即可得到形体的轴测轮廓线，是绘制投影图的基本方法。

【例 1】　用坐标法绘制图 3.6(a) 所示正三棱柱的正等轴测图。

绘图步骤如下：

①建立如图 3.6(a) 所示的坐标系；

②分别在 X_1 轴上截取 $O_1a_1 = Oa$，$O_1c_1 = Oc$，在 Y_1 轴上截取 $O_1b_1 = Ob$，依次连接 a_1、b_1、c_1，得到正三棱柱上表面的正等测图，如图 3.6(b)所示；

③分别过 a_1、b_1、c_1 向下作 Z_1 轴的平行线，并依次截取棱柱高度 H，连接各截点，即可完成正三棱柱的正等轴测图，如图 3.6(c)所示；

④由于轴测图中一般不画虚线，所以加深、加粗物体上可见的图线，绘制成如图 3.6(d)所示的正三棱柱正等轴测图。

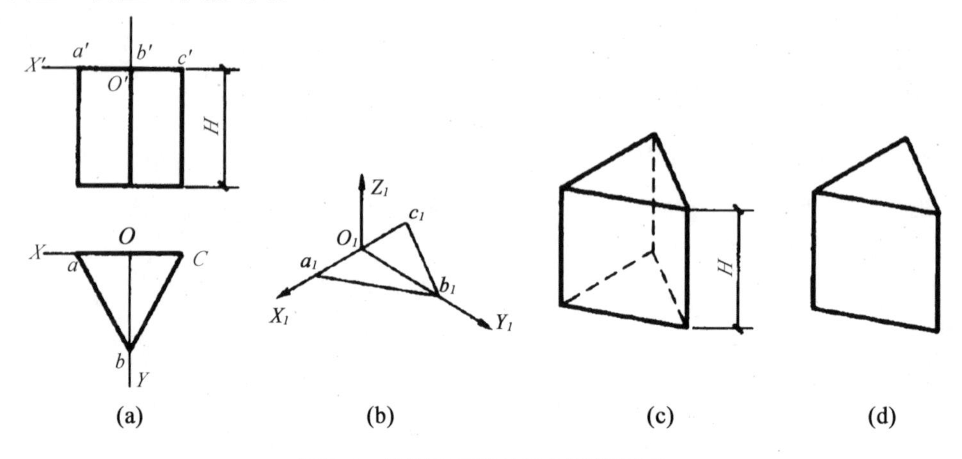

图 3.6 绘制正三棱柱的正等轴测图

在绘制轴测图原点 O_1 时，可选在平面立体的任意位置，但为了制图方便，常选择在平面立体的某一顶点或较易确定其余主要定位点处，如图 3.7 所示。

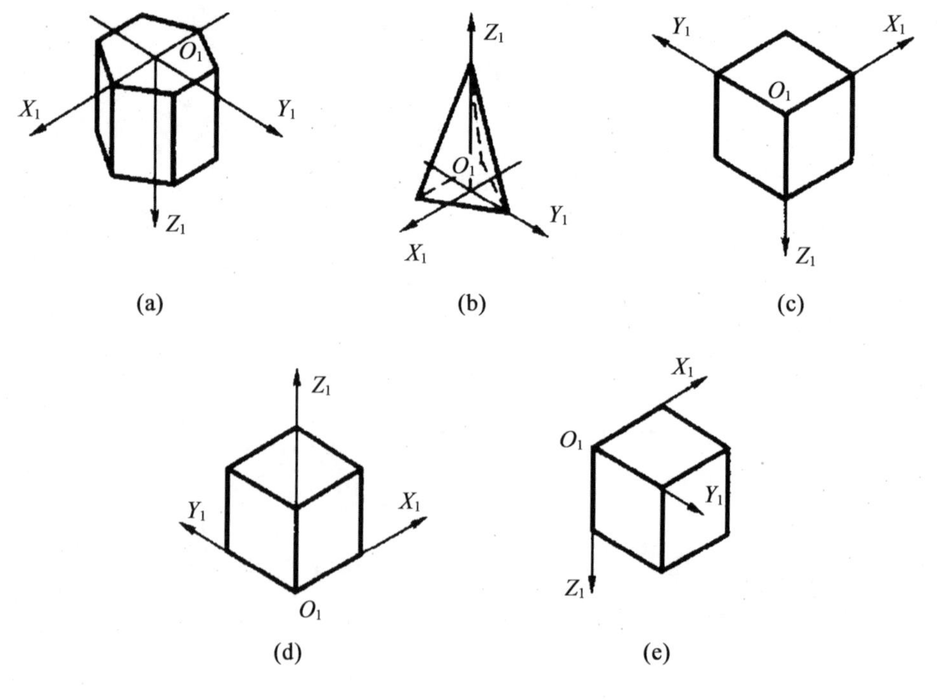

图 3.7 轴测轴原点的几种设置形成

【例 2】 用坐标法绘制图 3.8(a)所示平面立体的正等测图。

【分析】 该平面立为四棱台,可建立如图 3.8(a)所示坐标系,再逐步确定出各顶点位置,作图步骤详见图 3.8(b)、(c)、(d),图中未画出不可见轮廓线,但并不影响读图,所以轴测图中一般不画虚线。

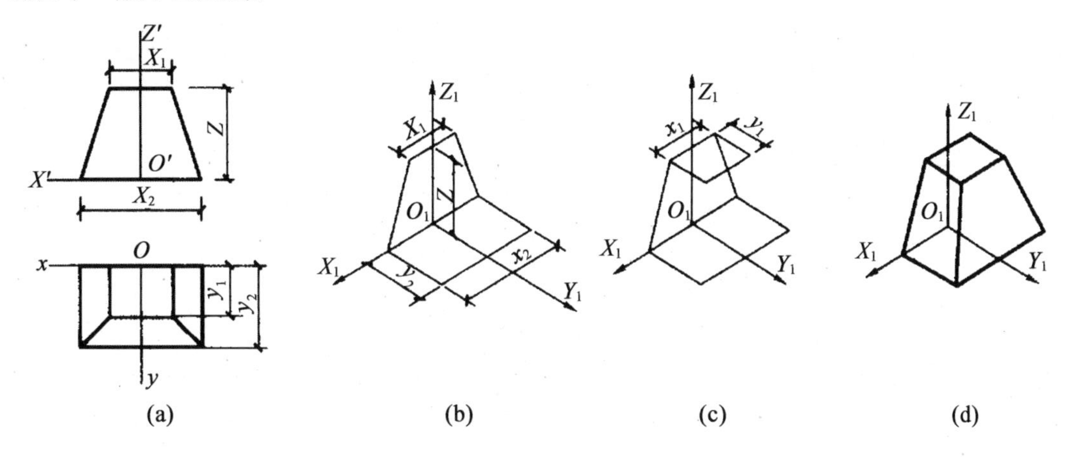

图 3.8　用坐标法绘制正等测图

(2)叠加法。

绘制叠加类组合体的轴测图时,亦采用形体分析法,将其分为几部分,然后根据各组成部分的相对位置关系及表面连接方式分别画出各部分的轴测图,进而完成整个形体的轴测图。

【例 3】 如图 3.9(a)所示,已知平面立体的两面投影,用叠加法画其正等测图。

【分析】 从投影图中可以看出,这是一个由两个长方形叠加而成的形体,制图时,从下向上进行绘制即可。

绘图步骤如下:

①先在投影面上确定好坐标轴的位置,如图 3.9 (b)所示。

②在正等测轴上先将下面的长方体投影图上的长、宽和高的尺寸画到图上,再过各点作相应投影轴的平行线,即可得到下面的长方体,如图 3.9(c)所示。

③用同样的方法在轴测轴上找到相应的位置即可绘制出上面长方体的轴测图,如图3.9 (d)所示。

④对照投影图和轴测图进行检查,没有错误后擦去多余的作图线,加深可见图线,即可完成该形体的正等测图,如图 3.9 (e)所示。

【例 4】 如图 3.10(a)所示,已知台阶的两面投影,用叠加法绘制其正等测图。

【分析】 该台阶由三部分组成,可采用叠加法绘制。首先可直接绘制出挡板,然后分别绘制 2 级踏步,经修整完成全图。绘制步骤详见图 3.10(b)、(c)、(d)。

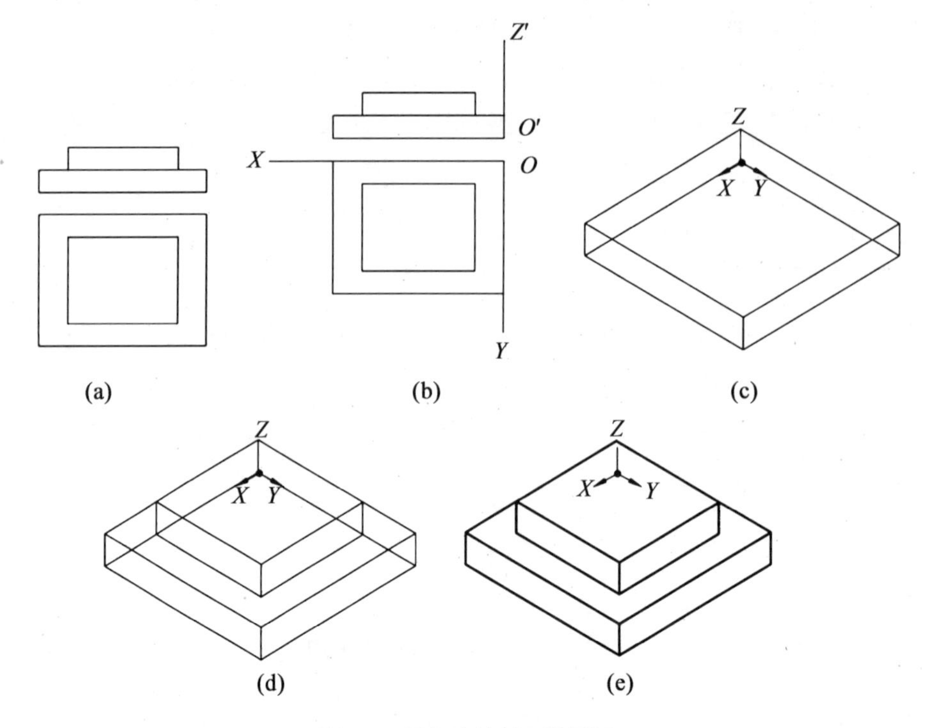

图 3.9 叠加法绘制正等测图

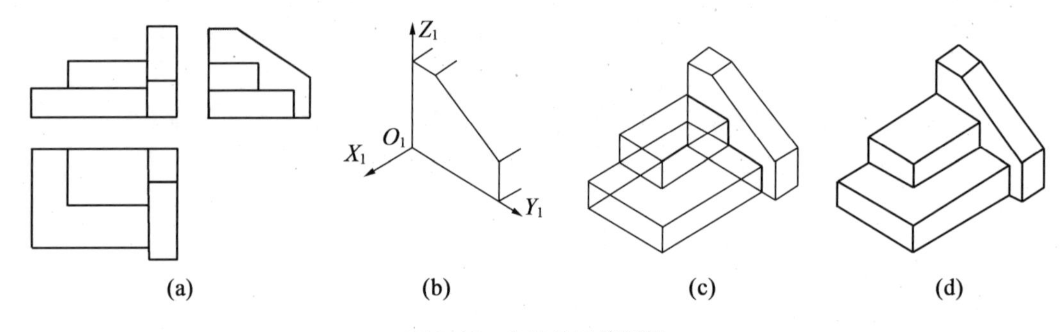

图 3.10 台阶的正等测图

(3)切割法。

绘制切割类形体[一般由基本体(多为长方体)切割而成],可先绘制基本体的轴测图,再逐次切去各部分,便可得到所需形体的轴测图,如图 3.11 所示。

【例 5】 用切割法绘制图 3.11(a)所示形体的正等测图。

【分析】 该形体为切割类形体,可采用切割法绘制。绘制步骤详见图 3.11(b)、(c)、(d)。

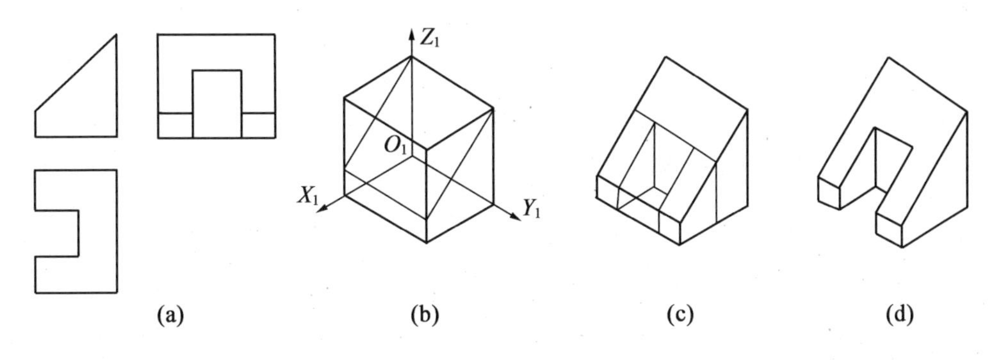

图 3.11　切割体的正等测图

【例 6】　用切割法绘制 3.12(a)所示图形的正等测图。

【分析】　分析可知,可以把该形体看作由一个长方体斜切左上角,再在前上方切去一个长方体而成。制图时可先画出完整的长方体,然后再切去一个斜角和一个长方体。绘制步骤详见图 3.12(b)、(c)。

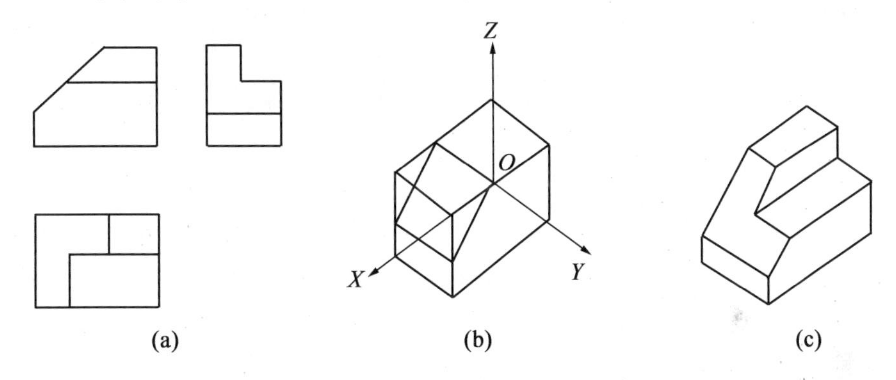

图 3.12　切割体的正等测图

(4)综合法。

对于较复杂形体,可根据其特征,综合运用上述方法绘制其轴测图,如图 3.13 所示。

【例 7】　用综合法绘制图 3.13(a)所示形体的正等测图。

【分析】　该形体为较复杂组合体,应采用综合法绘制。可先绘制出底板,再用坐标法绘制出上面的基本体(该例为四棱台),并确定出矩形槽底面位置,如图 3.13(b)所示;最后切出矩形通槽,修整后完成全图,如图 3.13(c)所示。

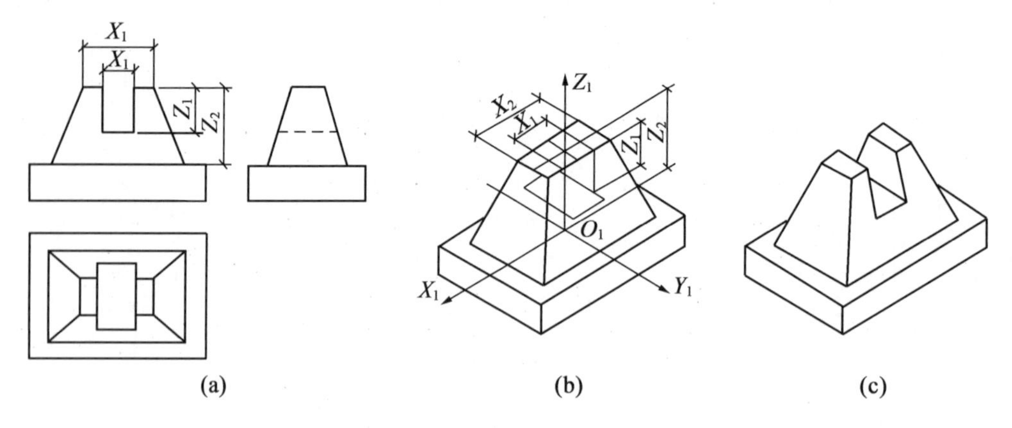

图 3.13 综合类形体的正等测图

3. 绘制圆及曲面立体的正等测图

(1)绘制圆的正等测图。

在正等测图中,因为形体的三个坐标面均与轴测投影面 P 倾斜,所以平行于任一坐标面的圆,其轴测投影均为椭圆。

下面以平行于水平面的圆为例,介绍其正等测图的常用画法——外切菱形法,该方法是一种用四段圆弧近似代替非圆曲线的近似画法。

建议初学者先绘制一个标有坐标轴的圆,并作出其外切正方形。如图 3.14(a)、(b)所示,可看出点 a、c 及点 b、d 分别位于 OX 及 OY 轴上;根据从属性可求得各点的轴测投影 a_1、b_1、c_1、d_1,依次连接可作出该外切正方形的正等测图,即为椭圆的外切菱形,菱形两对角点 1 和 2 就是四段圆弧中圆弧 a_1b_1、c_1d_1 的圆心。另两圆心 3 和 4 可通过图 3.14(b)所示方法求得;分别以 1、2 为圆心,$1a_1$ 为半径,作圆弧 a_1b_1 和 c_1d_1,再以 3、4 为圆心,$3a_1$ 为半径,作圆弧 a_1d_1 和 b_1c_1,即可完成全图,如图 3.14(c)所示。

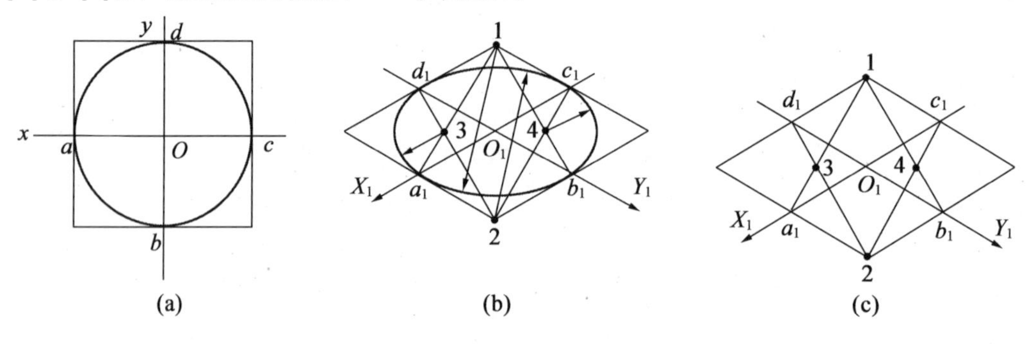

图 3.14 外切菱形法画椭圆

用同样的方法可绘制出与正平面或侧平面平行的圆的正等测图,但需注意 a、b、c、d 四点所在轴,外切正方形的四条边也应平行于相应轴。与各投影面平行的圆的正等测图,如图 3.15 所示。

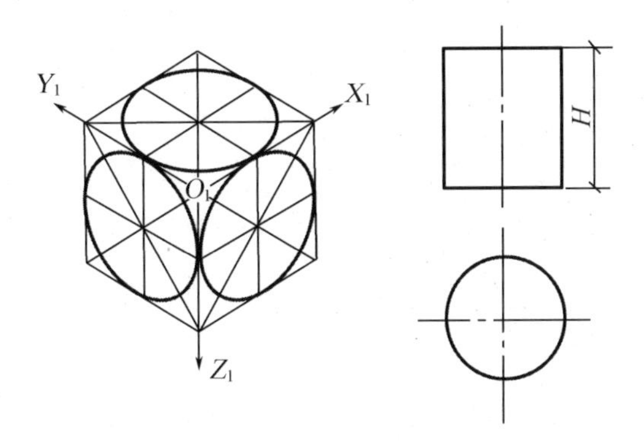

图 3.15　平行于不同投影面的圆的正等测图

(2)绘制曲面立体的正等测图。

【例 8】　绘制图 3.16(a)所示圆柱体的正等测图。

【分析】　先按外切菱形法作出圆柱体顶面圆的正等测图,然后用平移圆心法,即过四个圆心分别作 Z_1 轴的平行线,并依次截取圆柱高度 H,便可得到底面椭圆的四个圆心,如图 3.16(b)所示;分别作出四段圆弧,完成底面椭圆的绘制(若将 a_1、b_1、c_1、d_1 四点沿同一方向移动柱高 H,则可同时确定出四段圆弧的起点和终点,使作图更加准确);最后作出两椭圆的外公切线,并擦去底面椭圆中两公切线之间的不可见部分,即可完成全图,如图 3.16(c)所示。

若绘制竖放圆台的正等测图,可分别用外切菱形法作出顶、底两圆的正等测图及其外公切线,并擦去底面椭圆中两公切线之间的不可见部分即可。

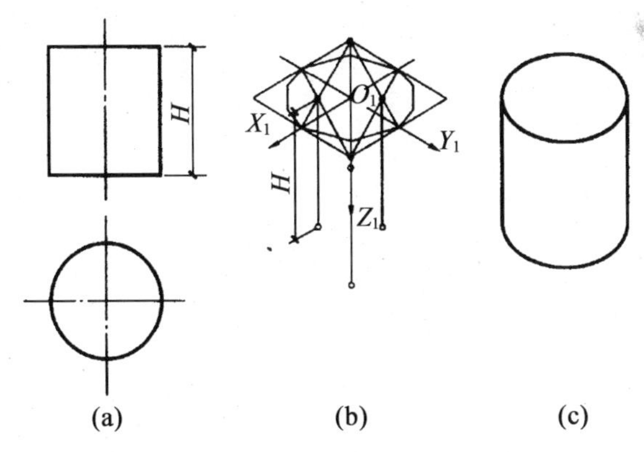

图 3.16　圆柱体的正等测图

【例 9】　如图 3.17(a)所示,绘制带两圆角长方体的正等测图。

【分析】　先绘制出不带圆角长方体的正等测图,然后在上表面与两圆角所切的边线上,分别截取圆角半径,可得四个切点 a_1、b_1、c_1、d_1,再分别过这四个切点作其所在边的垂线,可得到两个交点 1 和 2,分别以 1 和 2 为圆心,$1a_1$ 和 $2c_1$ 为半径,作圆弧 a_1b_1 和 c_1d_1,可得到如图 3.17(b)所示图形;接下来用平移圆心法可作出下表面的两段圆弧,右侧圆角也是通过作上、下表面圆弧的公切线完成的,如图 3.17(c)所示;修整后完成全图,如图 3.17(d)所示。

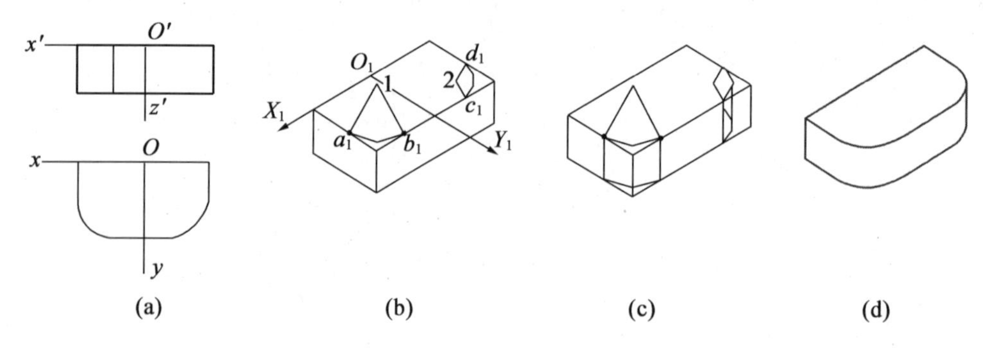

图 3.17 带圆角的长方体正等测图

习题 3.2

1. 根据投射方向对轴测投影面的相对位置不同轴测投影分(　　　　)和(　　　　)。
2. 用坐标法绘制如图 3.18 所示三棱锥的正等轴测图。
3. 用坐标法绘制如图 3.19 所示的轴测图。

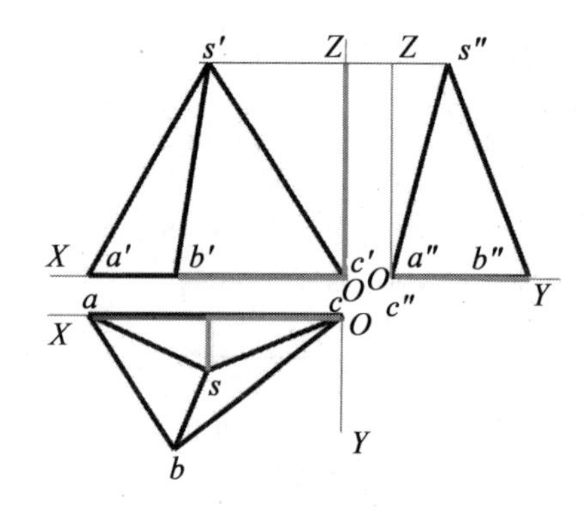

图 3.18 三棱锥的正等轴测图

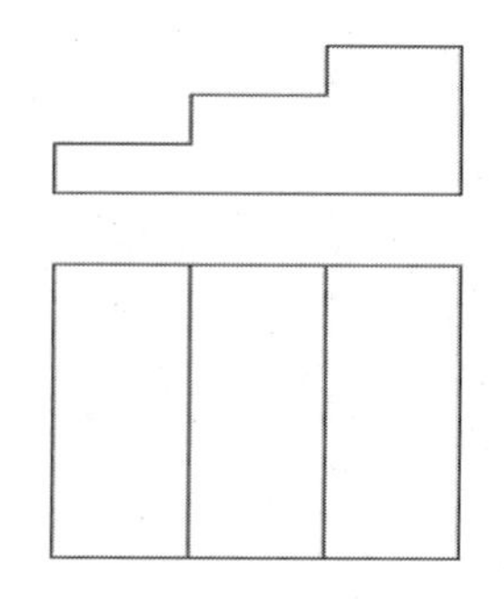

图 3.19 第 3 题图

4. 用叠加法绘制图 3.20 所示的轴测图。
5. 用叠加法绘制图 3.21 所示的轴测图。

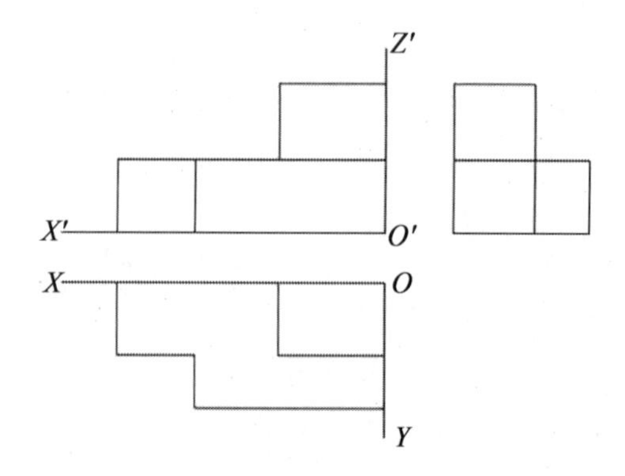

图 3.20 第 4 题图

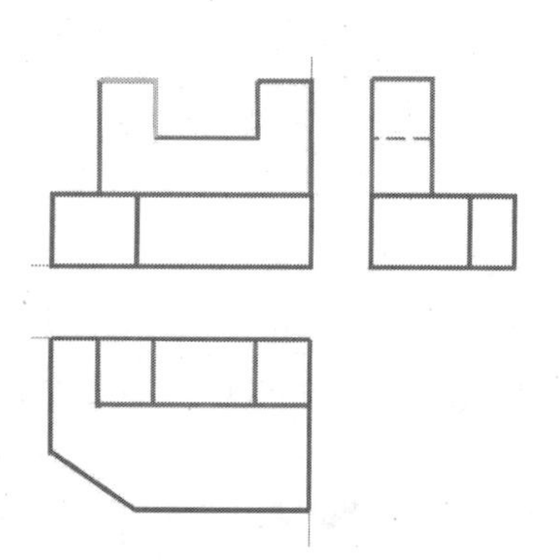

图 3.21 第 5 题图

6. 用叠加法绘制如图 3.22 所示的轴测图。

7. 用切割的法绘制如图 3.23 所示的轴测图。

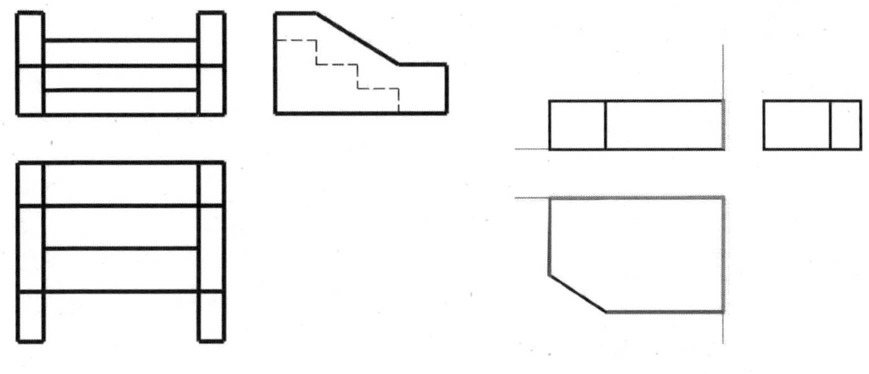

图 3.22　第 6 题图　　　　图 3.23　第 7 题图

8. 用切割法绘制如图 3.24 所示的轴测图。

9. 用综合法绘制如图 3.25 所示的轴测图。

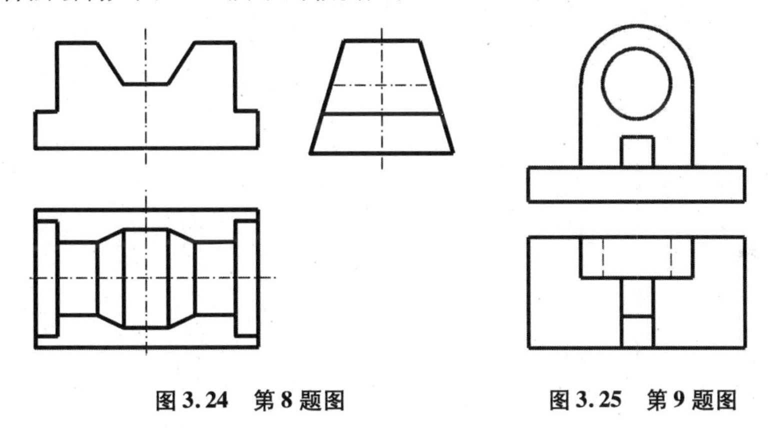

图 3.24　第 8 题图　　　　图 3.25　第 9 题图

10. 绘制如图 3.26 所示的轴测图。

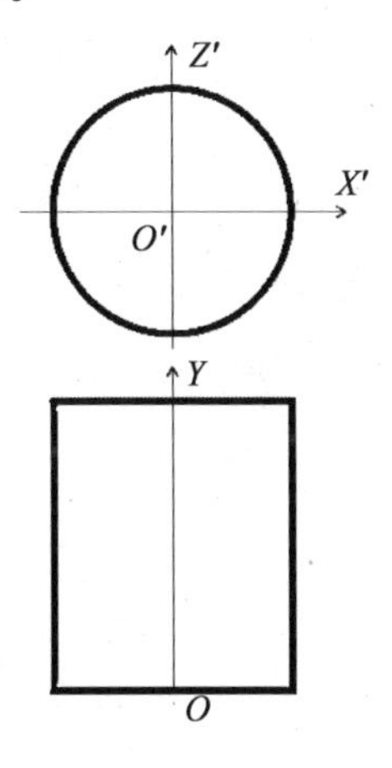

图 3.26　第 10 题图

任务2 绘制斜二测图

1. 斜制二测图的轴间角和轴向伸缩系数

斜二测图是斜轴测图的一种，绘制斜二测图时，一般将物体正放，主要端面平行于 P 平面，投影方向线与 P 面倾斜，在工程图中，这样画出的轴测图较为美观，是表达管线空间分布常用的一种图示方法。

绘制斜二测图，常以正立投影面或其平行面作为轴测投影面，所得图形称为正面斜二测图。此时，轴测轴 O_1X_1 及 O_1Z_1 方向不变，仍分别沿水平及竖直方向，其轴向伸缩系数 $p_1 = r_1 = 1$；O_1Y_1 轴一般与 O_1X_1 轴的夹角为45°，轴向伸缩系数 $q_1 = 0.5$，如图3.27所示，根据具体情况，还可将三轴测轴反向放置，读者可在制图过程中慢慢体会。

2. 斜二测图的画法

由上述分析可知，在正面斜二测图中，形体的正面形状保持不变，因此，可先绘制其正面的真实形状，再分别由各相应点作 O_1Y_1 轴的平行线。并截取形体的宽度（为实际宽度的50%），连接各对应点即可。

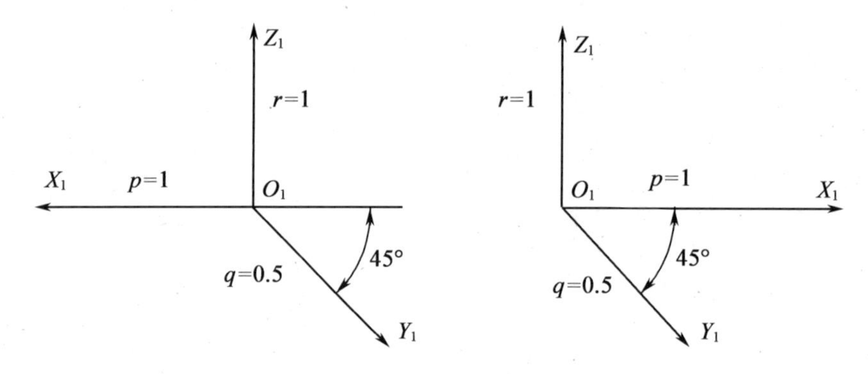

图3.27 正面斜二测图的轴间角及轴向伸缩系数

（1）绘制正面斜二测图。

【例1】 如图3.28(a)所示，已知形体的正投影图，绘制其正面斜二测图。

绘图步骤：先在投影图上确定坐标轴，如图3.28(b)所示；再将正面投影图画在正二测轴测图上，如图3.28(c)所示；再根据水平投影图可得出形体的宽度，画出形体的轴测图，如图3.28(d)所示；最后对照投影图进行检查，擦去多余的图线，加深即可，如图3.28(e)所示。

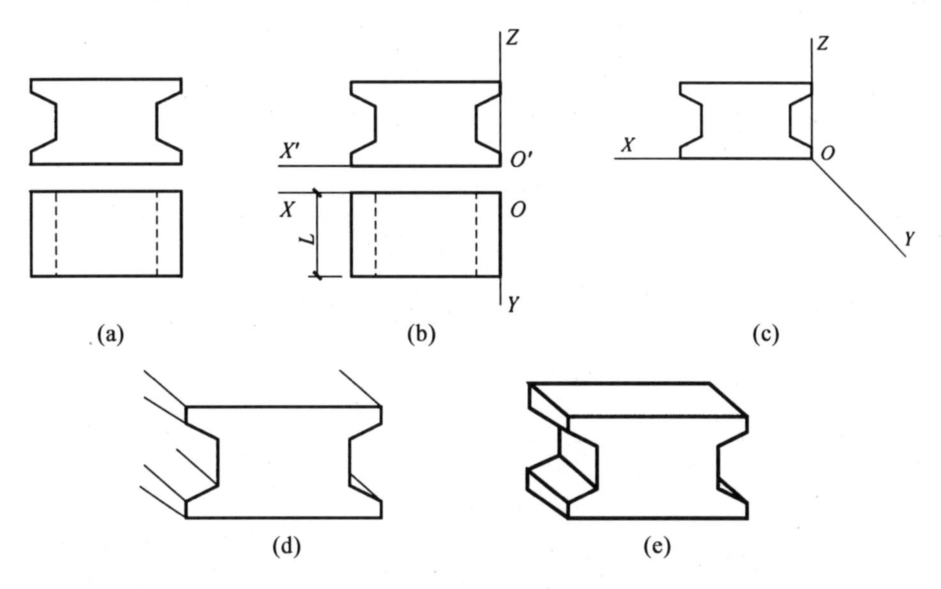

图 3.28　形体的正面斜二测图

(2)绘制圆的正面斜二测图。

当曲面体中的圆形平行于由 *OX* 轴和 *OZ* 轴决定的坐标面(轴测投影面)时,其轴测投影仍然是圆。当圆平行于其他两个坐标面时,其轴测投影为椭圆,如图 3.29 所示。对出现椭圆的轴测图形,作图时采用“八点法”绘制,如图 3.30 所示。

①在正投影图中,把圆心作为坐标原点,直径 *AC* 和 *BD* 分别在 *OX* 轴和 *OY* 轴上,作圆的外切四边形 *EFGH*,切点分别为 *A*、*B*、*C*、*D*,将对角线连接与圆周交于 1、2、3、4。以 *HD* 为斜边作等腰直角三角形 *HMD*,再以 *D* 为圆心,以 *DM* 为半径作圆弧与 *HG* 交于点 *N*,过点 *N* 作 *HE* 平行线与对角线交于 1、4,利用平面的对称性求出 2、3,如图 3.30(a)所示。

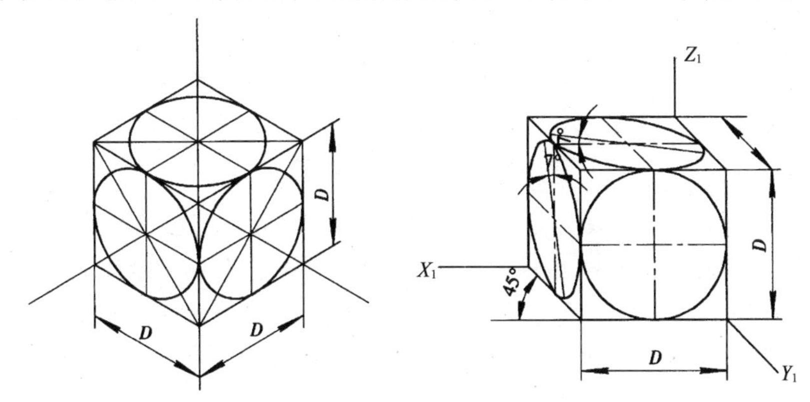

图 3.29　三个方向圆的轴测图

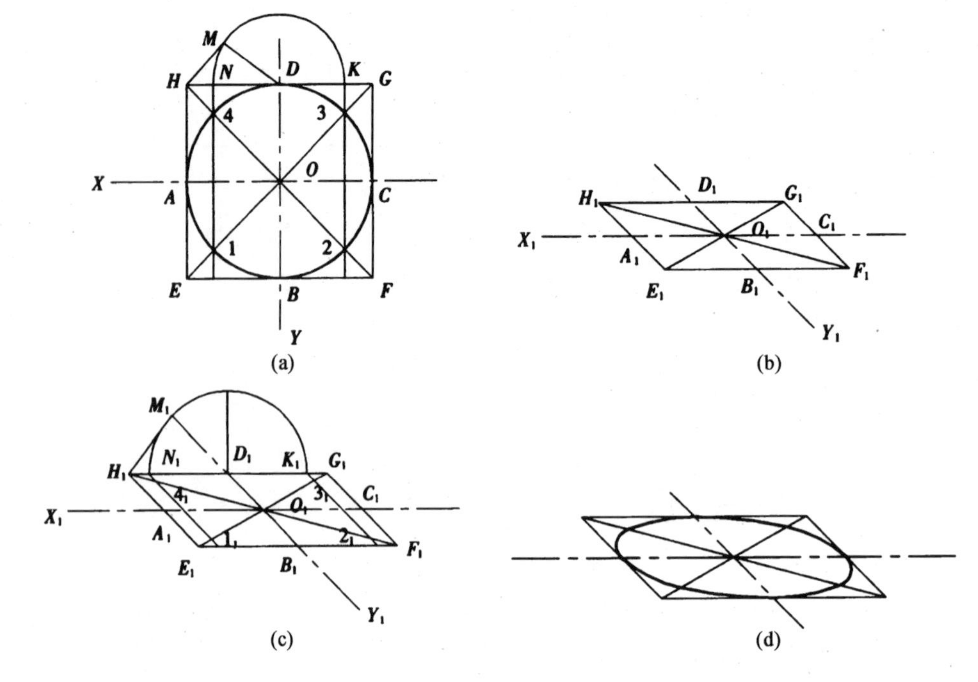

图3.30 “八点法”作椭圆

②作轴测轴 O_1X_1、O_1Y_1，并在其上取 A_1、B_1、C_1、D_1 四点，使得 $A_1O_1 = O_1C_1 = AO$，$B_1O_1 = D_1O_1 = 0.5BO$（按斜二测作图），过 A_1、B_1、C_1、D_1 四点分别作 O_1X_1 轴、O_1Y_1 轴的平行线，四线相交围成平行四边形 $E_1F_1G_1H_1$，该平行四边形即为圆外切四边形的正面斜二测图，A_1、B_1、C_1、D_1 四点为切点，如图 3.30(b)所示。

③以 H_1D_1 为斜边，作等腰直角三角形 $H_1M_1D_1$，以 D_1 为圆心，D_1M_1 为半径作圆弧，交 H_1G_1 于点 N_1、K_1，过点 N_1、K_1 作 E_1H_1 的平行线与对角线交于 1_1、2_1、3_1、4_1，如图 3.30(c)所示。

④依次用曲线板将 A_1、1_1、B_1、2_1、C_1、3_1、D_1、4_1、A_1 连接起来，即得圆的斜二测图，如图 3.30(d)所示。

(3)绘制曲面立体的正面斜二测图。

【例2】 绘制如图 3.31(a)所示挡土墙的斜二测图。

【分析】 底板 A 与立板 B 宽度相等，且表面平齐，可先画出这两部分的正面形状，然后过各相应点作 O_1Y_1 轴的平行线，并截取宽度的一半。如图 3.31(b)所示，连接各对应点，完成 A、B 两部分的斜二测图；再根据二面投影图，确定出加强筋板 C 的位置及其上各转折点的位置，如图 3.31(c)所示；最后作对应连线、整理，即可完成全图，如图 3.31(d)所示。

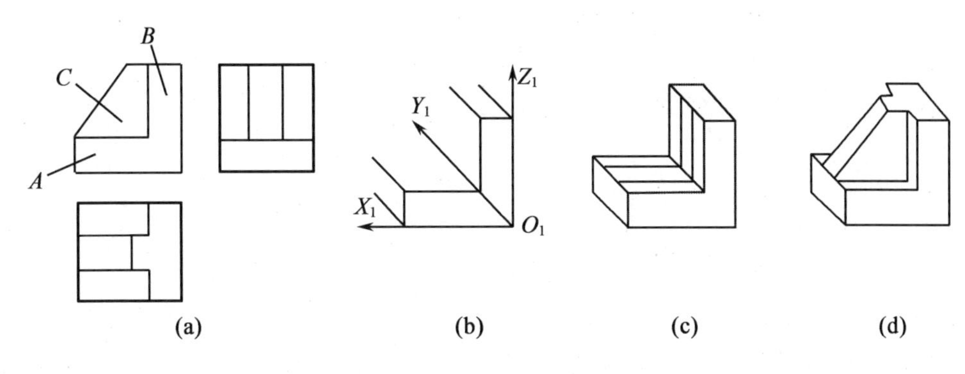

图 3.31　挡土墙的斜二测图

【例 3】　绘制如图 3.32(a)所示横放圆柱筒的斜二测图。

【分析】　由于该圆柱筒的端面为正平面，所以其斜二测投影为实形，仍为两同心圆，可直接画出其前端面的斜二测投影，并将圆心 O_1 沿 Y_1 轴截取柱高的一半，得到后端面的圆心 O_2，如图 3.32(b)所示；然后以 O_2 为圆心分别作出后端面两圆，只需画出可见部分，如图 3.32(c)所示；最后作出前、后两外圆的外公切线，加以整理，即可完成全图，如图 3.32(d)所示。

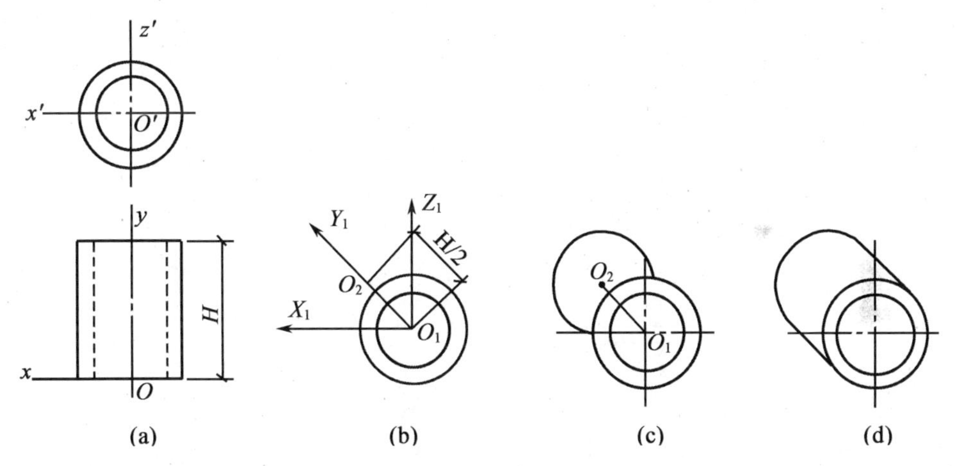

图 3.32　圆柱筒的斜二测图

【例 4】　绘制如图 3.33 所示带回转面形体的斜二测图。

本例的绘制步骤详见图 3.33 所示。

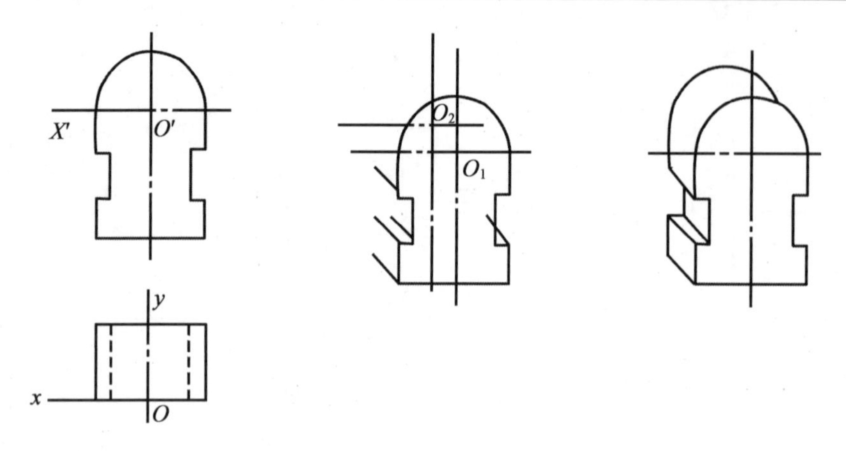

图 3.33 带回转面形体的斜二测图

(4)绘制水平斜轴测投影图。

【例 5】 图 3.34 (a)所示,已知一幢房屋的水平投影和正面投影图,绘制其带水平截面的水平斜轴测投影图。

【分析】 正面投影图中 h_2 即为水平截平面的高度,如图 3.34 (a)所示;把房屋的水平投影图逆时针旋转 30°画在轴测投影图上,如图 3.34 (b)所示;过各个顶点画出高度线,作出房屋各个组成部分的轴测图,如图 3.34 (c)所示;画出门窗、台阶等细部构造,即完成水平斜轴测投影图的绘制,如图 3.34 (d)所示。

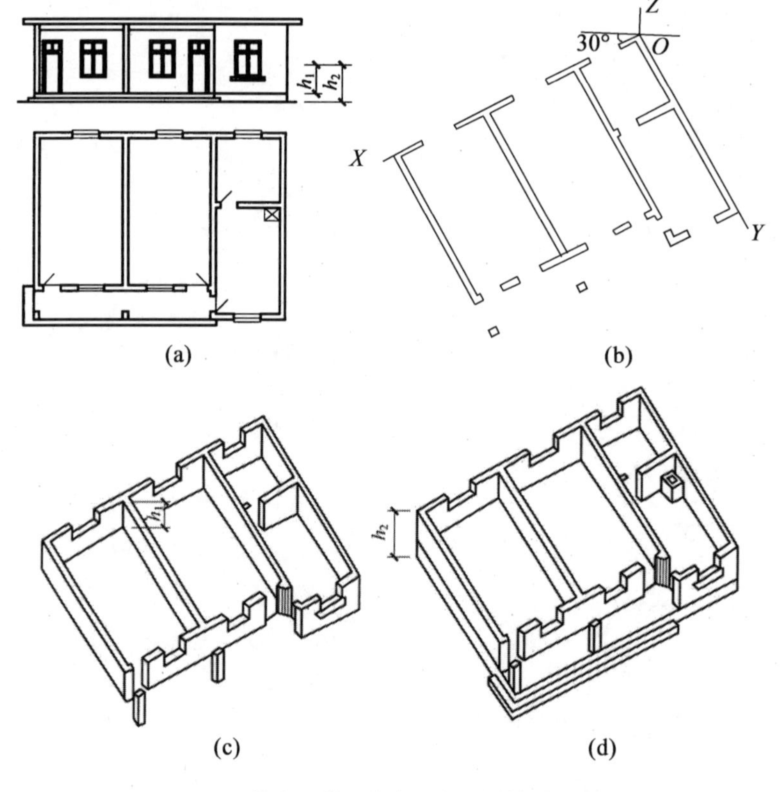

图 3.34 带水平截面的房屋水平斜轴测投影图

习题 3.3

1. 绘制如图 3.35 所示空心砖的斜二测图。

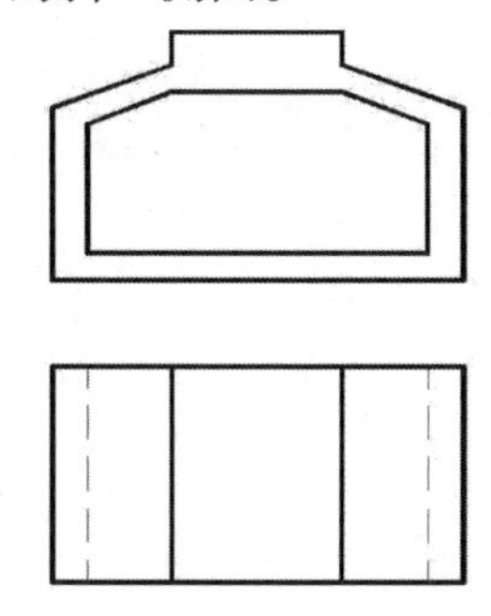

图 3.35　第 1 题图

2. 绘制如图 3.36 所示台阶的斜二测图。

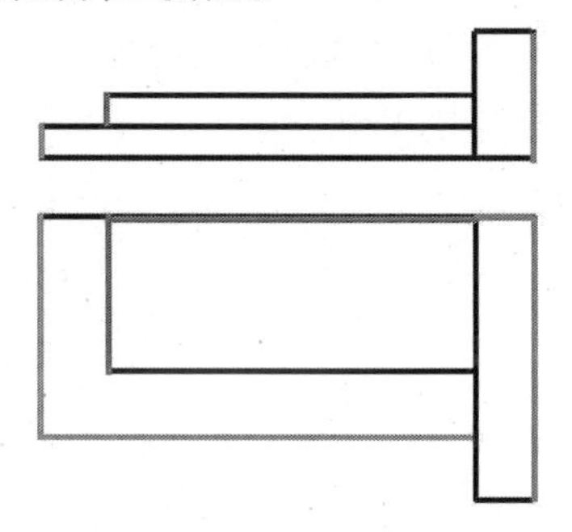

图 3.36　第 2 题图

3. 绘制如图 3.37 所示带切口圆柱体的斜二测图。

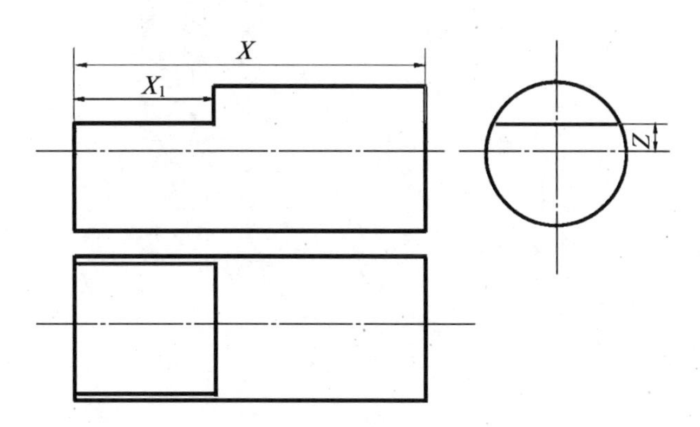

图 3.37　第 3 题图

4. 正轴测图与斜轴测图有什么区别?
5. 试叙述轴测图的作图步骤和常用作图方法。
6. 圆的轴测投影是椭圆时,其常用作图方法有哪几种?

第 4 章　识读与绘制建筑施工图

4.1　识读建筑施工图

房屋最初是原始社会人们为了遮蔽风雨和防备野兽侵袭利用树枝、石块等一些容易获得的自然材料粗略加工盖起的简陋窝棚。随着人类的发展和科技的不断进步，房屋已经逐步发展成为集建筑功能、建筑技术、建筑经济、建筑艺术和建筑环境等诸多学科为一体的与人们的生产、生活和日常活动具有密切联系的现代化工业产品。

如图 4.1 所示，民用房屋一般由基础、墙和柱、楼地层、楼梯、屋顶和门窗六部分组成。它们处于建筑的不同部位，发挥的作用也各不相同。

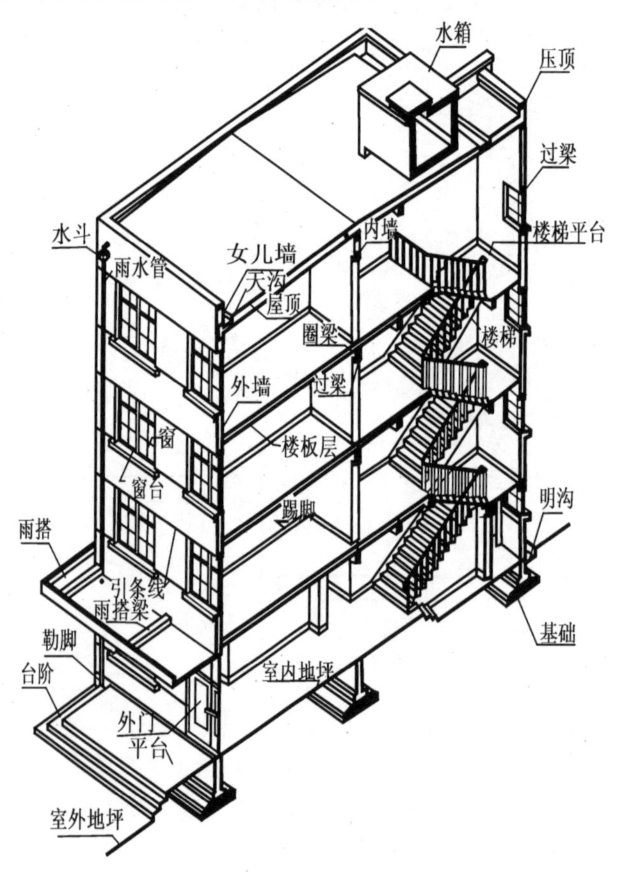

图 4.1　民用房屋的组成

基础是建筑物最下面的承重构件，其作用是承受建筑物的全部荷载并将这些荷载传给地基。因此基础必须具有足够的强度并具有能抵御地下各种有害因素侵蚀的能力。

墙是建筑物的承重和围护构件,按其在建筑中的平面位置分为外墙和内墙。外墙的作用是抵御自然界各种因素对室内的侵袭;内墙主要起分隔空间及保证环境舒适的作用。柱既是建筑物的竖向构件也是承重构件,其作用是承受屋顶和楼板层传来的荷载并传给基础。在框架或排架结构的建筑物中,柱起到承重作用,墙仅起到围护和分隔空间的作用。因此墙体应具有足够的强度和稳定性,并具备保温、隔热、防水、防火、耐久和经济等性能。

楼地层是楼板层和地(坪)层的统称。楼板是水平方向的承重构件,它按房屋层高将整幢建筑物沿水平方向分为若干层。楼板层承受家具、设备、人体荷载及其自重,并将这些荷载传给墙或柱,同时对墙体起着水平支撑的作用。因此要求楼板层应具有足够的强度和刚度,并具备隔声、防潮和防水的性能。地(坪)层是底层房间与地基土层相接的构件,起承受底层房间荷载的作用。因此要求地(坪)层具有耐磨、防潮、防水、防尘和保温的性能。

楼梯是建筑的垂直交通设施,其功能是供人们上下楼层和紧急疏散之用。因此要求楼梯具有足够的通行能力,并且具备防滑和防火的性能,保证安全使用,常用的楼梯有钢筋混凝土楼梯和钢楼梯。

屋顶是建筑物顶部的围护构件和承重构件。屋顶用以抵抗风、雨、雪、冰雹等自然因素的侵袭和太阳辐射的影响;承受风雪荷载及施工、检修等屋顶荷载并将这些荷载传给墙或柱。因此屋顶应具有足够的强度和刚度,并具备防水、保温和隔热等性能。

门与窗均属非承重构件也称配件。门主要是供内外交通和分隔房间之用;窗主要起采光、通风、分隔空间和眺望等作用。处于外墙上的门窗是围护构件的一部分要满足热工及防水的要求;对某些有特殊要求的房间门、窗应具备保温、隔声和防火的性能。

一幢完整的建筑物除有上述六大基本组成部分外对于不同使用功能的建筑物还有许多特有的构件和配件,如阳台、雨搭、台阶和排烟道等。

任务 1　识读建筑设计说明

一幢建筑物从设计到施工要由不同的专业人士和工种共同配合完成。广义的建筑设计是指建筑工程设计,即设计一幢建筑物或建筑群所要做的全部工作,按专业分工不同包括建筑设计、结构设计和设备设计三个方面的内容,分别用建筑施工图(JS)、结构施工图(GS)和设备施工图(SS)来表达。

建筑施工图由建筑设计师根据建设单位提供的设计任务书综合分析场地环境、使用功能、建筑规模、结构施工、材料设备、建筑经济及建筑艺术等问题在满足总体规划的前提下提出建筑设计方案并逐步完善的设计施工图。因此建筑施工图主要是用来表达建筑物的总体布局、外部造型、内部布置、内外装饰、细部构造及施工要求等内容,一般包括图纸目录、建筑设计总说明、门窗表、建筑平面图、建筑立面图、建筑剖面图和建筑详图等。

结构施工图是由结构工程师根据建筑设计选择切实可行的结构布置方案进行结构计算及构件设计最后完成全部的结构施工图设计的设计施工图。因此结构施工图主要表达建筑承重构件的布置、构件的形状、配筋、尺寸、材料及相互之间的连接等内容,一般包括结构设计总说明、结构平面布置及配筋图、结构构件详图及结构计算书等。

设备施工图是由有关专业的工程师配合建筑设计来完成,主要包括给水排水、电气照明、采暖通风和动力配电等方面的设计施工图。设备施工图一般包括各专业的平面图、系统图和详图等。

在建筑行业中为了统一房屋建筑制图规则便于技术交流、保证制图质量、提高制图效率，做到图面清晰、简明，符合设计、施工、审查、存档的要求，适应工程建设的需要，绘制和阅读房屋建筑施工图时，应依据正投影原理并遵守《房屋建筑制图统一标准》(GB/T 50001—2017)的有关规定。该标准是房屋建筑制图的基本规定，适用于总图、建筑、结构、给水排水、暖通空调和电气等各专业制图。

1. 房屋施工图的识读

对于整套图纸而言，读图的一般步骤是先读首页图再读各专业图；对于专业图而言，读图的一般步骤是先读建筑施工图，再读结构施工图，最后读设备施工图；对于建筑施工图而言，读图的一般步骤是先读总图、建筑设计总说明，再读建筑平面图、建筑立面图、建筑剖面图和建筑详图；对于结构施工图而言，读图的一般步骤是先读结构设计总说明，再读基础布置图、结构平面布置图和结构详图等；对于设备施工图而言，读图的一般步骤是按照图纸顺序读图，依次为给水排水施工图、暖通空调施工图和电气施工图。

阅读图纸的方法是先粗看后细看，包括标题、文字说明、图样和尺寸等内容。

(1)标题。

对于一整套图纸来说首先应当读该建筑工程图纸的总标题，了解该建设工程项目的名称。对于某一张图纸应当先读图纸的标题栏，了解本张图纸的类别及其表达的主要内容。

(2)文字说明。

文字说明主要是指各专业图纸的设计总说明及每张图纸内的文字说明。在各专业的设计总说明中详细说明了建设项目的名称、用途、建筑面积、标高、设计依据、工程的构造做法及图纸中某些无法用图样表达的内容。

(3)图样。

读各专业图纸的主要图样分析各视图间的相互关系，熟悉建筑各平面形状和空间形状，根据建筑各部分的使用功能，认清平面图、立面图与剖面图之间的关系，对建筑有整体感知。同时识读整体图与详图间的关系，建筑施工图、结构施工图和设备施工图等建筑图样间的关系。

(4)尺寸。

识读每一张图纸内图样各部位的尺寸，掌握建筑各组成部分的相互关系及位置。识读房屋建筑施工图时切忌对某一张图纸独立识读，而应将所有图纸作为一个整体进行识读。

2. 首页图

建筑施工图中除各种图样外，还包括图纸目录、设计说明、工程构造做法、门窗表等表格和文字说明。这部分内容通常集中编写，编排在施工图的前部，当内容较少时，可以全部绘制于施工图的第一张图纸之上，这张图纸称为建筑施工图首页图。

首页图服务于全套图纸，习惯上多由建筑设计人员编写，所以可认为是建筑施工图的一部分。

(1)图纸目录。

图纸目录说明该工程项目由哪几类专业图纸组成，各专业图纸的名称、张数和图纸顺序，以便查阅图纸。由于整套施工图最终要折叠装订成 A4 大小的设计文件，所以图纸目录常单独绘制于A4幅面的图纸上,并置于全套图的首页。内容较多时,可分页绘制。看图前应首先检查整套施工图图纸与目录是否一致,防止因缺页给读图和施工造成不必要的麻烦。表4.1为××综合楼图纸目录,由表可知,本套施工图含有7张图纸。

表4.1 ××综合楼图纸目录

图纸编号	图纸内容	图幅大小
01	建筑设计总说明	A1
02	工程构造做法表	A1
03	建筑节能设计说明(居住)	A1
04	一层平面图	A1+1/4
05	二层平面图、三层平面图	A1+1/4
06	屋顶平面图、①~⑥轴立面图、⑥~①轴立面图	A1+1/4
07	Ⓐ~Ⓔ轴立面图、Ⓔ~Ⓐ轴立面图	A1+1/4
	1—1剖面图、2—2剖面图	
	墙身大样、门窗大样	

(2)建筑设计总说明。

建筑设计总说明主要用来表达工程设计的依据(如设计任务书、工程地质、水文、气象资料和建筑设计规范标准等)、工程概况(如工程名称、建设规模、结构类型、耐火等级、防水等级和抗震设防烈度等)和设计中其他有关问题的说明等,放在所有施工图前面。表4.2为××建筑设计总说明。

表4.2 ××建筑设计总说明

工程概况	设计依据
①本工程为××省××市××住宅楼。 ②工程位于××路,场区平坦,道路通畅。 ③本工程为二类建筑,耐火等级为二级,合理使用年限为50年。 ④建筑物总长为××米,总宽为××米,总高为××米,建筑总面积为××平方米。 ⑤结构形式为框架结构,砌体为新型建筑材料轻质砌块,抗震烈度为7度。 ⑥本工程室内地平面依据规划部门提供的有关数据确定室内外高差为0.450米。 ⑦本工程屋面防水等级为Ⅱ级	①甲方提供的设计任务书和勘察设计单位提供的工程地质勘查报告书。 ②建设主管部门下达的有关批文。 ③经甲方、建设主管部门认可的方案。 ④甲方提供的消防、水源、水压、电源等情况。 ⑤设计规范: 《住宅设计规范》(GB 50096—2011); 《建筑设计防火规范》(GB 50016—2018); 《民用建筑设计统一标准》(GB 50352—2019); 《严寒和寒冷地区居住建筑节能设计标准》(JGJ 26—2018); 《屋面工程技术规范》(GB 50345—2019)

(3)工程做法表。

工程做法表主要是以表格的形式对建筑物的细部构造、做法、层次、选材、尺寸和施工等进行说明,如地面、楼面、室内外装修、屋面和顶棚等的构造。如果这些构造的做法选自建筑施工图集则应在建筑施工设计说明中标注清楚所选图集的图册号、页码及图样编号等。表4.3为××工程做法表(部分)。

表4.3 ××工程做法表(部分)

名称	工程做法	施工范围
水泥砂浆地面	素土夯实	一层地面
	30厚C10混凝土垫层随捣随抹	
	干铺一层塑料膜	
	20厚1:2水泥砂浆层	
卫生间地面	钢筋混凝土结构板上15厚1:2水泥砂浆找平	卫生间
	刷基层处理剂一遍,上做2厚一布四涂氯丁沥青防水涂料,四周沿墙上翻150	
	15厚1:3水泥砂浆保护层	
	1:6水泥炉渣填充层,最薄处20厚C20细石混凝土找坡1%	
	15厚1:3水泥砂浆找平	

(4)门窗表。

门窗表主要用来表达建筑物门窗的类型、编号、数量、尺寸和选用图集等内容,为工程施工及编制工程造价文件提供依据。表4.4为××建筑门窗表。

表4.4 ××建筑门窗表

类别	设计编号	洞口尺寸/mm	数量	采用标准图集及编号		备注
		宽×高		图集代号	编号	
门	M1	2 000×1 800	6	—	—	防盗门,甲方自定
	M2	1 000×1 800	6	—	—	防盗门,甲方自定
	M3	900×1 800	23	LJ21	—	夹板门
	M4	900×2 400	8	LJ21	—	夹板门
	M5	2 700×2 400	8	L99J605-49	—	型钢门连窗
窗	C1	3 300×120	18	L99J605-49	—	塑钢推拉窗,底高600 mm
	C2	600×450	24	L99J605-49	—	塑钢推拉窗,底高1 500 mm
	C3	2 100×1 200	18	L99J605-49	—	塑钢推拉窗,底高600 mm

3. 施工图中常用的符号及画法规定

(1)标高。

①标高分类。

标高是标注建筑物各部位地势高度的符号。绝对标高以我国青岛附近黄海的平均海平面为基准。在施工图中标高一般标注在总平面图中;相对标高是指在建筑工程施工图中以建筑物首层室内主要地面为基准的标高;建筑标高是建筑装修完成后各部位表面的标高,如在首层平面图地面上标注的 ±0.000,二层平面图上标注的 3.000 等都是建筑标高;结构标高是建筑结构构件表面的标高,一般标注在结构施工图中。

②标高的表示法。

总平面图上的标高符号宜用涂黑的三角形表示,如图 4.2(a)所示;标高符号是高度为 3 mm的等腰直角三角形,用细实线表示需标注高度的界线,长横线之上或之下注出标高数字,如施工图中标高以 m 为单位,小数点后保留三位小数(总平面图中保留两位小数),标注时在数字后面不注写单位,基准点的标高注写 ±0.000,如图 4.2(b)所示;比基准点低的标高前应加“ - ”号,如 -0.450 表示该处比基准点低了 0.45 m,如图 4.2(c)所示;比基准点高的标高前不写“ + ”号,如图 4.2(d)所示;当图样的同一位置需表示几个不同的标高时,标高数字可按图集中注写,如图 4.2(e)所示。

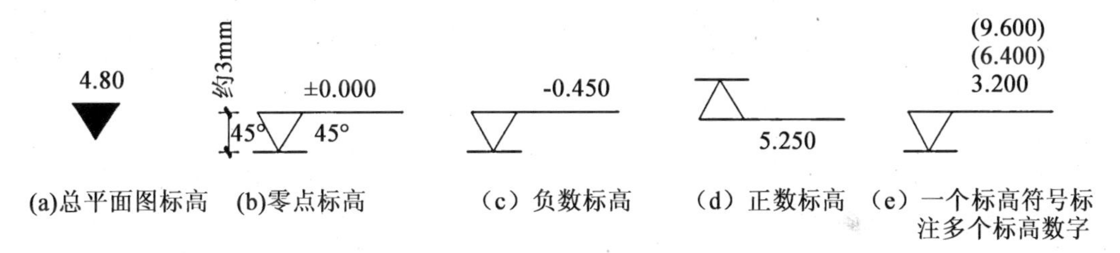

图 4.2　标高符号及标高数字的注写

(2)定位轴线。

在施工图中用来确定承重构件相互位置的基准线称为定位轴线。建筑需要在水平和竖向两个方向进行定位,用于平面定位的轴线称为平面定位轴线;用于竖向定位的轴线称为竖向定位轴线。定位轴线在砖混结构和其他结构中标定的方法不同。

定位轴线应用细点画线绘制,编号注写在定位轴线端部的圆内。圆应用细实线绘制,直径为 8 ~ 10 mm,圆内注明编号。在建筑平面图中定位轴线的编号应标注在图样的下方与左方。横向编号应用阿拉伯数字从左向右顺序编写,竖向编号应用大写英文字母从下向上顺序编写(不得采用 I、O、Z),如图 4.3 所示。

附加轴线的编号方法采用分数的形式,分母表示前一根定位轴线的编号,分子表示附加轴线的编号,如在①轴线或Ⓐ轴线前有附加轴线则在分母中应在 1 或 A 前加注 0,如图 4.4 所示。

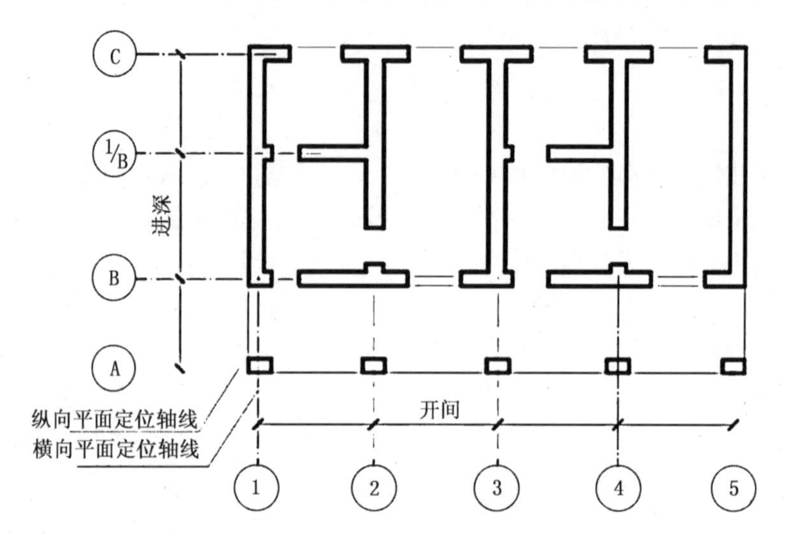

图 4.3 定位轴线的编号与顺序

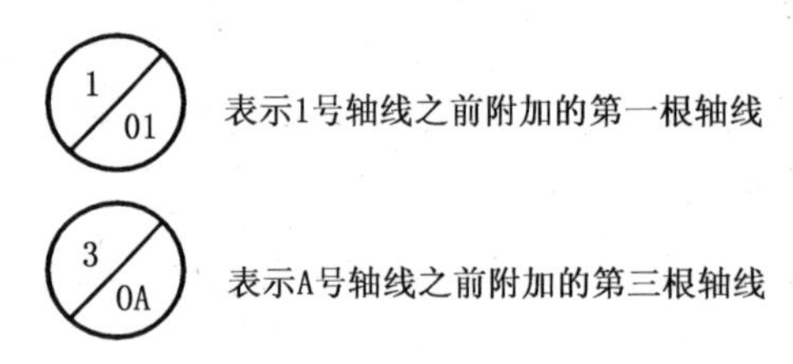

图 4.4 附加轴线的标注

如一个详图适用于几根轴线时应同时注明各有关轴线的编号,如图 4.5 所示。

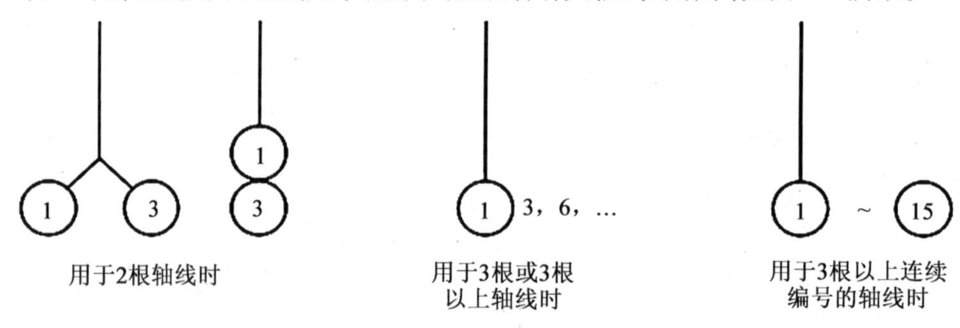

图 4.5 详图的轴线编号

(3)索引符号与详图符号(表 4.5)。

在图样中如某一局部另绘有详图应以索引符号索引。索引符号由直径为 10 mm 的圆和水平直径组成,圆和水平直径均用细实线绘制。

①如果索引出的详图与被索引的详图同在一张图纸内,应在索引符号的上半圆中用阿拉伯数字注明该详图的编号,并在下半圆中间画一段水平细实线;

②如果索引出的详图与被索引的详图不同在一张图纸内,应在索引符号的上半圆中用阿拉伯数字注明该详图的编号,在索引符号的下半圆中用阿拉伯数字注明该详图所在图纸

的编号，数字较多时可加文字标注；

③如果索引出的详图采用标准图，应在索引符号水平直径的延长线上加注该标准图册的编号。

详图的位置和编号应以详图符号表示。详图符号的圆直径为 14 mm，用粗实线绘制。详图应按下列规定编号：

①如果详图与被索引的图样同在一张图纸内时，应在详图符号内用阿拉伯数字注明详图的编号；

②如果详图与被索引的图样不在同一张图纸内时，应用细实线在详图符号内绘制一条水平直径，在上半圆中注明详图编号，在下半圆中注明被索引的图纸的编号。

零件、钢筋、杆件和设备等的编号应以直径为 4 ~6 mm（同一图样应保持一致）的细实线圆绘制，其编号应用阿拉伯数字按顺序编写。

表 4.5　索引符号与详图符号

名称	表示方法	备注
详图的索引符号	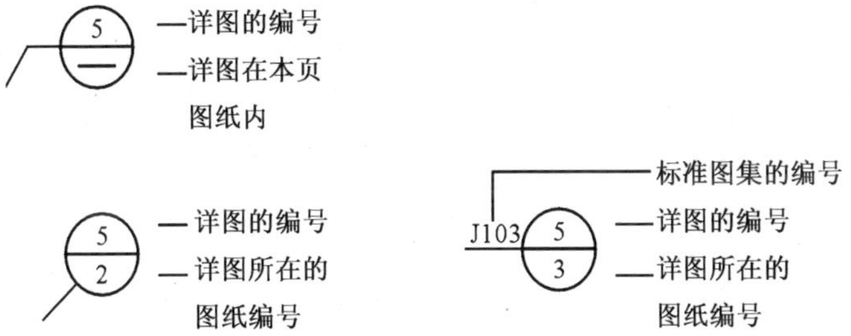 5 —详图的编号 —详图在本页图纸内 5/2 —详图的编号 —详图所在的图纸编号 J103 5/3 —标准图集的编号 —详图的编号 —详图所在的图纸编号	圆圈直径为 10 mm，线宽为 0.25d
剖面索引符号	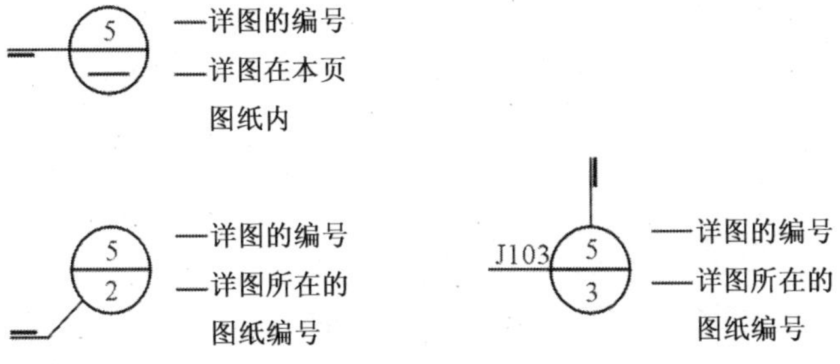 5 —详图的编号 —详图在本页图纸内 5/2 —详图的编号 —详图所在的图纸编号 J103 5/3 —详图的编号 —详图所在的图纸编号	圆圈画法同上，粗短线代表剖切位置，引出线所在的一侧为剖视方向
详图符号	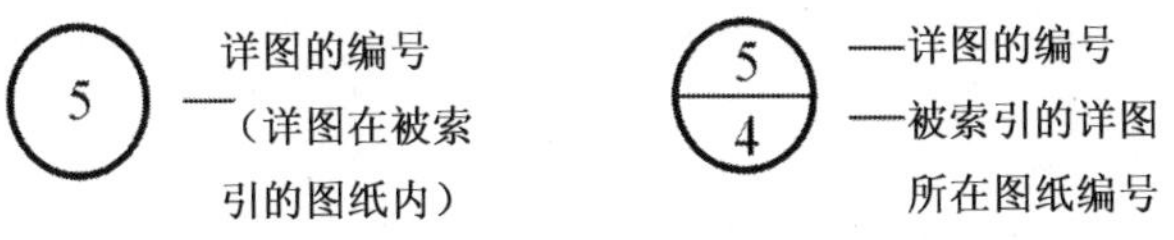 5 —详图的编号（详图在被索引的图纸内） 5/4 —详图的编号 —被索引的详图所在图纸编号	圆圈直径为 14 mm，线宽为 d

(4)引出线。

引出线应以细实线绘制，采用水平方向的直线、与水平方向成 30°、45°、60°、90°的直线或经上述角度再折为水平线。文字说明注写在水平线的上方或端部。索引详图的引出线应与水平直径线相连接，如图 4.6(a)所示。同时引出几个相同部分的引出线互相平行或画成集中于一点的放射线，如图 4.6(b)所示。

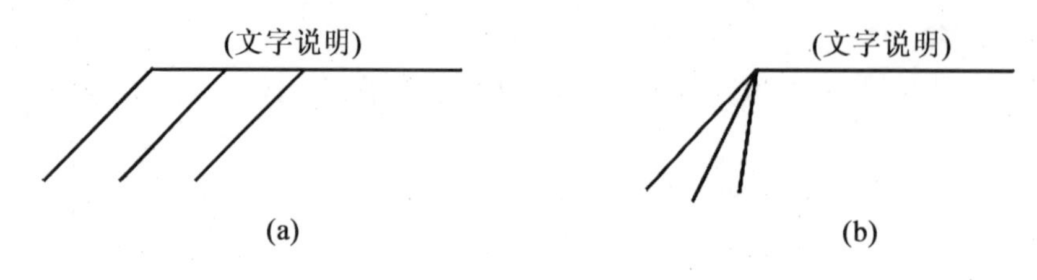

图 4.6 引出线

多层构造或多层管道共用引出线应通过被引出的各层。文字说明应注写在引出线的上方或端部，说明的顺序由上至下并应与被说明的层次相一致；如果层次为横向排序，则由上至下的说明顺序应与由左至右的层次相一致，如图 4.7 所示。

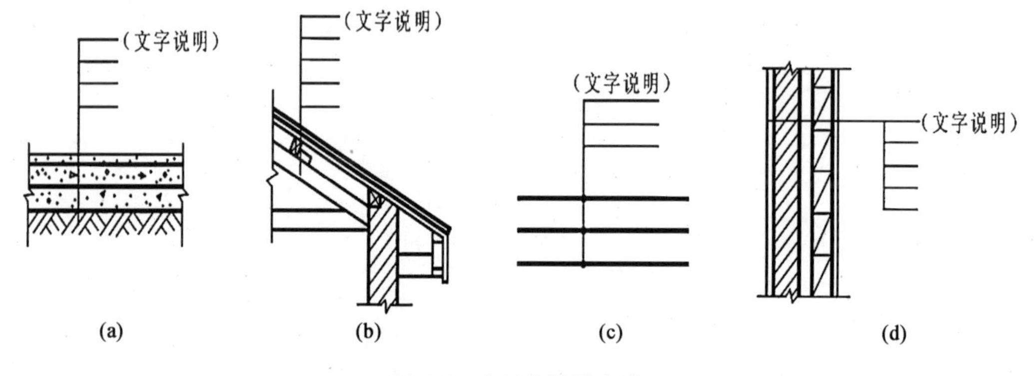

图 4.7 多层构造引出线

(5)指北针。

在总平面图及底层建筑平面图上一般都画有指北针以指明建筑物的朝向，一般指北针圆的直径为 24 mm，用细实线绘制。指针尾端的宽度为 3 mm，如果需用较大直径绘制指北针时，指针尾部宽度宜为圆直径的 1/8，指针涂成黑色，针尖指向北方并注“北”或“N”字样，如图 4.8 所示。

(6)图形折断符号。

①直线折断：当图形采用直线折断时，其折断符号为折断线并经过被折断的图面，如图 4.9(a)所示。

②曲线折断：对圆形构件的图形折断时，其折断符号为曲线，如图 4.9(b)所示。

(7)对称符号。

当房屋施工图的图形完全对称时可只绘制该图形的一半，并画出对称符号以节省图纸篇幅。对称符号为在对称中心线(细单点长画线)的两端画出两段平行线(细实线)，平行线长度为 6 ~ 10 mm，间距为 2 ~ 3 mm，且对称线两侧长度对应相等，如图 4.10 所示。

(8)连接符号。

对于较长的构件当其长度方向的形状相同或按一定规律变化时可断开绘制，断开处应用连接符号表示。连接符号为折断线(细实线)并用大写英文字母表示连接编号，如图 4.11 所示。

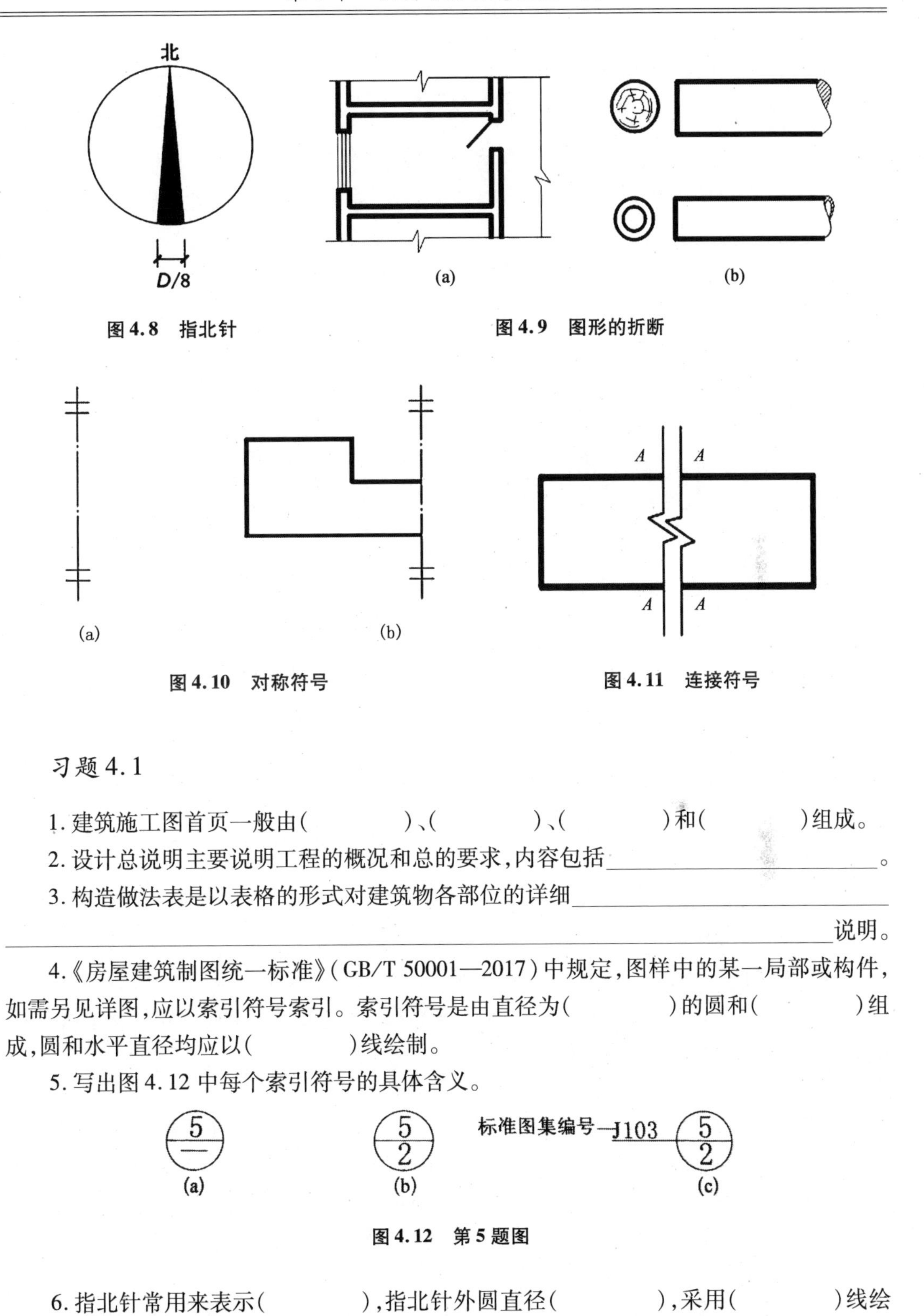

图4.8　指北针

图4.9　图形的折断

图4.10　对称符号

图4.11　连接符号

习题4.1

1. 建筑施工图首页一般由(　　　　　)、(　　　　　)、(　　　　　)和(　　　　　)组成。

2. 设计总说明主要说明工程的概况和总的要求,内容包括____________________。

3. 构造做法表是以表格的形式对建筑物各部位的详细____说明。

4.《房屋建筑制图统一标准》(GB/T 50001—2017)中规定,图样中的某一局部或构件,如需另见详图,应以索引符号索引。索引符号是由直径为(　　　　　)的圆和(　　　　　)组成,圆和水平直径均应以(　　　　　)线绘制。

5. 写出图4.12中每个索引符号的具体含义。

图4.12　第5题图

6. 指北针常用来表示(　　　　　),指北针外圆直径(　　　　　),采用(　　　　　)线绘制,指北针尾部宽度为(　　　　　),指北针头部应注明(　　　　　)字样。

任务2 识读建筑总平面图

1. 建筑总平面图的形成和用途

建筑总平面图是将拟建工程附近一定范围内的建筑物、构筑物及其自然状况用水平投影方式和相应的图例绘制出的图样，如图4.13所示。它主要是表示新建房屋的位置、朝向，与原有建筑物的关系，周围道路、绿化布置及地形地貌等内容，是新建房屋施工定位、土方施工，以及绘制水、暖、电等管线总平面图和施工总平面图的依据。

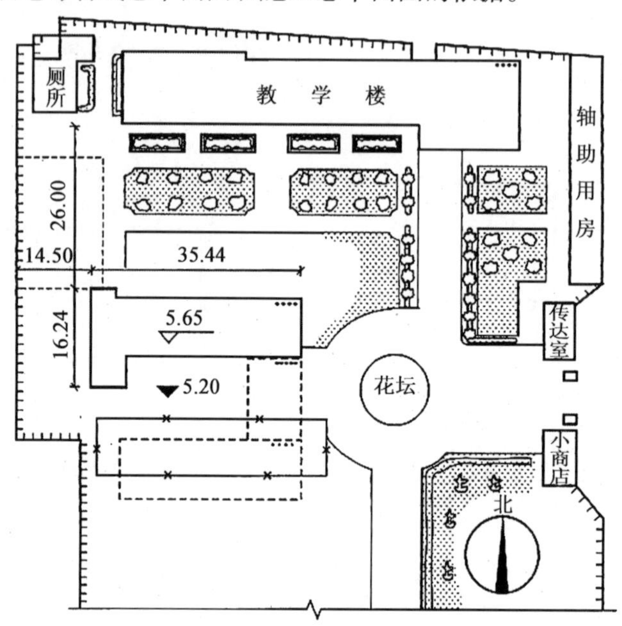

图4.13 某校区总平面图(比例1:500)

2. 建筑总平面图的图示内容

(1)拟建建筑的定位。

拟建建筑的定位有三种方式:第一种是利用新建筑与原有建筑或道路中心线的距离确定新建筑的位置;第二种是利用施工坐标确定新建建筑的位置;第三种是利用大地测量坐标确定新建建筑的位置。

(2)拟建建筑与原有建筑物位置和形状。

在建筑总平面图上将建筑物分成五种情况，即新建建筑物、原有建筑物、计划扩建的预留地或建筑物、拆除的建筑物和新建的地下建筑物或构筑物。当阅读建筑总平面图时要区分哪些是新建建筑物，哪些是原有建筑物。为了清楚表示建筑物的总体情况，一般还在建筑总平面图中建筑物的右上角以点数或数字表示楼房层数。

(3)附近的地形情况。

附近的地形情况一般用等高线表示，由等高线可以分析出地形的高低起伏情况。

(4)道路。

道路主要表示道路位置、走向及其与新建建筑的联系，了解建成后的人流方向和交通情况。

(5)风向频率玫瑰图。

风向频率玫瑰图是根据当年平均统计的各个方向吹风次数的百分数,按一定比例绘制的,风向是从地区外吹向该地区中心,如图 4.14 所示为我国部分城市的风向频率玫瑰图,风向频率玫瑰图中离中心最远的点表示全年该风向风吹的天数最多,即主导风向。

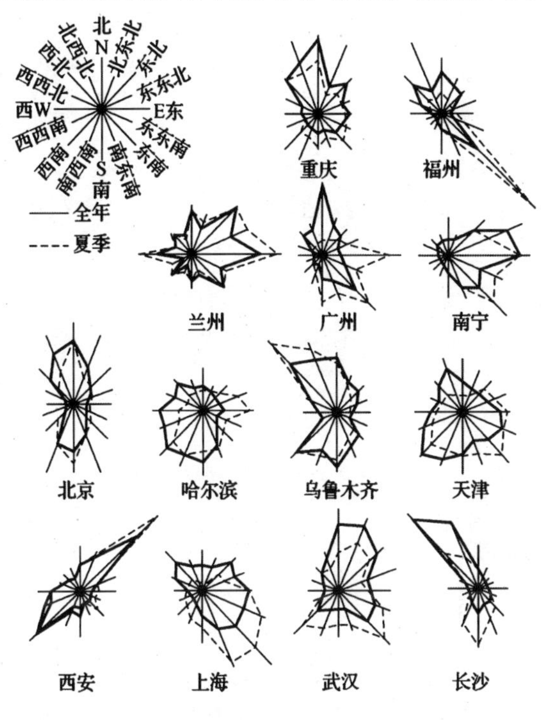

图 4.14　我国部分城市的风向频率玫瑰图

(6)建筑红线。

以我国各地方国土管理部门提供给建设单位的地形图为蓝图,在蓝图上用红色笔划定土地使用范围的线称为建筑红线。任何建筑物在设计和施工中均不能超过此线。

(7)树木、花草等的布置情况。

(8)喷泉、凉亭和雕塑等的布置情况。

3. 建筑总平面图的图示方法

(1)绘制方法与图例。

建筑总平面图根据正投影的原理绘制,图形主要是以图例的形式表示,总平面图的部分图例见表 4.6 所列,制图时应严格执行此图例,如果采用的图例不是标准中规定的图例,应在总平面图下说明。

(2)图线。

图线的宽度 b 应根据图样的复杂程度和比例,按 GB/T 50001—2017 中图线的有关规定执行。主要部分选用粗线,其他部分选用中线和细线,如新建建筑物用粗实线表示,原有建筑物用细实线表示。绘制新建管线综合图时,管线采用粗实线。

(3)标高与尺寸。

建筑总平面图中的标高应为绝对标高,室外地坪标高符号用涂黑的等腰直角三角形表示。总平面图的坐标、标高和距离以 m 为单位,应至少取至小数点后两位。

(4)建筑总平面图应按上北下南方向绘制。

根据场地形状或布局,可向左或右偏转,但不宜超过 45°。

(5)指北针和风向频率玫瑰图。

风向频率玫瑰图用于反映建筑场地范围内常年主导风向和六月、七月、八月的主导风向(虚线表示),共有 16 个方向。图中实线表示全年的风向频率,虚线表示夏季(六月、七月、八月)的风向频率。风由建设区域外面吹过建设区域中心的方向称为风向。

(6)比例。

总平面图一般采用 1:500、1:1 000 或 1:2 000 的比例绘制,因为比例较小,图示内容多按《总图制图标准》(GB/T 50103—2010)中相应的图例要求进行简化绘制,与工程无关的对象可省略不画。

表 4.6 总平面图的部分图例

名称	图例	说明
新建建筑物	X= Y= ① 12F/2D H=59.00 m	新建建筑物以粗实线表示与室外地坪相接处±0.00的外定位轮廓线。 建筑物一般以±0.00高度处的外墙定位轴线交叉点坐标定位。轴线用细实线表示,并标明轴线号。 根据不同设计阶段标注建筑编号,地上、地下层数,建筑高度,建筑出入口位置(两种表示方法均可,但同一图纸应采用一种表示方法)。 地下建筑物以粗虚线表示其轮廓。 建筑物上部(±0.00以上)外挑建筑用细实线表示。建筑物上部轮廓用细虚线表示并标注其位置
原有建筑物		用细实线表示
计划扩建的预留地或建筑物		用中粗虚线表示
拆除的建筑物		用细实线表示

续表 4.6

名称	图例	说明
建筑物下面的通道		
铺砌场地		
围墙及大门		
坐标	1. X=105.00 Y=425.00 2. A=105.00 B=425.00	1. 表示地形测量坐标系。 2. 表示自设坐标系。 坐标数字平行于建筑标注
填挖边坡		
室内地坪标高	151.00 (±0.00)	数字平行于建筑物书写
室外地坪标高	143.00	室外标高也可采用等高线
地下车库入口		机动车停车场

4. 建筑总平面图的识读方法与步骤

(1)阅读标题栏、图名和比例,了解工程的名称、性质和类型等内容。

(2)阅读设计说明。

在建筑总平面图中常附有设计说明,一般包括有关建设依据和工程概况的说明(如工程规模、主要技术经济指标和用地范围等),确定建筑物位置的有关事项,标高及引测点说明、相对标高与绝对标高的关系,以及补充图例说明等。

(3)了解新建建筑物的位置、层数、朝向和当地常年主导风向等。

新建建筑物平面位置在建筑总平面图上的标定方法有两种:对于小型工程项目,一般以邻近原有永久性建筑物的位置为依据,引出相对位置;对于大型的公共建筑,往往用城市规划网的测量坐标来确定建筑物转折点的位置。

(4)了解新建建筑物的周围环境状况。

(5)了解新建建筑物首层地坪、室外设计地坪的标高和周围地形和等高线等。

(6)了解原有建筑物、构筑物和计划扩建的项目,如道路和绿化等。

习题4.2

填写总平面图图例名称。

表4.7 总平面图图例名称

名称	图例	说明
	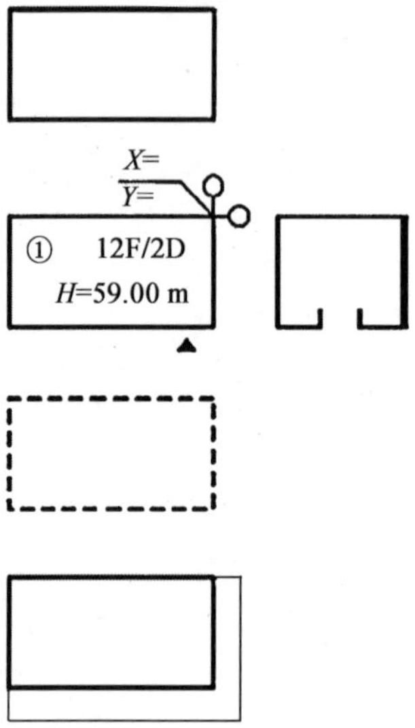 X= Y= ① 12F/2D H=59.00 m	新建建筑物以粗实线表示与室外地坪相接处±0.00外定位轮廓线 建筑物一般以±0.00高度处的外墙定位轴线交叉点坐标定位。轴线用细实线表示,并标明轴线号。 根据不同设计阶段标注建筑编号,地上、地下层数,建筑高度,建筑出入口位置(两种表示方法均可,但同一图纸应采用一种表示方法)。 地下建筑物以粗虚线表示其轮廓。 建筑物上部(±0.00以上)外挑建筑用细实线表示。 建筑物上部连席用细虚线表示并标注位置
	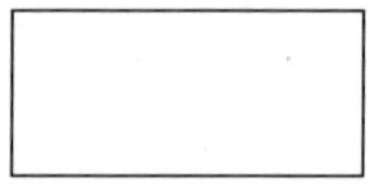	用细实线表示
		用中粗虚线表示
	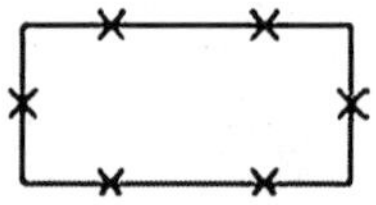	用细实线表示
	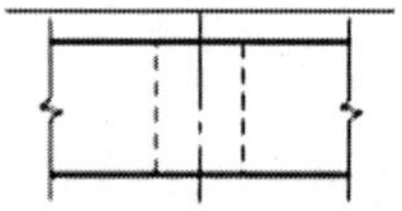	
	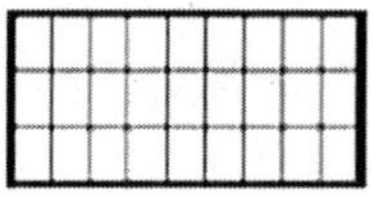	

续表 4.7

名称	图例	说明
	1. X=105.00 Y=425.00 2. A=105.00 B=425.00	1. 表示地形测量坐标系 2. 表示自设坐标系 坐标数字平行于建筑标注
	151.00 (±0.00)	数字平行于建筑物书写
	143.00	室外标高也可采用等高线
		机动车停车场

任务 3　识读建筑平面图

1. 建筑平面图的形成和用途

建筑平面图简称平面图，是假想用一个水平剖切平面对房屋沿窗台以上适当部位进行剖切后对剖切平面以下部分所作的水平投影图，如图 4. 15、4. 16 所示（一层平面图、二层平面图、三层平面图和屋顶平面图）。平面图通常用 1:50、1:100、1:200 的比例绘制，反映出房屋的平面形状、大小，房间的布置，墙（或柱）的位置、厚度、材料，以及门窗的位置、大小、开启方向等情况，并作为施工时放线、砌墙、安装门窗、室内外装修及编制预算等的重要依据。

2. 建筑平面图的图示方法

当建筑物各层的房间布置不同时，应分别绘制各层平面图；若建筑物的各层布置相同，则可以用两个或三个平面图表达，即只画底层平面图和楼层平面图（或顶层平面图）。此时楼层平面图代表了中间各层相同的平面故称为标准层平面图。

因建筑平面图是水平剖面图，故在绘制被剖切到的墙、柱轮廓时，用粗实线（b），门的开启方向线可用中粗实线（0. 5b）或细实线（0. 25b），窗的轮廓线其他可见轮廓线和尺寸线等用细实线（0. 25b）表示。

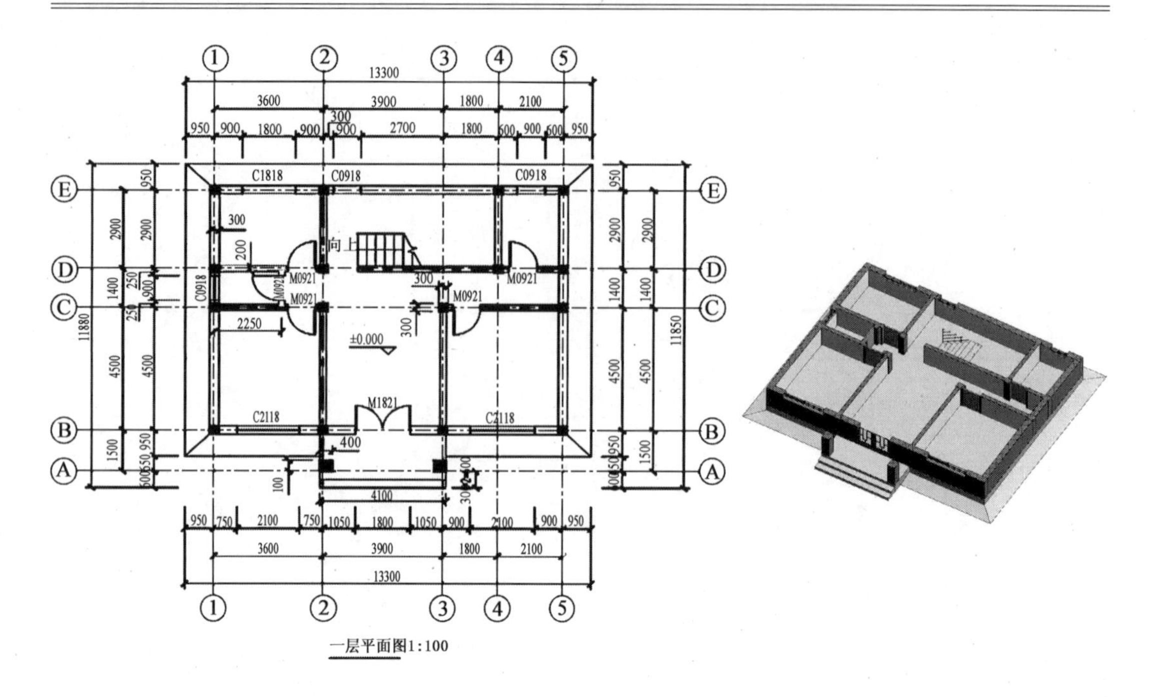
13300
3600 3900 1800 2100
950 900 1800 900 300 900 2700 1800 600 900 600 950
C1818
C0918
C0918
向上
M0921
M0921
M0921
M0921
M0921
C0918
300
200
2250
300
300
±0.000
M1821
C2118
C2118
400
4100
11880
11850
2900 1400 4500 1500
950 250 900 250 950
950 750 2100 750 1050 1800 1050 900 2100 900 950
3600 3900 1800 2100
13300
一层平面图1:100

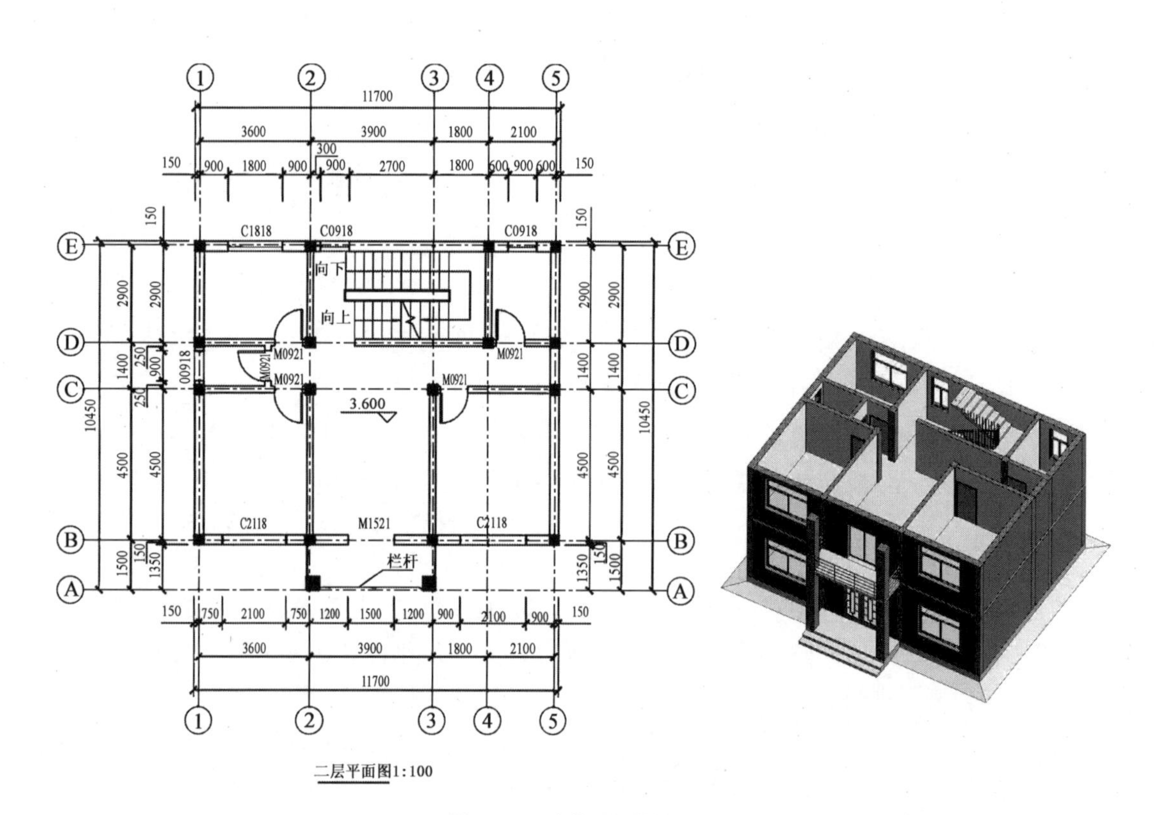
11700
3600 3900 1800 2100
150 900 1800 900 300 900 2700 1800 600 900 600 150
C1818
C0918
C0918
向下
向上
M0921
M0921
M0921
M0921
C0918
3.600
C2118
M1521
C2118
栏杆
10450
2900 1400 4500 1500
250 900 250 150 1350
150 750 2100 750 1200 1500 1200 900 2100 900 150
3600 3900 1800 2100
11700
二层平面图1:100

图 4.15　建筑平面图(一)

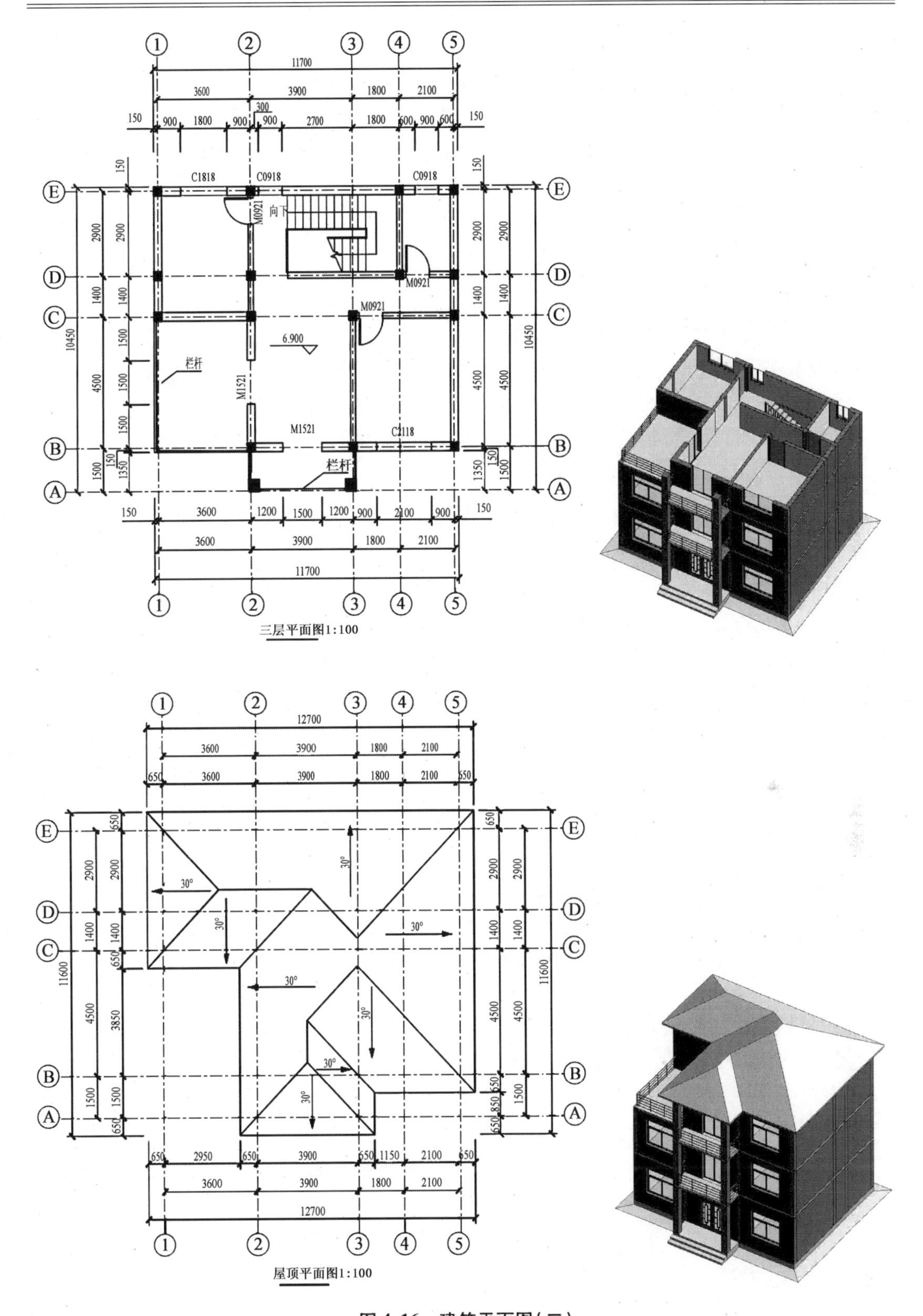

11700
3600 3900 1800 2100
150 900 1800 900 300 900 2700 1800 600 900 600 150
C1818
C0918
M0921
向下
M0921
M0921
6.900
栏杆
M1521
M1521
C2118
栏杆
2900 1400 1500 4500 1500 1500 1350 150 10450
150 3600 1200 1500 1200 900 2100 900 150
三层平面图1:100
12700
650 3600 3900 1800 2100 650
30°
650 2900 1400 650 3850 1500 11600
650 2950 650 3900 650 1150 2100 650
屋顶平面图1:100

图 4.16　建筑平面图(二)

3. 建筑平面图的图示内容

平面图应采用建筑类图例，一般房屋有几层，就应有几个平面图，在平面图下方应注明相应的图名及采用的比例，如图 4.15 所示。如果各楼层的房间数量、大小、布置都一样，则相同的楼层可用一个平面图表示，并标注“标准层平面图”或“××—××层平面图”字样。

(1)平面图的图示内容。

①一般平面图四周都应对轴线进行编号。

②表示建筑物的墙、柱位置并对其轴线进行编号。

③表示建筑物的门、窗位置及编号。

④注明各房间名称及室内外楼地面标高。

⑤表示楼梯的位置及楼梯上下行方向、级数和楼梯平台标高。

⑥表示阳台、雨搭、台阶、雨水管、散水、明沟和花池等的位置及尺寸。

⑦表示室内设备(如卫生器具和水池等)的形状、位置。

⑧画出剖面图的剖切符号及编号。

⑨标注墙厚、墙段、门、窗和房屋开间、进深等各项尺寸。

⑩尺寸标注。

平面图中标注的尺寸分为三类:外部尺寸、内部尺寸和具体构造尺寸。外部尺寸一般在图形中外墙的下方及左方标注，在水平方向和竖直方向各标注三条:总尺寸(外包尺寸)、轴线尺寸和细部尺寸，其中，最外一条尺寸标注房屋总长、总宽，称为总尺寸;中间一条尺寸标注房间的开间、进深，称为轴线尺寸(一般情况下两横墙之间的距离称为开间，两纵墙之间的距离称为进深);最内侧一条尺寸以轴线定位的标注方式标注房间外墙的墙段及门窗洞口尺寸，称为细部尺寸。内部尺寸应标注各房间长、宽方向的净空尺寸，墙厚及其与轴线的关系，柱截面、房间内部门窗洞口、门垛等细部尺寸。

⑪标注详图索引符号。

图样中的某一局部或构件如需另见详图应以索引符号索引。

⑫指北针。

指北针常用来表示建筑物的朝向，指北针头部应注明“北”或“N”字，一般画在首层平面图的一角。

(2)屋顶平面图的图示内容。

屋顶平面图内容包括屋顶檐口、檐沟、屋顶坡度、分水线与落水口的投影、出屋顶水箱间、上人孔、消防梯及其他构筑物和索引符号等。

4. 建筑平面图的图例符号

识读建筑平面图应先熟悉常用图例符号，表 4.8 所列为部分建筑平面图常用的构造及配件图例。

表 4.8　部分建筑平面图常用的构造及配件图例

名称	图例	说明
墙体		1. 上图为外墙、下图为内墙。 2. 外墙细线表示有保温层或有幕墙。 3. 应采用加注文字或涂色或图案填充的方法表示各种材料的墙体。 4. 在各层平面图中防火墙宜着重以特殊图案填充表示
隔断		1. 应采用加注文字或涂色或图案填充的方法表示各种材料的轻质隔断。 2. 适用于到顶与不到顶隔断
玻璃幕墙		幕墙龙骨是否表示由项目设计决定
栏杆		
楼梯	下 下 上 上	1. 上图为顶层楼梯平面，中图为中间层楼梯平面，下图为底层楼梯平面。 2. 需设置靠墙扶手或中间扶手时，应在图中表示
单面开启单扇门（包括平开或单面弹簧）		1. 门的名称代号用 M 表示。 2. 平面图中，下为外，上为内，门开启线为 90°、60°或 45，开启弧线宜绘出。 3. 立面图中，开启线实线为外开，虚线为内开，开启线交角一侧为安装合页一侧。开启线在建筑立面图中可不表示，在立面大样图中可根据需要绘出。 4. 剖面图中，左为外，右为内。 5. 附加纱扇应以文字说明，在平、立、剖面图中均不表示。 6. 立面形式应按实际情况绘制
双面开启单扇门（包括双面平开或双面弹簧）		

续表 4.8

名称	图例	说明
单面开启双扇门 (包括平开 或单面弹簧)	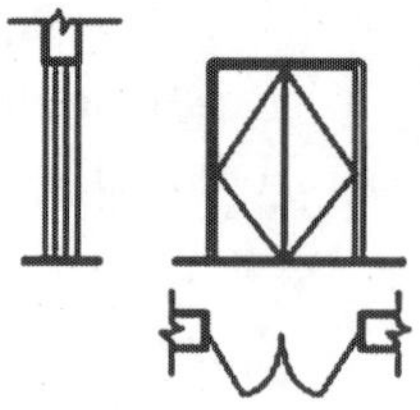	1. 门的名称代号用 M 表示。 2. 平面图中,下为外,上为内,门开启线为90°、60°或45,开启弧线宜绘出。 3. 立面图中,开启线实线为外开,虚线为内开,开启线交角一侧为安装合页一侧。开启线在建筑立面图中可不表示,在立面大样图中可根据需要绘出。 4. 剖面图中,左为外,右为内。 5. 附加纱扇应以文字说明,在平、立、剖面图中均不表示。 6. 立面形式应按实际情况绘制
双面开启双扇门 (包括双面平开 或双面弹簧)	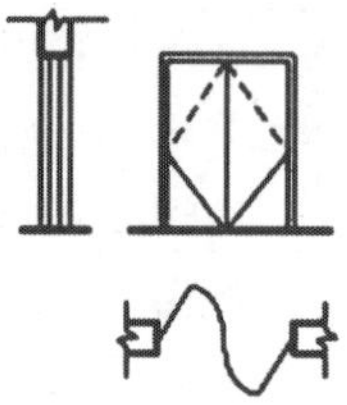	
折叠门	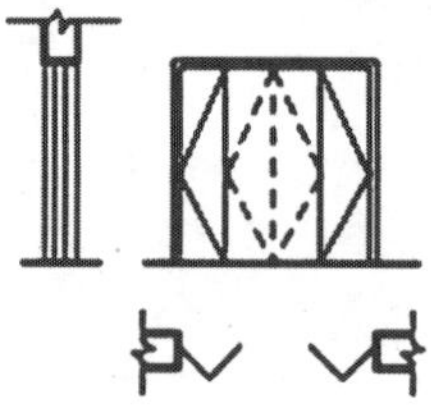	
固定窗	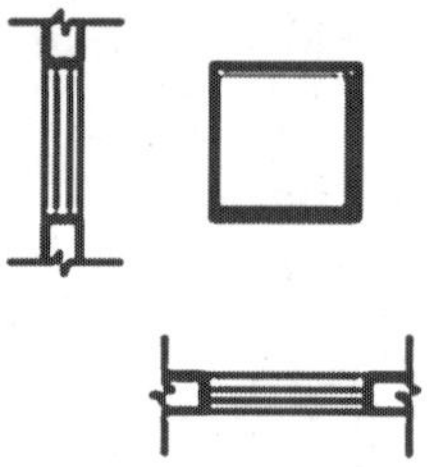	1. 窗的名称代号用 C 表示。 2. 平面图中,下为外,上为内。 3. 立面图中,开启线实线为外开,虚线为内开,开启线交角侧为安装合页一侧。开启线在建筑立面图中可不表示,在门窗立面大样图中需绘出。 4. 剖面图中,左为外,右为内。虚线仅表示开启方向,项目设计不表示。 5. 附加纱扇应以文字说明,在平、立、剖面图中均不表示。 6. 立面形式应按实际情况绘制
上悬窗	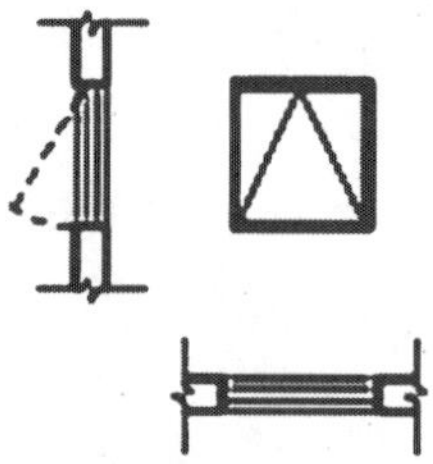	
中悬窗	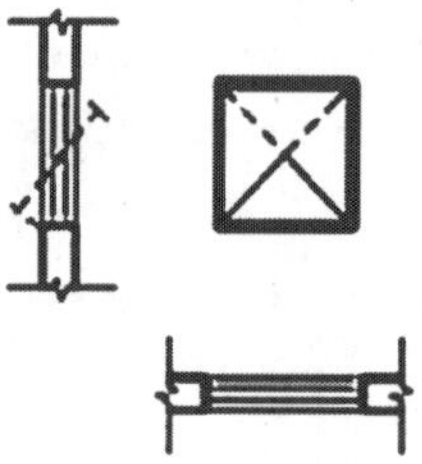	

续表 4.8

名称	图例	说明
下悬窗		1. 窗的名称代号用 C 表示。 2. 平面图中,下为外,上为内。 3. 立面图中,开启线实线为外开,虚线为内开,开启线交角侧为安装合页一侧。开启线在建筑立面图中可不表示,在门窗立面大样图中需绘出。 4. 剖面图中,左为外,右为内。虚线仅表示开启方向,项目设计不表示。 5. 附加纱扇应以文字说明,在平、立、剖面图中均不表示。 6. 立面形式应按实际情况绘制
单层外开平开窗		
单层内开平开窗		
检查口		左图为可见检查口,右图为不可见检查口

5. 建筑平面图的识读方法和步骤

(1)看图名、比例、指北针,了解图名、比例和建筑朝向。

(2)分析建筑平面的形状及各层的平面布置情况,从平面图中房间的名称可以了解各房间的使用功能;从内部尺寸可以了解房间的净长、净宽(或面积);了解楼梯间的布置、楼梯段的踏步级数和楼梯的走向。

(3)读定位轴线及轴线间尺寸,了解各墙体的厚度;了解门窗洞口的位置、代号及门的开启方向;了解门窗的规格尺寸及数量。

(4)了解室外台阶、花池、散水、阳台、雨搭和雨水管等构造的位置及尺寸。

(5)阅读有关的符号及文字说明,查阅索引符号及其对应的详图或标准图集。

(6)从屋顶平面图中分析了解屋面构造及排水情况。

6. 建筑平面图的绘制方法和步骤

(1)绘制墙身定位轴线及柱网。

(2)绘制墙身轮廓线、柱、门窗洞口等各种建筑构配件。

(3)绘制楼梯、台阶和散水等细部结构。

(4)检查全图无误后擦去多余线条,按建筑平面图的要求加深加粗图线,并进行门窗编号,画出剖面图剖切位置线等。

(5)尺寸标注。

(6)图名、比例及其他文字内容。

汉字采用长仿宋字进行标注:图名一般为 7 ~ 10 号字,图内说明文字一般为 5 号字。尺寸数字字高通常用 3.5 号字。字迹要工整、清晰不潦草。

7. 建筑平面图的识读案例

如图 4.17 所示为××建筑平面图,包括底层平面图、标准层平面图及屋顶平面图。从图中可知平面图比例均为 1:100,由图名可以判断是哪一层平面图。从底层平面图的指北针可知,该建筑物朝向为坐北朝南;同时可以看出,该建筑为一字形对称布置,主要房间为卧室,内墙厚 240 mm,外墙厚 370 mm。本建筑设有一间门厅,一个楼梯间,中间有宽为 1 800 mm 的内走廊,每层有一间厕所,一间盥洗室。该建筑有两种门,三种类型的窗。房屋开间为 3 600 mm,进深为 5 100 mm。由屋顶平面图可知,本建筑屋顶是坡度为 3% 的平屋顶,两坡排水,南、北向设有宽为 600 mm 的外檐沟,分别布置有 3 根落水管,非上人屋面。剖面图的剖切位置在楼梯间处。

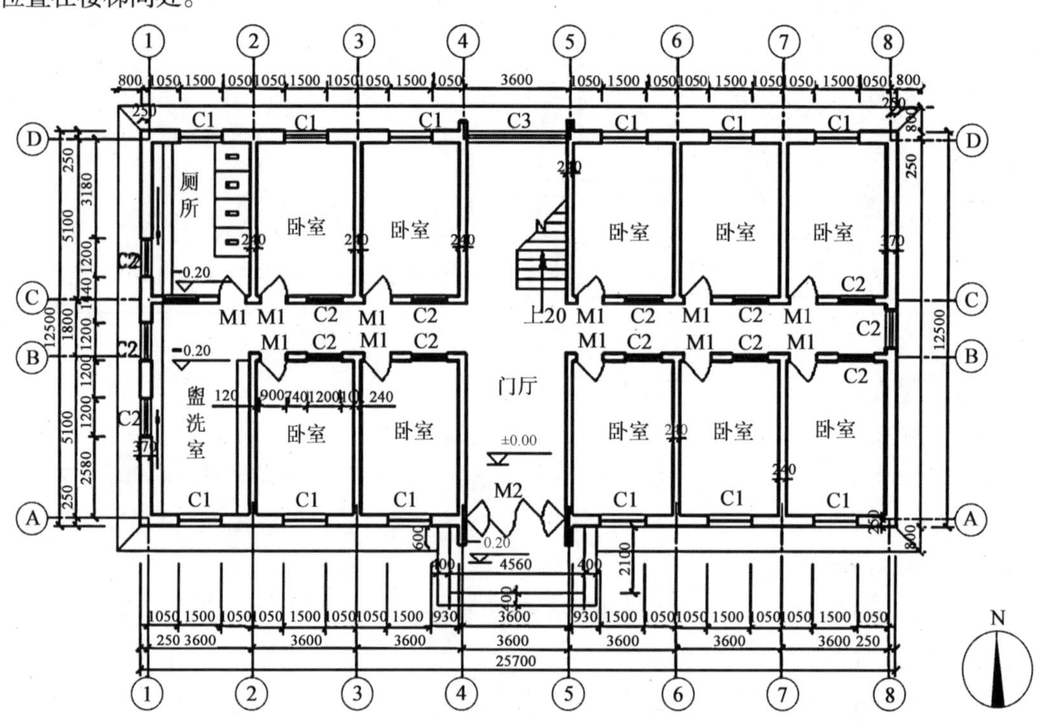

底层平面图1:100

图 4.17　××建筑平面图

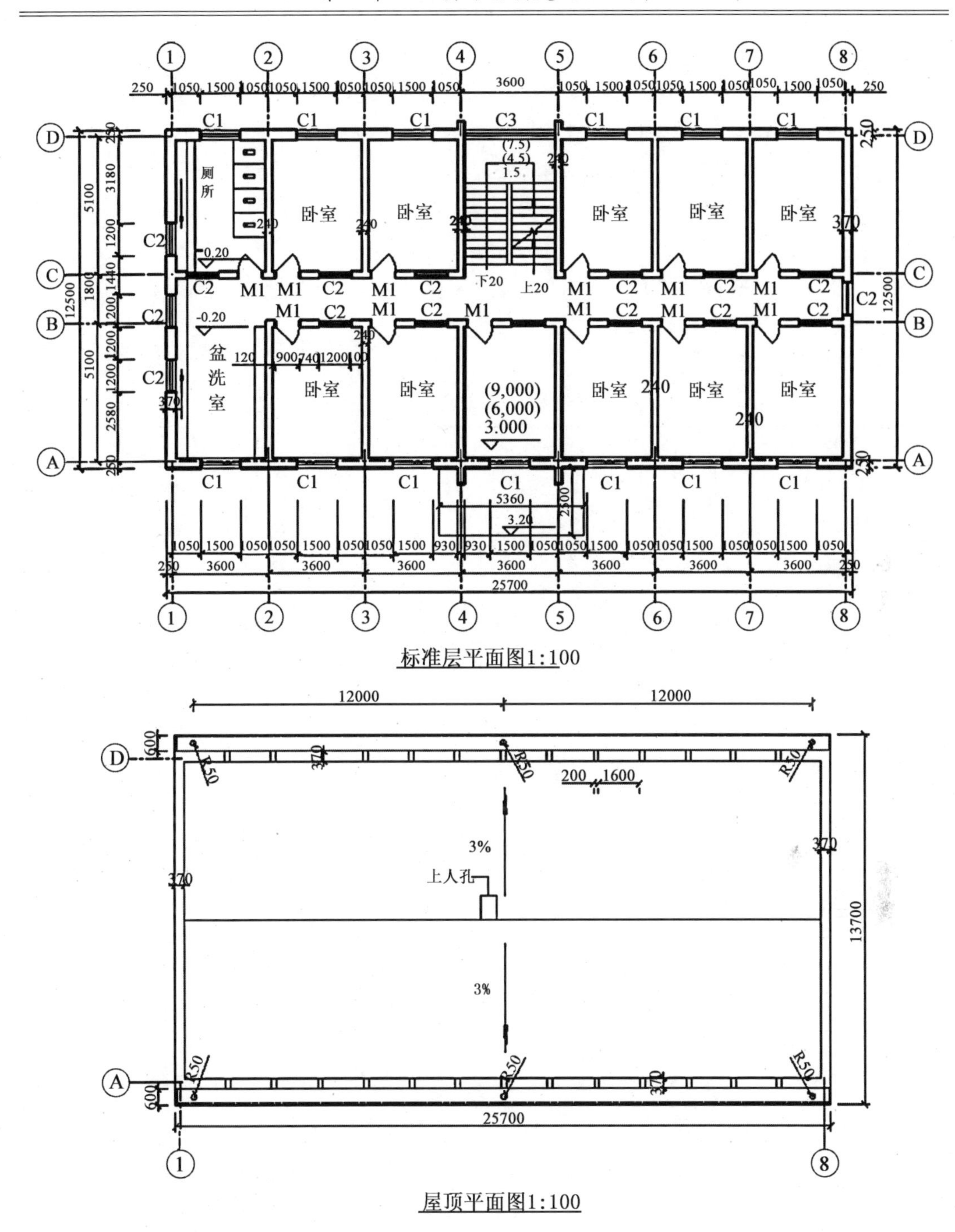

续图4.17

习题4.3

1.根据图4.15、4.16所示建筑平面图,找出标高、轴网、柱、墙、门、窗、楼板、屋顶、台阶、散水、楼梯和栏杆的位置及尺寸。

建筑平面图具体参数如下。

外墙:300mm,10 mm 厚红色涂料、280 mm 厚混凝土砌块、10 mm 厚白色涂料。

内墙:200 mm,10 mm 厚白色涂料、180 mm 厚混凝土砌块、10 mm 厚白色涂料。

楼板:150 mm 厚混凝土,一楼底板 450 mm 厚混凝土。

屋顶:100 mm 厚混凝土。

散水:800 mm。

柱:300 mm × 300 mm、400 mm × 400 mm。

门窗表见表 4.9。

表 4.9 建筑门窗表

类型	设计编号	洞口尺寸/mm	数量
单扇木门	M0921		
双扇推拉门	M1521		
双扇玻璃门	M1821		
双扇平开窗	C0918		
	C1818		
	C2118		

2. 填写表 4.10 所列的部分建筑平面图常用的构造及配件图例。

表 4.10 部分建筑平面图常用的构造及配件图例

名称	图例	说明
		1. 上图为外墙、下图为内墙。 2. 外墙细线表示有保温层或有幕墙。 3. 应采用加注文字或涂色或图案填充的方法表示各种材料的墙体。 4. 在各层平面图中防火墙宜着重以特殊图案填充表示
		1. 应采用加注文字或涂色或图案填充的方法表示各种材料的轻质隔断。 2. 适用于到顶与不到顶隔断
		幕墙龙骨是否表示由项目设计决定

续表 4.10

名称	图例	说明
	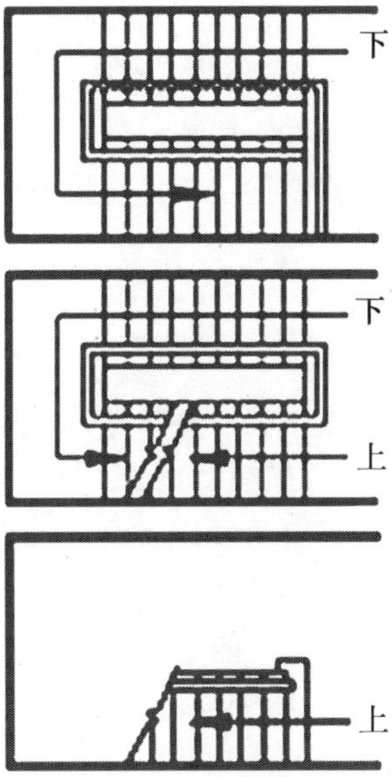 下 下 上 上	1. 上图为(　　　　)平面，中图为(　　　　)平面，下图为(　　　　)平面。 2. 需设置靠墙扶手或中间扶手时，应在图中表示
	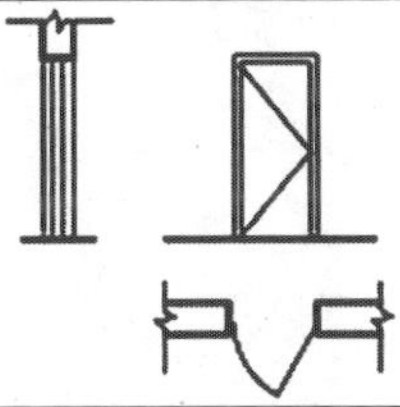	1. 门的名称代号用(　　　　)表示。 2. 立面图中，开启线实线为外开，虚线为内开，开启线交角一侧为安装合页一侧。开启线在建筑立面图中可不表示，在立面大样图中可根据需要绘出。 3. 剖面图中，左为外，右为内
		1. 窗的名称代号用(　　　　)表示。 2. 平面图中，下为外，上为内。 3. 立面图中，开启线实线为外开，虚线为内开，开启线交角侧为安装合页一侧。开启线在建筑立面图中可不表示，在门窗立面大样图中需绘出。 4. 剖面图中，左为外，右为内。虚线仅表示开启方向，项目设计不表示

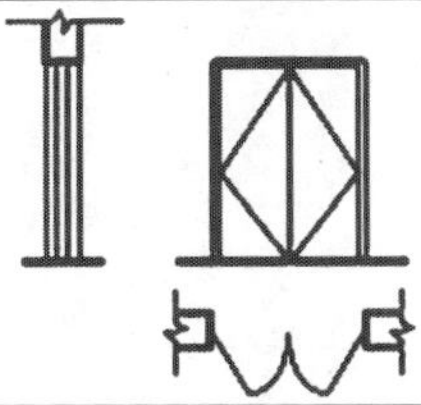

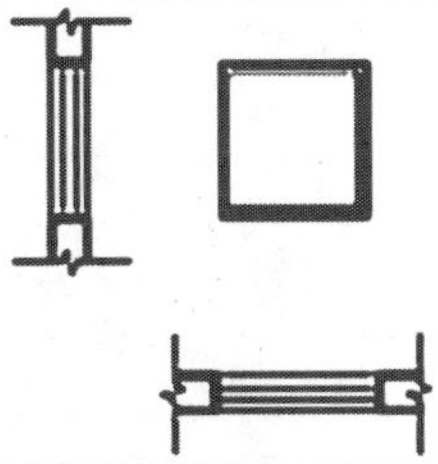

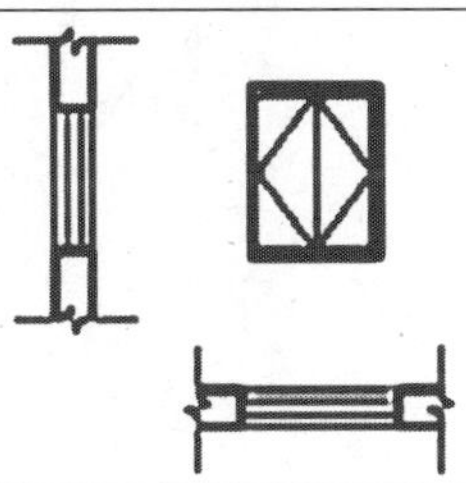

任务4　识读建筑立面图

1. 建筑立面图的形成与作用

建筑立面图简称立面图，如图4.18所示。建筑立面图是在与房屋立面平行的投影面上所作的房屋正投影图。它主要反映房屋的长度、高度、层数等外貌和外墙装修构造。它的主要作用是确定门窗、檐口、雨搭和阳台等的形状和位置及指导房屋外部装修施工和计算有关预算工程量。

2. 建筑立面图的图示方法及其命名

(1)建筑立面图的图示方法。

为使建筑立面图主次分明、图面美观，通常在建筑物不同部位采用不同粗细的线型来表示。最外轮廓线采用粗实线(b)，室外地坪线采用加粗实线($1.4b$)，所有突出部位如阳台、雨搭、线脚和门窗洞等采用中实线($0.5b$)，其余部分采用细实线($0.35b$)表示。

(2)立面图的命名。

立面图的命名方式包括用房屋的朝向命名如南立面图、北立面图等；根据主要出入口命名如正立面图、背立面图、侧立面图；用立面图上首尾轴线命名，如①~⑥轴立面图和⑥~①轴立面图。

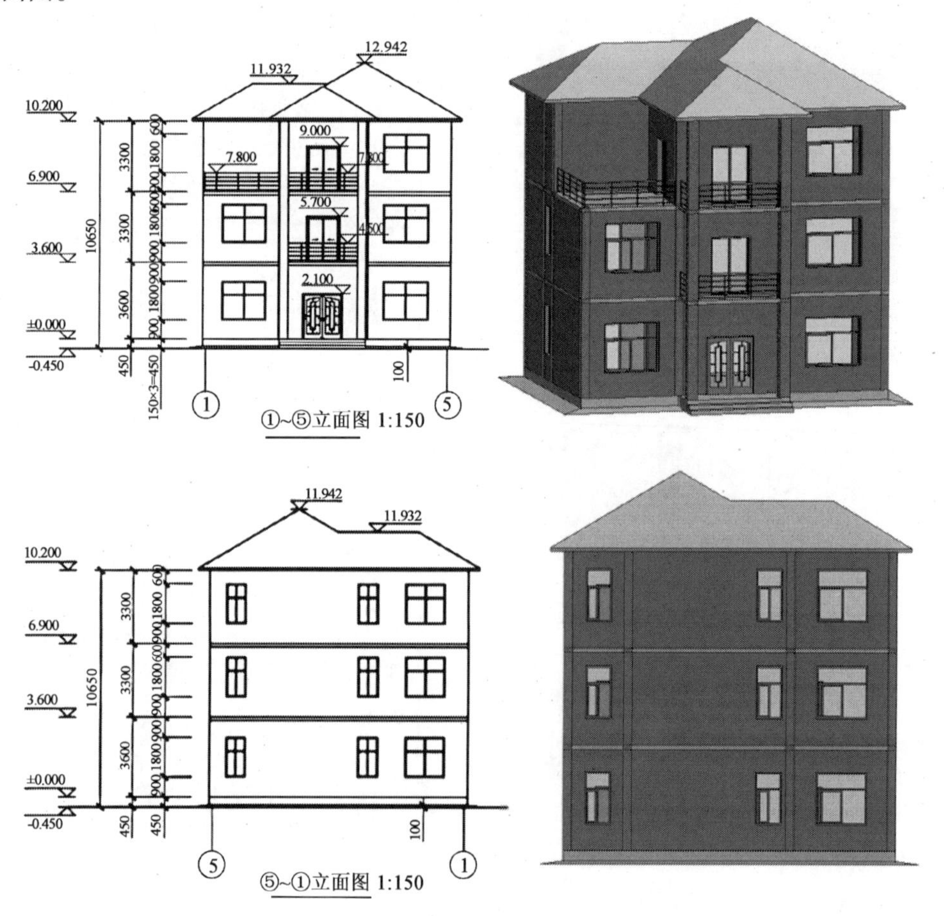

图4.18　建筑立面图

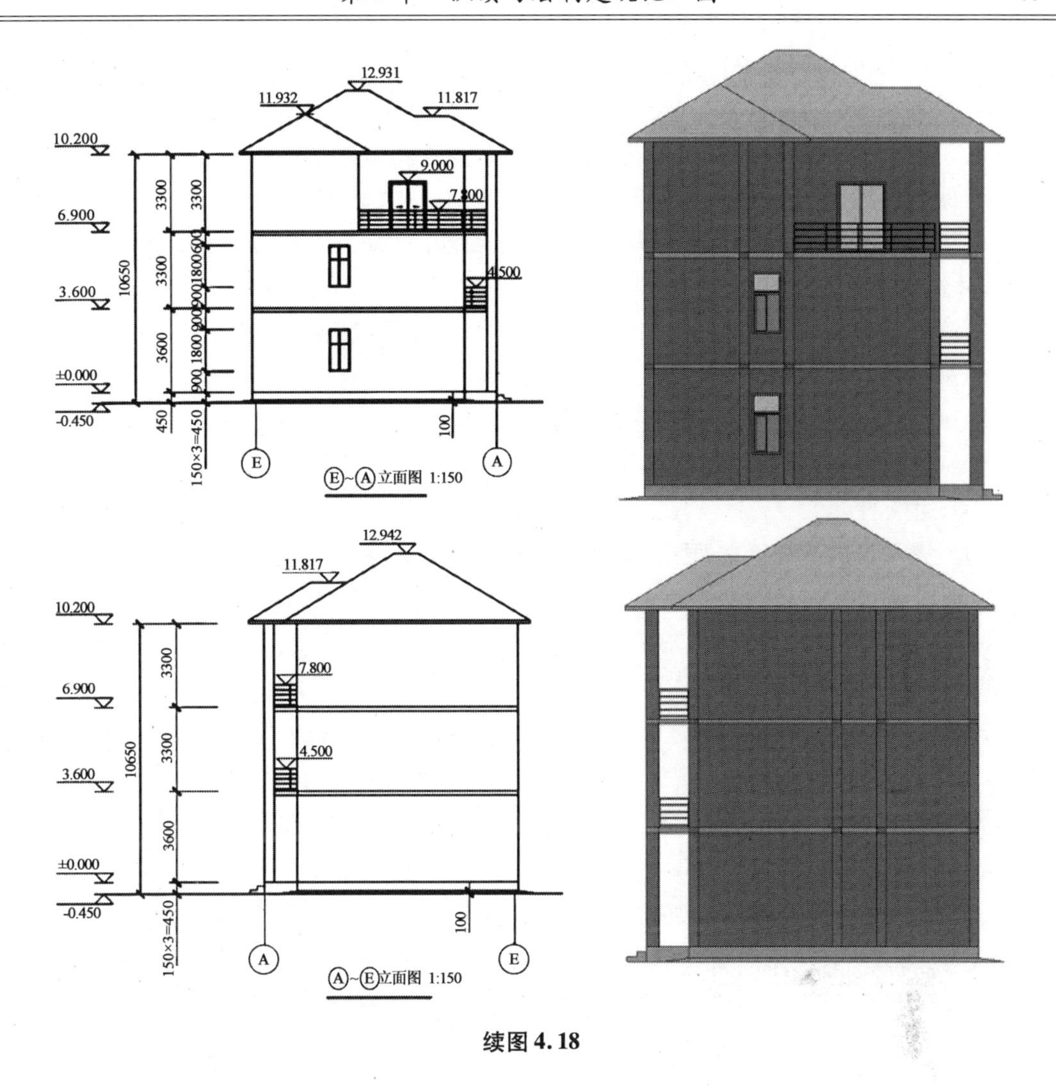

续图 4.18

立面图的比例一般与平面图相同。

3. 建筑立面图的图示内容

(1)室外地坪线及房屋的勒脚、台阶、花池、门窗、雨搭、阳台、室外楼梯、墙、柱、檐口、屋顶、雨水管等内容。

(2)尺寸标注。

用标高标注出各主要部位的相对高度,如室外地坪、窗台、阳台、雨搭、女儿墙顶、屋顶水箱间及楼梯间屋顶等的标高。同时用尺寸标注的方法标注立面图上的细部尺寸层高及总高。

(3)建筑物两端的定位轴线及其编号。

(4)外墙面装修。

可用文字说明或用详图索引符号表示。

4. 建筑立面图的识读方法和步骤

(1)阅读图名和定位轴线的编号,了解某一立面图的投影方向,并对照平面图了解其朝向。

(2)分析和阅读房屋的外轮廓线,了解房屋的立面造型、层数和层高。

(3)了解外墙面上门窗的类型、数量、布置及水平高度。

(4)了解房屋的屋顶构造、雨搭、阳台、台阶、花池及勒脚等细部构造的形式和位置。

(5)阅读标高,了解房屋室内外高差、各层高度尺寸和总高度。

(6)阅读文字说明和符号,了解外墙面装饰的做法、材料、要求及索引的详图。

5. 建筑立面图的制图方法和步骤

(1)画室外地坪线、定位轴线、各层楼面线、外墙边线和屋檐线。

(2)画各种建筑构配件的可见轮廓,如门窗洞口、楼梯间墙身及其暴露在外墙外的柱。

(3)画门窗、雨水管和外墙分割线等建筑物细部。

(4)标注尺寸界线、标高数字、索引符号和相关注释文字。

(5)尺寸标注。

(6)检查无误后按建筑立面图的要求加深、加粗图线并标注标高、首尾轴线号、墙面装修说明文字、图名和比例,说明文字采用5号字。

6. 建筑立面图的识读案例

如图4.19所示,本建筑立面图的图名为①~⑧立面图,比例为1:100,两端的定位轴线编号分别为①和⑧;室内外高差为0.3 m,层高为3 m,共四层,窗台高为0.9 m;在建筑的主要出入口处设有悬挑雨搭,有一个二级台阶,该立面外形规则,立面造型简单,外墙采用100 mm×100 mm黄色釉面瓷砖饰面,窗台线条用100 mm×100 mm白色釉面瓷砖点缀,黄色琉璃瓦檐口;中间用墙垛形成竖向线条划分立面,使建筑具有高耸感。

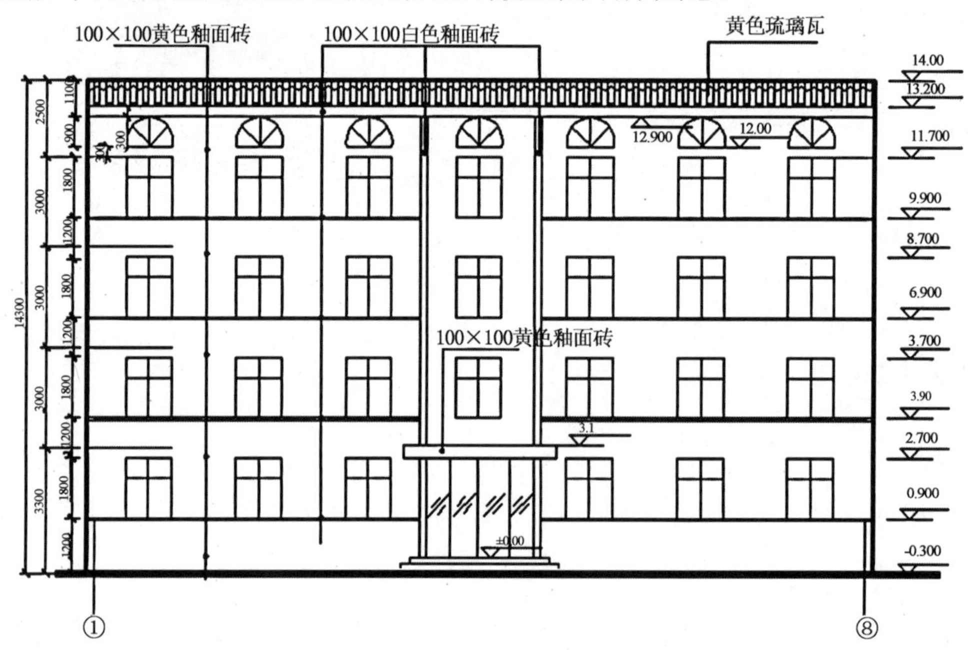

①~⑧立面图 1:100

图4.19 ××建筑立面图

习题4.4

1. 简述立面图的形成与作用。

2. 为使建筑立面图主次分明、图面美观,通常在建筑物不同部位采用不同粗细的线型来表示。最外轮廓线采用( )线绘制;室外地坪线采用( )线绘制;所有突出部位如阳台、雨搭、线脚、门窗洞等采用( )线绘制;其余部分采用( )线绘制。

3. 立面图的命名方式有几种?

任务5 识读建筑剖面图

1. 建筑剖面图的形成与作用

建筑剖面图简称剖面图,如图4.20所示。建筑剖面图是假想用一铅垂剖切面将房屋剖切开后移去靠近观察者的部分作出剩下部分的投影图。

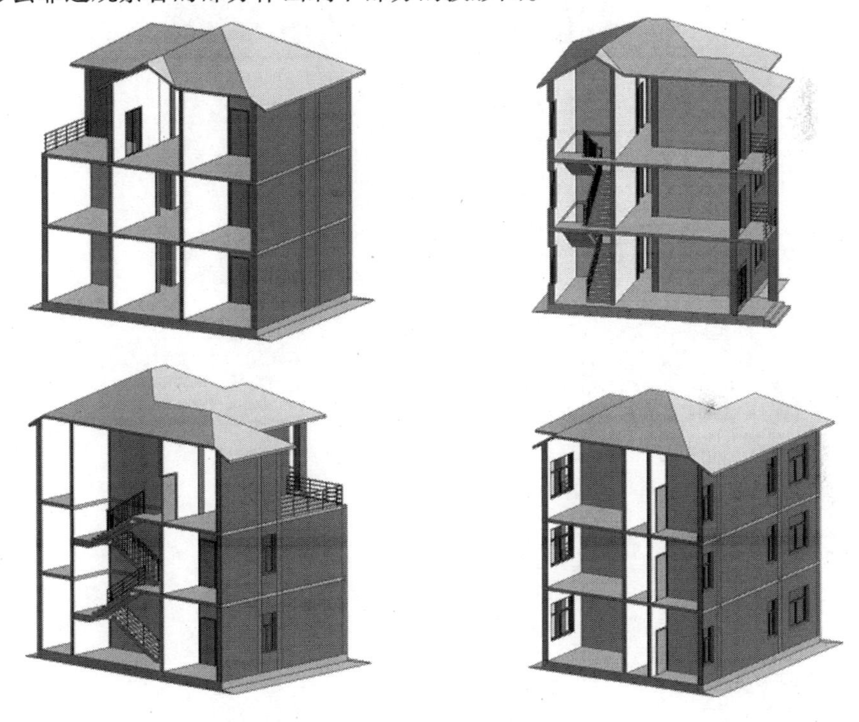

图4.20 建筑剖面图

剖面图用以表示房屋内部的结构或构造方式,如屋面(楼、地面)形式、分层情况、材料、做法、高度尺寸及各部位的联系等。它与平、立面图互相配合用于计算工程量,指导各层楼板和屋面施工、门窗安装和内部装修等。

剖面图的数量是根据房屋的复杂情况和施工实际需要决定的;剖切面的位置要选择在房屋内部构造比较复杂或具有代表性的部位,如门窗洞口和楼梯间等位置,如图4.21所示。剖面图的图名符号应与底层平面图上剖切符号相对应。

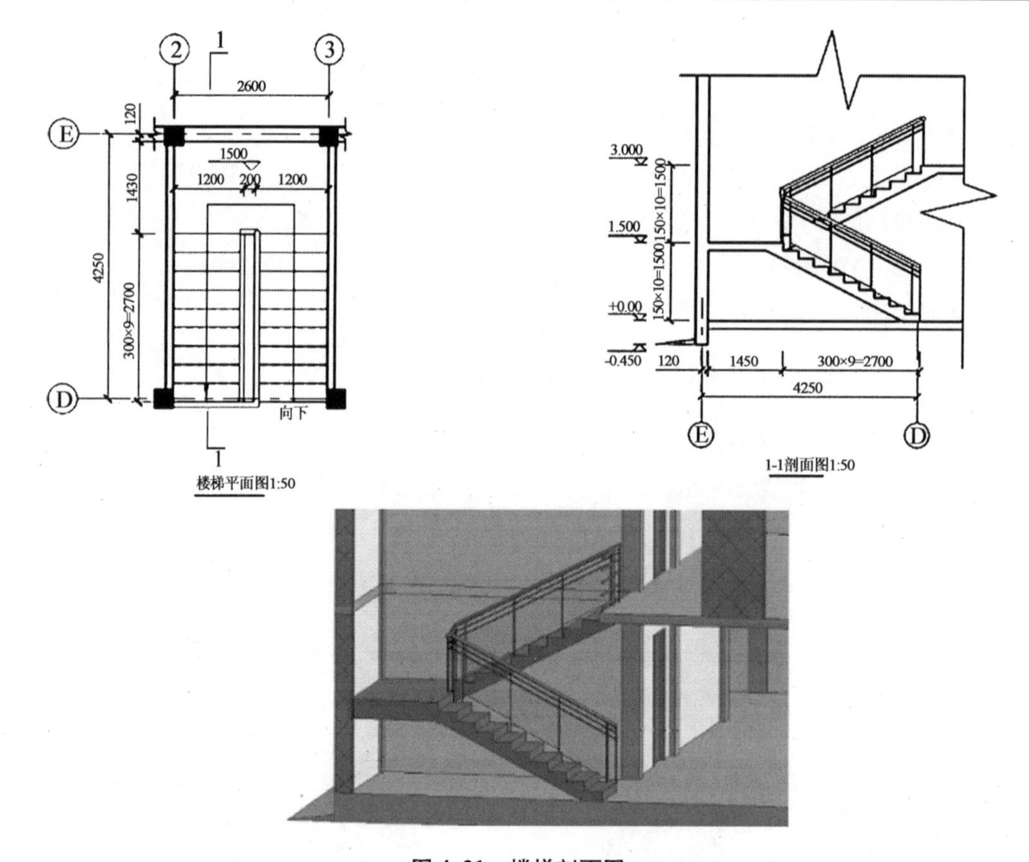

图 4.21 楼梯剖面图

2. 建筑剖面图的图示内容

(1)必要的定位轴线及轴线编号。

(2)剖切到的屋面、楼面、墙体、梁等的轮廓线、材料和做法。

(3)建筑物内部分层情况以及垂直、水平方向的分隔。

(4)即使没被剖切到但在剖视方向可以看到的建筑物构配件。

(5)屋顶的形式及排水坡度。

(6)标高及必须标注的局部尺寸。

(7)必要的文字说明。

3. 建筑剖面图的识读方法和步骤

(1)阅读图名、轴线编号、绘图比例,并与底层平面图对照,确定剖面图的剖切位置和投影方向。

(2)了解房屋从室外地面到屋顶竖向各部位的构造做法和结构形式,了解墙体与楼地面、梁板、楼梯、屋面等构件之间的相互连接关系、材料和做法等。

(3)阅读房屋各水平面的标高及尺寸标注,从而了解房屋的层高和总高、外墙各层门窗洞口和窗间墙的高度、室内门的高度、室内外高差、被剖切到的墙体的轴线间尺寸等。

(4)读图中的文字说明及索引符号,了解有关的细部构造及做法。在剖面图中表示楼地面、屋面的构造时,通常用一条引出线并分别按构造层次顺序列出材料及构造做法。同时还要了解详图的引出位置和编号,以便查阅详图。

4. 建筑剖面图的绘制方法和步骤

(1)画地坪线、定位轴线、各层的楼面线和楼面。

(2)画剖面图门窗洞口位置、楼梯平台、女儿墙、檐口及其他可见轮廓线。

(3)画各种梁的轮廓线和断面。

(4)标注楼梯、台阶及其他可见的细部构件并且标出楼梯的材质。

(5)标注尺寸界线、标高数字和相关文字说明。

(6)画索引符号及尺寸。

5. 建筑剖面图的识读案例

如图4.22所示,本建筑层高为3 m,总高为14 m,共4层,房屋室内外地面高差为0.3 m,屋面为架空通风隔热、保温屋面,材料找坡,屋顶坡度为3%,设有外伸600 mm天沟,属有组织排水,外墙厚370 mm,向内偏心90 mm,内墙厚240 mm,无偏心。

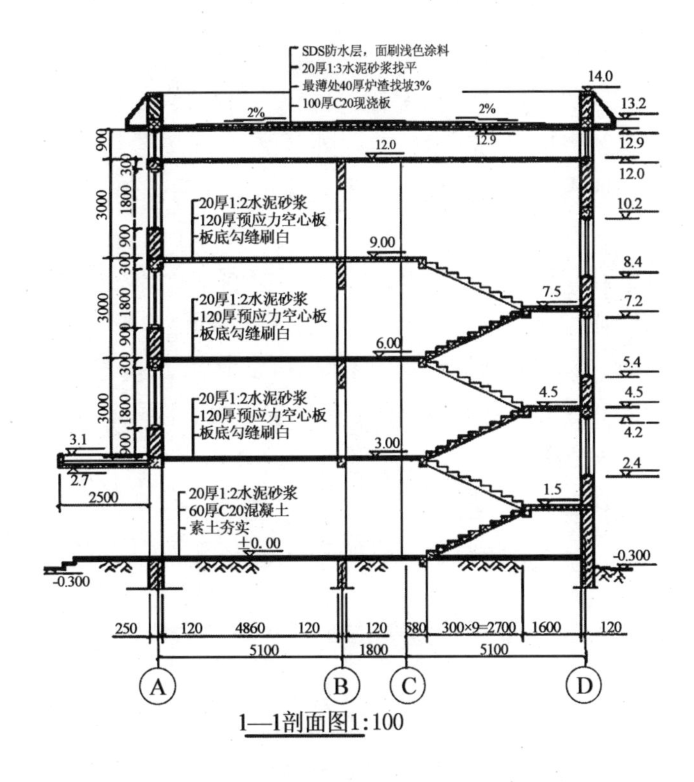

图4.22　××建筑剖面图

习题4.5

1. 简述剖面图的形成与作用。

2. 结合图4.15、4.18,了解剖面图与平、立面图的相互关系,了解建筑层高、总高、层数、房屋室内外地面高差、屋面构造和屋面坡度，写识读报告。

任务6　识读建筑详图

1. 建筑详图图示方法与用途

(1)建筑详图可以用较大比例详尽表达局部的详细构造，如形状、尺寸大小、材料和做法，也可以说建筑详图是建筑平、立、剖面图的补充图样。

(2)对于民用建筑而言，应绘制建筑详图的部位很多，如不同部位的外墙详图、楼梯间详图、室内固定设备布置(卫生间、厨房等)的详图。另外还有大量的建筑构配件采用了标准图集，可以简化或用代号表示，在施工中必须配合相应标准图集才能阅读清楚。

(3)建筑详图的表达方法应视建筑构配件或建筑细部的复杂程度而定，可使用视图、剖面图和断面图的图示方法进行表达。

(4)建筑详图应做到图形清晰、尺寸标注齐全、文字说明详尽。建筑详图常采用1:1、1:2、1:5、1:10、1:20等大比例绘制。

2. 外墙身详图

墙身详图也叫墙身大样图，实际上是建筑剖面图的有关部位的局部放大图。它主要表达墙身与地面、楼面、屋面的构造连接情况，以及檐口、门窗顶、窗台、勒脚、防潮层、散水、明沟的尺寸、材料、做法等构造情况，是砌墙、室内外装修、门窗安装、编制施工预算，以及材料估算等的重要依据。有时在外墙身详图上引出分层构造注明楼地面、屋顶等的构造情况在建筑剖面图中可省略不标。

外墙剖面详图往往在门窗洞口处断开，因此在门窗洞口处出现双折断线(该部位图形高度变小但标注的窗洞竖向尺寸不变)，是几个节点详图的组合。在多层房屋中，若各层的构造情况一致可只画墙脚、檐口和中间层(含门窗洞口)三个节点，按上下位置整体排列。有时墙身详图不以整体形式布置而把各个节点详图分别单独绘制称为墙身节点详图。

(1)墙身详图的图示内容。

①墙身的定位轴线及编号、墙体的厚度、材料及其本身与轴线的关系。

②勒脚、散水节点构造，主要反映墙身防潮做法、首层地面构造、室内外高差、散水做法和一层窗台标高等内容。

③标准层楼层节点构造，主要反映标准层梁、板等构件的位置及其与墙体的联系、构件表面抹灰和装饰等内容。

④檐口部位节点构造，主要反映檐口部位包括封檐构造(如女儿墙或挑檐)、圈梁、过梁、屋顶泛水构造、屋面保温、防水做法和屋面板等结构构件。

⑤图中的详图索引符号等。

(2)墙身详图的识读案例。

如图4.23所示，该墙体为Ⓐ轴外墙、厚度为370 mm。室内外高差为0.3 m，墙身防潮采用20 mm厚防水砂浆设置于首层地面垫层与面层交接处，一层窗台标高为0.9 m。首层地面做法从上至下依次为20厚1:2水泥砂浆面层、20厚防水砂浆一道、60厚混凝土、垫层素土夯实。标准层楼层构造为20厚1:2水泥砂浆面层，120厚预应力空心楼板，板底勾缝刷白，

120厚预应力空心楼板搁置于横墙上；标准层楼层标高分别为3 m、6 m和9 m。屋顶采用架空900 mm高的通风，屋面下层板为120厚预应力空心楼板，上层板为100厚C20现浇钢筋混凝土板；采用SBS柔性防水刷浅色涂料保护层；檐口采用外天沟挑出600 mm，为了使立面美观，外天沟用斜向板封闭并外贴黄色琉璃瓦。

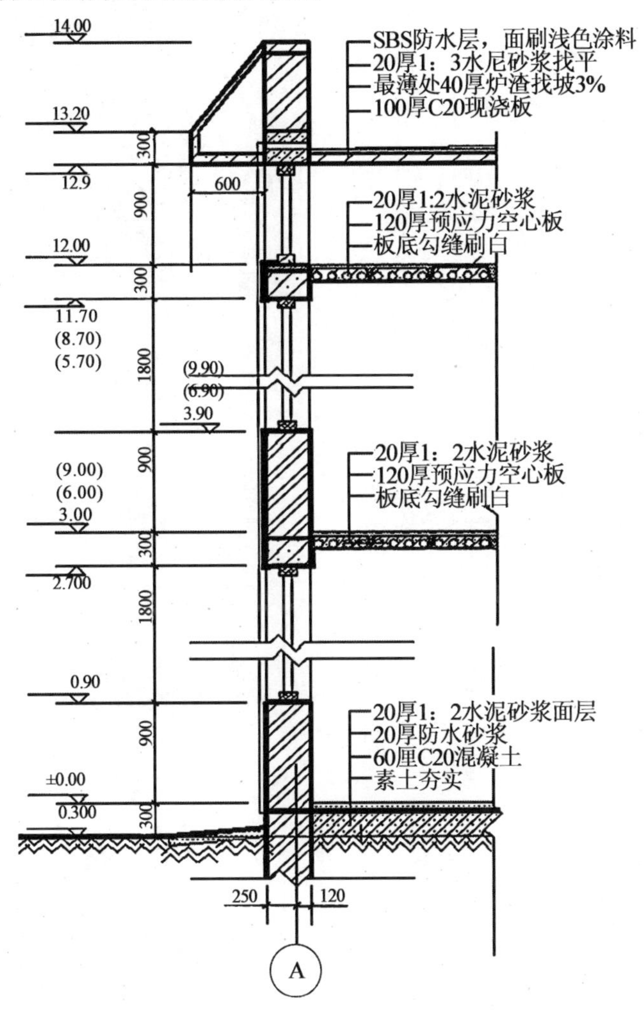

图4.23 ××建筑墙身节点详图(1:20)

3. 楼梯详图

楼梯详图主要表示楼梯的类型、结构形式、各部位的尺寸及装修做法等，是楼梯施工放样的主要依据。楼梯是由楼梯段、休息平台、栏杆或栏板组成。

楼梯详图一般分建筑详图与结构详图，应分别绘制并编入建筑施工图和结构施工图中。对于一些构造和装修较简单的现浇钢筋混凝土楼梯，其建筑详图与结构详图可合并绘制编入建筑施工图或结构施工图中。

楼梯的建筑详图一般有楼梯平面图、楼梯剖面图及踏步和栏杆等节点详图。

(1)楼梯平面图。

楼梯平面图实际上是在建筑平面图中楼梯间部分的局部放大图,如图 4.24 所示。

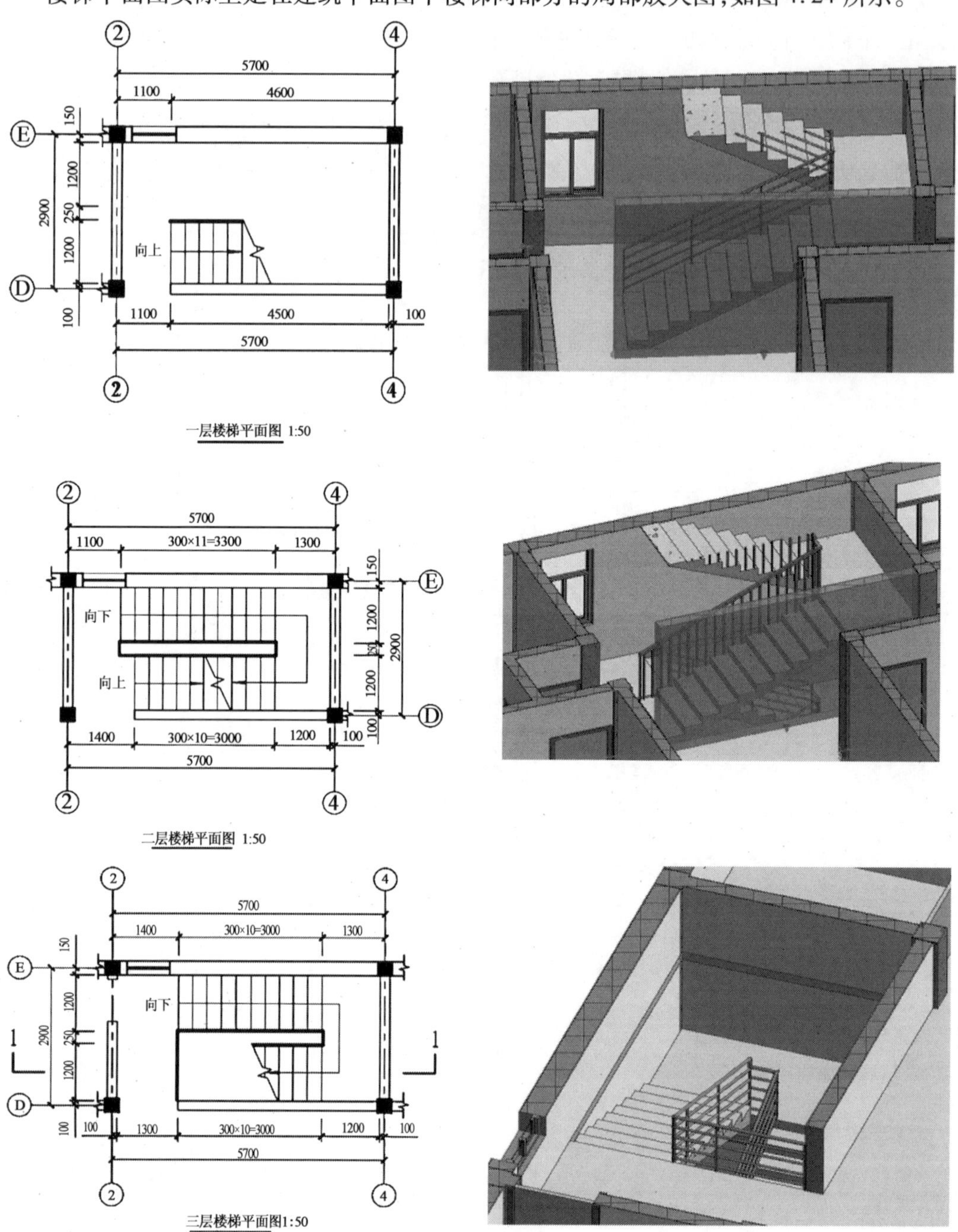

图 4.24 楼梯平面图

楼梯平面图通常要分别画出底层楼梯平面图、顶层楼梯平面图及中间各层的楼梯平面图。当中间各层的楼梯位置、楼梯数量、踏步数、梯段长度都完全相同时,可以只画一个中间层楼梯平面图,这种相同的中间层的楼梯平面图称为标准层楼梯平面图。在标准层楼梯平面图中的楼层地面和休息平台上应标注出各层楼面及平台面相应的标高，其次序应由下而上逐一注写。

楼梯平面图主要表明梯段的长度和宽度、上行或下行的方向、踏步数和踏面宽度、楼梯休息平台的宽度、栏杆扶手的位置，以及其他一些平面形状。

楼梯平面图中楼梯段被水平剖切后其剖切线是水平线，且各级踏步也是水平线，为了避免混淆剖切处规定画45°折断符号首层楼梯平面图中的45°折断符号应以楼梯平台板与梯段的分界处为起始点画出使第一梯段的长度保持完整。

楼梯平面图中梯段的上行或下行方向是以各层楼地面为基准标注的。向上者称为上行，向下者称为下行，并用长线箭头和文字在梯段上注明上行、下行的方向及踏步总数。

在楼梯平面图中除注明楼梯间的开间和进深尺寸、楼地面和平台面的尺寸及标高外，还需注出各细部的详细尺寸，并用踏步数与踏步宽度的乘积来表示梯段的长度。通常三个平面图画在同一张图纸内，并互相对齐这样既便于阅读又可省略标注一些重复的尺寸。

①楼梯平面图的读图方法和步骤。

a. 了解楼梯或楼梯间在房屋中的平面位置。

b. 熟悉楼梯段、楼梯井和休息平台的平面形式、位置、踏步的宽度和踏步的数量。

c. 了解楼梯间处的墙、柱、门窗平面位置及尺寸。

d. 了解楼梯的走向及楼梯段起步的位置。

e. 了解各层平台的标高。

f. 在楼梯平面图中了解楼梯剖面图的剖切位置。

②楼梯平面图的识读案例。

如图4.25所示，楼梯间位于Ⓒ～Ⓓ轴和④轴～⑤轴之间。该楼梯为等分双跑楼梯，井宽为3 600 mm，梯段长为2 700 mm、宽为1 600 mm，平台宽为1 600 mm，每层有20级踏步；楼梯间处承重墙厚为240 mm，外墙厚为370 mm，外墙窗宽为3 360 mm；楼梯的走向用箭头表示；底层、标准层和顶层平台的标高分别为1.5 m、4.5 m和7.5 m。

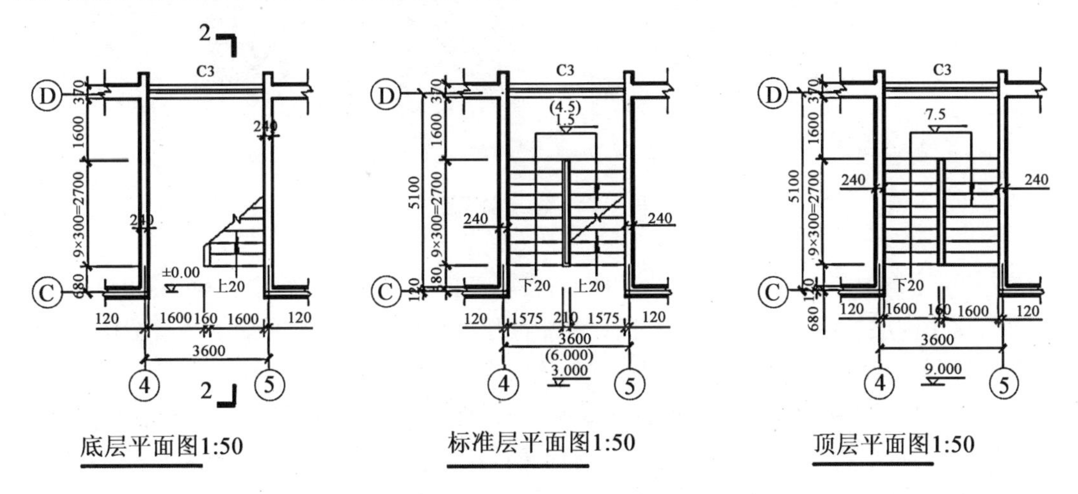

图4.25　××建筑楼梯平面图

③楼梯平面图绘制方法和步骤。

a. 根据楼梯间的开间、进深尺寸画出楼梯间定位轴线、墙身及楼梯段、楼梯平台的投影位置。

b. 用平行线等分楼梯段,画出各踏面的投影。

c. 画出栏杆、楼梯折断线、门窗等细部内容,并画出定位轴线标出尺寸、标高和楼梯剖切符号等。

d. 注写图名、比例和说明文字等。

(2)楼梯剖面图(图 4.26)。

楼梯剖面图实际上是在建筑剖面图中楼梯间部分的局部放大图,它能清楚地表明各层楼(地)面的标高、楼梯段的高度、踏步的宽度和高度、楼梯的级数,以及楼地面、楼梯平台、墙身、栏杆、栏板等的构造做法及其相对位置。

表示楼梯剖面图的剖切位置的剖切符号应在底层楼梯平面图中画出。剖切平面一般应通过楼梯的第一跑并位于能剖到门窗洞口的位置上,剖切后向未剖到的梯段进行投影。

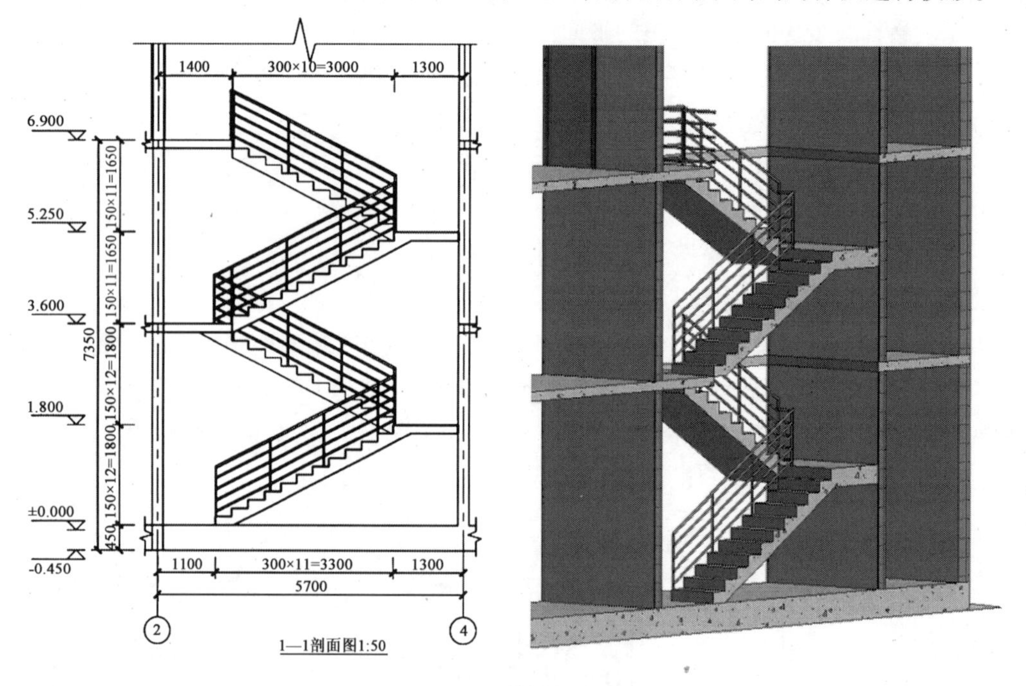

图 4.26 楼梯剖面图

在多层建筑中若中间层楼梯完全相同时,楼梯剖面图可只画出底层、中间层和顶层的楼梯剖面,在中间层处用折断线符号分开,并在中间层的楼面和楼梯平台面上注写适用于其他中间层楼面的标高。若楼梯间的屋面构造做法没有特殊之处一般不再画出。

在楼梯剖面图中应标注楼梯间的进深尺寸及轴线编号,各梯段和栏杆、栏板的高度尺寸,楼地面的标高,以及楼梯间外墙上门窗洞口的高度尺寸和标高。梯段的高度尺寸可用级数与踢面高度的乘积来表示,应注意的是级数与踏面数相差为 1,即踏面数 = 级数 - 1。

①楼梯剖面图的读图方法和步骤。

a. 了解楼梯的构造形式。

b. 熟悉楼梯在垂直和进深方向的有关标高、尺寸和详图索引符号。

c. 了解楼梯段、平台、栏杆和扶手等相互间的连接构造。

d. 明确踏步的宽度、高度及栏杆的高度。

②楼梯剖面图的识读案例。

如图 4.27 所示,该楼梯为双跑楼梯,现浇钢筋混凝土制作。该楼梯为等跑楼梯,楼梯平台标高分别为 1.5 m、4.5 m 和 7.5 m;楼梯踏步宽为 300 mm,踢面高为 150 mm,栏杆的高度为 1 100 mm。

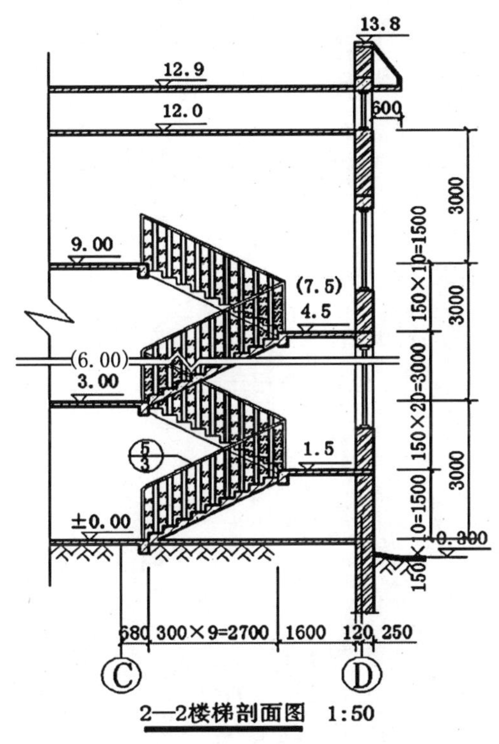

图 4.27 ××建筑楼梯剖面图

③楼梯剖面图绘制方法和步骤。

a. 画定位轴线、各楼面、休息平台和墙身线。

b. 确定楼梯踏步的起点用平行线等分的方法画出楼梯剖面图上各踏步的投影。

c. 擦去多余线条,画楼地面、楼梯休息平台、踏步板的厚度,以及楼层梁、平台梁等其他细部结构。

d. 检查无误后加深、加粗图线并画详图索引符号,最后标注尺寸、图名等。

4. 其他详图

在建筑、结构设计中对大量重复出现的构配件(如门窗、台阶、面层做法等)通常采用由国家或地方编制的一般建筑常用的构配件详图,以减少不必要的重复劳动。在读图时要学会查阅这些标准图集。

习题 4.6

1. 如图 4.23 所示的外墙身主要表达了什么。

2. 楼梯详图主要表示楼梯的(　　),是楼梯施工放样的主要依据。楼梯是由(　　)、(　　)、(　　)和(　　)组成。楼梯的建筑详图一般包括楼梯平面图、楼梯剖面图,以及踏步和栏杆等节点详图。

3. 楼梯平面图 4.25 的构成要素有哪些?

4. 楼梯剖面图 4.27 的构成要素有哪些?

5. 结合图 4.25、4.27,了解楼梯构造,在垂直和进深方向进行标高,了解楼梯梯段、平台、栏杆和扶手,明确踏步宽度、高度和深度,写读图报告。

4.2 建筑施工图绘制

任务 1 建筑平面图绘制

建筑平面图主要表示建筑物的平面形状、水平方向各部分(如出入口、走廊、楼梯、房间和阳台等)的布置和组合关系、门窗位置、墙和柱的布置,以及其他建筑构配件的位置和大小等。

1. 设置绘图环境

(1)图层设置。

在命令行输入 LA,执行图层设置命令,系统弹出【图层特性管理器】对话框,如图 4.28 所示。

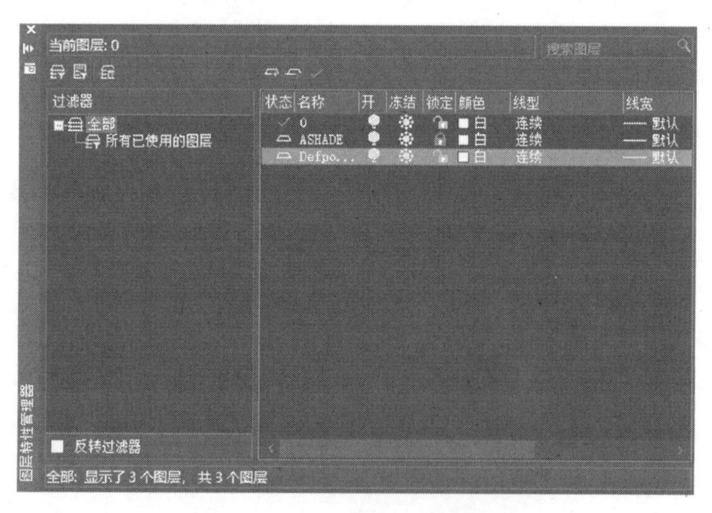

图 4.28　图层特性管理器对话框

在【图层特性管理器】中点击“新建图层”按钮,新建图层,如图 4.29 所示。

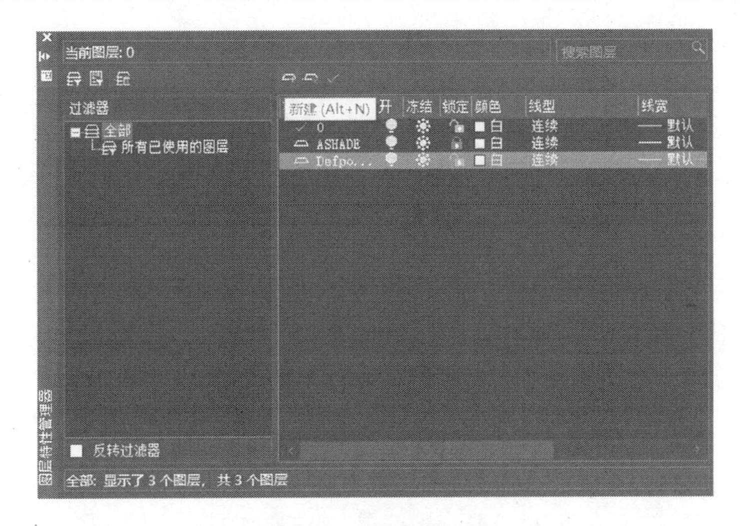

图 4.29　新建图层界面

在新建图层中点取颜色，设定线宽，选择线型，如图 4.30 所示。

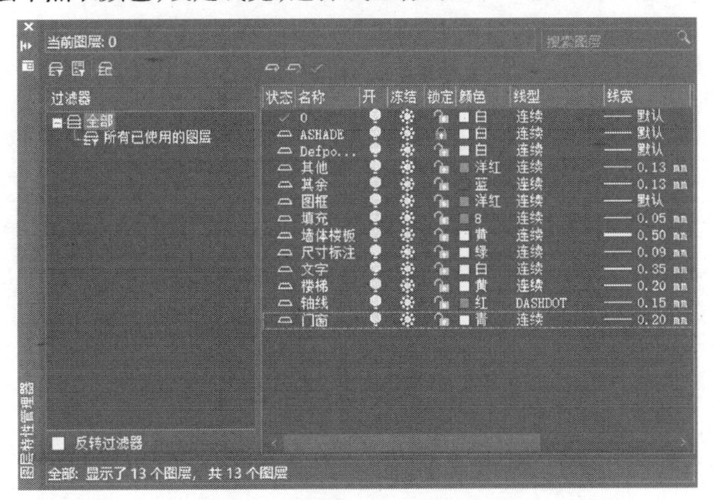

图 4.30　图层颜色、线宽、线型修改

(2)文字样式设置。

在命令行输入 ST，执行文字样式设置命令，系统弹出【文字样式管理器】对话框，如图 4.31所示。

点击新建按钮，新建文字样式，如图 4.32 所示。

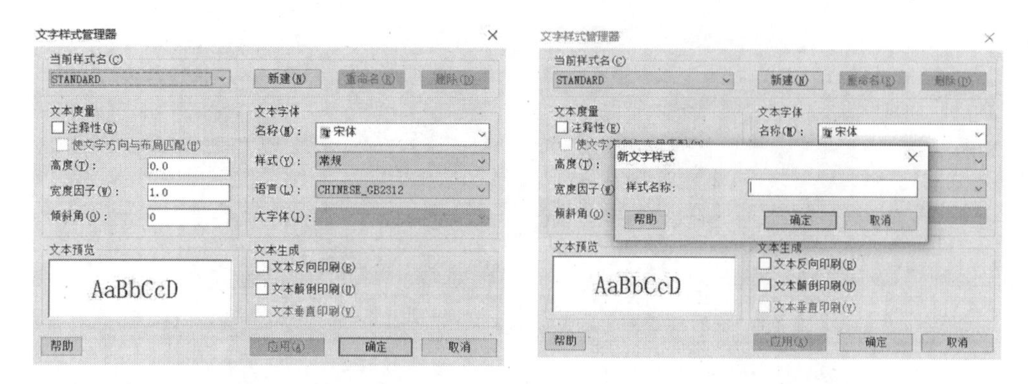

图 4.31　文字样式管理器对话框　　　　图 4.32　新建文字样式

(3)标注样式设置。

在命令行输入 D，执行标注样式设置命令，系统弹出【文字样式管理器】对话框，如图 4.33所示。

点击新建按钮，新建标注样式，操作步骤详见图 4.34 ~4.40 所示，并将新建标注样式置为当前。

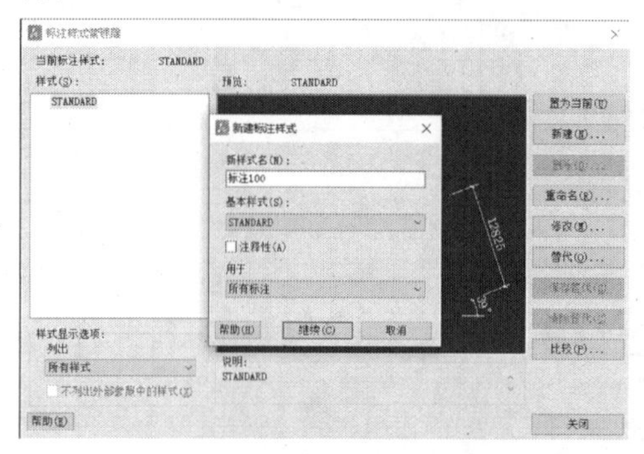

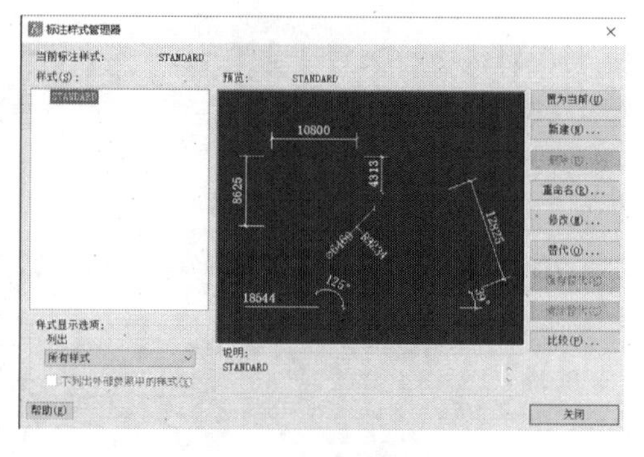

图 4.33　标注样式管理　　　　图 4.34　新建标注样式

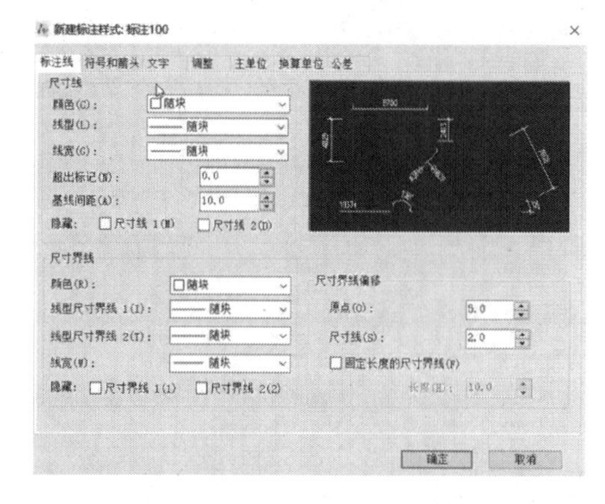

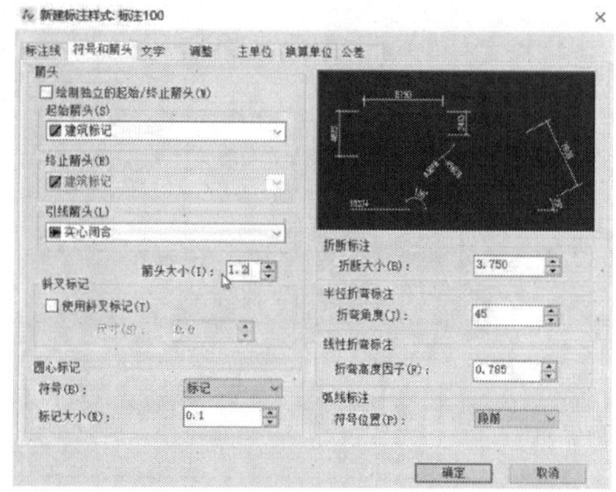

图 4.35　标注线修改　　　　图 4.36　符号和箭头线修改

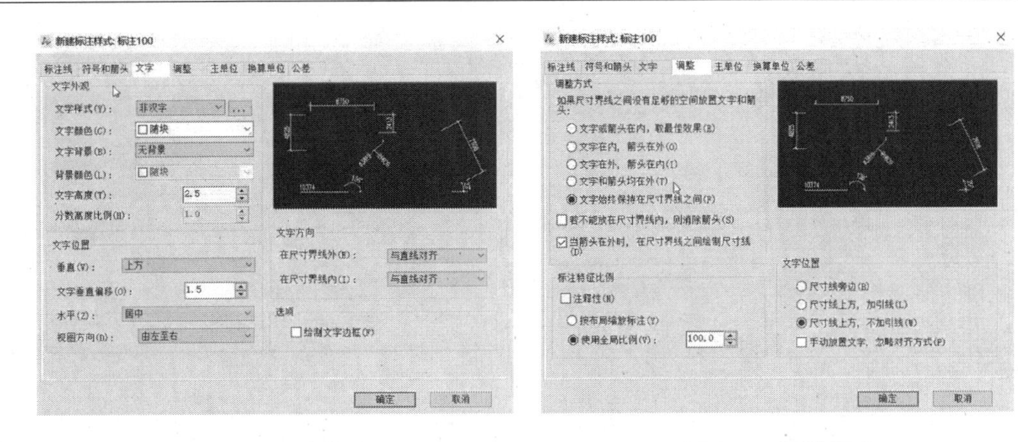

图4.37 文字修改

图4.38 调整修改

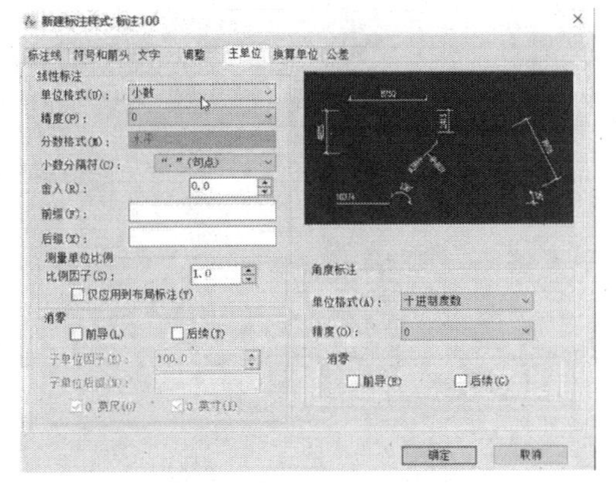

图4.39 主单位修改

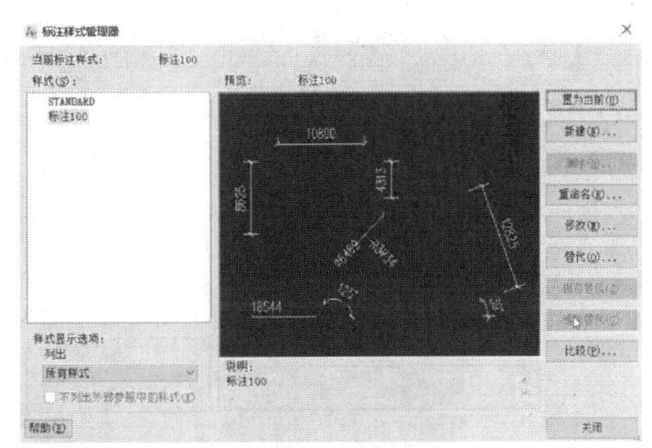

图4.40 新建标注样式置为当前

2. 绘制定位轴线

轴线分为横向和竖向两组。轴线编号之间的数据即为轴线间的尺寸。操作步骤如下。

(1)将轴线层设置为当前层,打开正交模式(F8)。

(2)绘制定位轴线。一种方法是在绘图区使用直线命令绘制一条水平轴线和一条竖直轴线,然后用偏移命令、修剪命令,进行定位轴线的绘制,如图4.41所示。另一种方法是使用【轴网柱子】菜单,点击【绘制轴网】,执行该命令,系统会弹出如图4.42所示的对话框。然后用修剪命令,修剪多余轴线,即可绘制出定位轴线。

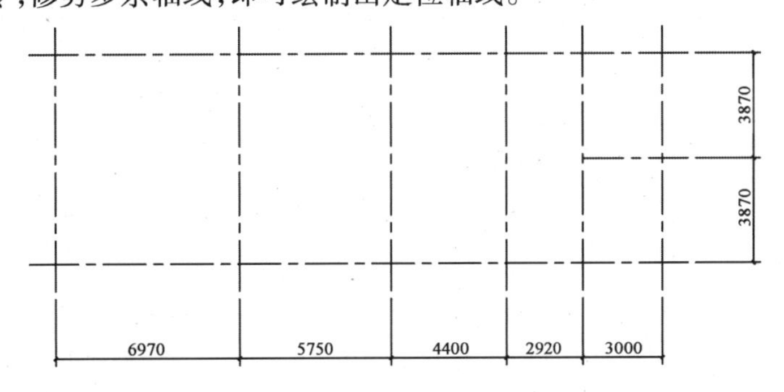

图4.41 定位轴线绘制

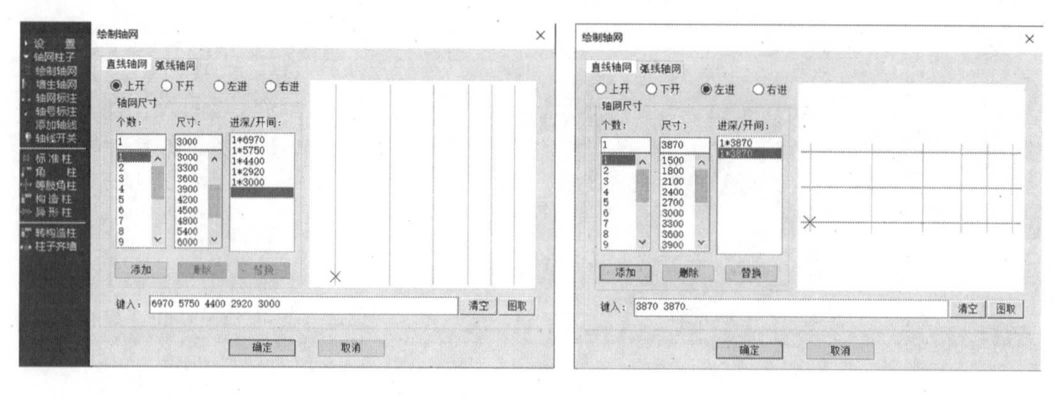

图 4.42 绘制轴网

3. 绘制墙体

(1)将墙体层设置为当前层。

(2)绘制墙体线。一种方法是使用多线命令绘制墙体线,绘制完毕后分解双线墙,并用修剪及圆角命令整理墙线。另一种方法使用【墙梁板】菜单,点击【创建墙梁】,执行该命令,系统会弹出如图 4.43 所示对话框,输入相应数据,得到如图 4.44 所示墙体线平面图。

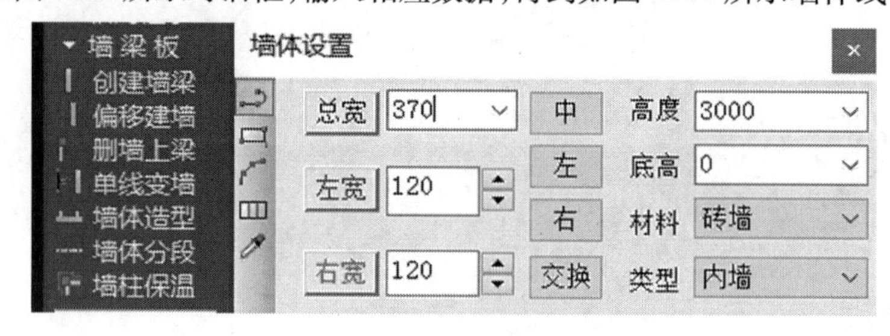

图 4.43 墙体设置对话框

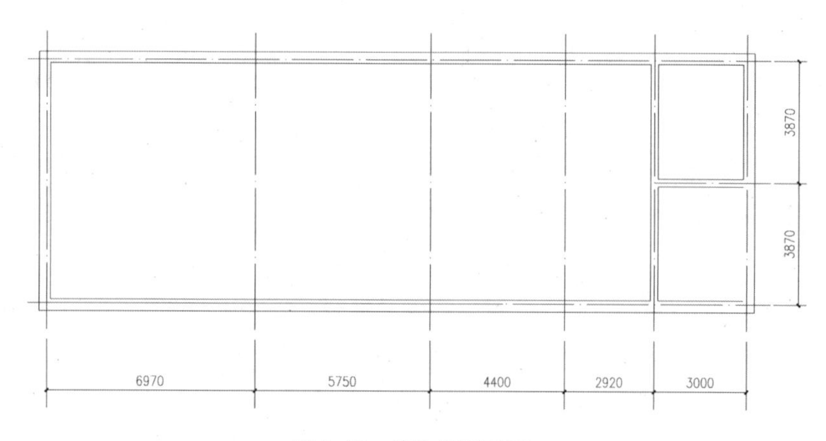

图 4.44 墙体线平面图

4. 绘制柱

(1)将柱层设置为当前层。

(2)用矩形和填充命令绘制柱,再进行复制粘贴。或者使用【轴网柱子】菜单,点击【标准柱】,执行该命令,系统会弹出如图 4.45 所示对话框。输入相应数据,得到如图 4.46 所示的柱平面图。

5. 绘制窗、门

(1)将门窗层设置为当前层。

(2)开门窗洞口。

一种方法是使用偏移命令对窗洞口线定位,用修剪命令修剪多余部分(图4.47)。然后用多线命令绘制窗。另一种方法是使用【轴网柱子】菜单,点击【门窗】,执行该命令,系统会弹出如图4.48所示的对话框。输入门、窗数据,得到如图4.49所示的门、窗平面图。

图4.45　标准柱设置对话框

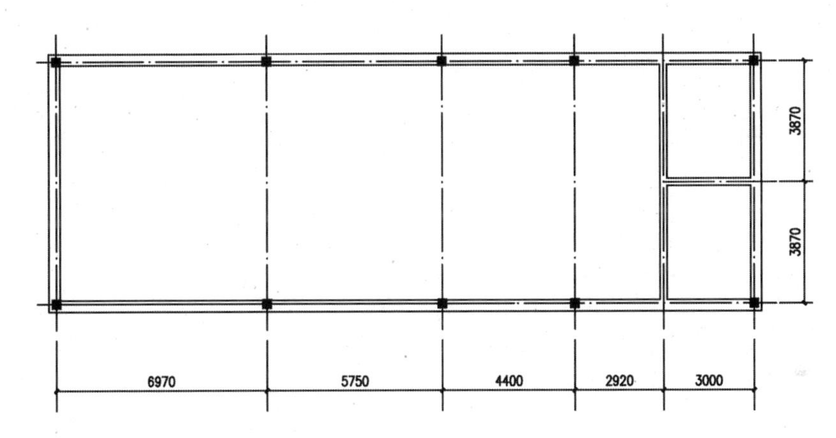

图4.46　柱平面图

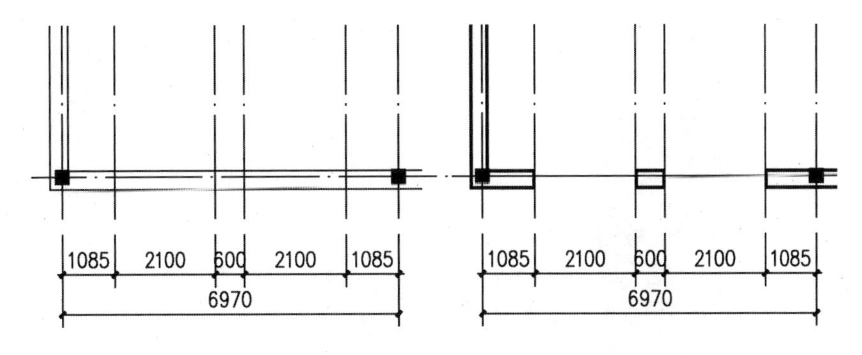

图4.47　开门、窗洞口

图 4.48 开门、窗洞口对话框

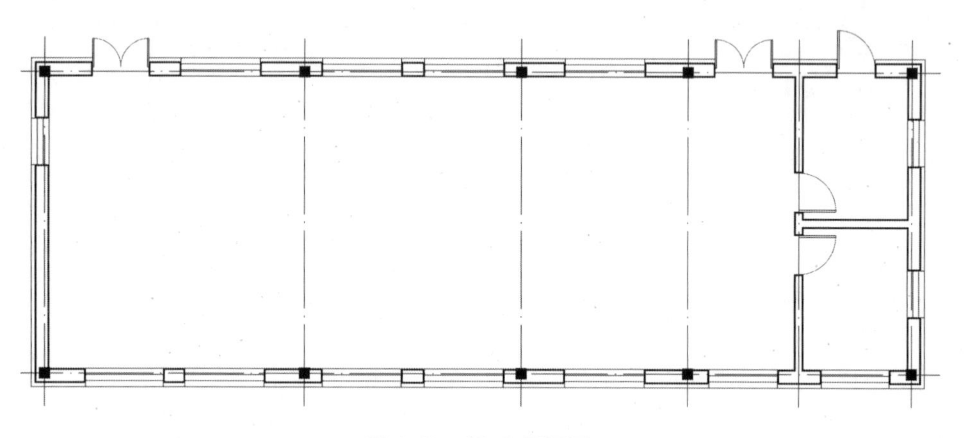

图 4.49 门、窗平面图

6. 绘制散水

(1)将散水层设置为当前层。

(2)绘制散水。一种方法是使用多线命令绘制。另一种方法是使用【建筑设施】菜单,点击【散水】,执行该命令,系统会弹出如图 4.50 所示的对话框。输入散水数据,得到如图 4.51 所示的散水平面图。

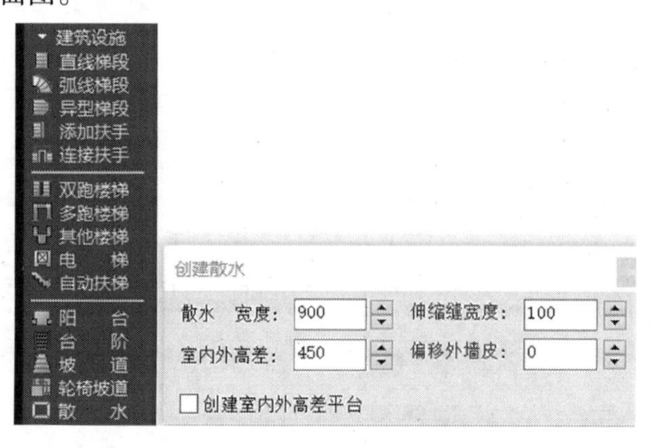

图 4.50 创建散水对话框

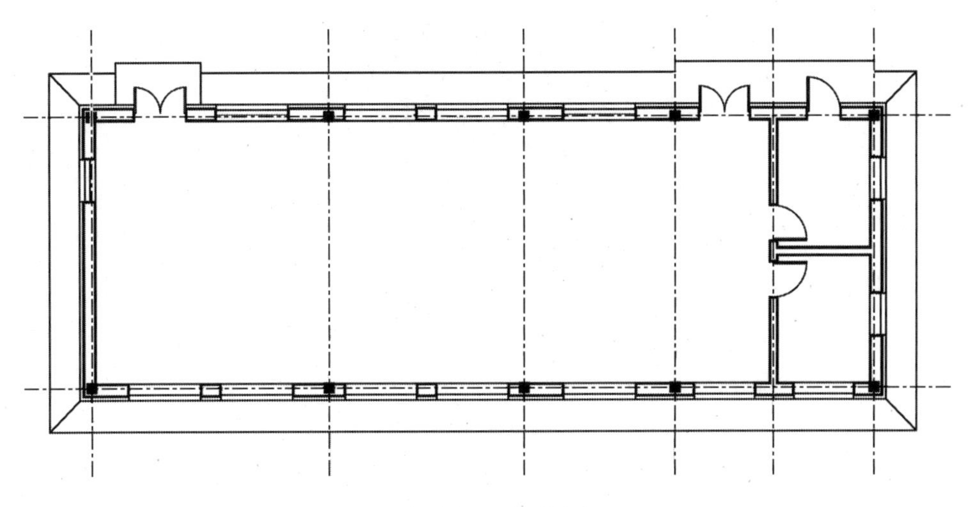

图4.51　绘制散水

7. 文字标注

(1)将文字层设置为当前层。

(2)标注文字。标注文字的一种方法是使用单行文字命令输入。另一种方法利用【文表符号】菜单,点击【单行文字】,执行该命令,系统会弹出如图4.52所示的对话框。然后输入文字即可。按此方法可完成图中所有文字的输入。也可只输入某行文字,然后将其复制到其他位置,再双击进行内容修改。

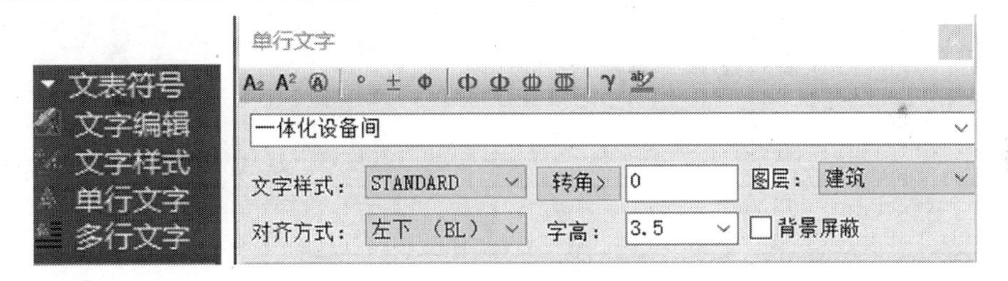

图4.52　单行文字对话框

8. 尺寸标注

(1)将尺寸标注层设置为当前层。

(2)标注尺寸。利用【尺寸标注】菜单,点击【逐点标注】,执行该命令,按图纸完成标注,如图4.53所示,绘制完成后得到如图4.54所示一层平面图。

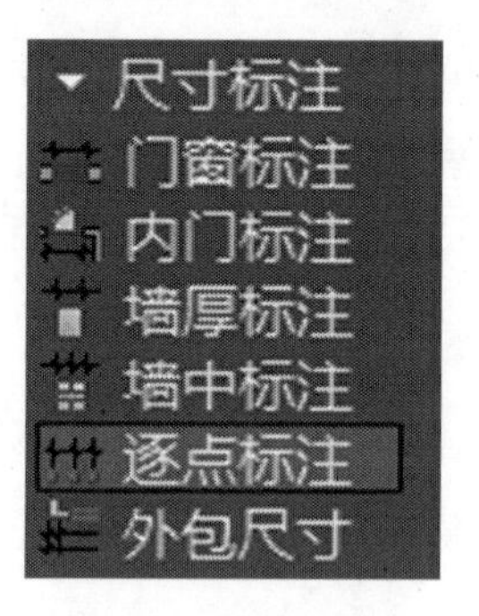

图 4.53 尺寸标注菜单

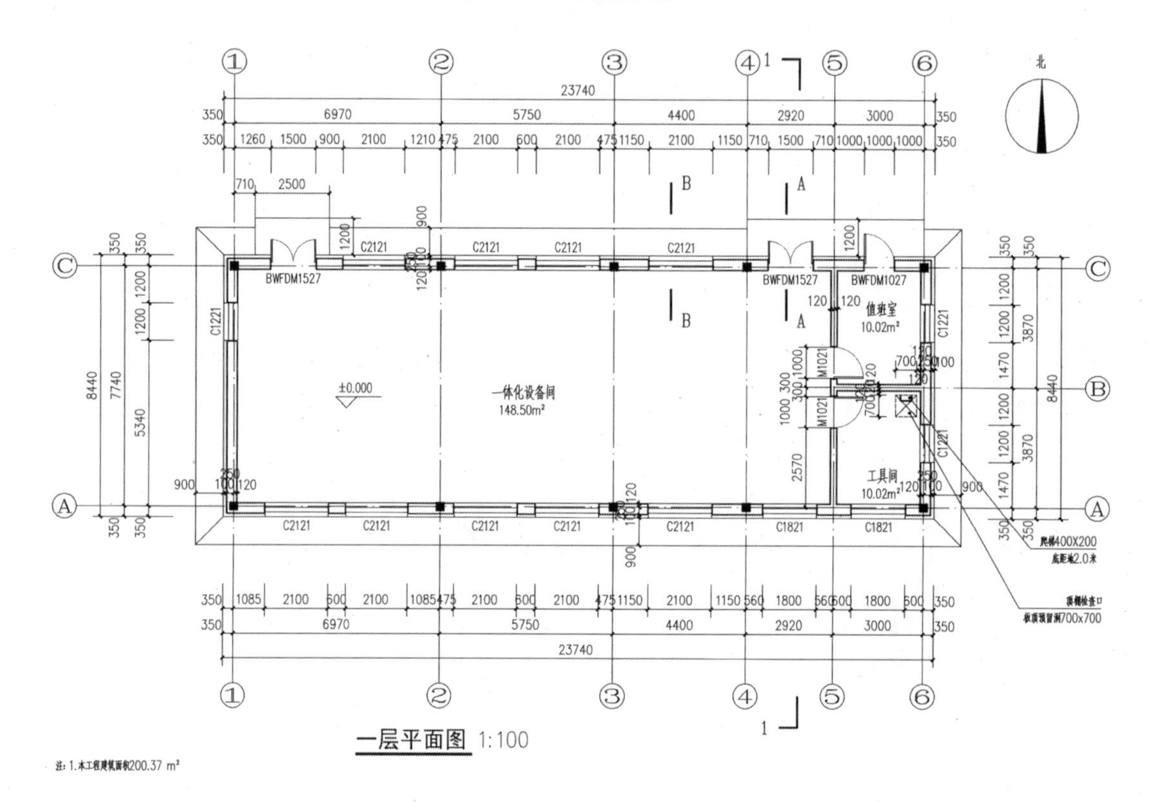

图 4.54 一层平面图

任务 2 建筑立面图绘制

建筑立面图是表示建筑物的外部造型、立面装修及其做法的图样。

1. 设置绘图环境

2. 绘制定位轴线、地坪线(图 4.55)

(1)将轴线层设置为当前层。

(2)用直线命令绘制一条垂直轴线,然后用偏移命令得到另一条竖直轴线。

(3)将地坪线层设置为当前层。用直线命令绘制一条水平线作为地坪线。

图 4.55　绘制轴线

3. 绘制外轮廓线(图 4.56)

(1)将轮廓线层设置为当前层。

(2)根据图纸尺寸绘制轮廓线。

图 4.56　绘制轮廓线

(3)绘制檐沟线、腰线(图 4.57)。

图 4.57　绘制檐沟线、腰线

4. 绘制门窗

(1)将门窗层设置为当前层。

(2)以轴线为基准线,根据平面图中窗的宽度尺寸和立面图中窗的高度尺寸,绘制窗洞辅助线,如图 4.58 所示。利用复制或阵列命令完成窗的绘制,窗的尺寸如图 4.59 所示,绘制完成后得到如图 4.60 所示的立面图。

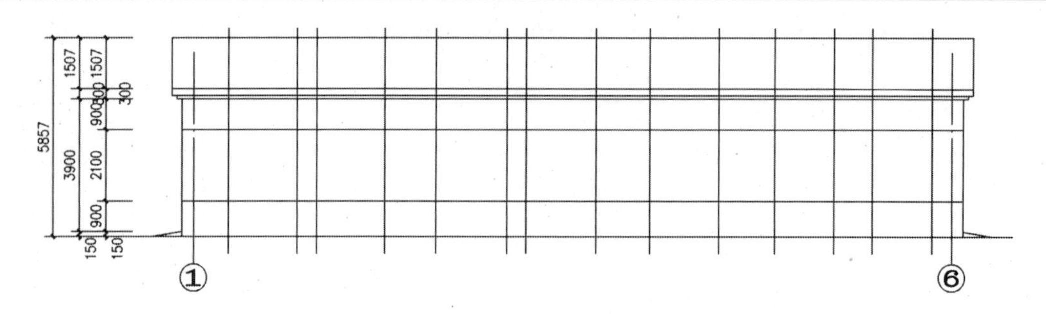

图 4.58　绘制窗洞辅助线

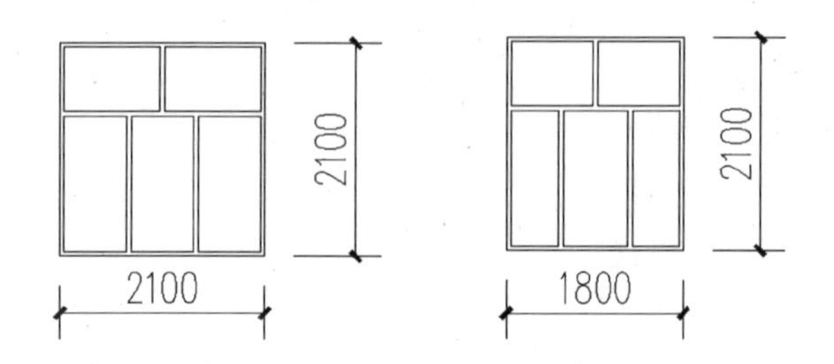

图 4.59　窗的尺寸图

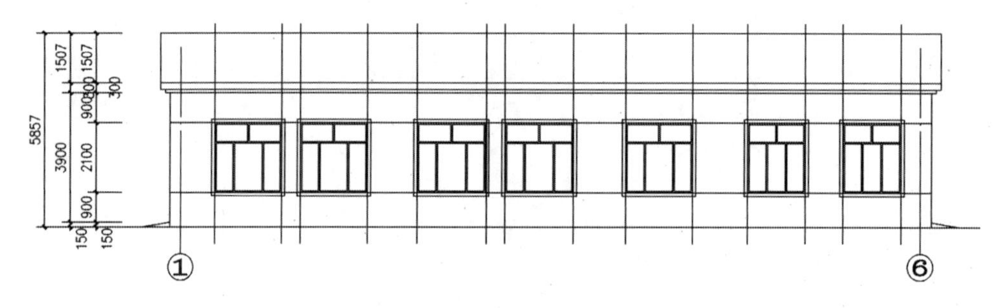

图 4.60　建筑立面图

5. 尺寸标注和文字说明

(1)将尺寸标注层设置为当前层。

(2)立面图的标注与平面图有所不同,它除了标注尺寸之外,还要标高,应标出室内外地面、门窗的上下洞口、女儿墙压顶面、进口的平台、雨搭和阳台地面的标高。尺寸标注参考前文介绍的步骤进行标注,下面只介绍立面图的标高。

使用【尺寸标注】菜单,点击【标高标注】,执行该命令,系统弹出如图 4.61 所示对话框,按图纸完成标注。

(3)将文字层设置为当前层, 按图纸输入文字,绘制完成后得到如图 4.62 所示①~⑥轴平面图。

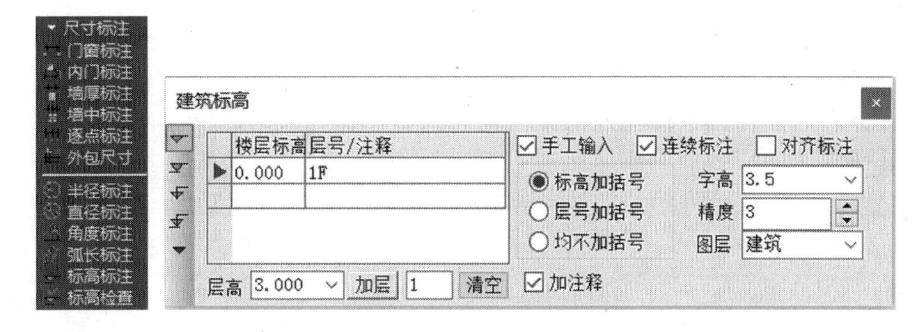

图4.61　建筑标高对话框

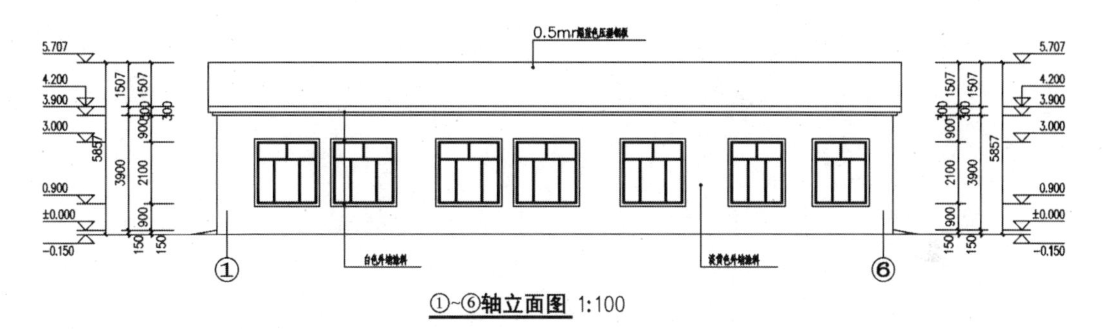

图4.62　①~⑥轴立面图

任务3　建筑剖面图绘制

1. 设置绘图环境

2. 绘制定位轴线、地坪线(图4.63)

(1)将轴线层设置为当前层。

(2)用直线命令绘制一条垂直轴线,然后用偏移命令得到另一条垂直轴线。

(3)将地坪线层设置为当前层。用直线命令绘制一条水平线作为地坪线。

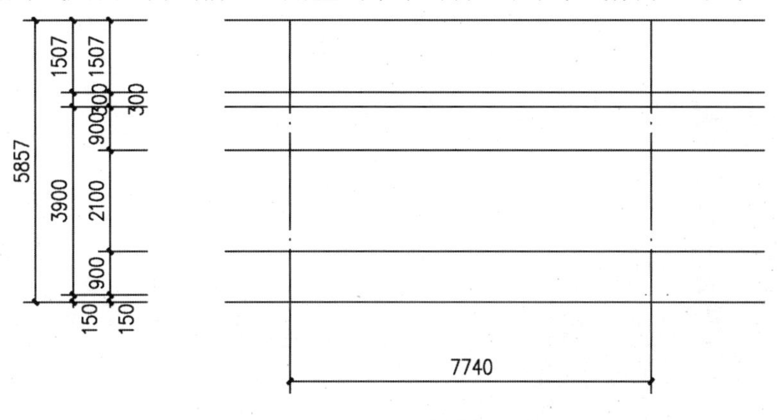

图4.63　绘制轴线

3. 绘制墙体

(1)将墙线层设置为当前层。

(2)使用【墙梁板】菜单,点击【绘制墙梁】,执行该命令,输入墙体数据,得到如图 4.64 所示的墙体线剖面图。

4. 绘制门窗

(1)将门窗层设置为当前层。

(2)如图 4.65 所示,使用【立剖面】菜单,点击【剖面门窗】,执行该命令,输入门窗数据,得到如图 4.66 所示的剖面图。

5. 绘制雨搭

(1)将雨搭层设置为当前层。

(2)根据图纸尺寸,利用偏移、修剪命令绘制雨搭,得到如图 4.67 所示的剖面图。

6. 绘制屋顶

(1)将屋顶层设置为当前层。

(2)根据图纸尺寸绘制屋顶,得到如图 4.68 所示的屋顶剖面图。

7. 尺寸标注和文字说明

(1)将尺寸标注层设置为当前层。

(2)根据图纸尺寸进行尺寸标注、标高标注及文字说明如图 4.69 所示。

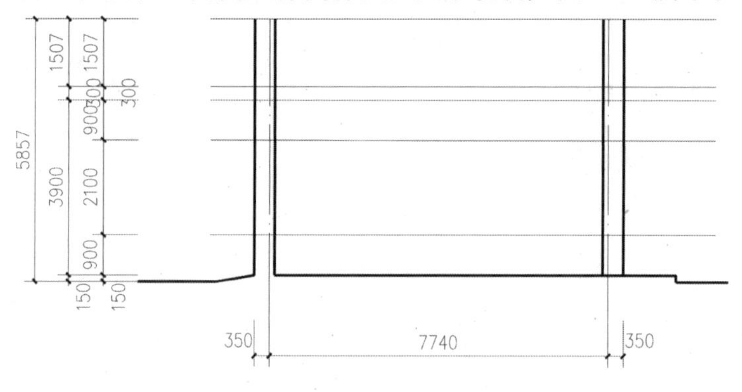

图 4.64 墙体线剖面图

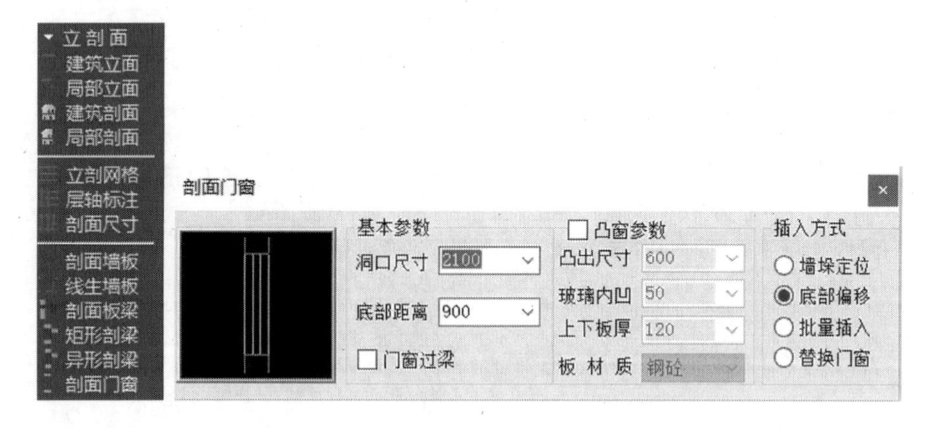

图 4.65 剖面门窗

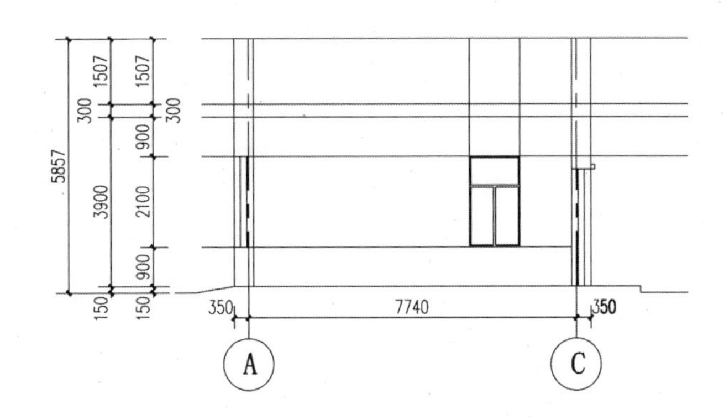

图 4.66　绘制门窗剖面图

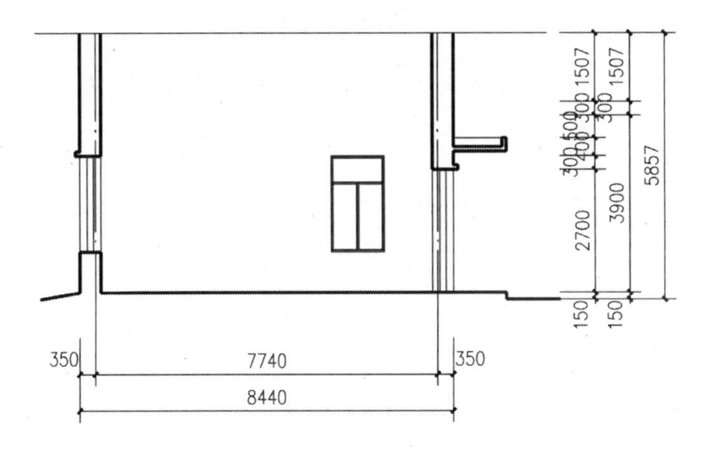

图 4.67　绘制雨搭

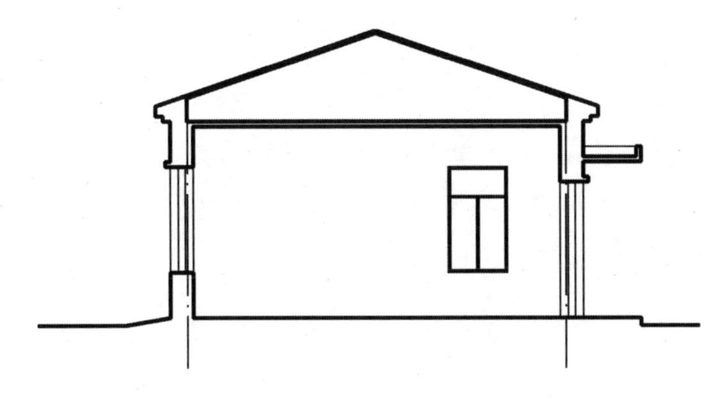

图 4.68　绘制屋顶剖面图

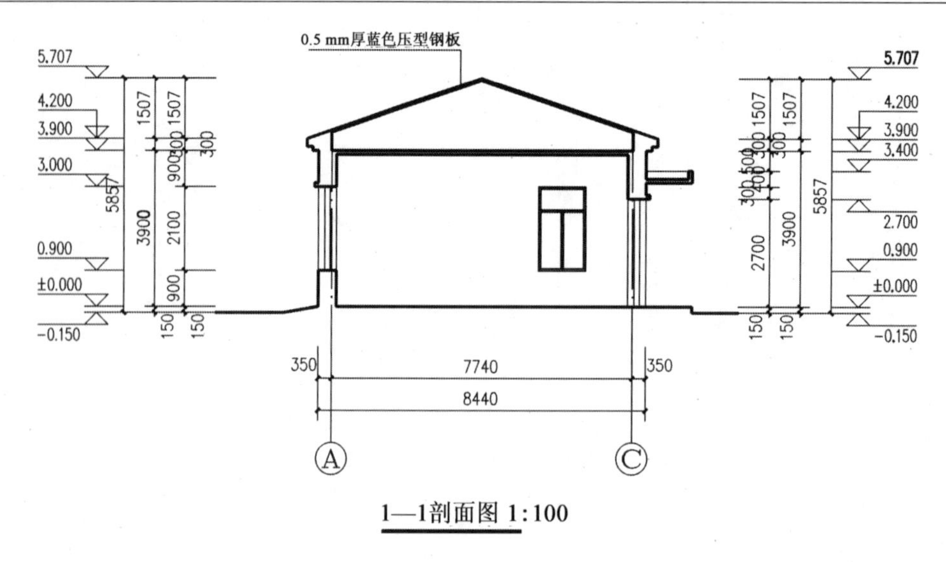

图 4.69　××建筑剖面图

任务 4　建筑详图绘制

建筑详图是为了更加清楚地表现建筑物的某个局部内容的特征而绘制的,与其他的建筑施工图比较起来,它的内容较少,但是绘制的细节较多。

1. 新建图形文件

2. 设置绘图环境

3. 创建图层、文字样式、标注样式

4. 根据建筑平面图绘制楼梯平面图

(1)绘制定位轴线。

将轴线层设置为当前层。在【轴网柱子】菜单中点击【绘制轴网】,执行该命令,系统会弹出如图 4.70 所示的对话框。输入相应数据,得到如图 4.71 所示的定位轴线。

(2)绘制墙体。

将墙体层设置为当前层。【墙梁板】菜单中点击【绘制墙梁】,执行该命令,系统会弹出如图 4.72 所示的对话框,输入相应数据,得到图 4.73 所示的墙体。

(3)绘制窗。

将门窗层设置为当前层。在【门窗】菜单中点击【门窗】,执行该命令,系统会弹出如图 4.74 所示的对话框。输入窗数据,选择窗的样式,得到如图 4.75 所示的窗平面图。

(4)绘制楼梯。

将楼梯层设置为当前层。利用偏移、修剪命令绘制楼梯,如图 4.76 所示。同样的办法绘制梯井,如图 4.77 所示。

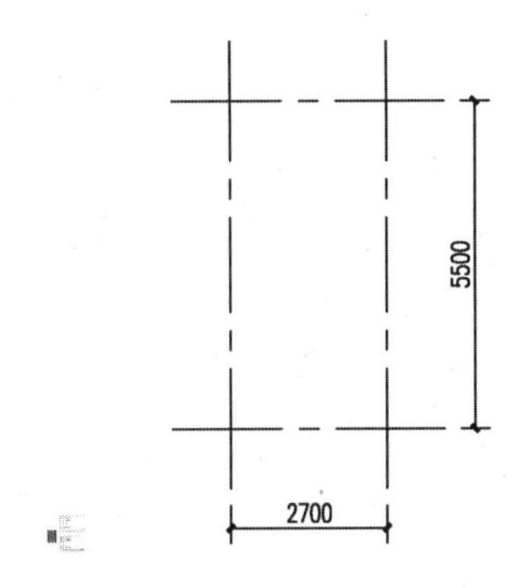

图 4.71　定位轴线

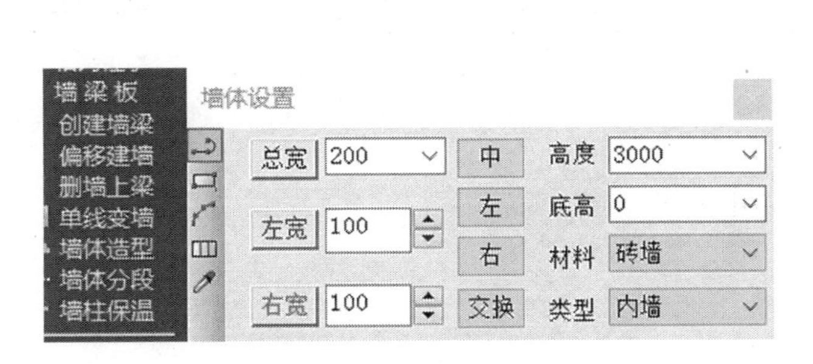

图 4.72　墙体设置对话框

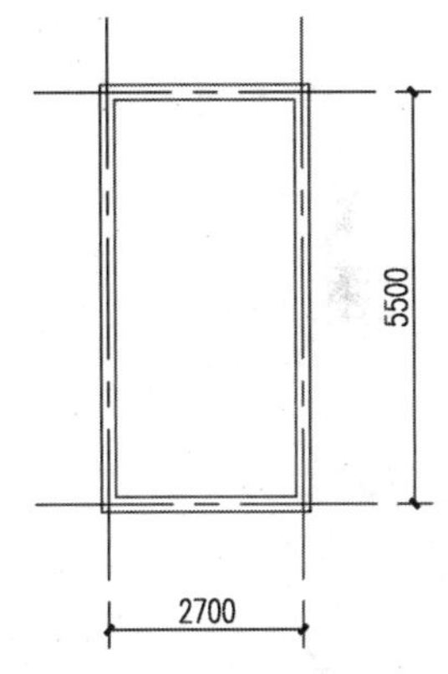

图 4.73　墙体绘制

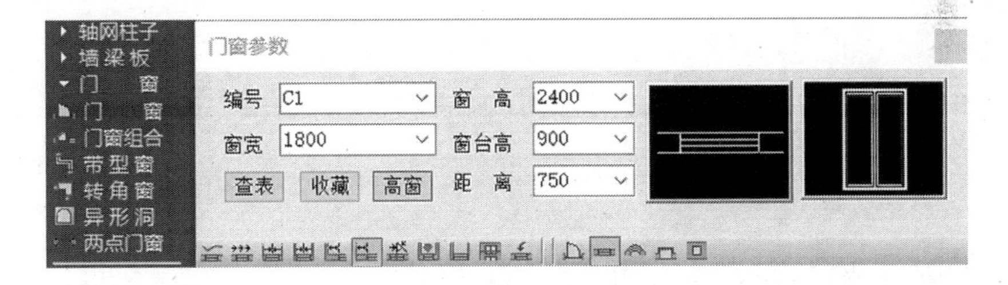

图 4.74　门窗参数对话框

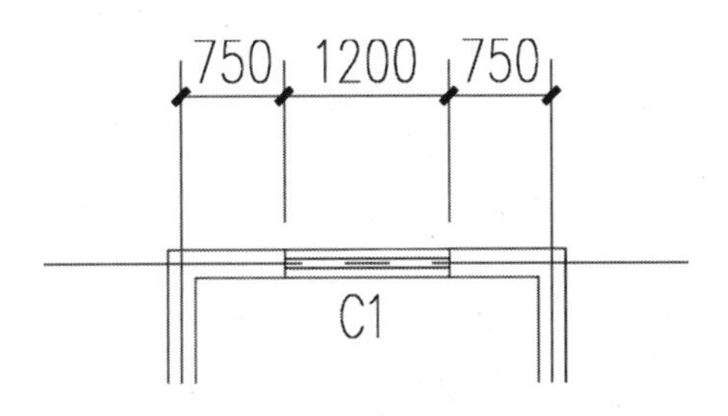

图 4.75　窗平面图

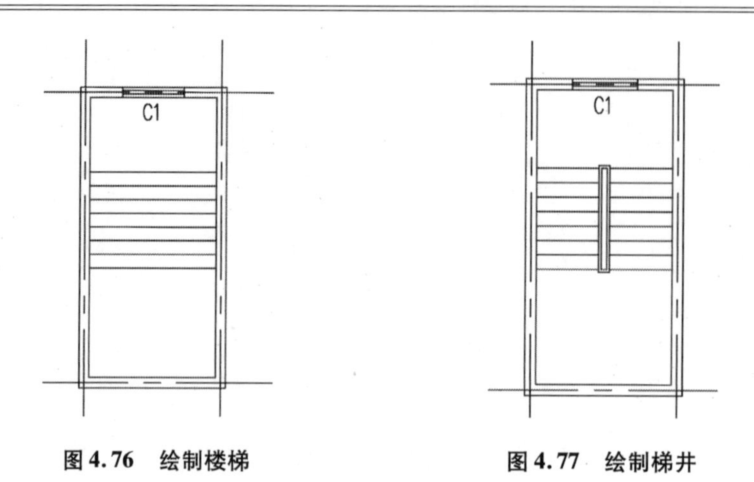

图 4.76 绘制楼梯　　　　图 4.77 绘制梯井

(5)绘制折断线、箭头,并标注文字。

在【文表符号】菜单中点击【折断符号】,绘制折断线,在【文表符号】菜单中点击【箭头引注】,绘制箭头,如图 4.78 所示。利用单行文字命令输入文字,得到如图 4.79 所示楼梯详图。

(6)绘制柱子。

将柱层设置为当前层。在【轴网柱子】菜单中点击【标准柱】,执行该命令,系统会弹出如图 4.80 所示对话框。输入相应数据,得到如图 4.81 所示平面图。

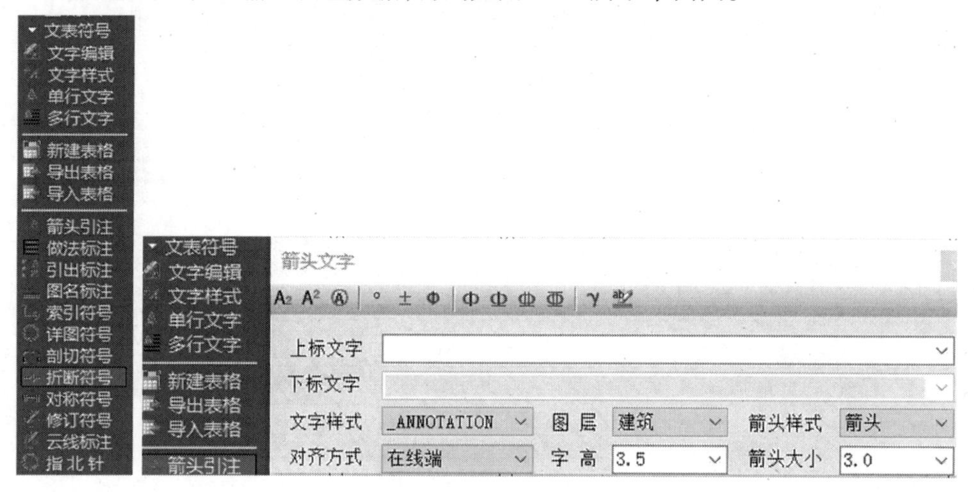

图 4.78 折断符号、箭头引线

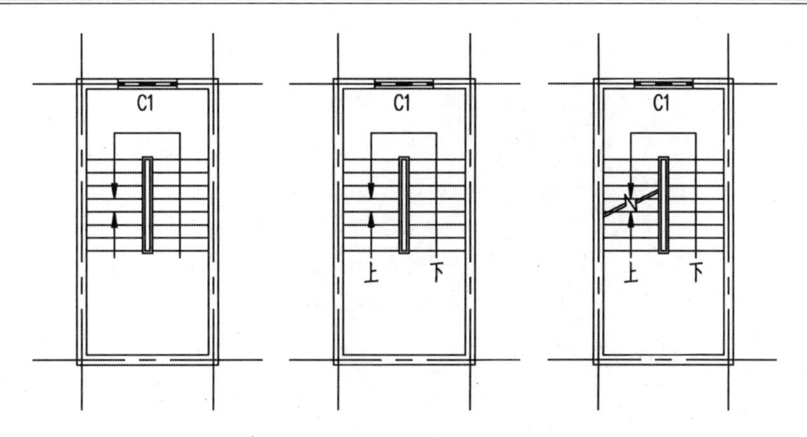

图 4.79　绘制箭头、文字、折断线

图 4.80　设置柱的尺寸

(7)绘制门。

将门窗层设置为当前层。在【门窗】菜单中点击【门窗】,执行该命令,系统会弹出如图 4.82 所示的对话框。输入门数据,选择门的样式(图 4.83),得到如图 4.84 所示平面图。

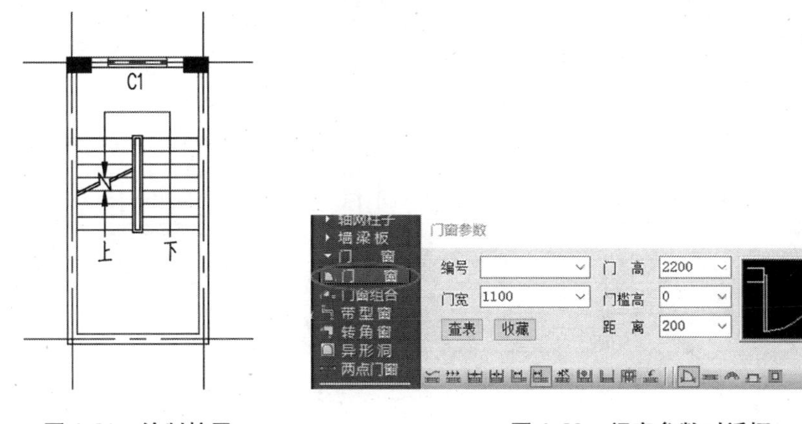

图 4.81　绘制柱子

图 4.82　门窗参数对话框

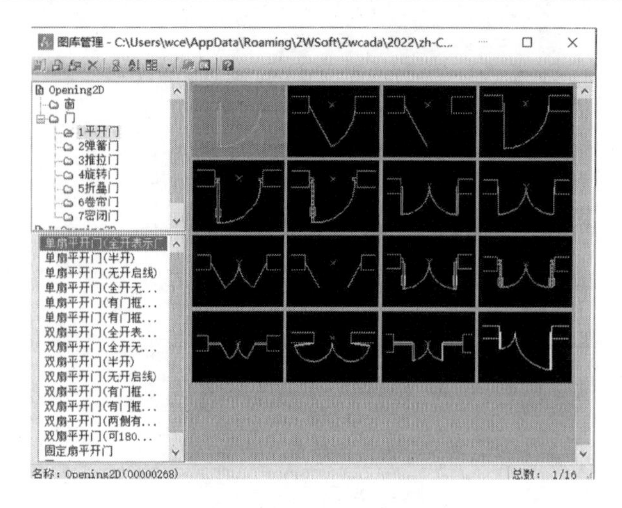

图 4.83　选择门的样式

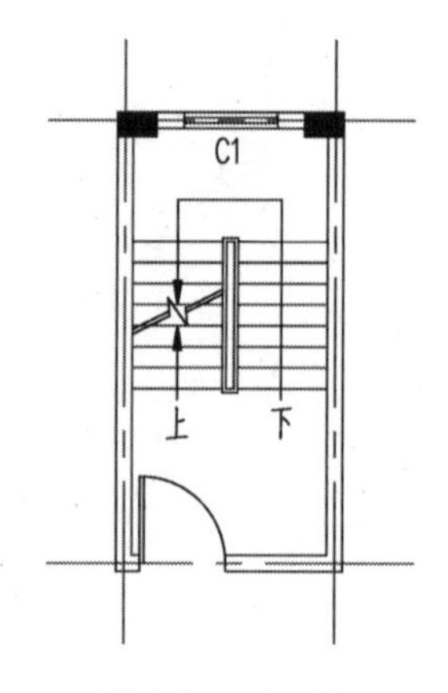

图 4.84　绘制门

(8)修改墙体。

将墙体层设置为当前层。双击需要修改的墙体,系统会弹出如图 4.85 所示的对话框,输入相应数据,得到如图 4.86 所示平面图。

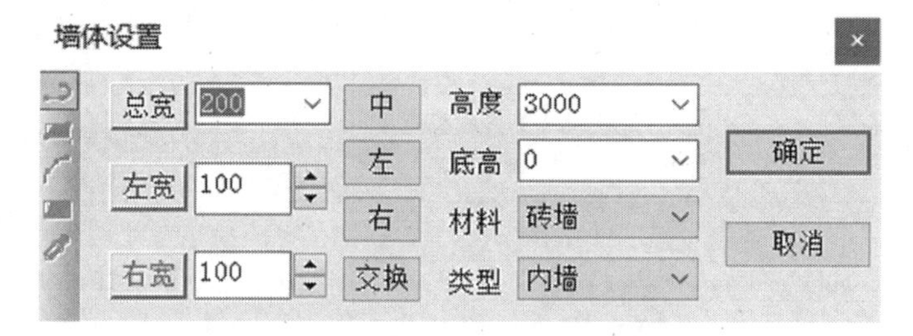

图 4.85　墙体设置对话框

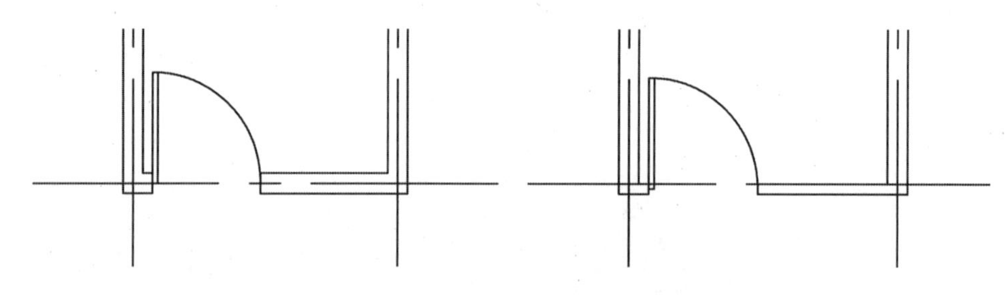

图 4.86　修改墙体

(9)在修改的墙体上添加门。

将门窗层设置为当前层。在【门窗】菜单中点击【门窗】,执行该命令,系统会弹出如图 4.87 所示的对话框。输入门数据,选择门的样式,得到如图 4.88 所示平面图。

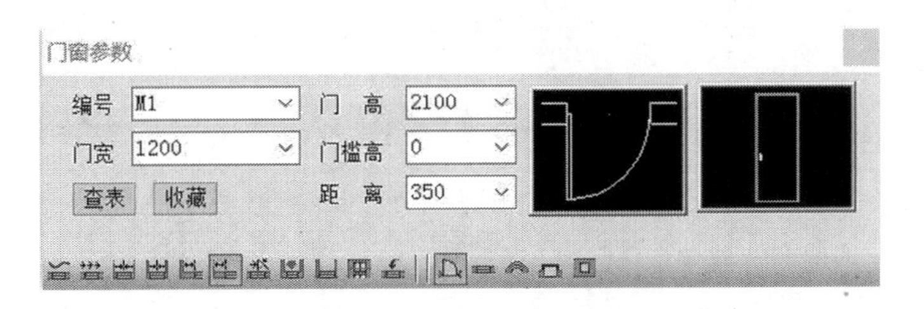

图 4.87　门窗参数对话框

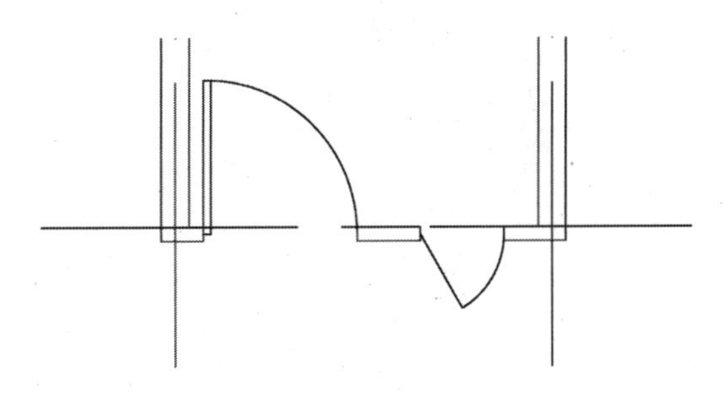

图 4.88　在修改的墙体上添加门

(10)绘制隔墙。

将墙体层设置为当前层。用偏移的命令偏移轴线,在【墙梁板】菜单中点击【绘制墙梁】,执行该命令,系统会弹出如图 4.89 所示对话框,输入相应数据,得到如图 4.90 所示平面图。

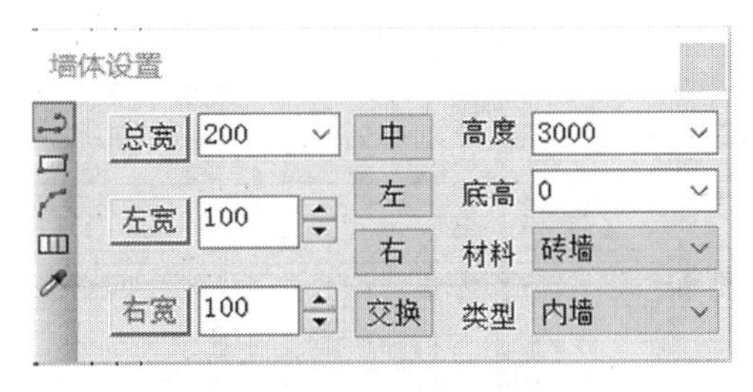

图 4.89　墙体设置对话框

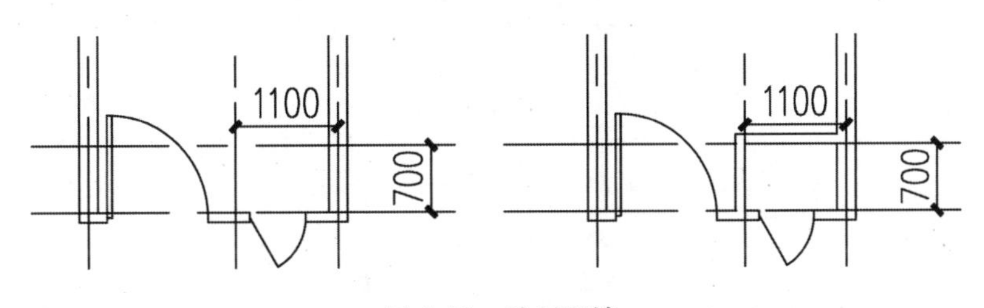

图 4.90　绘制隔墙

(11)尺寸标注。

将尺寸标注设置为当前层。进行尺寸标注,得到如图 4.91 所示楼梯详图。

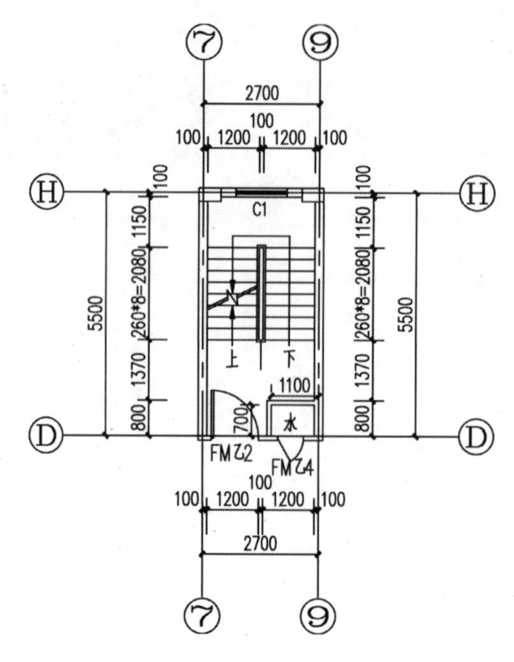

图 4.91 楼梯详图

习题 4.7

1. 绘制如图 4.92 所示住宅楼二层建筑平面图。

绘制要求:绘图比例 1:1,出图比例为 1:100;字体采用仿宋体。

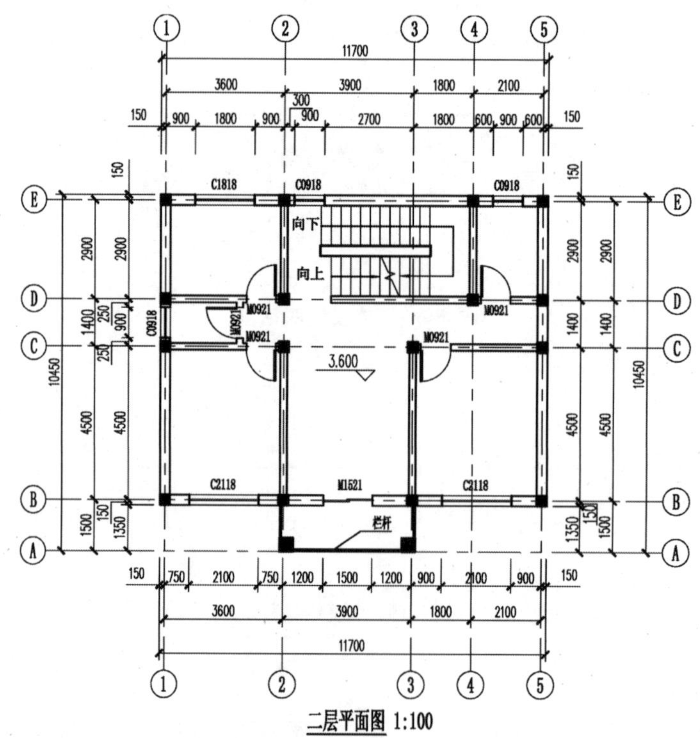

图 4.92 住宅楼二层建筑平面图

2. 绘制如图 4.93 所示别墅⑧～①立面图。

绘制要求：绘图比例 1:1，出图比例为 1:150；字体采用仿宋体。

3. 绘制如图 4.94 所示楼梯平面图和剖面图。

绘制要求：绘图比例 1:1，出图比例为 1:50；字体采用仿宋体。

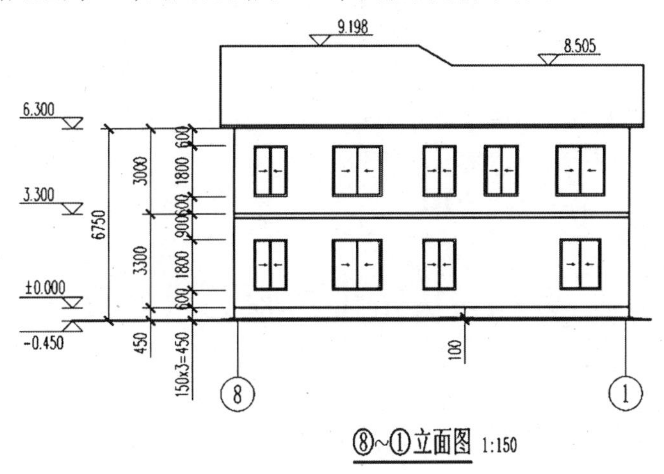

图 4.93　别墅⑧～①立面图

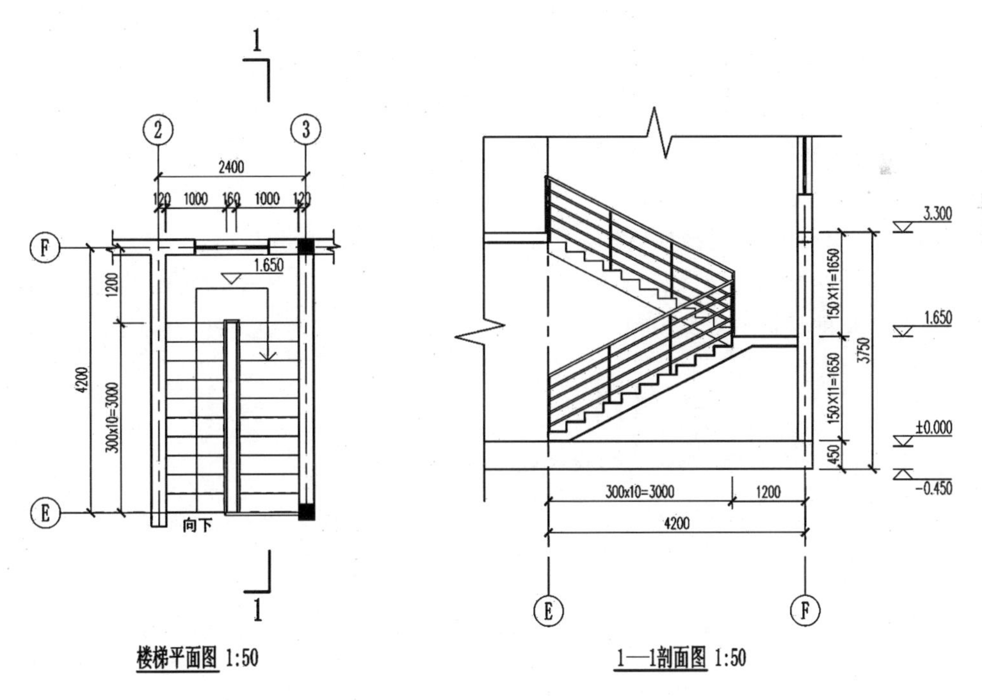

图 4.94　楼梯平面面和剖面图

第5章　识读与绘制室内给排水工程施工图

建筑给排水工程施工图是进行给排水工程施工的指导性文件，它采用图形符号、文字标注、文字说明相结合的形式，将建筑中给排水管道的规格、型号、安装位置、管道的走向布置，以及用水设备等相互间的联系表示出来。

5.1　识读建筑给排水施工图封面目录

根据建筑规模和要求的不同，建筑给排水施工图的种类和图样数量也有所不同，常用的建筑给排水施工图主要包括封面、目录、说明、平面图、系统图、详图和图集。

任务1　识读建筑给排水工程施工图封面

施工图封面是施工图的第一页，主面体现施工项目的名称、专业类型、设计阶段、设计单位、设计时间和出图专用章。

如图5.1所示，施工项目名称为××小区A1别墅工程，专业类别为建筑给排水工程专业，图纸的阶段为施工图，设计单位为××市政工程设计有限公司，设计时间为2020年2月。

出图专用章（图5.2）是按照《建设工程勘察设计资质管理规定》（建设部令第160号）办理并根据获得省级及以上建设行政主管部门批准颁发的资质相应等级配给的，是设计单位内部对设计成果的认可，也是设计单位向委托单位提供的最终有效设计文件的证明。

××小区A1别墅工程
建筑排水施工图集

××市政工程设计有限公司
2020年2月

图5.1　施工图封面

××省工程勘察设计图纸传用章	
××市建设工程设计有限翁呈	
资质	范围：　装饰工程 等级：乙级　证号：B123456
有效期至：2017年12月1日	

图 5.2　出图专用章

习题 5.1

识读图 5.2、5.3 所示出图章和图纸封面，填写表 5.1。

××小区9#多层住宅工程

建筑排水施工图集

××市政工程设计院

2018年2月

图 5.3　某工程施工图封面

表 5.1　某工程施工图封面信息表

序号	项目	内容
1	施工项目名称	
2	专业类型	
3	设计阶段	
4	设计单位	
5	设计时间	
6	出图专用章是否与设计单位一致	
7	出图专用章上设计资质范围	
8	出图专用章上设计资质等级	
9	出图专用章上设计证号	
10	设计图是否在出图专用章有效期内，填写原因	

任务 2　识读建筑给排水工程施工图目录

施工图目录可以分上下两部分，上部分为工程的基本情况，如设计单位、建设单位、工程名称、工程编号、设计阶段、专业、编制、校对、图号和日期等基本信息;下部分主要表达的内容,包括序号、图号、图名、规格和备注,如图 5.4 所示。从序号可能看出本套图由 3 张图组成,图号从水施 -01 ~ 水施 -03,图名分别为给排水设计说明、系统图,一层给排水平面图和二层给排水平面图,图纸均采用 A3 图幅。

××设计院				建设单位	××有限责任公司		
				工程名称	××小区A1别墅工程		
审 核		专 业		工程编号	2020-06	设计阶段	施工图设计
校 对		编 制		图 号		日 期	2020.02
图 纸 目 录							第1页
							共1页

序号	图 号	图 名	规格	备 注
1	水施-01	给排水设计说明、系统图	A3	
2	水施-02	一层给排水平面图	A3	
3	水施-03	二层给排水平面图	A3	
4				

图 5.4 A1 别墅工程施工图纸目录

习题 5.2

识读如图 5.5 所示某工程施工图纸目录,填写表 5.2。

××设计院				建设单位	××有限责任公司		
				工程名称	××小区9#多层住宅工程		
审 核		专 业		工程编号	2020-09	设计阶段	施工图设计
校 对		编 制		图 号		日 期	2021.03
图 纸 目 录							第1页
							共1页

序号	图 号	图 名	规格	备 注
1	水施-01	给排水设计说明	A3	
2	水施-02	一层给排水平面图	A2	
3	水施-03	标准层给排水平面图	A2	
4	水施-04	顶层给排水平面图	A2	
5	水施-05	给排水系统图	A3	

图 5.5 某工程施工图纸目录

表 5.2 某工程施工图纸目录表信息表

序号	项目	内容
1	图纸数量	
2	图号前缀	
3	图纸的设计阶段	
4	图纸的名称	

续表 5.2

序号	项目	内容
5	A3 图纸数量	
6	A2 的图纸数量	

任务 3　识读设计说明

凡是图纸中无法表达或表达不清但又必须为施工技术人员所了解的内容，均应用文字说明。文字说明应力求简洁。设计说明内容包括设计概况、引用规范、设计内容、施工方法、管道和设备试压、管道冲洗、管道消毒，以及其他内容。例如，给排水管材防腐、防冻、防结露的做法；管道的连接、固定、竣工验收的要求；施工中特殊情况的技术处理措施，如施工方法要求严格遵循的技术规程、规定等，如图 5.6 所示为××小区别墅给排水施工图设计说明。

设计说明

1. 设计概况

1.1　设计依据

1.1.1　《关于××小区初步设计文件批复》(发改××××-××)；

1.1.2　建设单位提供的本工程有关资料和设计任务书；

1.1.3　建筑和有关工种提供的设计图和有关资料：

1.1.4　国家现行有关给水、排水和卫生等设计规范及规程主要有：

《建筑给水排水设计标准》GB 50015—2019；

《住宅建筑规范》GB 50368—2005；

《建筑给水排水及采暖工程施工质量验收规范》GB 50242—2016；

《二次供水设施卫生规程》GB 17051—1997；

《建筑给水排水及采暖工程施工及质量验收规范》GB 50242—2016；

《给水排水构筑物工程施工及验收规范》GB 50141—2008；

《建筑工程施工质量验收统一标准》GB 50300—2013。

1.2　工程概况

1.2.1　本工程位于××省××市××区××路××号院内。

1.2.2　本工程为小区内 A1 栋别墅的建筑给排水工程，共二层，建筑面积为 257.6 m^2。

1.3　设计范围

本设计范围包括建筑的室内给水排水系统。

2　建筑给水设计

水源由小区管网供水；给水系统采用直供式，水量、水质、水压由市政供水保证；生活给水管道用 PPR 管材及配件，热熔连接，用 dn 表示管外径；管标高指管中心，单位为 m。

阀门：dn20 mm 管道采用球阀，其他 dn＜63 mm 管道用截止阀；dn≥63 mm 管道用闸阀或蝶阀。

图 5.6　××小区别墅给排水施工图设计说明

2.1 系统安装

穿过间墙或楼板的管道,均设0.5 mm厚铁皮套管,套管两端应与墙面或楼板面平。但厕所、盥洗室、厨房、浴室及其他经常冲洗地面的房间过楼板的套管采用焊接钢管并高出地面50 mm。

2.2 管道活动支架的间距,根据管径按下表采用

活动支架间距表 mm

管径(dn)	dn20	dn25	dn32	dn40	dn50
水平安装	650	800	950	1 100	1 250
垂直安装	1 000	1 200	1 500	1 700	1 800

2.3 卫生器具安装见图集《卫生设备安装》(09S304)详图

2.4 防腐及保温

明设钢管刷樟丹一遍,银粉两遍。明设保温管道刷樟丹两遍,用沥青玻璃棉管壳保温后,包扎油纸、玻璃布各一层,再刷银粉两遍。地下埋设的给水管道刷石油沥青两遍,埋于焦渣层内的钢管,管外壁刷冷底子油一遍,缠玻璃丝布一层,刷冷底子油一遍、石油沥青一遍。钢支吊架明设刷樟丹一遍,银粉两遍;暗设刷樟丹两遍。支、吊架选用见《室内管道支吊架》(05R417—1)。管道的防结露做法与保温做法相同。

2.5 试压

室内给水管道试验压力为工作压力的1.5倍,但不应小于0.6 MPa,水压试验后,在10分钟内压力下降不大于0.05 MPa,然后降至工作压力观察外观,以不漏为合格。

3 建筑排水设计

排水管管径用de表示,单位为mm,管长用L表示,单位为m。管道设计标高均指管内底。

3.1 管材及接口

地面以上的排水管管材采用硬聚氯乙烯管PVC-U,管道接口用胶黏剂黏接,硬聚氯乙烯管与铸铁管连接口,应采用专用配件。埋地排水管采用排水铸铁管及配件,水泥接口,水灰比为1:9。

3.2 系统安装

安装地漏时,篦面应低于地面10 mm,周围缝隙浇灌200号细石混凝土。排水管道的横管与横管的连接,应采用90 的斜三通或90 的斜四通管。排水支管的安装高度为棚下400 mm。

除注明外,生活污水铸铁管、硬聚氯乙烯管水平方向坡度见下表。

管径/mm	50	75	100	110	125	150	160
铸铁管坡度	0.035	0.025	0.020		0.015	0.010	
硬聚氯乙烯管坡度	0.025	0.015		0.012	0.010		0.007

3.3 排水管道为闭水试验

注水一层楼高,30分钟后液面不下降为合格。污水的立管、横干管,还应做通球试验。

4 管道冲洗和消毒

给水管道在系统运行前需用水冲洗和消毒,要求以不小于1.5 m/s的流速进行冲洗,并符合GB50242—2016第4.2.3条的规定。雨水管和排水管冲洗以管道通畅为合格。

续图5.6

4.1　管道消毒

生活给水管道,在管道冲洗工作完成后,以浓度为 20 ~ 30 mg/L 游离氯的水灌满整个管道,并在管内停留 24 小时进行消毒,消毒结束后再用生活饮用水冲洗,并经卫生监督部门取样检验,达到现行国家现行标准《生活饮用水卫生标准》(GB 5749—2021)后,方可投入使用。

水箱、水池的消毒方法和要求与生活给水管道清毒方法相同。

5　其他

图中所注尺寸除管长、标高单位为 m 外,其余单位为 mm。

本图所注管道标高:给水管指管中心;污水等重力流管道和无水流的通气管支管内底。

本工程室内 ±0.000 相当于黄海高程绝对标高 167.500 m,室外冻土深 -1.9 m。

本设计施工说明与图纸具有同等效力,二者有矛盾时,业主及施工单位应及时提出,并以设计单位解释为准。

施工中应与土建施工单位和其他单位密切合作,合理安排施工进度,及时预留孔洞及预埋套管,以防碰撞和返工。

续图 5.6

习题 5.3

识读 × × 小区别墅给排水工程施工图设计说明,填写表 5.3。

表 5.3　× × 小区别墅给排水工程施工图设计说明习题

序号		项目	内容
设计概况	1	本图的设计依据有哪些?由哪些单位提供?	
	2	本图采用的标准、规范和规程有哪些?	
	3	标准、规范和规程有何区别?	
	4	《建筑给水排水设计标准》(GB 50015 - 2019)中字母“GB”和数字“2019”是什么含义?	
	5	本工程的位置在哪里?	
	6	工程项目是什么样的建筑?有几层?建筑面积有多少?	
	7	图纸的设计范围是什么?	
建筑给水设计	1	建筑给水的水源从哪里接?	
	2	给水管道的管材是哪种?如何连接?	
	3	给水管道标高指的管道哪个位置的标高?	
	4	本工程中 dn25 的给水管道采用哪种阀门?	
	5	穿厨房地面的套管怎样设置?	
	6	本工程 dn15 的无保温管道活动支架的间距应采用多少?	
	7	明设钢支吊架的怎样做防腐?	
	8	管道连接完成后,进行试压试验,有何要求?	

续表 5.3

序号		项目	内容
建筑排水设计	1	本图中，建筑排水管道的设计标高指管道的哪个部位？	
	2	本工程中排水管道地上、地下的管材分别是什么？接口怎么做？为什么有不同的管材？	
	3	根据图纸说明，dn100 的铸铁管的水平坡度应采用多少？	
	4	排水管道施工完成后，怎么检验施工质量？	
	5	什么是通球试验？	
管道冲洗及消毒	1	为什么要对给水管道进行管道冲洗？	
	2	怎样进行管道消毒？	
	3	什么是黄海高程？	
	4	在图中相对标高为 3.000，其绝对标高应该是多少 m？	
	5	建筑给排水工程为什么要在楼板或墙上预留孔洞及套管？	

5.2 识读建筑给水工程施工图

建筑给水平面图是施工图纸中最基本和最重要的图纸，它主要表明建筑物内给水管道及设备的平面布置，建筑给水系统的组成见知识链接二。

图纸上的线条都是示意性的，同时管材配件如活接头、补心、管箍等不在图中表示，因此在识读图纸时还必须熟悉给水管道的施工工艺。在识读平面图时，应掌握的主要内容和注意事项如下。

(1)查明卫生器具、用水设备和升压设备的类型、数量、安装位置及定位尺寸。

卫生器具和各种设备通常用图例表示，它只说明器具和设备的类型，不能具体表示各部分的尺寸及构造，因此在识读时必须结合有关详图和技术资料，清楚这些器具和设备的构造、接管方式及尺寸。

(2)清楚给水引入管的平面位置、走向、定位尺寸、与室外给排水管网的连接形式、管径及坡度。给水引入管上一般都装有阀门，通常设于室外阀门井内。

(3)查明给水干管、立管、支管的平面位置与走向、管径尺寸及立管的编号。从平面图上可清楚地查明管道是明装还是暗装，以确定施工方法。

(4)消防给水管道要查明消火栓的布置、口径大小及消防水箱的形式与位置。

(5)在给水管道上设置水表时，必须查明水表的型号、安装位置、表前后阀门的设置情况。

(6)查明引入管的进户位置，干管、立管、支管的穿墙、穿楼板的套管位置及套管规格尺寸。

(7)查明给水管道的长度、附件的数量、位置及规格。

任务 1　识读一层卫生器具

× × 小区 A1 栋别墅一层给水平面图如图 5.7 所示，此建筑分为 2 户，①～⑤轴为 1 户，⑤～⑩轴为 1 户，对称布置。先看如图 5.8 所示中的图例，图 5.7 可知，厨房中有洗涤盆，卫生间的卫生器具有洗脸盆、坐便、洗衣机，车库有拖布池。这些卫生器具的规格一般由甲方确定，本图中的说明有卫生器具的要求，见设计说明 2.3，卫生器具安装见《卫生设备安装图集》(09S304)，可以从图集上查找这些卫生器具的安装尺寸和连接方法。

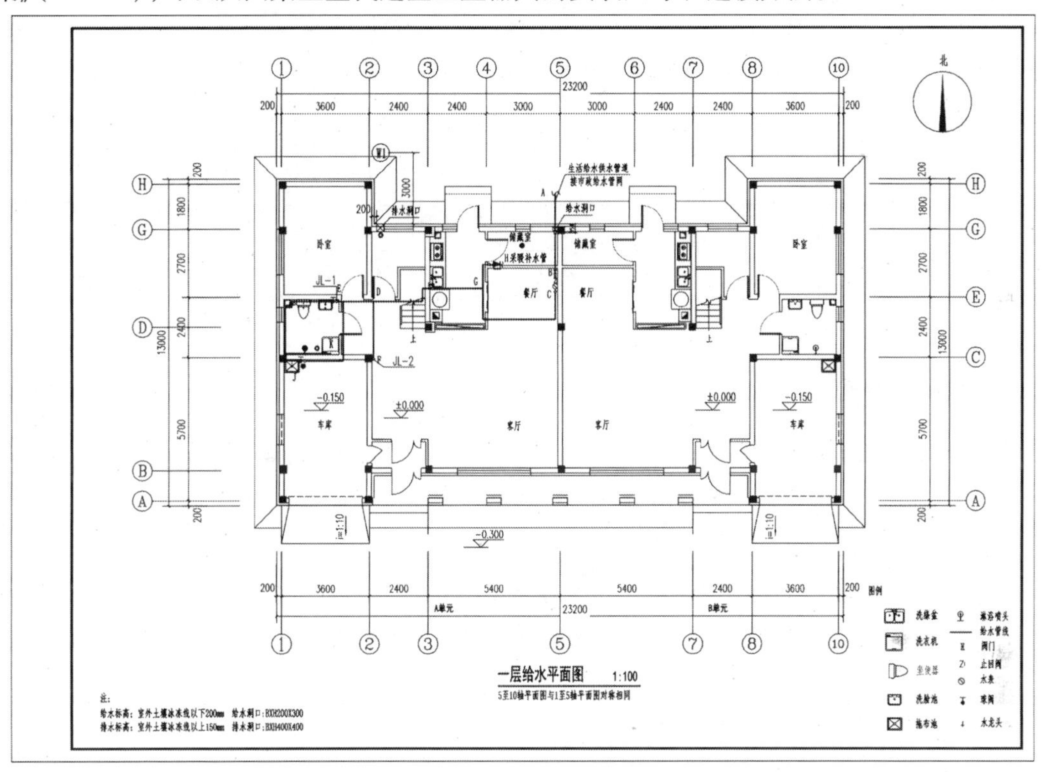

图 5.7　一层给水平面图

图例

	洗涤盆		淋浴喷头
	洗衣机		给水管线
			阀门
	坐便器		止回阀
			水表
	洗脸池		球阀
	拖布池		水龙头

图 5.8　图例

图 5.7 所示给水平面图的①～⑤轴间的卫生器具及给水配件个数见表 5.4。

表 5.4 一层给水管线卫生器具及给水配件个数

序号	名称	数量	位置
1	洗涤盆	1	厨房
2	洗衣机	1	卫生间
3	坐便器	1	卫生间
4	洗脸池	1	卫生间
5	拖布池	1	车库
6	淋浴喷头	1	卫生间
7	截止阀	1	水表节点
8	止回阀	1	水表节点
9	水表	1	水表节点
10	球阀	3	厨房、卫生间、车库
11	水龙头	4	洗涤盆、洗脸池、拖布池、洗衣机

任务 2 识读二层卫生器具

建筑给水管线包括引入管、水表节点、干管、立管、支管，其位置和作用见知识链接二。

由图 5.9 可看到引入管在Ⓖ、⑤轴西侧，给水管线通过储藏室和餐厅，过厨房、通道至卫生间和车库。由图 5.7 可看出引入管是图 5.9 中 AB 段，BC 段为水表节点，CD 段、DE 段、DF 段为干管。立管在平面图上是圆，立管在点 E（厨房东北角）和点 F（车库东北角）处，并以 JL－1、JL－2 标注，代表给水立管 1 和给水立管 2。支管是 GH 段、EK 段和 EJ 段，连接各用水器具。

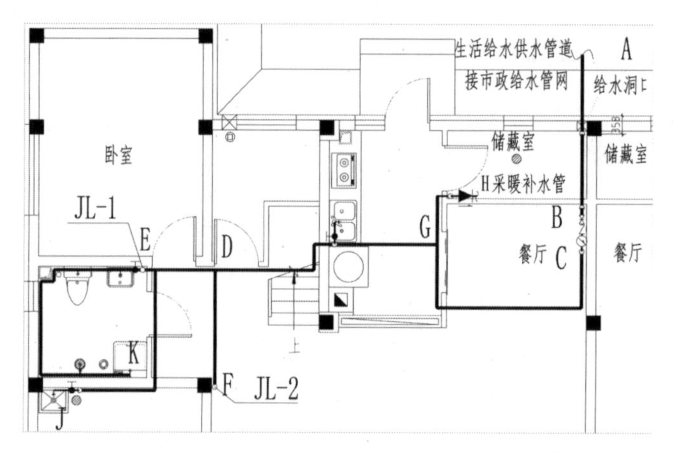

图 5.9 管线平面放大图

如图 5.10 所示为本建筑的二层给水平面图，给水从 JL－1 和 JL－2 立管由一层顶棚进入二层，输送到各用水器具。

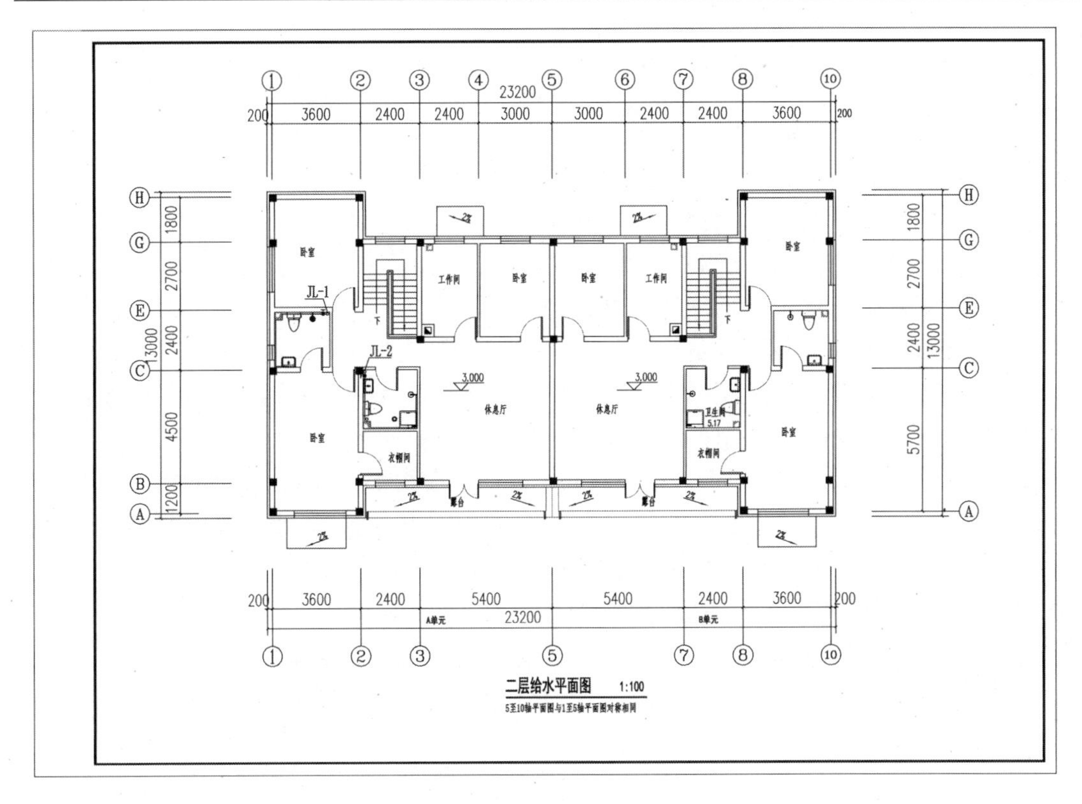

图 5.10 二层给水平面图

习题 5.4

根据图 5.10,在表 5.5 中填入二层各卫生器具、给水配件数量及所在房间位置。

表 5.5 二层给水管线上卫生器具及给水配件个数

序号	名称	数量/个	位置
1	洗涤盆		
2	洗衣机		
3	坐便器		
4	洗脸池		
5	拖布池		
6	淋浴喷头		
7	截止阀		
8	止回阀		
9	水表		
10	球阀		
11	水龙头		

注:如此层无表中用水器具填入数值 0。

任务3 统计套管数量

套管是管道穿墙或穿楼板时的保护管,详见知识链接三。套管的位置在穿基础、穿墙、穿楼板处。

给水系统图,也称给水轴测图,是采用斜轴测法绘制给水系统,表达出给水管道和设备在建筑中的空间布置关系。给水系统图应表达各种管道的管径、支管与立管的连接处、管道各种附件的安装标高,各立管的编号应与平面图一致。

在给水系统图中,如用水设备及卫生器具的种类、数量和位置完全相同的支管、立管,可不重复绘制此支管,但应有文字标明。当给水系统图立管、支管在轴测方向重复交叉影响视图时,可对管标号后断开移至空白处绘制。

给水管道系统图主要表明管道系统的立体走向。在给水系统图上,卫生器具不表示出来,只需画出水龙头、冲洗水箱等符号;用水设备如锅炉、热交换器、水箱等则画出示意性立体图,并以文字说明,××小区 A1 栋别墅给水系统图如图 5.11 所示。

统计套管时,从引入管开始统计,套管一般比通过的管径大 2 号,PPR 管的管径 dn 表示外径,而套管一般采用钢管,用公称直径 DN 表示管径,两者对应关系见表 5.6。

从系统图上可以找出套管的位置和规格,在给水系统图中楼板或地坪用一条横线表示,套管统计见表 5.7。

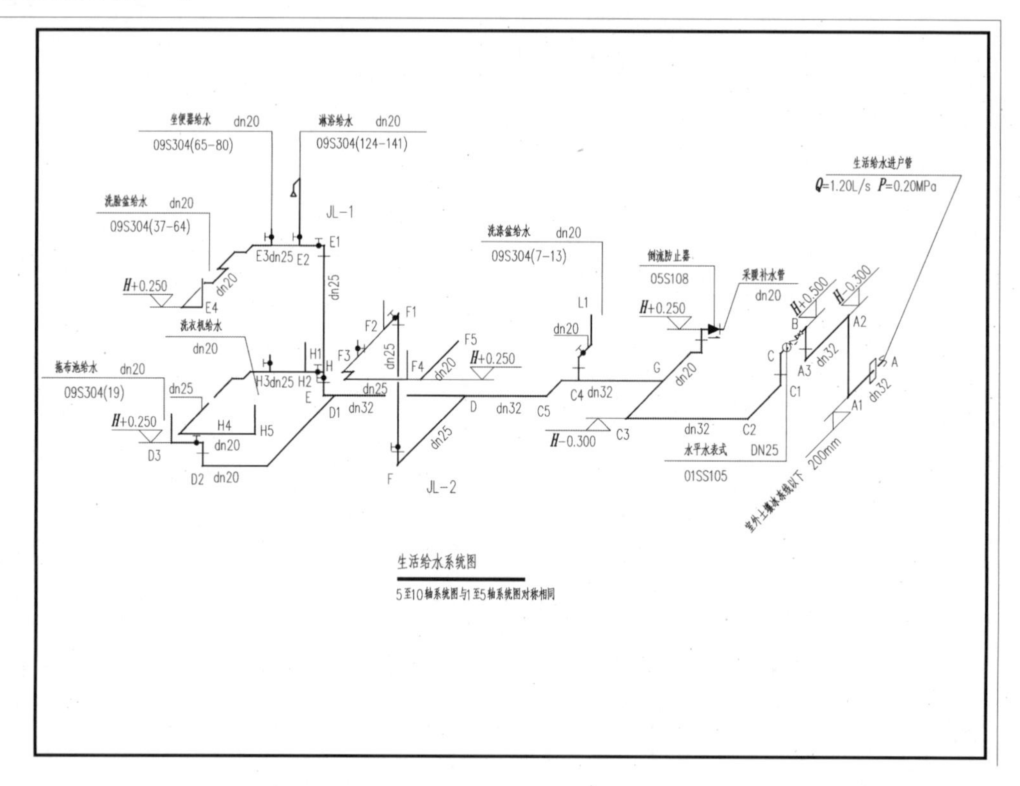

图 5.11 ××小区 A1 栋别墅给水系统图

在给水系统图中,引入管直径为 dn32,其对应的公称直径为 DN25,在穿基础时采用的套管大 2 号，即选用 DN40 的套管。C4L1 管段穿地坪时的管径是 DN20，其对应公称直径为 dn15，选用的 dn25 的套管。

表 5.6　PPR 给水塑料管外径与公称直径对照关系

塑料管外径(dn)/mm	20	25	32	40	50	63	75	90	110
公称直径(DN)/mm	15	20	25	32	40	50	65	80	100

表 5.7　套管统计表

序号	位置	规格	数量/个
1	穿基础(AA1 段)	DN40	1
2	穿楼板(A3B 段)	DN40	1
3	穿楼板(CC1 段)	DN40	1
4	穿楼板(FF1 段)	DN32	1
5	穿楼板(EH 段)	DN32	1
6	穿楼板(HE1 段)	DN32	1
7	穿楼板(GG1 段)	DN25	1
8	穿楼板(C4L1 段)	DN25	1
9	穿楼板(D2D3 段)	DN25	1

任务 4　识读给水管线管径及标高

如图 5.11 所示，识图从引入管开始，图中引入管 AB 段在图的右侧，管径为 dn32，引入管深度为室外土壤冰冻线以下 200 mm，由设计说明 5 可知，室外冻土深 -1.9 m，又由一层平面图中得知室内外高差为 -0.300 m，则引入管的相对于室内地面的标高为 -1.9 -0.3 -0.2 = -2.40(m)，根据图 5.6 设计说明，室内 ±0.000 标高的绝对值为 167.50 m，则引入管的绝对标高为 165.10 m。

水平 AA1 管段穿过基础后进入室内，垂直 A1A2 管段上升至 *H* -0.300 m(*H* 为室内地面的标高)处，再由水平 A2A3 管段向室内，A3B 管段穿过室内地坪到 *H* +0.500 m 处。

BC 段为水表节点，有截止阀、止回阀和水表，水表为水平式，规格为 DN25，根据《给排水常用仪表及特种阀门安装图集》(01SS105)可知编号。

CD 段、DE 段、DF 段为干管，干管的管径均为 dn32。CC1 管段穿过地坪至 *H* -0.300 m 处，然后经过 C1、C2、C3、G、C4、C5 和 D 点，DF 管段为干管向给水立管 2(JL -2)供水，DE 干管上有点 D1 分支管至车库，E 点为给水立管 1(JL -1)供水。

立管 EE1(JL -1)、FF1(JL -2)负责把水从 1 楼供向 2 楼，立管在一层地坪上均设有阀门。

支管 C4L1 的管径为 dn20，C4 点为厨房洗涤盆分水点，C4L1 穿过地坪至地面，管线上设球阀和水龙头。水龙头供洗涤盆出水,水管头为 dn20,安装方式见图集 09S304 第7 ~13 页。

支管 D1J 从干管 DE 引出,管径为 dn20,在 D2 点从 $H-0.300$ m 上升至 $H+0.250$ m 处,上设球阀,为拖布池供水,安装图集见 09S304 第 19 页。

支管 HK 为卫生间供水,管段 HH4 管径为 dn25,管段 H4H5 管径为 dn20。沿水流方向设有阀门、洗脸盆、坐便器、淋浴喷头、洗衣机,其中 H1 为阀门、H2 为洗脸盆分水点,H3 为坐便器分水点,H4 为淋浴喷头分水点,H5 为洗衣机分水点。

支管 F1F5 在二层东侧的卫生间,其管径为 dn25,F1 点的标高为 $H+0.250$ m(H 为二层地板的标高),由图 5.10 可知二层地板的相对标高为 3.000 m,其相对一层地面的标高为 3.250 m,绝对标高为 167.500 + 3.250 = 170.750(m)。

管段 F1F4 管径为 dn25,管段 F4F5 管径为 dn20。管线上设有阀门、洗脸盆、坐便器、洗衣机、淋浴喷头,其中,F2 点为洗脸盆分水点,F3 为坐便器分水点、F4 为洗衣机分水点,F5 为淋浴喷头分水点。

支管 E1E4 在二层西侧的卫生间,E1 点的标高为 $H+0.250$ m(H 为二层地板的标高)。管段 E1E3 管径为 dn25,管段 E3E4 管径为 dn20。管线上设有阀门、淋浴喷头、坐便器、洗脸盆,其中,E2 点为淋浴喷头分水点,E3 为坐便器分水点、E4 为洗脸盆分水点。

给水系统图要与平面图结合来看,两者是相互对应的,查看的顺序为引入管、干管、立管和支管。在识图过程中,注意高度变化和管径的变化。

习题 5.5

根据图 5.11 给水系统图,填写表 5.8 中管段管径及标高。

表 5.8 管段管径及标高

序号	管段	管径	图上标注标高	相对标高/m	绝对标高/m
1	AA1	dn32	冻土线以下 200mm	-2.4	167.50 - 2.40 = 165.10
2	A2A3		$H-0.300$m	-0.300	167.50 - 0.30 = 167.20
3	BC				
4	C2C3				
5	DF		$H-0.300$m		
6	F1F2	dn25	$H+0.250$m	3.00 + 0.25 = 3.25	167.50 + 3.25 = 170.750
7	E1E2				

任务 5 统计给水管线管件

给水管线上管件有弯头、三通和变径等,其名称、规格根据管径和用途来确定。

弯头是管道拐弯时采用的附件,常见的有 90 度弯头和 45 度弯头,因为有的弯头要连接给水配件,所以一般带有螺纹,分为内螺纹弯头和外螺纹弯头两种类型,如图 5.12、5.13 所示。

图 5.12　内螺纹弯头

图 5.13　外螺纹弯头

三通从规格上可分为同径三通和异径三通。同径三通三个方向的管径是相同的，异径三通水平方向为大管径且管径相同。因为给水配件如水龙头、阀门有外螺纹、内外螺纹的连接方式，三通按连接方式可分为普通三通、内螺纹三通和外螺纹三通，一般中间管带螺纹，如图 5.14 ~ 5.16 所示。

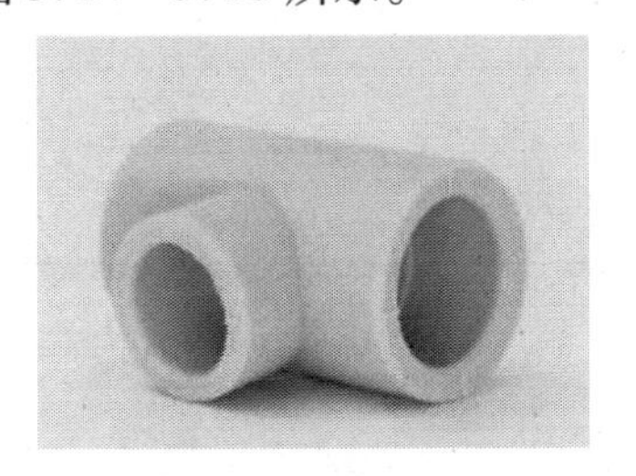

图 5.14　普通三通

图 5.15　内螺纹三通

图 5.16　外螺纹三通

变径也称为异径直接，是管道改变管径时需要增加的管道附件，一侧接大管径管道，另一侧接小管径管道，如图 5.17 所示。

根据给水系统图，统计立管 JL－1 上给水管道上的管件，统计立管 JL－1 在图 5.17 中 EE1 管线及支管。立管 JL－1 底部有 1 个截止阀，在立管与一层支管连接点 H 处为 PPR 三通，三个方向的管径为 dn32、dn25 和 dn32，所以此处三通为异径三通，两侧大、中间小，表示为 dn32 × dn25，因立管变径为 dn25，还需要一个变径 dn32 × dn25，如图 5.18 所示，JL－1 立管上的管道管件统计数量见表 5.9。

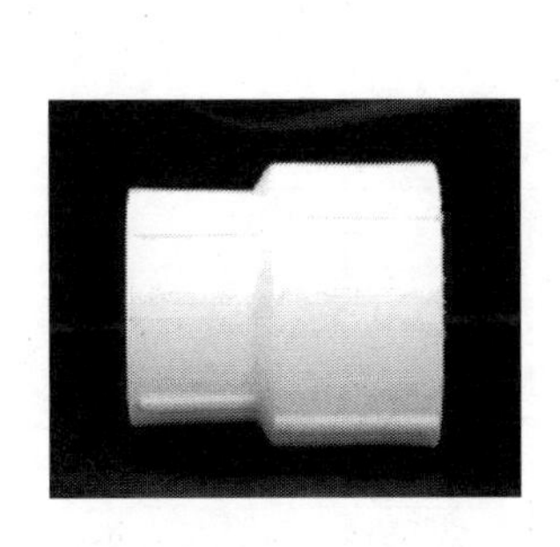

图 5.17　变径

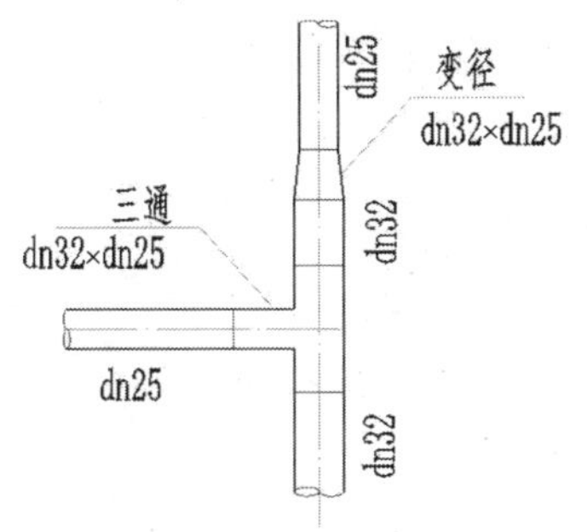

图 5.18　立管与一层支管连接示意图

表 5.9 立管 JL－1 上的管道管件统计数量表

序号	名称	规格	数量/个	备注
1	截止阀	DN25	1	
2	异径三通	DN32×DN25	1	
3	变径	DN32×DN25	1	
4	90 度弯头	DN25	1	

在一层卫生间支管 H1K 管道管件统计见表 5.10，H1 位置为 1 个 DN20 的截止阀，因为 dn25 的 PPR 管对应公称直径为 DN20，洗手盆 H2 处有异径三通与接水龙头管连接，规格为 dn25×dn20，H3 处为坐便器给水，是内螺纹三通（内牙三通）与角阀相连，规格为 dn25×dn20，沿管线设有 4 个 90 度弯头，规格为 dn25。沐浴喷头处是三通 dn25×dn20，因变径增加一个 dn25×dn20 的变径。

二层卫生间支管 E1E4 管道管件统计表见表 5.11。

表 5.10 一层卫生间支管 H1K 管道管件统计表

序号	名称	规格	数量/个	备注
1	截止阀	DN20	1	支管、立管
2	水龙头	DN15	2	洗脸盆、洗衣机
3	角阀	DN15	1	坐便器
4	球阀	DN15	1	沐浴支管
5	PPR 三通	DN25×25	1	支管与立管连接
6	PPR 三通	dn25×dn20	2	洗脸盆支管、沐浴支管
7	内牙三通	dn25×dn20	1	坐便支管
8	90 度 PPR 弯头	dn25	4	支管 H3H4 段
9	PPR 变径	dn25×dn20	1	
10	90 度 PPR 弯头	dn20	1	H5 点
11	90 度内牙弯头	dn20	2	洗脸盆、洗衣机

表 5.11 二层卫生间支管 E1E4 管道管件统计表

序号	名称	规格	数量/个	备注
1	截止阀	DN20	1	支管
2	水龙头	DN15	1	洗脸盆
3	角阀	DN15	1	坐便器
4	球阀	DN15	1	沐浴支管
5	90 度 PPR 弯头	dn25	1	

续表 5.11

序号	名称	规格	数量/个	备注
6	三通	dn25 × dn20	1	
7	内牙三通	dn25 × dn20	1	
8	90 度内牙弯头	dn20	1	
9	90 度 PPR 弯头	dn20	9	

习题 5.6

根据图 5.11、表 5.10、5.11，填写表 5.12 ~ 5.18。

表 5.12　JL－1 立管及相连接的管件统计总表

序号	名称	规格	数量/个	备注
1	90 度弯头	dn32	1	E 点
2				
3				

表 5.13　引入管管件统计表

序号	名称	规格	数量/个	备注
1	90 度弯头	dn32	1	A1 点
2				
3				

表 5.14　干管管件统计表

序号	名称	规格	数量/个	备注
1				
2				
3				

表 5.15　JL－2 立管及相连接管件统计表

序号	名称	规格	数量/个	备注
1				
2				
3				

表 5.16 连接 JL－2 支管管件统计表

序号	名称	规格	数量/个	备注
1				
2				
3				

表 5.17 车库支管管件统计表

序号	名称	规格	数量/个	备注
1				
2				
3				

表 5.18 所有生活给水管线管件统计表

序号	名称	规格	数量/个	备注
1				
2				
3				

任务 6 统计给水管线长度

给水管线长度主要根据给水平面图和给水系统图结合起来统计，统计顺序为引入管、干管、立管和支管。

1. 统计引入管长度

统计引入管要先看一层平面图，统计时要注意管径的变化，如图 5.19 所示，引入管为 AB 管段，在系统图中 AB 管段如图 5.20 所示，由图 5.11 可知，AB 管段的管径均为 dn32。

从引入管平面图 AA1 段管道长为 1.5＋0.36＝1.86(m)，其中，1.5 m 为室外统计长度，0.36 m 为是图纸上量出的 358 mm，计数为 0.36 m。由系统图可知 A1A2 管段长度为 A2 处绝对标高 167.20 m 与 A1 处绝对标高 165.10 m 之差，即 167.20－165.10＝2.10 m。A2A3 管段长度在图纸上量出距离为 1 466 mm，取 1.50 m，A3B 的长度在图 5.11 中得到高差为 $(H+0.5)-(H-0.30)=0.80$ m，则引入管长度见表 5.19 所列。

表 5.19 引入管长度统计表 m

序号	管段	规格	计算式	长度
1	AB	dn32	1.5＋0.36＋(167.20－165.10)＋1.50＋[(H＋0.5)－(H－0.30)]	6.26

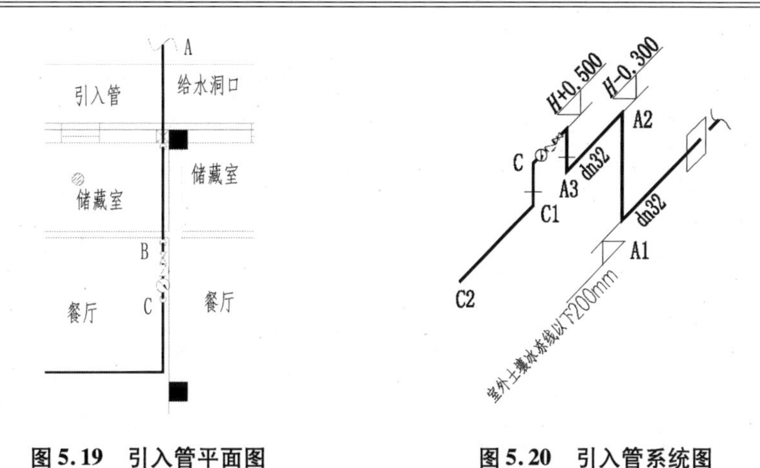

图5.19　引入管平面图　　　　**图5.20　引入管系统图**

2. 统计干管长度

图5.7中干管在一层平面图上统计顺序为C、G、D、E管段和DF管段，水平方向可以直接从平面图中量取数值，垂直方向要从系统图中读取，记入表5.20。

表5.20　干管长度统计表　　m

序号	管段	规格	计算式	长度
1	CC1	dn32	$(H+0.5)-(H-0.30)$	0.80
2	C1E	dn32	1.10+2.90+1.20+2.10+0.40+2.00+1.50	11.20
3	DF	dn25	2.30	2.30

3. 统计立管长度

图5.11共有2个立管，其长度由图中高度确定，立管JL－1的高度从E点标高$H-0.300$ m＝－0.300 m，到二层的E1点标高为3.00＋0.25＝3.25(m)，则高差为3.55 m，立管长度纺驻地见表5.21所列。

表5.21　立管长度统计表　　m

序号	管段	规格	计算式	长度
1	JL－1	dn25	3.00＋0.25－(0－0.30)	3.55
2	JL－2	dn25	3.00＋0.25－(0－0.30)	3.55

4. 统计支管长度

连接JL－1支管如图5.21、5.22所示，一般从顶层到底层，由系统图可知二层管段E1E4没有高度变化，从平面图测出长度填入表5.21，要注意的是过E3后，管径由dn25变为dn20。

表 5.22 JL－1 支管 E1E4 长度统计表 m

序号	管段	规格	计算式	长度
1	E1E3	dn25	0.61＋0.78	1.39
2	E3E4	dn20	0.46＋0.30＋0.20＋1.90＋0.50	3.36
3	HH4	dn25	0.46＋0.90＋0.49＋0.28＋0.23＋1.85＋0.81	5.02
4	H4H5	dn20	1.00	1.00

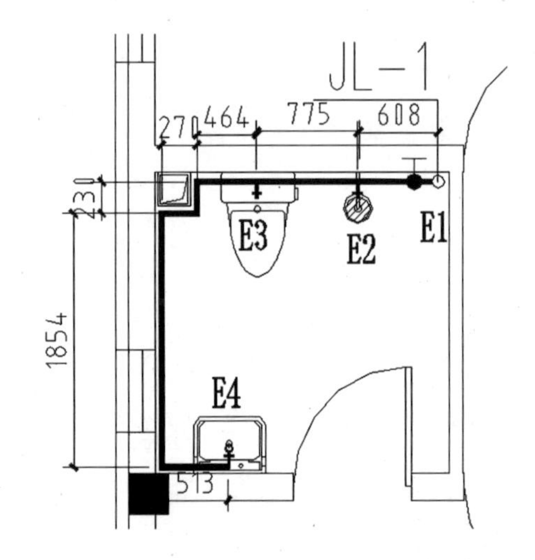

图 5.21 JL－1 立管二层 E1E4 支管平面图

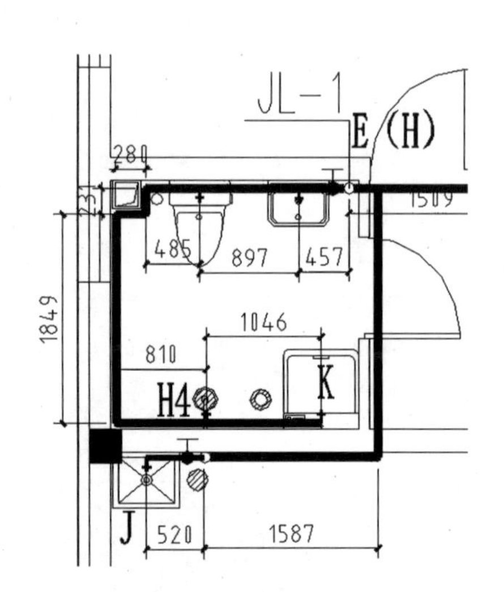

图 5.22 JL－1 立管 HK 管段平面图

5. 统计连接管长度

连接管是支管与配水附件连接的管段,如支管到水龙头的连接管,支管到拖布池水龙头的连接管。连接管的长度在图中没有标注,但标有图集号和页码。

一层厨房洗涤盆的安装图集采用 09S304(7-13),此图集第 7 页如图 5.23 所示,由图中可看出水龙头的安装高度为 1.00 m,则连接管 C4L1 的长度由系统图可得为 1.00－(－0.30)＝1.30(m),由平面图为 0.40 m。

一层车库拖布池连接管安装图集采用 09S304(19),拖布池给水龙头安装高度距地面 0.80 m,则高度方向由系统图可得为 0.80－(－0.30)＝1.10(m),长度由平面图可得为 0.52 m。

一层卫生间沐浴安装图集采用 09S304(124-141),如图 5.24 所示。由图 5.11 可知支管高度为 0.25 m,到接沐浴混水阀(高度 1.05 m)之间的长度为 1.05－0.25＝0.80(m),混水阀以上部分为沐浴喷头部分,不统计长度。

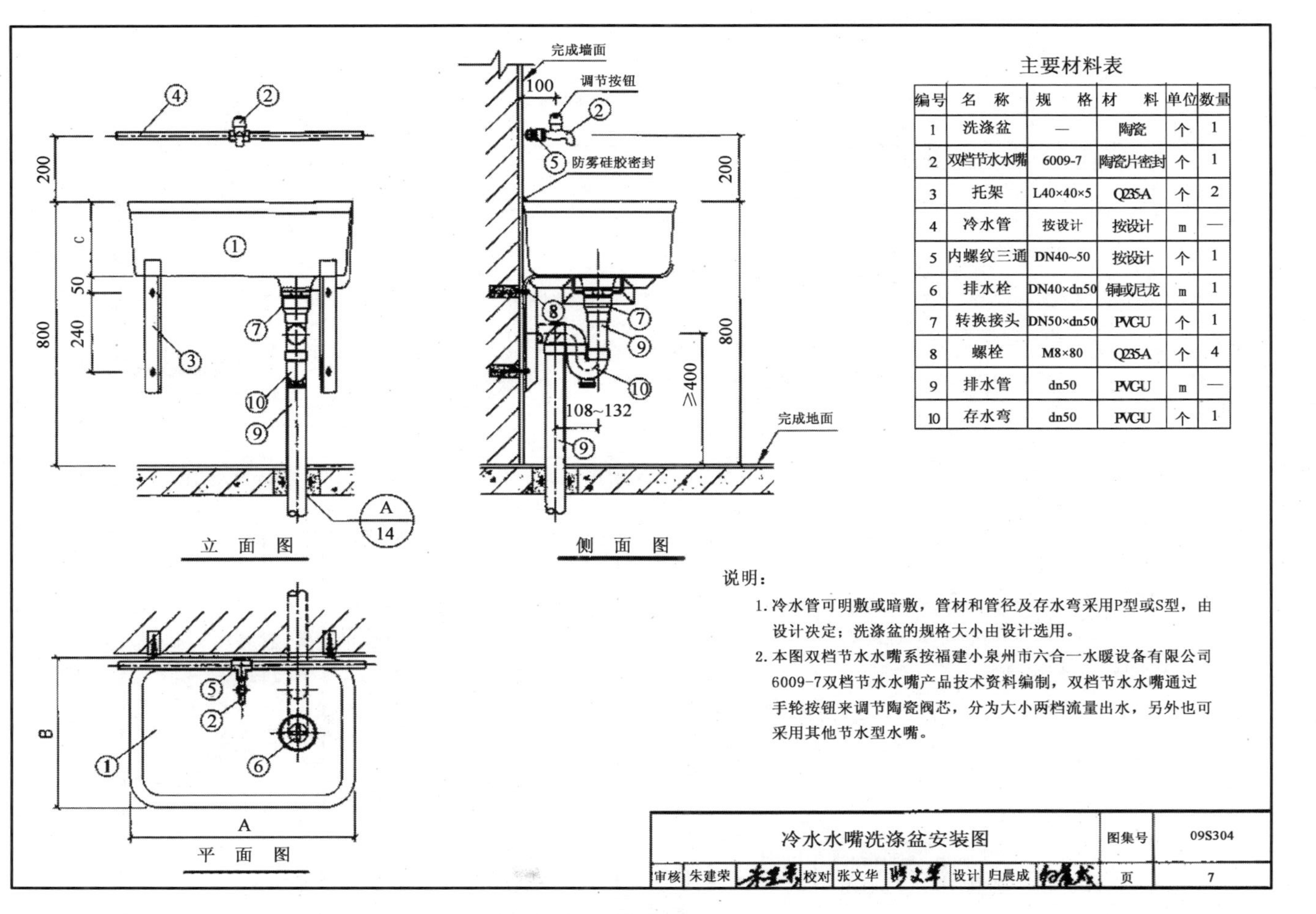

主要材料表

编号	名称	规格	材料	单位	数量
1	洗涤盆	—	陶瓷	个	1
2	双档节水水嘴	6009-7	陶瓷片密封	个	1
3	托架	L40×40×5	Q235A	个	2
4	冷水管	按设计	按设计	m	—
5	内螺纹三通	DN40~50	按设计	个	1
6	排水栓	DN40×dn50	铜或尼龙	m	1
7	转换接头	DN50×dn50	PVCU	个	1
8	螺栓	M8×80	Q235A	个	4
9	排水管	dn50	PVCU	m	—
10	存水弯	dn50	PVCU	个	1

说明：

1. 冷水管可明敷或暗敷，管材和管径及存水弯采用P型或S型，由设计决定；洗涤盆的规格大小由设计选用。
2. 本图双档节水水嘴系按福建小泉州市六合一水暖设备有限公司6009-7双档节水水嘴产品技术资料编制，双档节水水嘴通过手轮按钮来调节陶瓷阀芯，分为大小两档流量出水，另外也可采用其他节水型水嘴。

图5.23 冷水水嘴洗涤盆安装图

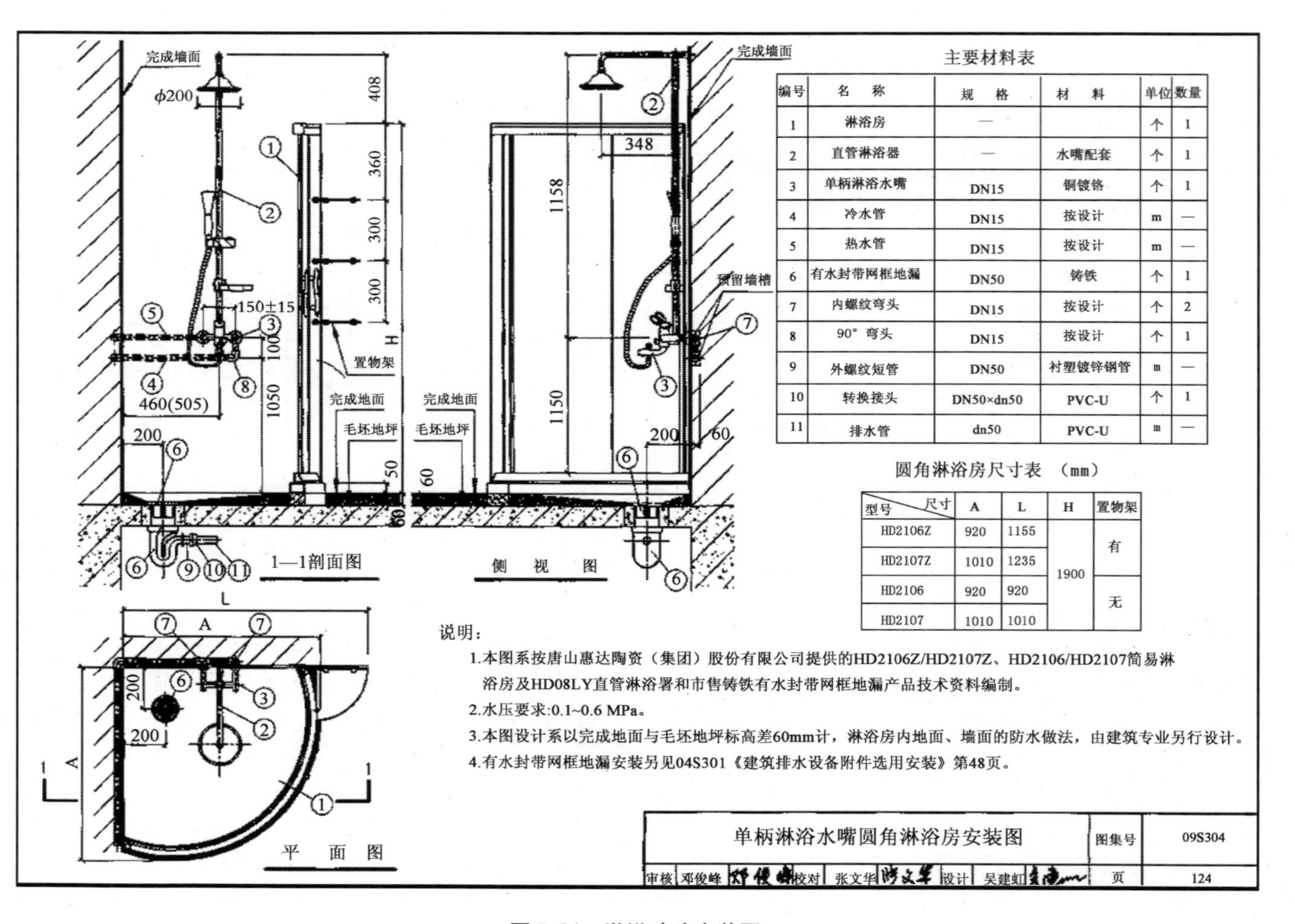

主要材料表

编号	名称	规格	材料	单位	数量
1	淋浴房	—		个	1
2	直管淋浴器	—	水嘴配套	个	1
3	单柄淋浴水嘴	DN15	铜镀铬	个	1
4	冷水管	DN15	按设计	m	—
5	热水管	DN15	按设计	m	—
6	有水封带网框地漏	DN50	铸铁	个	1
7	内螺纹弯头	DN15	按设计	个	2
8	90°弯头	DN15	按设计	个	1
9	外螺纹短管	DN50	衬塑镀锌钢管	m	—
10	转换接头	DN50×dn50	PVC-U	个	1
11	排水管	dn50	PVC-U	m	—

圆角淋浴房尺寸表 (mm)

型号 \ 尺寸	A	L	H	置物架
HD2106Z	920	1155	1900	有
HD2107Z	1010	1235		
HD2106	920	920		无
HD2107	1010	1010		

说明：

1.本图系按唐山惠达陶瓷（集团）股份有限公司提供的HD2106Z/HD2107Z、HD2106/HD2107简易淋浴房及HD08LY直管淋浴署和市售铸铁有水封带网框地漏产品技术资料编制。

2.水压要求:0.1~0.6 MPa。

3.本图设计系以完成地面与毛坯地坪标高差60mm计，淋浴房内地面、墙面的防水做法，由建筑专业另行设计。

4.有水封带网框地漏安装另见04S301《建筑排水设备附件选用安装》第48页。

图 5.24　淋浴喷头安装图

习题5.7

根据连接管长度的计算方法，统计各给水配件的连接管长度，并填入表5.23。

表5.23 连接管统计表 m

序号	用水器具	位置	图集(页码)	管径	计算式	长度	数量	总长度
1	洗涤盆	一层厨房	09S304(7-13)	dn20	1.0-(-0.3)+0.40	1.7	1	1.7
2	拖布池	车库	09S304(19)	dn20	0.8-(-0.3)+0.52	1.62	1	1.62
3	沐浴	一层、二层卫生间	09S304(124-141)	dn20	1.05-0.25	0.8	3	2.4
4	洗脸盆							
5	洗衣机							

任务7 统计建筑给水工程主要材料表

建筑给水工程主要材料表包括管道和给水配件，而给水管件如弯头、三通、变径一般不算在主要材料表里，但作为施工技术人员要做到心里有数。

根据以上统计的给水配件和引入管、干管、立管、支管、连接管的长度，将数据列入主要材料表(表5.24)。在表中统计相同规格的材料数量，一定要按水流方向顺序统计，不要遗漏材料。

表5.24 主要材料表

序号	名称	规格	单位	数量/长度	备注
1	PPR管	DN32	m		
2	PPR管	DN25	m		
3	PPR管	DN20	m		
4	截止阀	DN25	个		
5	截止阀	DN20	个		
6	止回阀	DN25	个		
7	水表	DN25	个		
8	球阀	DN15	个		
9	角阀	DN15	个		
10					
11					
12					
13					
14					

5.3 绘制建筑给水工程施工图

建筑给水工程施工图可采用中望建筑水暖电 CAD 教育版 2020 绘制，软件封面如图 5.25所示，它可以快速将给水平面图生成给水系统图。

图 5.25　软件界面

任务 1　绘制给水管线平面布置图

在给定的建筑平面图上绘制给水管线平面布置图，在绘制给水管线时要根据给水系统图设置相应的高度。给水管线平面布置图是在建筑专业提供的一层、二层建筑条件平面图上绘制的，一层、二层建筑条件平面图如图 5.26、5.27 所示。

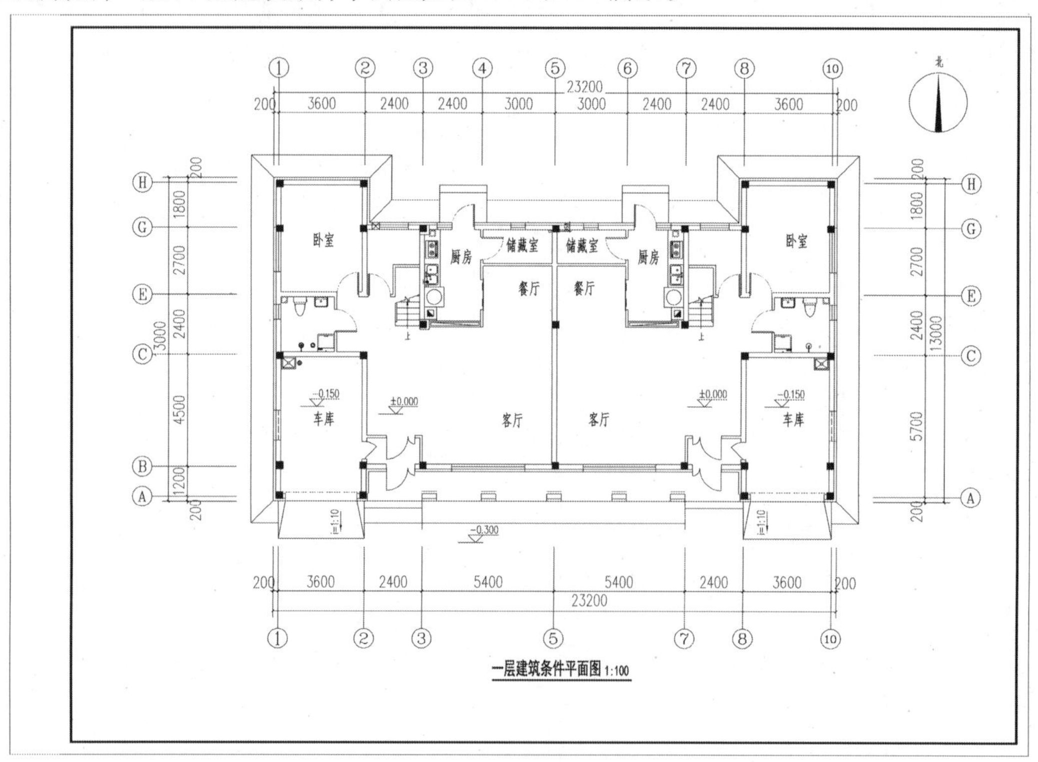

图 5.26　一层建筑条件平面图

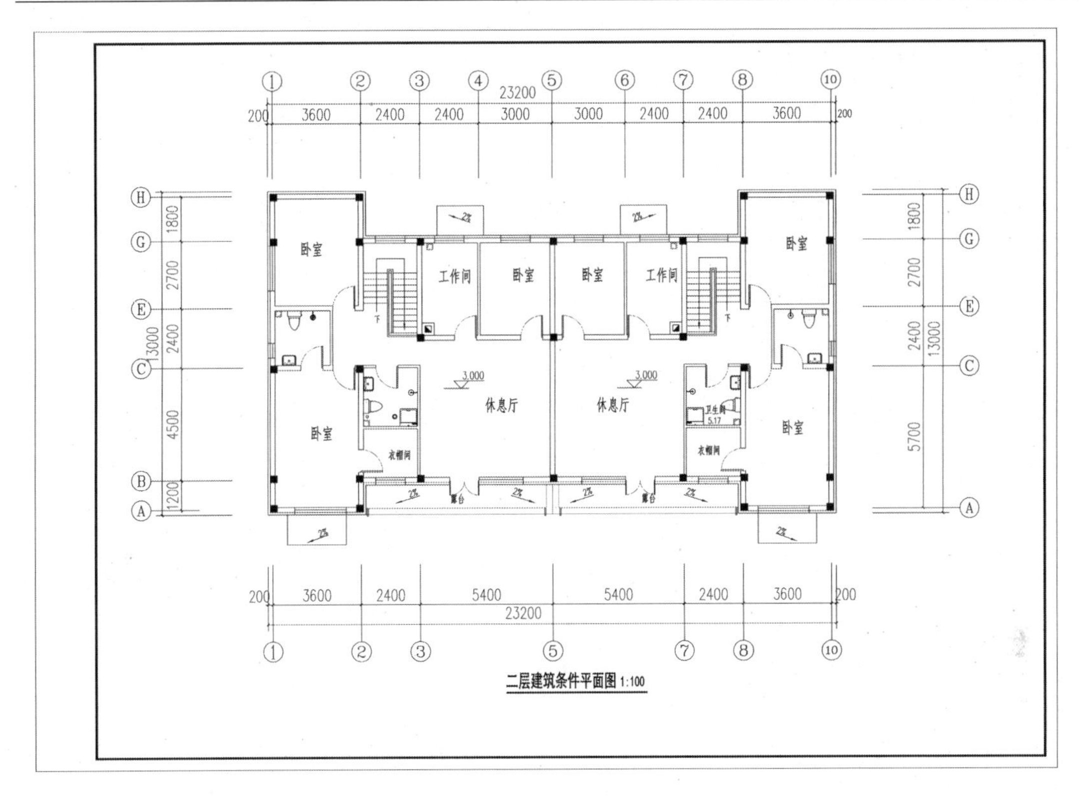

图 5.27　二层建筑条件平面图

1. 绘制引入管

根据给水管道的位置使用中望建筑水暖电 CAD 教育版 2020 绘制给水管道。在一层建筑平面图上先绘制引入管,如引入管设置管径 32 mm,标高 -2.4 m,在软件左侧的工具栏点击【管线】,选择【绘制管线】,选择【给水】,每段管线的标高、管径可以进行设置后再绘制,如图 5.28 所示,绘制引入管 AB 管段如图 5.29 所示,引入管标高为 -2.40 m。绘制 BE 管段时,管道标高从 -2.40 m 上升到 -0.30 m,在绘制管线界面上标高设为 -0.3 m,绘制 BE 管段如图 5.30 所示。

2. 绘制向上弯管

水表节点设在餐厅,因为阀门、水表要在地面以上可以操作,所以在餐厅内设地面以上管道,原管道的标高为 -0.30 m,需要向上弯管和向下弯管,选择工具栏中【平面】中的【上下扣弯】,在管道过餐厅墙角插入扣弯,并输入起点管段标高和终点管段标高,如图 5.31 所示。

3. 绘制水表节点

在工具栏上选择【平面】下拉菜单中的【阀门阀件】,在【阀门阀件图块】中选择阀门和止回阀的图块,如图 5.32 所示,点选图中的阀门、止回阀、水表,在向上弯管处插入图块,根据提示插入后的图块可以调整大小和左右翻转,如图 5.33 所示。

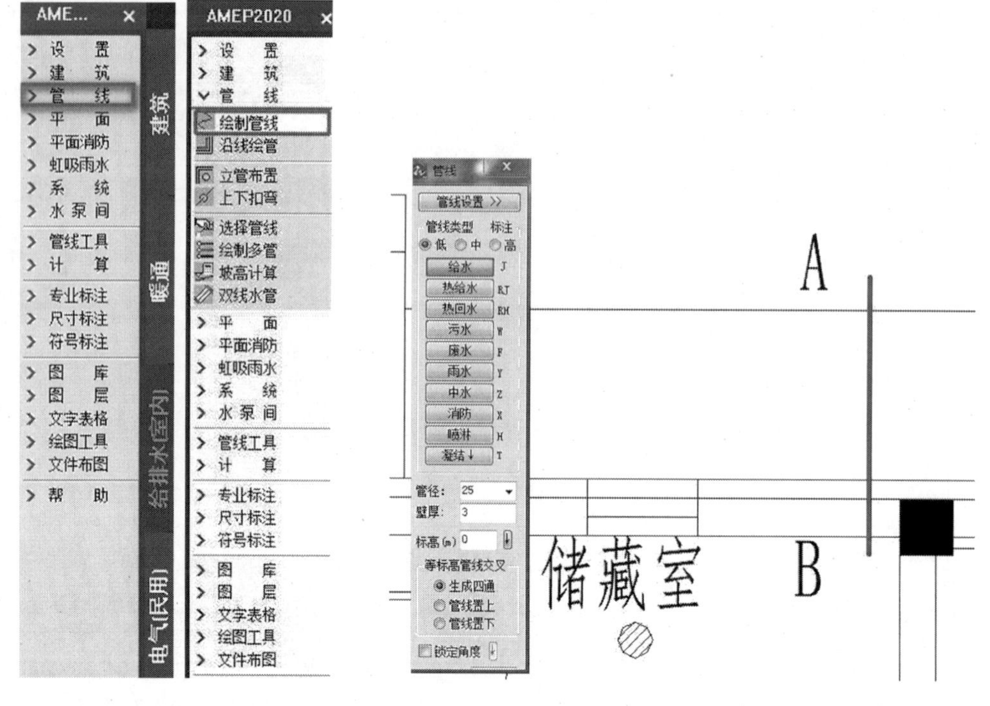

图 5.28 绘制给水管线设置

图 5.29 绘制引入管 AB 段

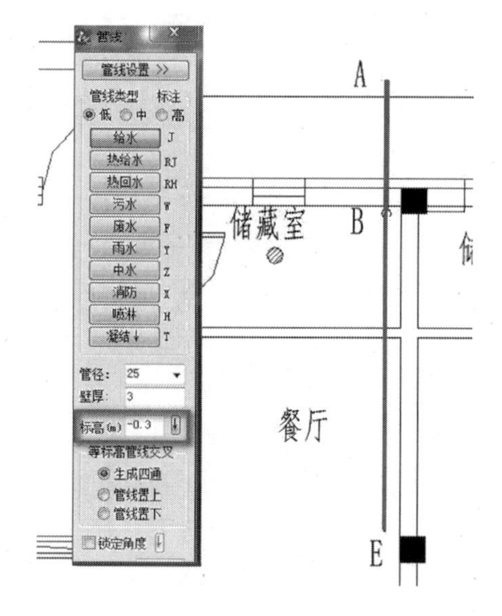

图 5.30 绘制 BE 管段

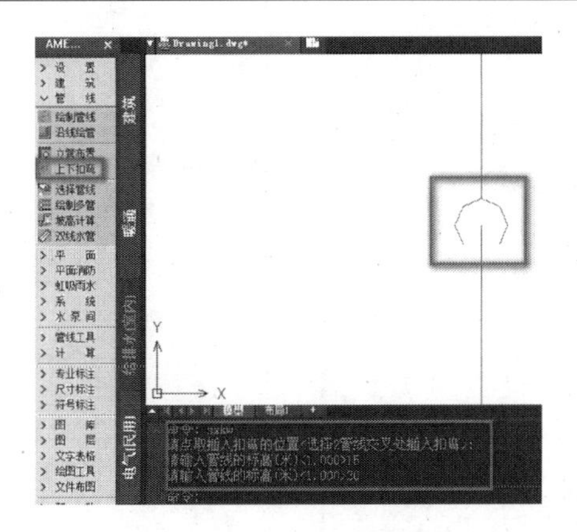

图5.31 向上弯管

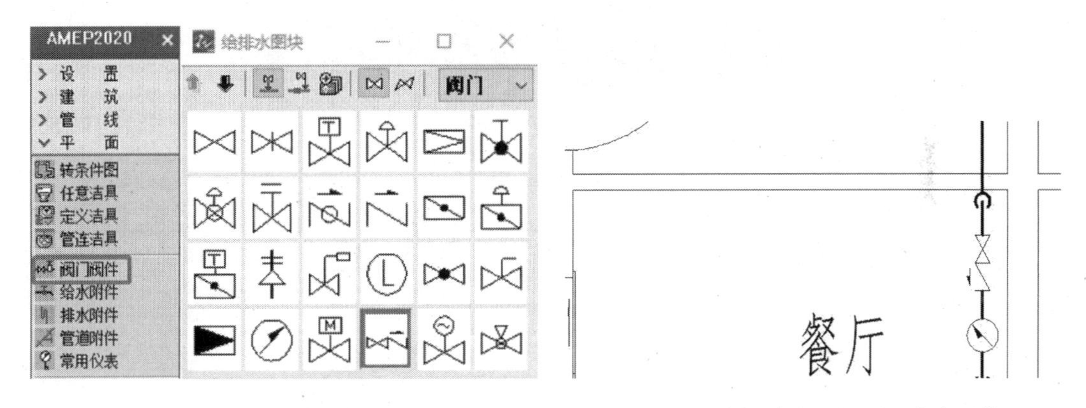

图5.32 阀门阀件图块

图5.33 插入阀门、止回阀、水表图块

4.绘制向下扣弯

给水管道安装在距离厨房地面0.5m处,采用暗装的方式,在降到楼板下-0.3 m处,再选择【上下扣弯】,绘制如图5.34所示。

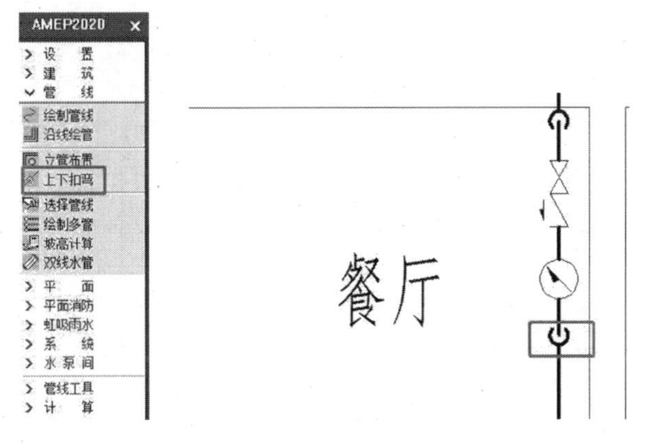

图5.34 绘制向下扣弯

5.绘制干管

根据排水干管的位置,在平面图上使用【管线】下拉菜单中【绘制管线】进行干管绘制,沿线注意管径及标高的变化。在过如图 5.35 所示的 F 点后，干管 FG 管径变为 dn25，在绘制管线时要将管径调整为 dn25。

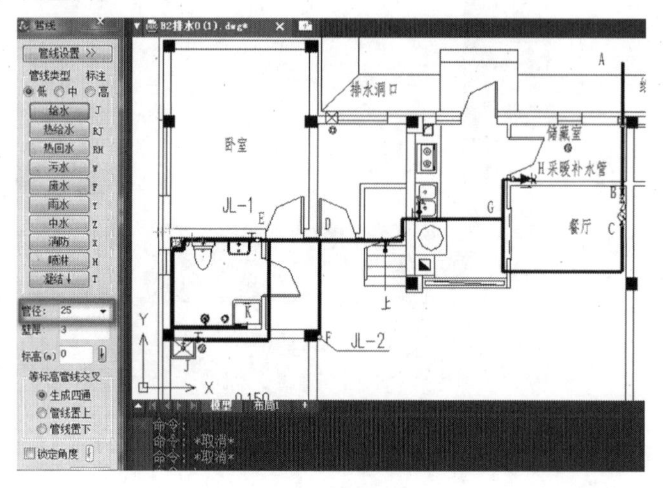

图 5.35 绘制干管

6. 绘制立管

在图 5.35 中的 H 点和 G 点插入立管，绘制方式为选择【管线】拉菜单中的【立管布置】，设置管径、编号、立管底标高为 -0.30 m、顶标高为 3.25 m，如图 5.36 所示，绘制结果如图 5.37所示。

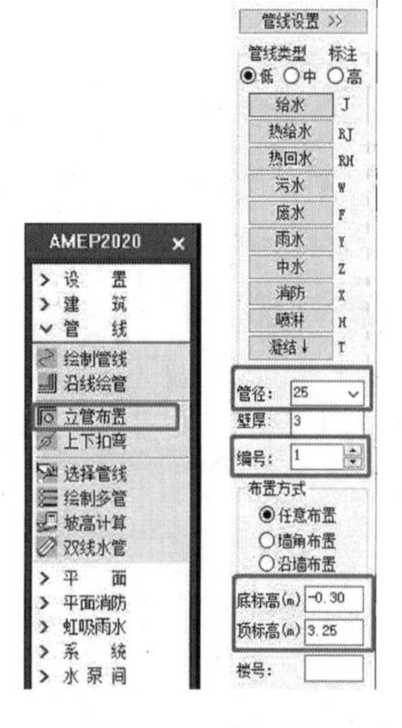

图 5.36 立管设置

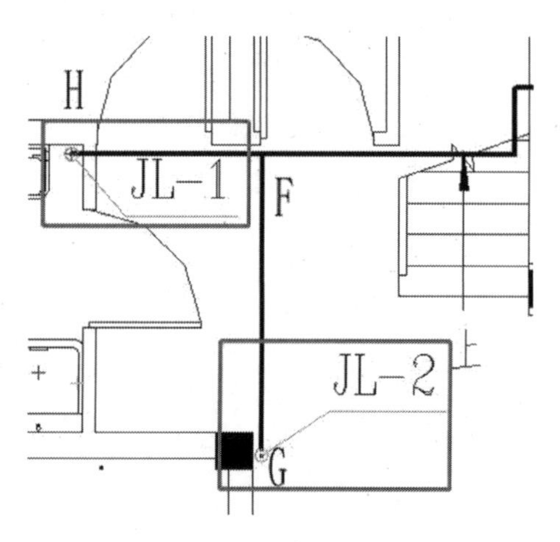

图 5.37 绘制立管

7. 绘制建筑给水支管

支管把水供到卫生器具附近,继续使用【绘制管线】,在卫生间、厨房、车库绘制给水管线,注意管径及标高的变化,设置内容及结果如图 5.38 ~5.40 所示。在图 5.39 中,过 J 点标高由 -0.30 m 变为 0.25 m,需更改标高后绘制管线。在图 5.40 中,先插入立管,立管管底标高为 -0.30 m,管顶标高为 0.25 m,支管标高为 0.25 m。

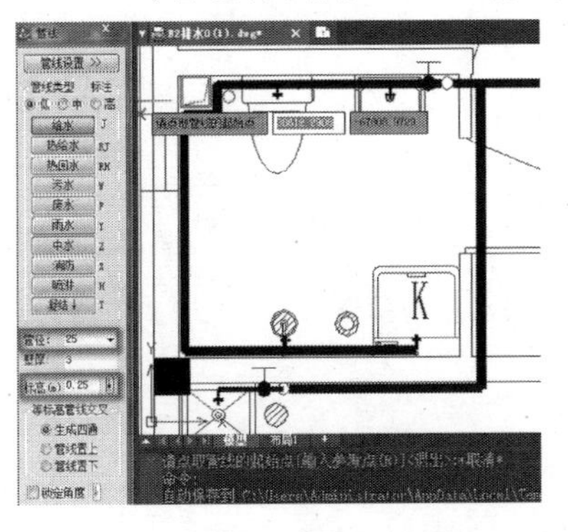

图 5.38　绘制卫生间给水支管

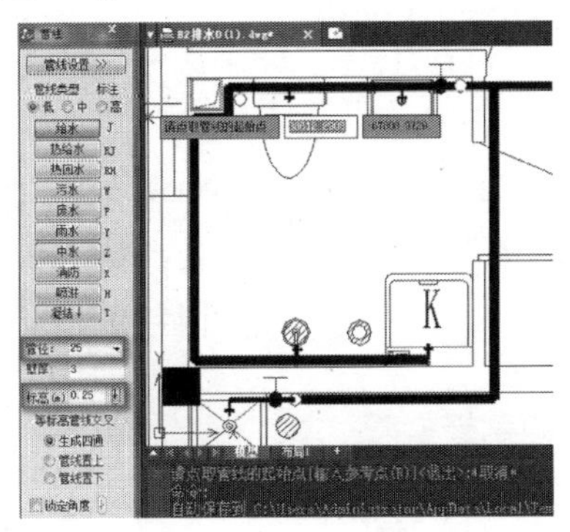

图 5.39　绘制车库给水支管

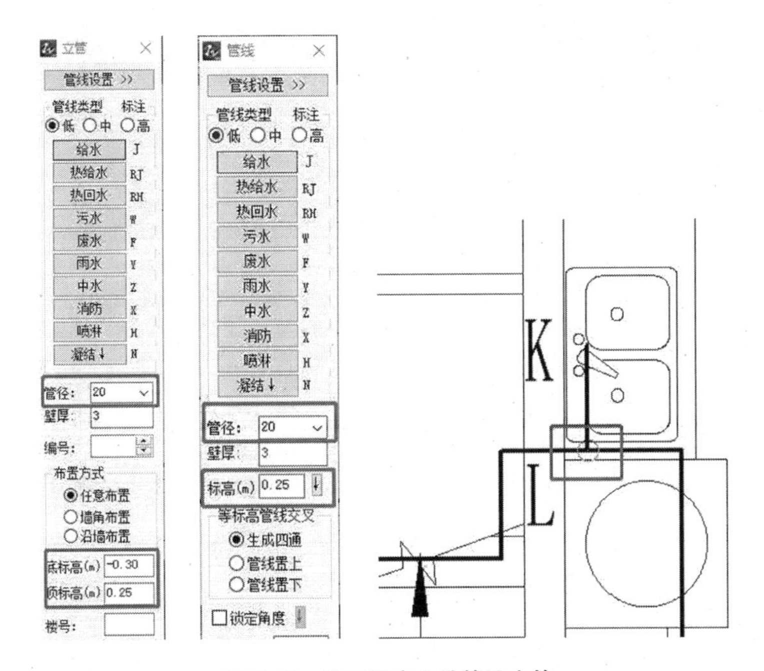

图 5.40　绘制厨房上升管及支管

8. 绘制阀门

在各支管上设置阀门,采用图 5.41 的图块,在支管上插入阀门,如图 5.41 所示。

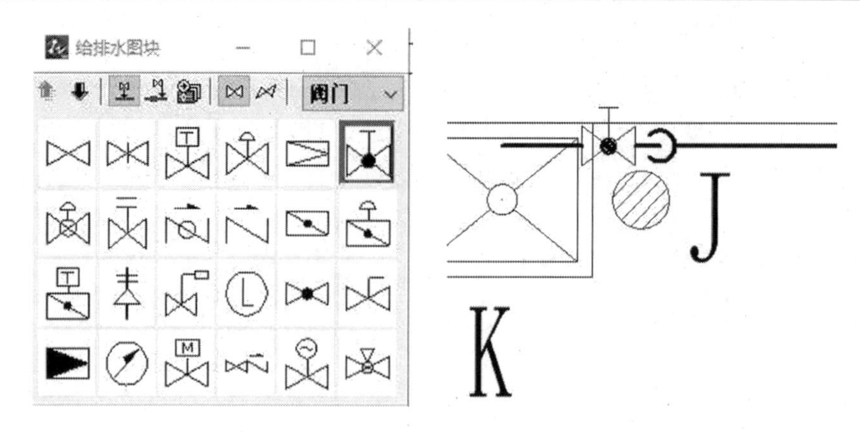

图 5.41 阀门图块及插入阀门的绘制结果

9. 绘制连接管

连接管是支管与给水附件的连接管道，由支管垂直向上绘制，如卫生间水龙头的连接管的管底标高为 0.25 m，管顶标高为 1.00 m，可使用【平面】中【立管布置】绘制连接管，如图 5.42 所示。

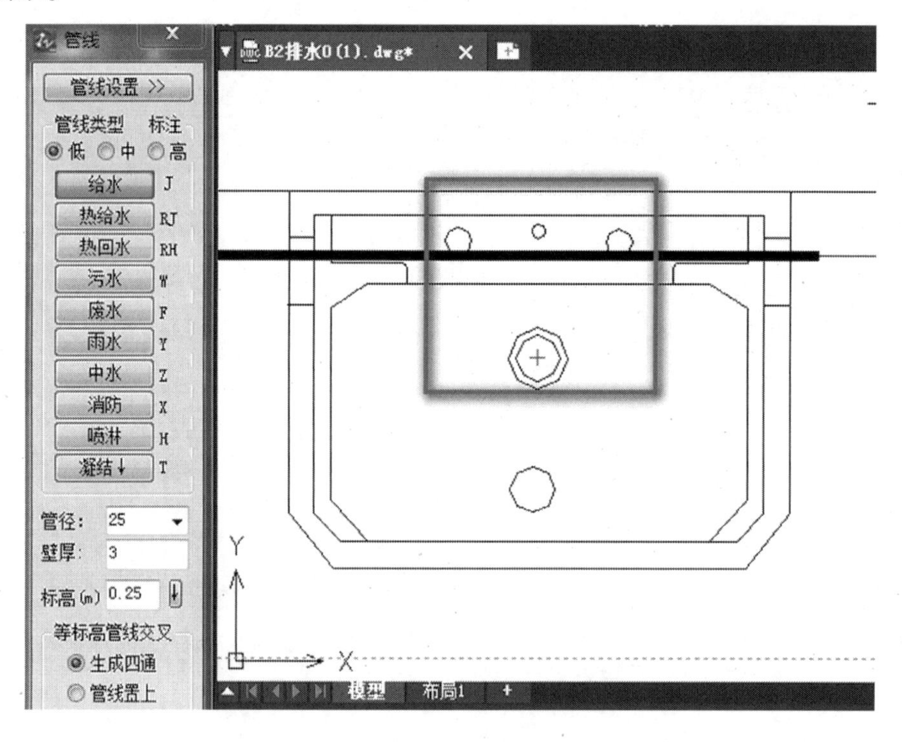

图 5.42 绘制连接管

10. 插入给水附件

在工具栏中选择【平面】菜单中【给水附件】，选择相应的附件类型，插入各用水器具附近管线上，如图 5.43、5.44 所示。

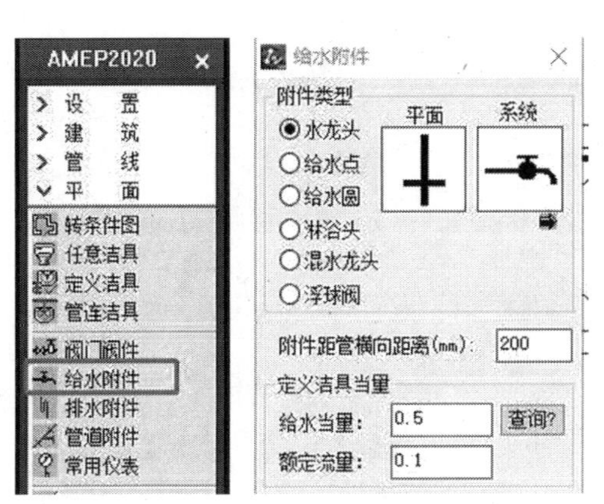

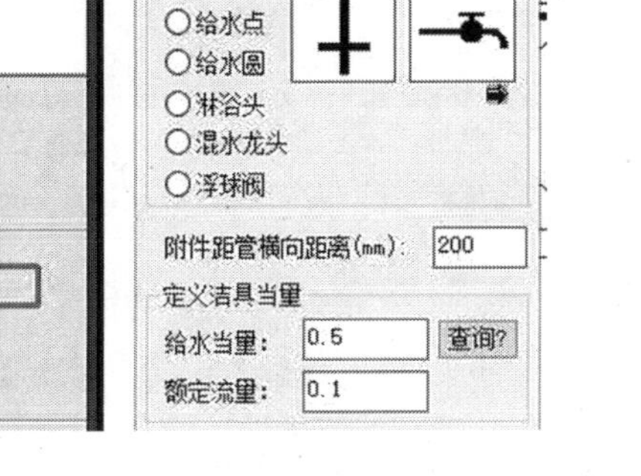

图 5.43　给水附件设置

图 5.44　卫生间插入给水附件结果图

习题 5.8

根据二层建筑平面图,绘制二层给水平面图,二层给水由立管从一层供上来,先在二层平面与一层立管对应位置设置立管,立管的编号与一层立管相同。先确定立管,再绘制支管、阀门、给水附件,绘制结果如图 5.45 所示。

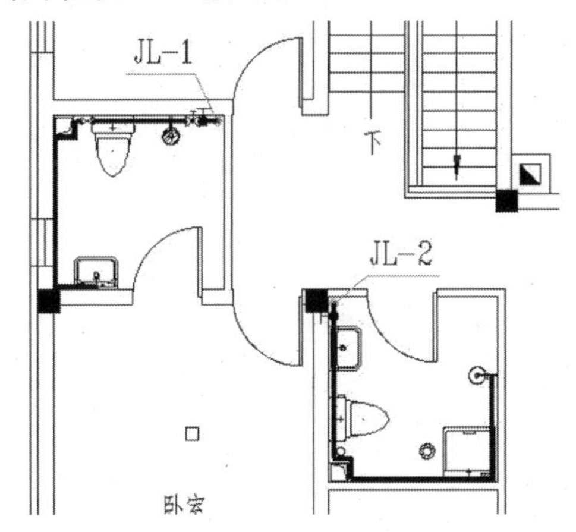

图 5.45　二层给水管线平面图

任务 2　绘制给水系统图

给水平面图各管线的标高确定后就可以绘制给水系统图,在工具栏选择【系统】下拉菜单中的【系统生成】,出现【平面图生成系统】对话框,可以添加楼层,设置标准层数、层高,如图 5.46 所示。

在楼层一层的位置点击,进入绘图界面,框选一层给水管线,确认后返回图 5.46 界面,在二层的位置点击,框选二层给水管线,确认后返回界面,如图 5.47 所示,点击【确定】即可生成给水系统图,如图 5.48 所示。

在图 5.48 上补充附件、管径、标高标注,完成系统图,如图 5.49 所示。

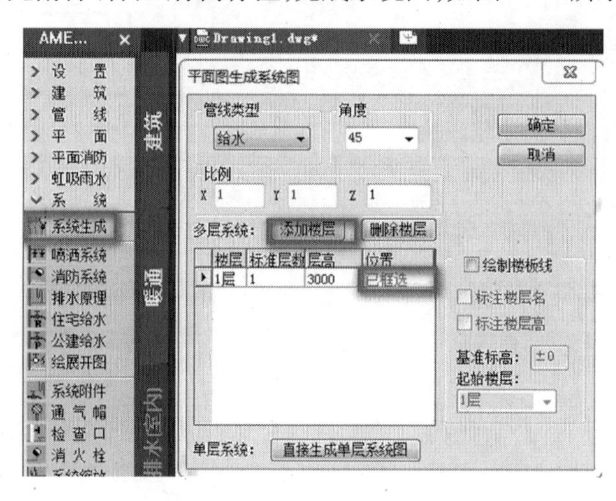

图 5.46　平面图生成系统对话框

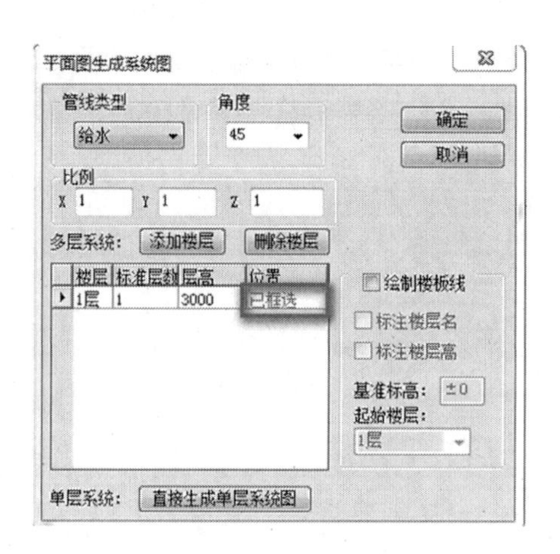

图 5.47　框选平面管线

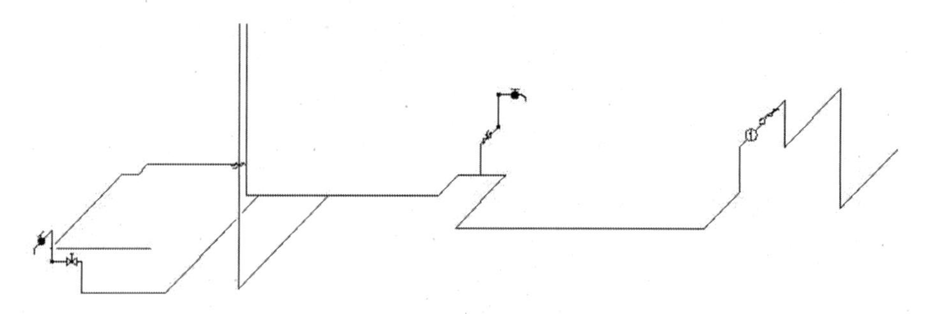

图 5.48　一层给水系统图

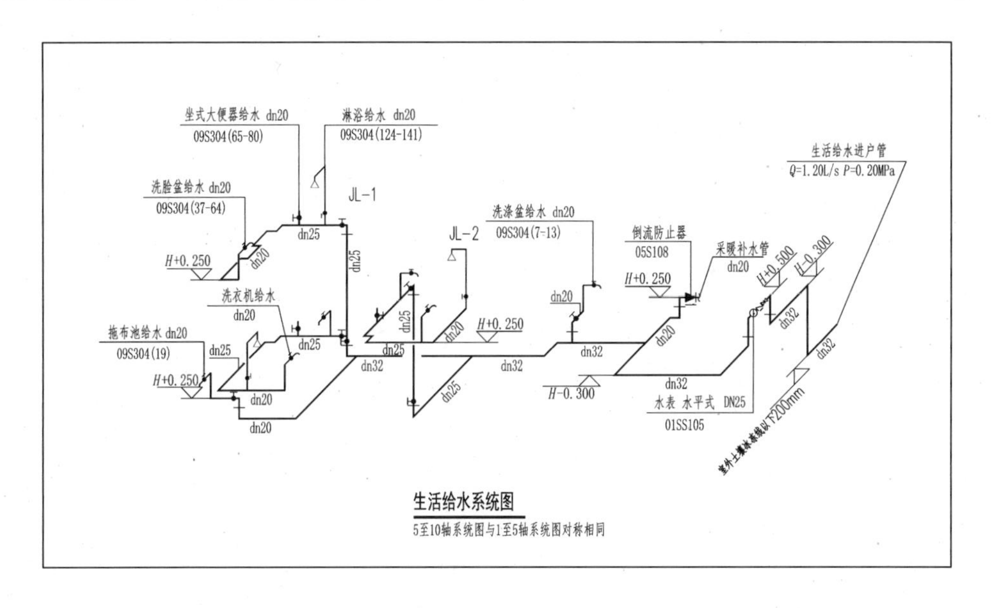

图 5.49　给水系统图

5.4　识读建筑排水工程图

任务 1　识读一层排水平面图

排水平面图是表示排水工程管道支管平面走向布置及与用水设备连接情况等的平面布置图，是进行排水工程安装的主要依据。图中一般详细绘出排水管道的平面走向，立管、用水设备等的相对安装位置，详细表示出管道的型号、规格等，并通过图例符号将某些系统图无法表现的设计意图表达出来，用以具体指导施工。

建筑排水管线从位置上分与建筑给水管线类似，排水管系统分为排出管、干管、立管和支管，排水管道因防止污水立管受水柱影响对卫生间产生正压喷溅、负压抽吸的现象，设有通气管，详见知识链接四。

如图 5.50 所示，一层排水平面图上有排出管、干管、立管和支管。图 5.50 中排出管是连接室内与室外的排水管道，排出管为管段 12—13，排出管的标号为 W1，表示第 1 个排出管。排水干管连接着立管，排水干管管段 12—25 为连接 WL－2 立管，排水干管 11—23 为连接 WL－1 立管。一层的支管有厨房排水管段 24—19，卫生间排水管段 20—21，卫生间排水管段 8—10，车库排水管段 5—7。

习题 5.9

根据图 5.51 二层排水平面图，识图各管段编号及位置，填写表 5.25。

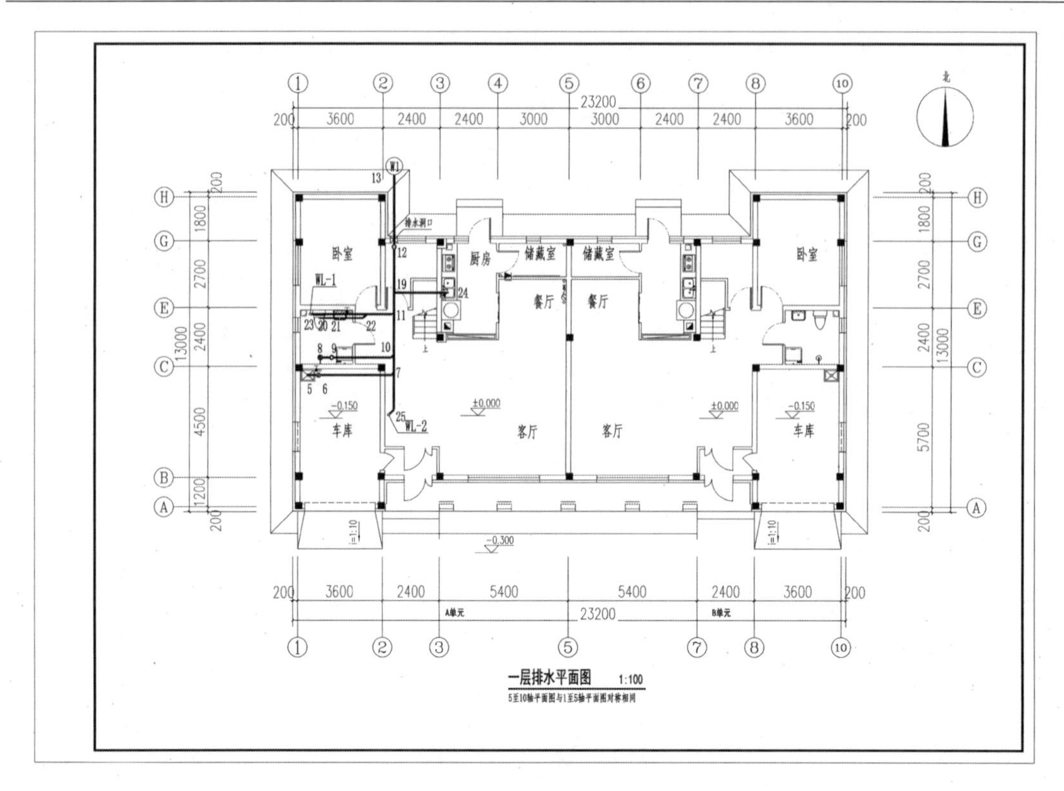

图 5.50 一层排水平面图

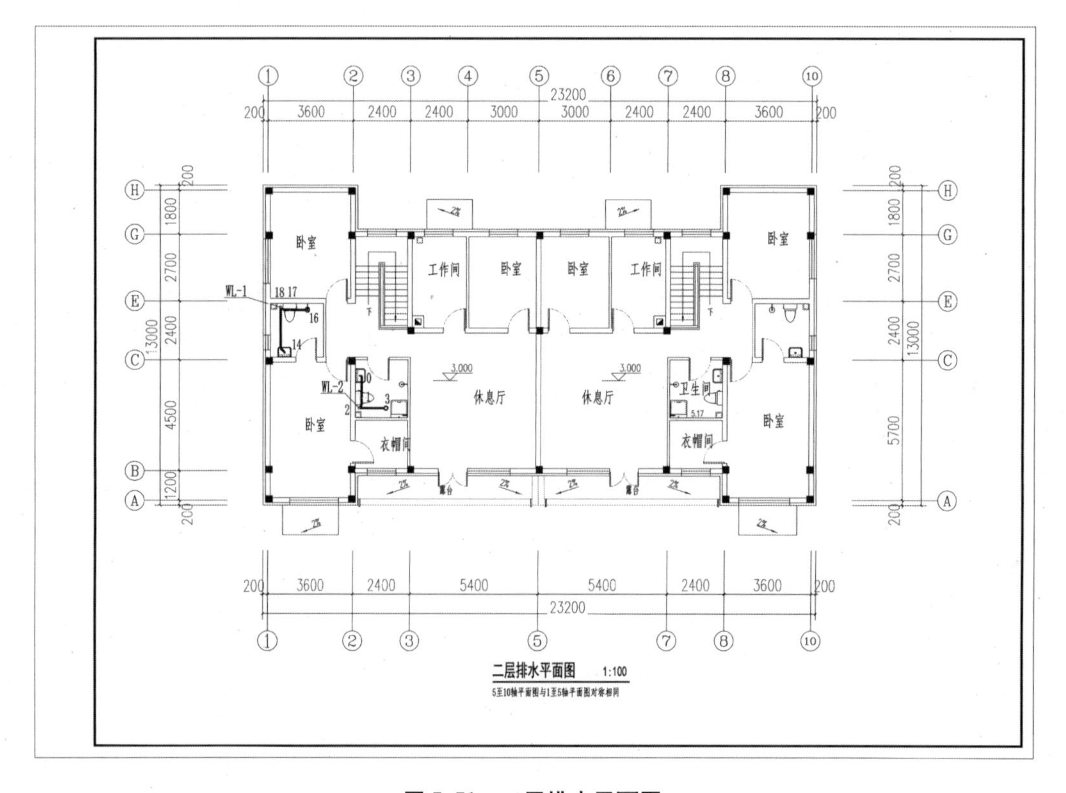

图 5.51 二层排水平面图

表 5.25　二层排水管段流计表

序号	管段号	管段名称	卫生器具
1	16—18	支管	地漏、坐便器
2	14—18		
3	3—2		
4	0—2		

任务 2　识读排水系统图

排水系统图的识读可以从排出管、干管、立管、支管、器具排水管和存水弯进行，排水系统图的识读要与平面图结合，将一层平面图上管段编号在系统图上标出，如图 5.52 所示。

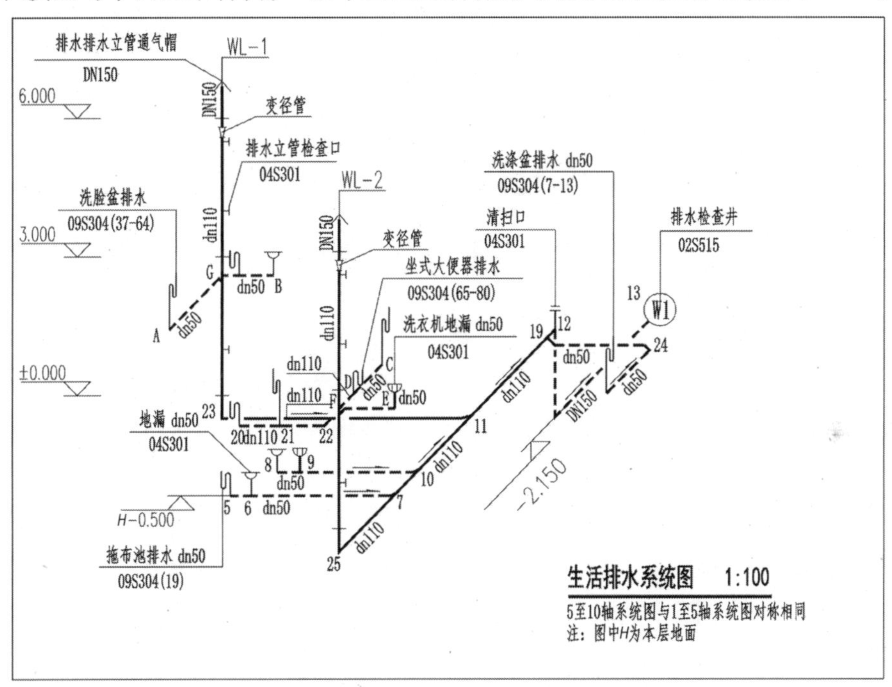

图 5.52　生活排水系统图

在图 5.52 中，排出管 13—12 管段的管底标高从 -0.50 m 降到 -2.15 m 后排出室外，其管径为 DN150，在节点 12 处设有清扫口，其安装方式见《建筑排水设备附件选用安装》(04S301)。管段 25—12 为排水干管，收集立管 WL-2 的排水，管段 23—11 收集立管 WL-1 的排水。

排水支管 5—7 收集车库拖布池、地漏的排水，其管径为 dn50，标高为 $H-0.50$，即一层地面以下 0.50 m，相对标高为 -0.50 m。排水支管 8—10 收集卫生间地漏、洗衣机排水，其管径为 dn50，相对标高为 -0.50 m。排水支管 20—22 收集卫生间洗脸盆、坐便器排水，排水支管 24—19 收集厨房洗涤盆排水。

习题 5.10

根据图 5.51、5.52,在表 5.26 中填写各节点对应编号、管径及相对标高。

表 5.26 各节点对应编号、管径及相对标高统计表

序号	系统图编号	平面图编号	管径	相对标高/m	连接卫生器具
1	A—G	14—18	dn50	2.5	洗脸盆
2	B—G				
3	C—F				
4	E—F				

5.5 绘制建筑排水工程图

任务 1 绘制二层排水管线平面布置图

根据图 5.51 所示的二层排水管线布置绘制图中西侧二层排水管线平面布置图,绘图顺序为排水点、地漏、立管、支管。

1. 绘制排水点及地漏

排水点是卫生器具排水的位置,如洗手盆、洗涤盆、坐便器和拖布池等都有排水点。地漏是地面需要排水的排水位置,一般淋浴间、洗衣机有地漏。洗衣机地漏具有排地面积水和排出洗衣机污水的功能,所以要采用两用地漏。在绘图软件中【平面】菜单中选择【排水附件】,如图 5.53。在弹出界面选择排水点、圆地漏、两用地漏,如图 5.54 所示。分别布置到相应的位置,如图 5.55 所示,图中 0、14 为洗手盆排水点,1、17 为坐便器排水点,16 为普通圆形地漏,3 为两用地漏。

2. 绘制立管

在【管线】菜单中点选【绘制立管】,选择【污水】,管径设为 100,底标高为 -0.5 m,顶标高为 7.2 m,在卫生间墙角设立管,如图 5.56 所示 2、18 点为立管 WL-2、WL-1。

3. 绘制支管

根据排水点、立管的位置绘制支管,在【管线】菜单中选择【绘制管线】,如图 5.57 所示,选择【污水】,管径为 50,因层高为 3.0 m,二层排水支管在楼板下 0.5 m 处,所以设标高为 2.5平面图上绘制从排水口到立管的支管。

图5.53 排水附件菜单

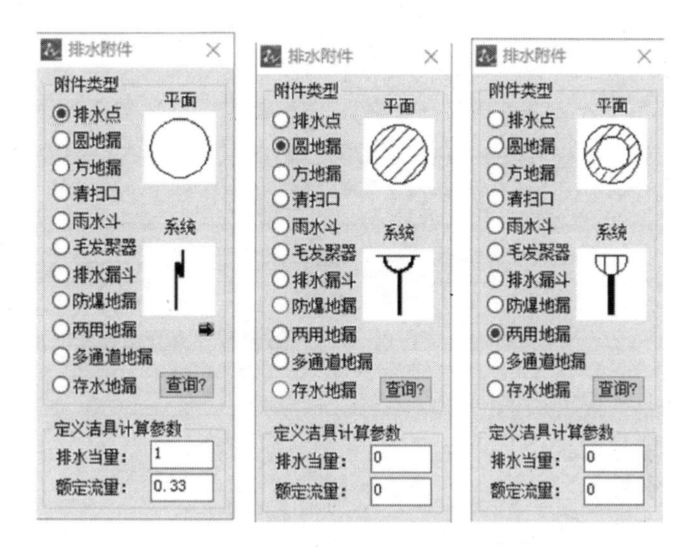

图5.54 排水附件界面

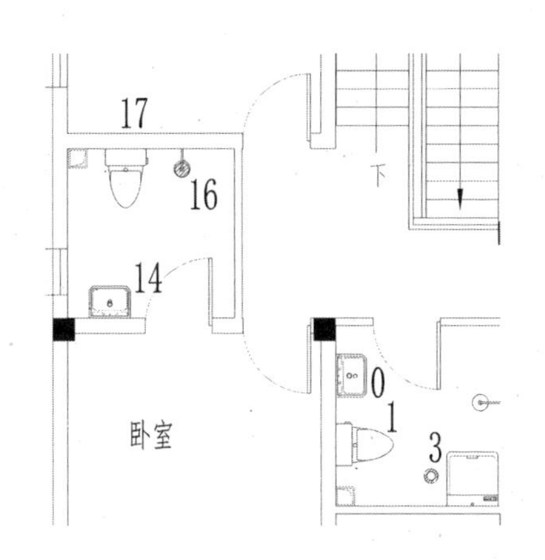

图5.55 排水点、地漏位置

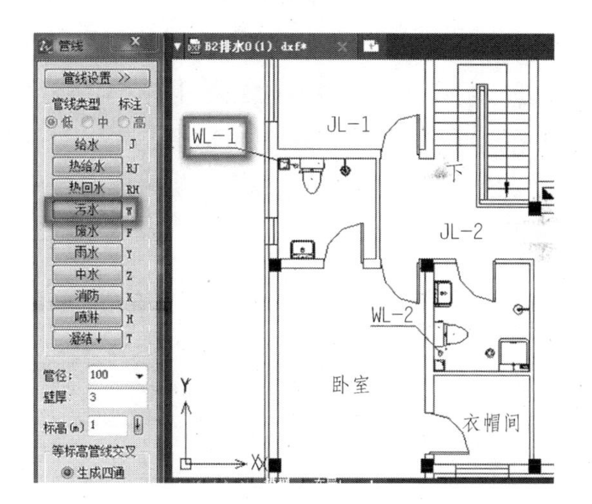

图5.56 污水立管设置及位置

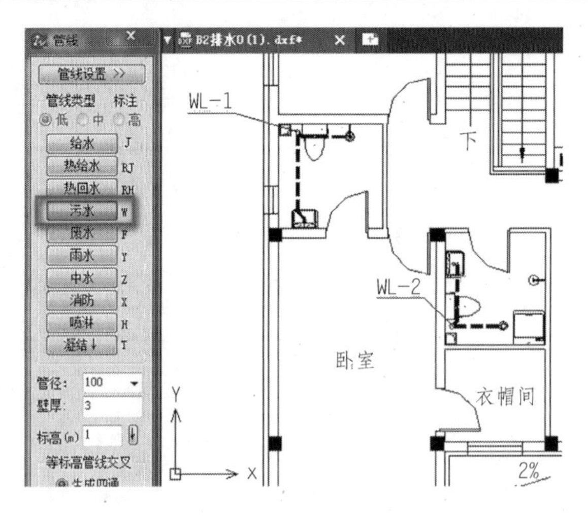

图 5.57 支管设置及位置

习题 5.11

绘制图 5.51 中东侧二层排水平面图。

任务 2 绘制一层排水管线平面布置图

根据图 5.50 中一层排水管线布置绘制图中西侧一层排水管线平面布置图,绘图顺序为排水点、地漏、立管、支管、干管、排出管。

在选项中点击排水附件,再选择排水点、地漏位置如图 5.58 所示,图中 20、21、5 处的小圆圈分别是坐便器、洗手盆和拖布池的排水口,6、8 处为普通圆形地漏,6 处为两用地漏,24 处为厨房洗涤盆排水口。

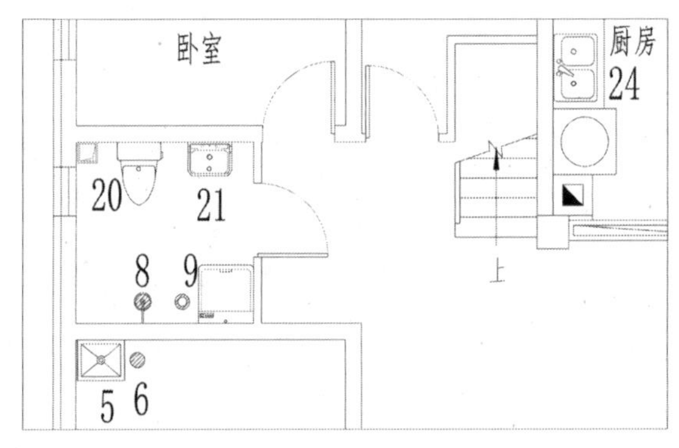

图 5.58 排水点、地漏位置

1. 绘制立管

在【管线】菜单中点选【绘制立管】,选择【污水】,管径设为 100,底标高为 -0.5 m,顶标高为 7.2 m,在卫生间墙角设立管,如图 5.59 所示 A、B 点为 WL-1、WL-2 立管,立管的定位要与二层排水立管位置相同。

2. 绘制支管

根据排水口、立管的位置绘制支管，在【管线】菜单中选择【绘制管线】，如图 5.60 所示，选择【污水】，管径为 50，标高为 -0.5 m，在平面图上绘制支管。

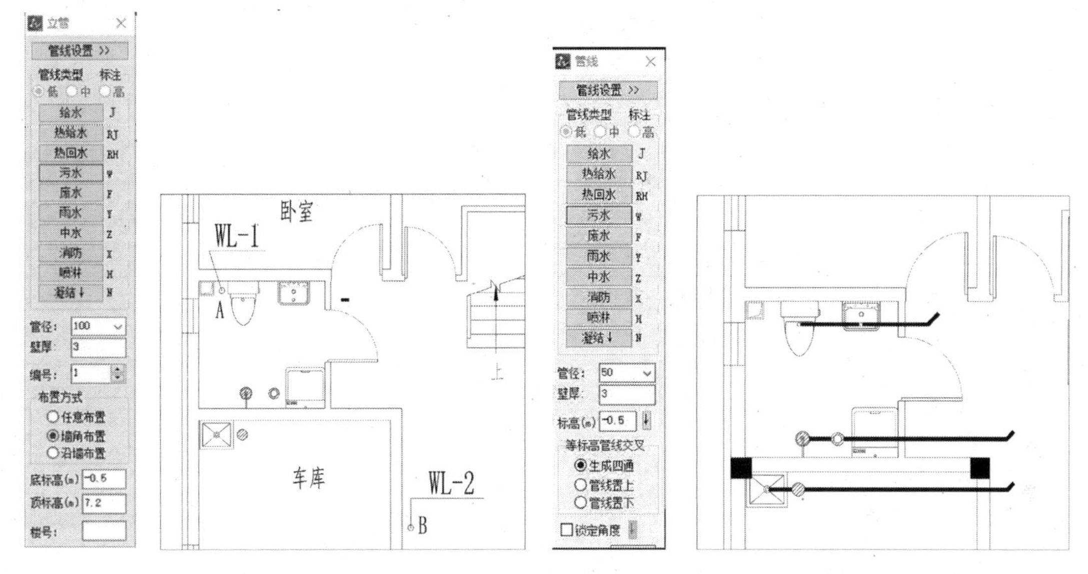

图 5.59　污水立管设置及位置　　　　图 5.60　支管设置及位置

3. 绘制干管

在【绘制管线】菜单中选择【污水管】，管径为 100，标高为 -0.5 m，连接立管及支管，如图 5.61 所示，图中虚线为干管。

4. 绘制排出管

在排水管出户之前，绘制排水管线至户外，排水管径为 150，标高为 -2.15，在下弯位置设置清扫口，【清扫口】在【平面】菜单的【排水附件】中，选择排水口，放在下弯位置，设置及位置图如图 5.62 所示，图中虚线为排出管。

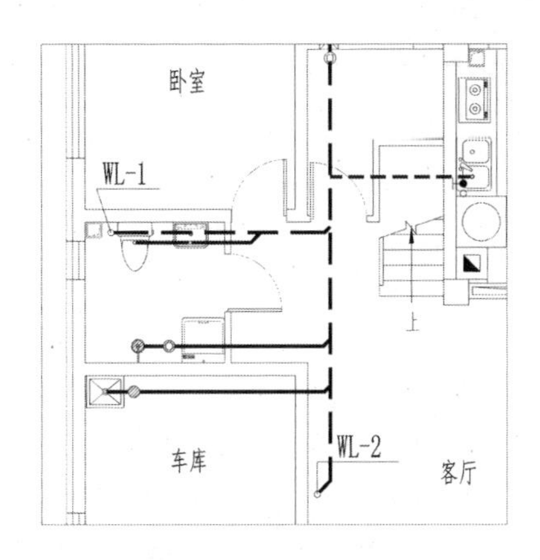

图 5.61　干管位置

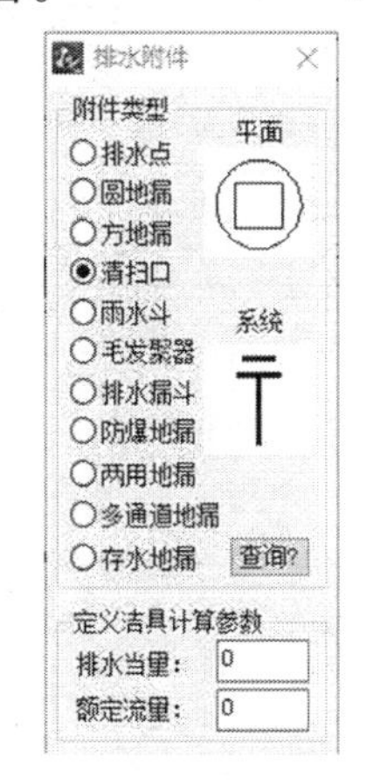

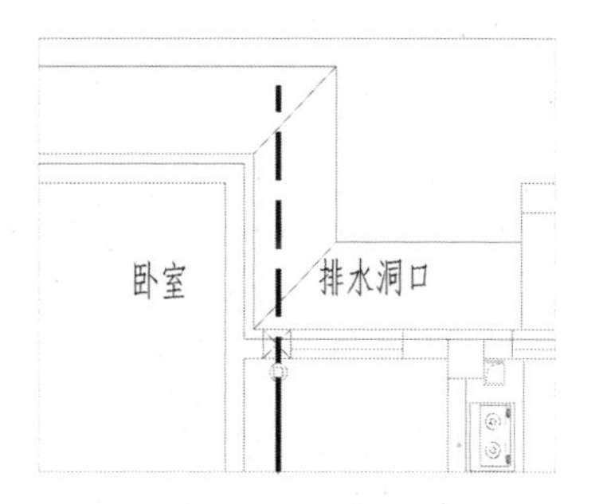

图 5.62　清扫口及排水管位置图

排水系统图与给水系统图类似，可不手动绘制，在系统菜单中，选择系统生成，注意选择管线类型为污水即可，并在管线上进行标注，生活排水系统如图5.52所示。

习题5.12

绘制图5.50所示东侧一层排水平面图。

知识链接

一、各阶段设计文件编制深度

1. 方案设计文件，应满足编制初步设计文件和方案审批或报批的需要。
2. 初步设计文件，应满足编制施工图设计文件初步设计审批的需要。
3. 施工图设计文件，应满足设备材料采购、非标准设备制作和施工的需要。

二、建筑给水系统的组成

建筑物内部给水系统如图5.63所示。

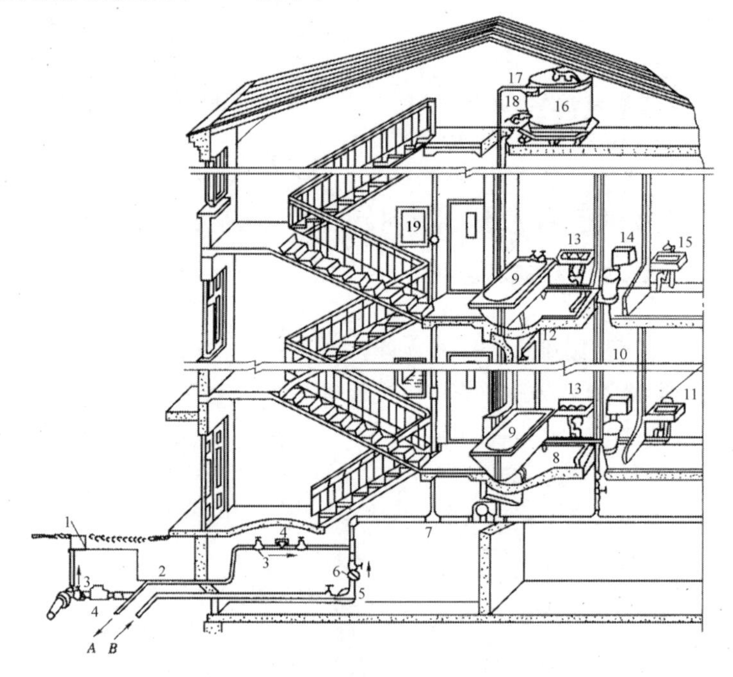

1—阀门井；2—引入管；3—闸阀；4—水表；5—水泵；6—逆止阀；7—干管；8—支管；9—浴盆；10—立管；11—水龙头；12—淋浴器；13—洗脸盆；14—坐便器；15—洗涤盆；16—水箱；17—进水管；18—出水管；19—消水栓；A—入贮水池；B—来自贮水池

图5.63 建筑内部给水系统

(1)引入管。

引入管是建筑物内部给水系统与城市给水管网或建筑小区给水系统之间的连接管段，也称进户管。城市给水管网与建筑小区给水系统之间的连接管段称为总进水管。

(2)水表节点。

水表节点是安装在引入管上的水表及其前后设置的阀门和泄水装置的总称。当需对水量进行计量时,应在引入管上装设水表。当建筑物的某部分或个别设备需计量时,应在其配水管上装设水表,住宅建筑应装设分户水表。由市政管网直接供水的独立消防给水系统的引入管上,可不装设水表。

(3)给水管网。

给水管网是指由水平或垂直干管、立管、横支管等组成的建筑内部的给水管网。

(4)给水附件。

给水附件是指管路上闸阀、逆止阀等控制附件及淋浴器、水龙头、冲洗阀等配水附件和仪表等。

(5)升压和贮水设备。

在市政管网压力不足或建筑对安全供水、水压稳定有较高要求时,需设置各种附加设备,如水箱、水泵、气压给水装置和贮水池等升压及贮水设备。

(6)消防用水设备。

消防用水设备是指按建筑物防火要求及规定设置的灭火栓、自动喷水灭火设备等。

(7)给水局部处理设备。

建筑物所在地点的水质不符合要求或直接饮用水系统的水质要求高于我国自来水的现行水质标准的情况下,需要设给水深处理设备和构筑物进行局部给水深处理。

三、套管

套管又称穿墙套管、穿墙管。防水套管分为柔性防水套管和刚性防水套管。两者主要是使用的地方不一样,柔性防水套管一般适用于管道穿过墙壁之处受有振动或有严密防水要求的构筑物,套管部分加工完成后,在其外壁均刷底漆一遍(底漆为樟丹或冷底子油)。柔性防水套管主要用在人防墙、水池等防水要求很高的地方,刚性防水套管一般用在地下室等管道需穿墙的位置。

塑料类管材穿越楼板时需要保护。塑料管加套管的做法是防止管道根部受外力破坏的一种保护性措施。对于塑料类给水管材,在楼板上加设套管,不仅方便施工维修,还可以保护管道不被破坏。管道穿越基础墙体(多见混凝土剪力墙)要安装套管,保护管道。当建筑物发生沉降时,通过管道和套管间的缝隙,以弥补管道随建筑物沉降的差值,降低建筑物对管道的压力。

四、建筑排水系统

1. 建筑排水系统的分类

建筑物排水系统的任务是将人们在建筑内部的日常生活和工业生产中产生的污(废)水及降落在屋面上的雨、雪水迅速地收集后排出到室外,使室内保持清洁卫生,并为污水处理和综合利用提供便利的条件。按系统接纳的污废水类型不同,建筑物排水系统可分为生活排水系统、工业废水排水系统和雨(雪)水排水系统。

建筑内部排水体制有分流和合流两种。

2. 排水系统的组成

完整的建筑内部污(废)水排水系统如图5.64所示。

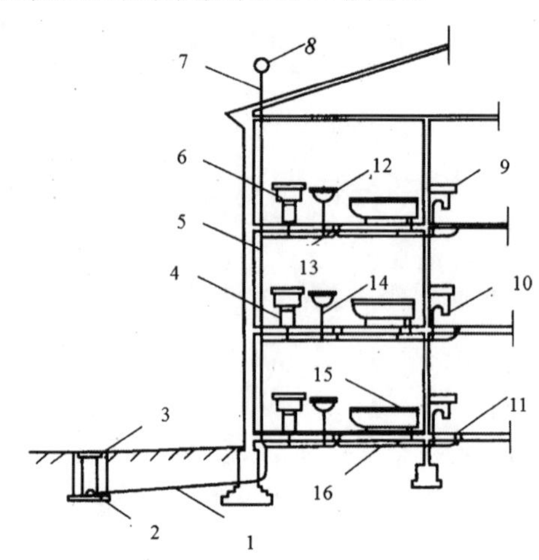

1—排出管;2—室外排水管;3—检查井;4—坐便器;5—立管;6—检查口;7—伸顶通气管;8—铁丝网罩;9—洗涤盆;10—存水弯;11—清扫口;12—洗脸盆;13—地漏;14—器具排水管;15—浴盆;16—横支管

图5.64 建筑内部污(废)水排水系统示意图

(1)污(废)水受水器。

污(废)水受水器是指用来接纳、收集污废水的器具,它是建筑内部排水系统的起点。

(2)排水管系统。

排水管系统是由室外排水管、排水横管、立管、排水干管及排出管等组成。

(3)通气管系统(图5.65)。

通气管系统是指与大气相通的只用于通气而不排水的管路系统,它的作用是使水流顺畅,稳定管道内的气压,防止水封被破坏,降低噪声。

(4)清通设备。

污水中含有很多杂质,容易堵塞管道,所以建筑内部排水系统需设置清通设备,管通堵塞时保证管道疏通。

(5)污水抽升设备。

当建筑物内的污水不能利用重力自流到室外排水系统时,通过污水抽升设备,将污水及时提升到地面上,然后排至室外排水系统。

(6)局部污水处理构筑物。

排入城市排水管网的污(废)水要符合国家规定的污水排放标准。室外排水处理构筑物有隔油池、沉淀池、化粪池、中和池及其他含毒污水的局部处理设备。

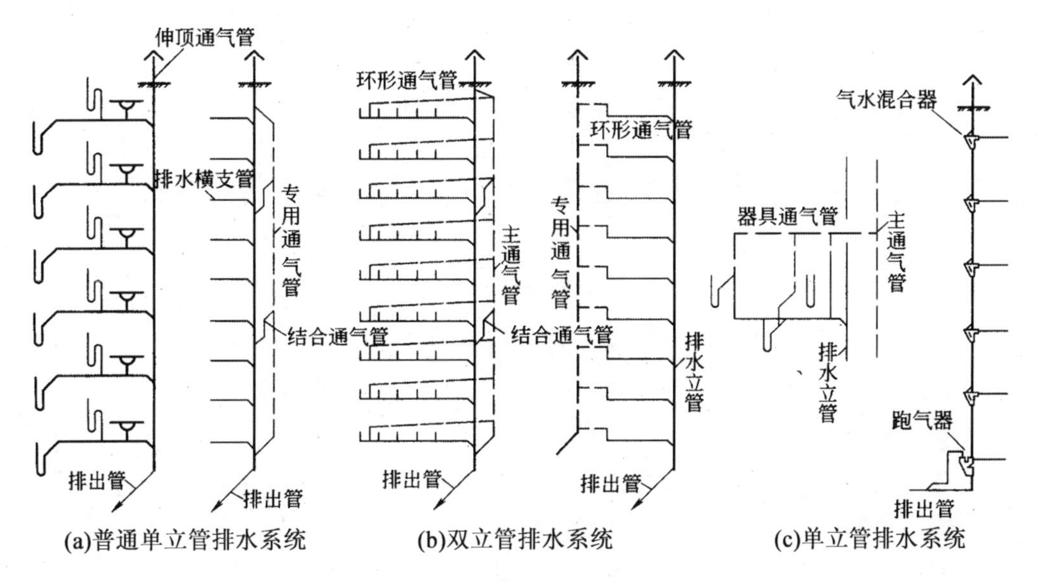

图5.64　不同通气方式的排水系统

第6章　识读与绘制室内供暖工程施工图

6.1　识读室内供暖施工图

1. 识读设计施工说明

设计施工说明主要表达的是在施工图纸中无法用绘图方式表示清楚，而在施工中施工人员又必须知道的技术、质量方面的文字说明要求。

设计施工说明在内容上一般包括本工程主要技术数据，如工程概况、设计参数、设计依据、系统划分与组成、系统施工说明、系统调试与运行，以及工程验收等有关事项。很多设计人员习惯在设计施工说明图纸中加入图例和选用图集（样）目录，这两部分是识图的重要辅助材料，为能够读懂施工图打下基础。设计施工说明也是编制施工预算和进度计划的依据之一。

2. 识读供暖平面图

供暖平面图的识读顺序为先读底层、中间层、顶层的供暖设备，再由热力入口（热媒入口）起，按顺序识读供水（汽）干、立、支管及凝（回）水支、立、干管。读图时主要掌握内容如下：

（1）散热器的平面位置、规格、数量及安装方式（明装或者暗装）；

（2）供暖系统干管、支管、立管的平面位置、走向及立管编号和管道安装方式（明装或者暗装）；

（3）供暖干管阀门、固定支架和补偿器等的平面位置；

（4）与供暖系统有关的设备，如膨胀水箱、集气罐、自动排气阀等的平面位置、规格、型号及设备连接管道的平面布置；

（5）热媒入口及入口地沟情况，如热媒来源、流向及其与室外热网的连接；

（6）管道及设备安装时所需要的预留孔洞、预埋件、管沟等与土建施工的关系和要求。

3. 识读供暖系统图

供暖系统图表明整个供暖系统的设备、附件和干、立、支管在空间的布置及其相互关系。供暖系统图是根据各层供暖平面中管道及设备的平面位置和垂直方向标高，用正等轴测图或斜等轴测图以单线绘制而成的。图中注有管径、标高、坡度、立管编号及各种设备、部件在系统中的位置。把供暖系统图与平面图对照识读，可以了解整个室内供暖系统的全貌。

识读供暖系统图时从供热管入口开始，沿水流方向按供水干、立、支管的顺序读到散热器，再由散热器开始，按回水支、立、干管的顺序读到出口，弄清楚管道顺序。通过平面图，弄清楚建筑层数、各房间的名称、门窗位置、热力入口位置，以及管道和散热器的位置、片数和接管形式。通过轴测图，确定管道布置方式，弄清热力入口管道、立管、水平干管的走向，再逐根立管看立管与横支管的连接方式、散热器片数及各条干/支管路标高及坡度、集气罐等的位置和个数。

4. 供暖详图

供暖详图包括标准图和非标准图，在设计、施工时，通常采用标准图。

供暖详图的识读顺序为先识读设计说明、再识读各层供暖平面图，对照供暖平面图识读供暖系统图，然后识读详图。

任务 1　识读设计施工说明

设计施工说明识读是在识读所有图纸时首先要仔细识读的，它既包含大量的工程信息，又是建筑识图考试中的主要考点，所以读图前一定仔细阅读。

如图 6.1 所示，某派出所室内供暖施工图包括设计依据、设计参数、系统说明、管材及连接方法、阀门、防腐和保温、试压、冲洗、注意事项、图例及热力入口示意图。

设计依据主要介绍设计中采用的标准、规范和文件的资料的名称。

设计参数主要介绍设计地点、冬季供暖室外计算温度、供暖室内计算温度及供暖系统的供回水温度。

系统说明主要介绍供暖总负荷、压力损失、供暖系统形式、散热器形式及工作压力，管径、标高、坡度的表示、不同管径管道支吊架最大间距、管道煨弯、管道穿墙处理和散热器安装图集号等信息。

管材及连接方法主要介绍供暖系统采用焊接钢管，管径小于或等于 32 mm 采用螺纹连接；管径大于 32 mm 采用焊接连接。

阀门主要介绍本设计供水干管使用调节阀、回水干管用闸阀的型号，立管上、下部用的截止阀；所有阀门的位置及设置要求。

防腐和保温主要介绍管道、散热器、支吊架防腐处理工艺及管道保温要求。

试压主要介绍供暖系统安装完毕试验压力及保压合格的标准。

冲洗主要介绍供暖系统安装竣工并经试压合格后冲洗的要求。

注意事项主要介绍土建施工时对预留孔洞、预埋件的保护和监督。

图例主要介绍整套图纸中各个符号代表的含义。

热力入口示意图主要表述供暖系统入口各阀门、仪表的安装详细介绍。

设计施工说明

一、设计依据：

1.《民用建筑供暖通风与空气调节设计规范》(GB 50736-2012).

2.建设单位提供的任务书及各种设计文件。

二、设计参数：

1.地点：黑龙江省七台河市。

2.冬季采暖计算温度：-24.2℃；

3.供暖室内计算温度：

序号	房间名称	室内计算温度(℃)
1	办公室	18
2	值班室	18
3	门厅	16
4	走廊	16
5	卫生间	16

4.供回水温度为：75℃/50℃，由本单位的锅炉房供热。

三、系统说明：

1.本建筑供暖总热负荷Q=90KW，压力损失H=7.2KPa；

2.供暖形式为单管上供下回供暖形式；

3.供暖系统散热器采用四柱M132型铸铁散热器，其工作压力为0.5MPa.

4.供暖管径用DN表示，管道标高均指管中心标高，标高以米计，管道坡度及坡向见图；

5.管道活动支架最大间距根据管径按下表选用：

公称直径DN(mm)	20	25	32	40	50	70
有保温层(米)	2	2	2.5	3	3	4
无保温层(米)	3	3.5	4	4.5	5	6

6.供暖管道应尽量采用煨弯，使其承受管体膨胀，弯曲半径一般为管外径4倍，即R=4D.

7.管道穿过墙壁处均设0.5毫米铁皮套管，其两端应与饰面相平.穿过楼板处应设钢制套管，一般均高出地面20毫米，套管底部应与楼板相平；但对于卫生间及靠近水池处的管道，套管应高出地面50毫米；

8.散热器安装及系统管道连接均按国标N112详图施工.

四、管材及连接方法：

1.采用焊接钢管，管径小于或等于32毫米，采用螺纹连接；管径大于32毫米，采用焊接.

五、阀门：

1.本设计供水干管用调节阀(T40H-16)回水干管用闸阀(Z45T-10)，立管上、下都用截止阀；

2.所有阀门的位置应设置在便于操作与维修的部位，立管上下部的阀门，务必安在楼板下和地面上便于操作维修的部位。

六、防腐和保温：

1.管道及管件、散热器和支架等在涂刷底漆前必须清除表面的灰尘、污垢、锈斑；

2.明装的管道、管件、支架和铸铁散热器，刷一道防锈底漆两道银粉，如安装在潮湿房间(如卫生间等)防锈底漆应为两道；

3.暗装管道及支架刷防锈底漆两道。

4.地沟内管道应设保温措施，保温材料选用超细离心玻璃棉厚40mm，导热系数：0.045W/m.K，保护层采用玻璃丝布外刷调合漆两遍，

七、试压：

1.供暖系统散热器组对及系统安装完毕后，应做水压试验.采暖系统的试验压力点为地沟入口处，系统的试验压力为0.6MPa，五分钟压降不大于20KPa为合格。

八、冲洗：

1.供暖系统安装竣工并经试压合格后，应对系统反复注水、排水，直至排出水中不含泥沙、铁屑等杂质，且水色不浑浊方为合格；

九、注意事项：

1.在土建施工时，水暖应有专门技术人员随时注意，密切埋件及预留孔洞(孔洞位置及尺寸见建筑和结构施工图)；

2.凡本设计说明未述及者均按《建筑给水排水及采暖工程施工质量验收规范》GB5242-2002及国家有关规定执行。

十、图例：

名称	图例
采暖供水管	——
采暖回水管	— —
集气罐	
管道坡度	i=0.003
固定支架	
截止阀	
散热器	

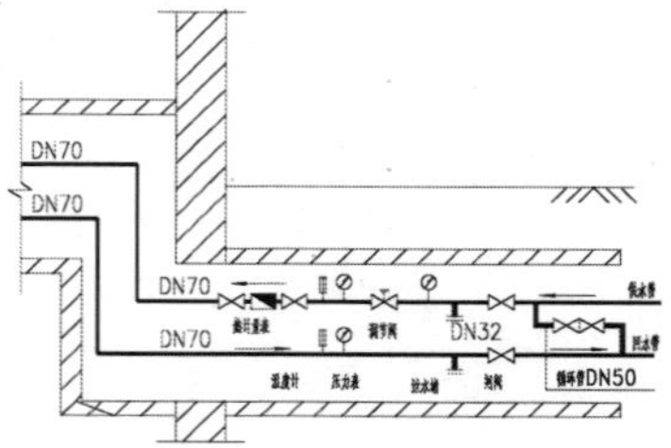

DN70
DN70
DN70
DN70
热计量表
温度计
压力表
调节阀
DN32
泄水堵
闸阀
供水管
回水管
循环管DN50

热力入口详图

工程名称		图名	设计施工说明	总工程师		室主任		项目负责人		图别	暖通初设
				主任工程师		校核人		设计制图人		日期	

图 6.1 某派出所室内供暖施工图设计施工说明

习题6.1

1. 识读图6.1,填写表6.1。

表6.1 某派出所室内供暖施工图设计施工说明习题

序号		项目	内容
设计依据	1	本图的设计依据有哪些?	
	2	本图采用的标准、规范、规程有哪些?	
	3	《民用建筑供暖通风与空气调节设计规范》(GB 50736—2016)中字母"GB"和数字"2016"是什么含义?	
设计参数	1	本工程的建设地点在哪里?	
	2	本工程的冬季供暖计算温度是多少?	
	3	本工程的各个供暖房间室内温度是多少?	
	4	本工程的供回水温度是多少?	
系统说明	1	本建筑供暖总热负荷是多少? 压力损失是多少?	
	2	本建筑供暖系统采用什么形式?	
	3	供暖系统散热器采用什么形式? 其工作压力是多少?	
	4	供暖管径用什么表示,管道标高如何确定的?	
	5	管道活动支架最大间距如何确定?	
	6	供暖管道应尽量采用煨弯,弯曲半径如何确定?	
	7	管道穿过墙壁、楼板处套管设置有哪些要求?	
	8	散热器安装及系统管道连接参考标准是什么?	
管材及连接方法	1	多大管径钢管采用螺纹连接? 多大管径钢管采用焊接连接?	
阀门	1	本设计供水干管采用的调节阀是什么型号? 回水干管采用的闸阀是什么型号? 立管上、下部用什么阀门?	
	2	所有阀门设置位置时有哪些要求?	
防腐和保温	1	管道防腐处理前应做哪些准备工作?	
	2	明装管道防腐有哪些要求?	
	3	暗装管道防腐有哪些要求?	
	4	地沟内管道应设保温措施,保温如何处理?	
试压	1	供暖系统水压试验的目的是什么?	
	2	如何进行供暖系统水压试验?	
冲洗	1	供暖系统安装完毕时,对系统进行冲洗的目的是什么?	
	2	如何检验冲洗是否合格?	

任务2 识读室内供暖平面图

如图6.2、6.3、6.4所示为某派出所一层供暖平面图、二层供暖平面图和三层供暖平面图。图中标有各层房间的用途、面积、热力入口位置、供回水干管走向,各分支散热器立管的位置及编号、散热器片数、集气罐位置、地沟尺寸、检查井位置及规格等信息。

如图6.2所示,室外管网由北侧②轴与③轴之间热力入口将热力供入建筑物,热力沿供热水管从上至下经过地沟进入,并沿⑦轴RG总立管供到三层干管,由左向右分别供向RG1~RG10共十根立管,由十根立管分别进三层散热器、二层散热器和一层散热器散热后由⑦轴收集RG1~RG10十根立管的回水,再从热力入口流向室外。在立管RG10末端安设自动排气装置。

一层各房间散热器片数及组数统计见表6.2。

表6.2 一层各房间散热器片数及组数统计表

序号	房间名称	散热器片数/片	散热器组数/组
1	等待区	11	1
		11	1
2	户证大厅	16	1
		15	1
3	户籍档案室	16	1
4	健身室	16	1
		16	1
5	照相室	16	1
6	监控室	14	1
7	门厅	13	1
		12	1
8	值班室	15	1
9	候问室	12	1
10	餐厅	16	1
		13	1
11	厨房	16	1
12	卫生间	12	1
13	楼梯间	12	1

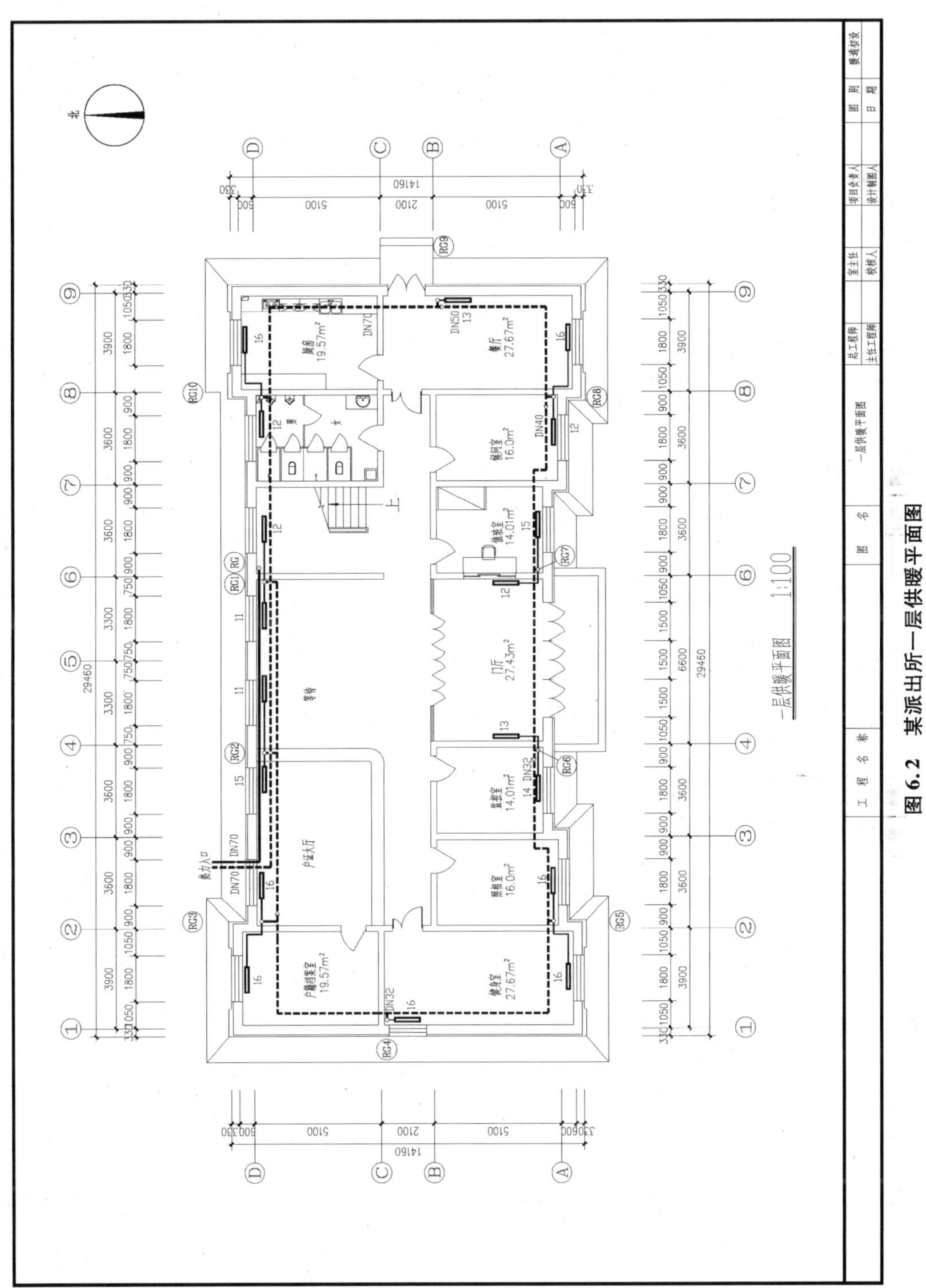

图 6.2　某派出所一层供暖平面图

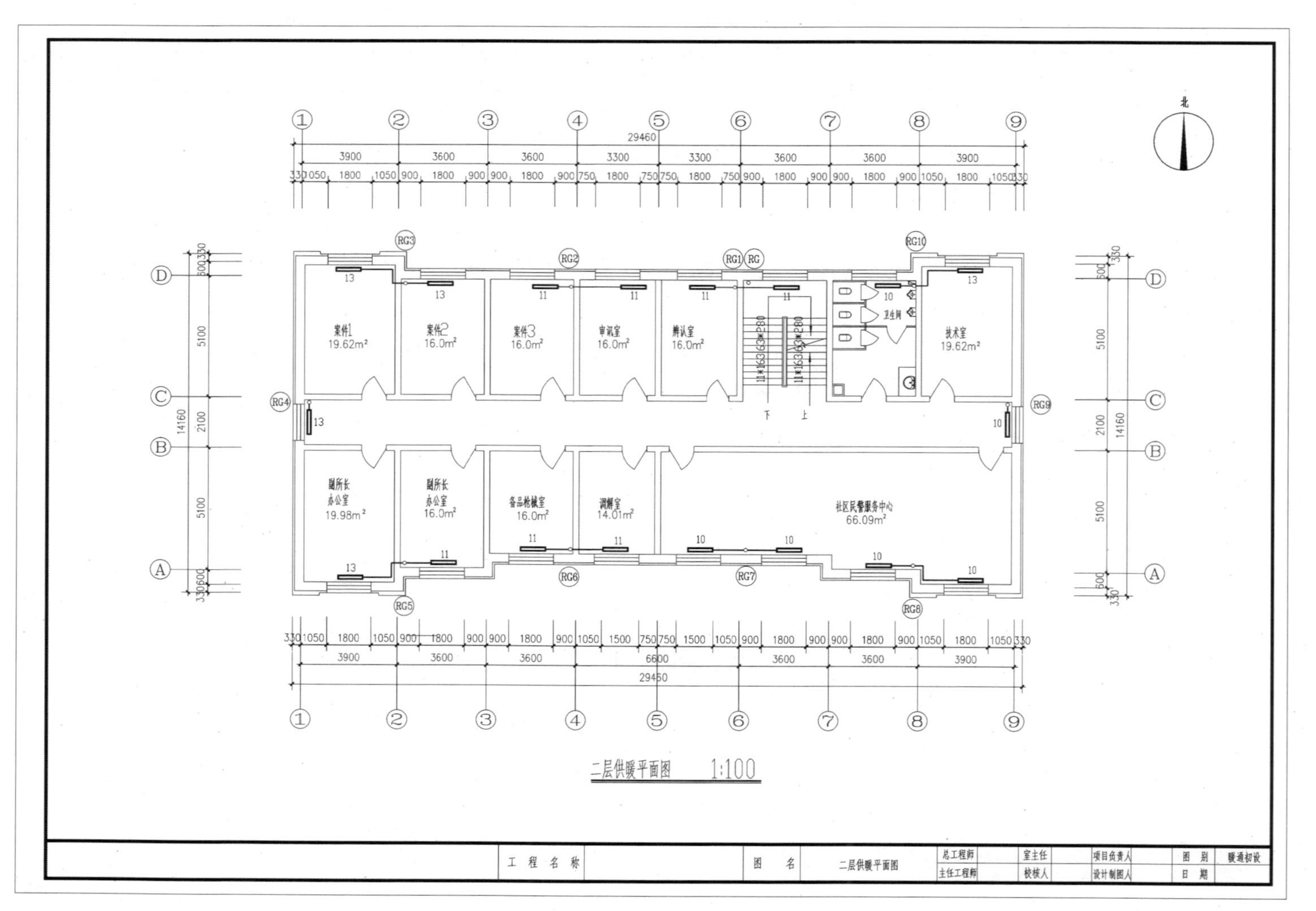

图 6.3 某派出所二层供暖平面图

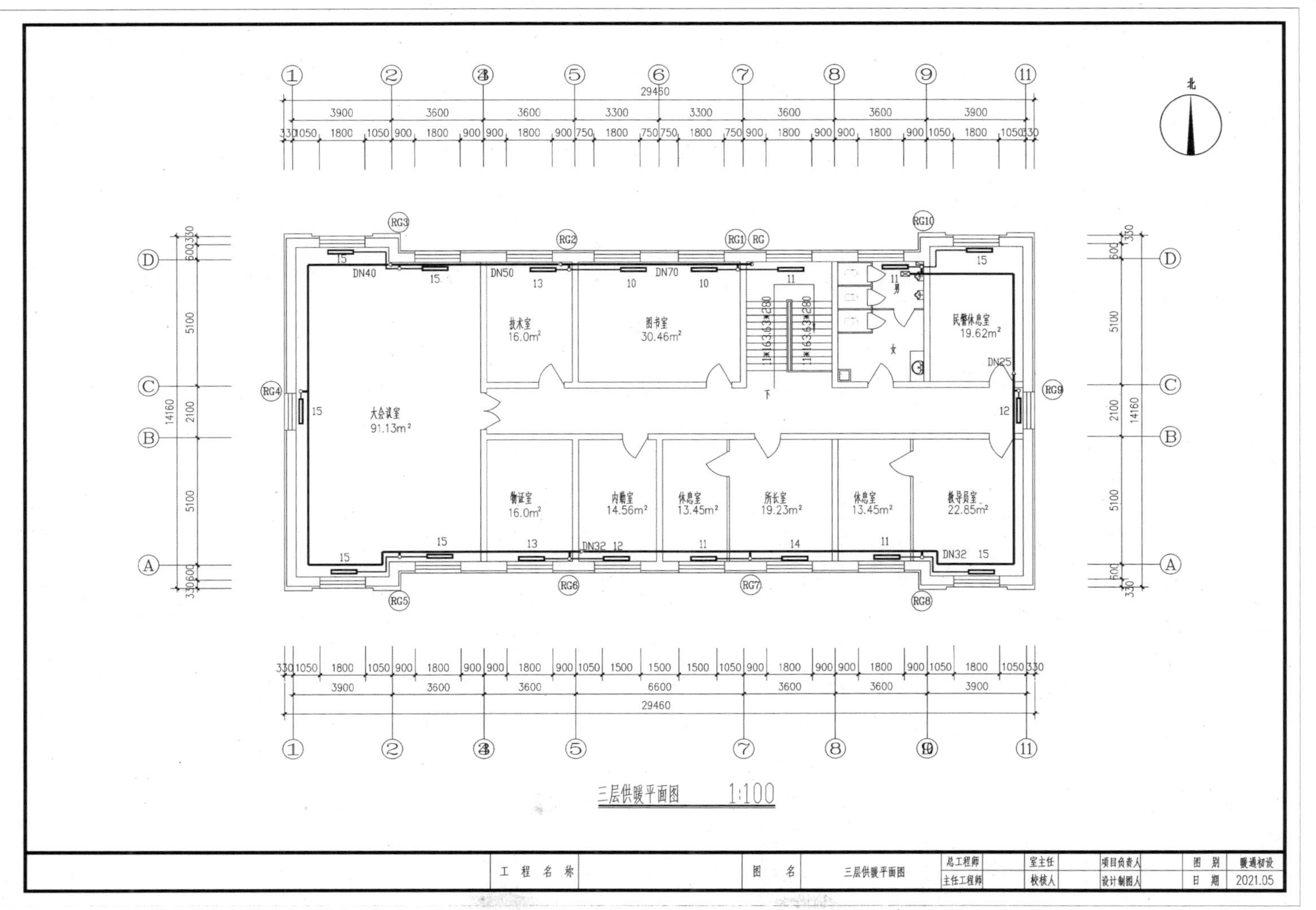

图 6.4　某派出所三层供暖平面图

习题 6.2

1. 根据图 6.3、6.4,在表 6.3、6.4 中填入二层、三层各房间散热器片数及组数。

表 6.3 二层各房间散热器片数及组数统计表

序号	房间名称	散热器片数/片	散热器组数/组
1	社区民警服务中心		
2	调解室		
3	备品枪械室		
4	副所长办公室		
5	副所长办公室		
6	长廊西侧		
7	案件 1 室		
8	案件 2 室		
9	案件 3 室		
10	审讯室		
11	辨认室		
12	楼梯间		
13	卫生间		
14	技术室		
15	长廊东侧		

表 6.4 三层各房间散热器片数及组数统计表

序号	房间名称	散热器片数/片	散热器组数/组
1	教导员室		
2	休息室		
3	所长室		
4	休息室		
5	内勤室		
6	物证室		
7	大会议室		
8	技术室		
9	图书室		
10	楼梯间		
11	卫生间		

续表 6.4

序号	房间名称	散热器片数/片	散热器组数/组
12	民警休息室		
13	长廊东侧		

一层回水干管管径统计见表 6.5。

表 6.5　一层回水干管管径统计表

序号	立管编号	管径
1	RG1—RG3	DN25
2	RG3—RG6	DN32
3	RG6—RG8	DN40
4	RG8—RG9	DN50
5	RG9—出户	DN70

2. 根据图 6.4，统计三层供水干管管径填写表 6.6。

表 6.6　三层供水干管管径统计表

序号	立管编号	管径
1		
2		
3		
4		
5		

任务 3　识读室内供暖系统图

供暖系统图采用斜等轴测图画法表示。如图 6.5 所示，供热管用实线表示，回水管用虚线表示。供热管、回水管各走向与平面图相应。该系统属上供下回单立管同程式。供热总管管径为 DN70，至三楼。热力通过各个立管，进入各层散热器，将热量散给各个房间，水温下降后再经回水干管（管径为 DN70）流回热源重新加热。从图中还可以读出供水干管坡度为 0.002，回水干管坡度为 0.003；一层楼板标高为 ±0.00，二层楼板标高为 3.00 m，三层楼板标高为 6.00 m。供水干管起点标高为 8.60 m，回水干管起点标高为 -0.3 m。

RG1 立管设备、附件及管件统计见表 6.7。

表 6.7 RG1 立管设备、附件及管件统计表

序号	名称	规格	单位	数量	备注
1	三层散热器	10 片 11 片	组	2	
2	二层散热器	11 片 11 片	组	2	
3	一层散热器	11 片 12 片	组	2	
4	截止阀	DN25	个	2	
5	等径三通	DN25 × DN25	个	7	
6	乙字弯		个	14	

习题 6.3

1. 根据图 6.5,统计 RG5、RG10 立管设备、附件及管件,填写表 6.8、6.9。

表 6.8 RG5 立管设备、附件及管件统计表

序号	名称	规格	单位	数量	备注
1					
2					
3					
4					
5					
6					
7					
8					

表 6.9 RG10 立管设备、附件及管件统计表

序号	名称	规格	单位	数量	备注
1					
2					
3					
4					
5					
6					
7					
8					

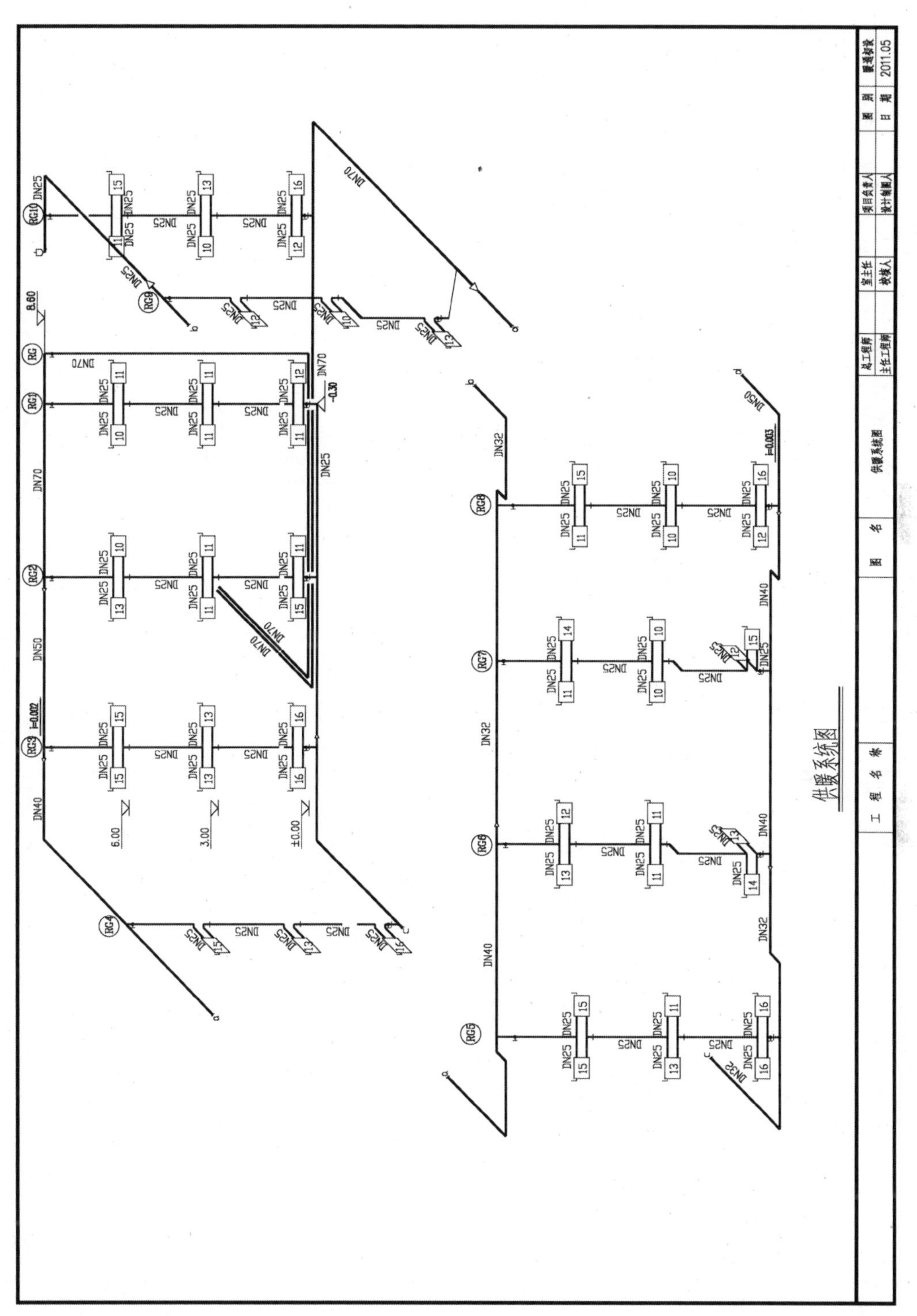
供暖系统图
RG1
RG2
RG3
RG4
RG5
RG6
RG7
RG8
RG9
RG10
DN25
DN32
DN40
DN50
DN70
6.00
3.00
±0.00
8.60
2011.05

图 6.5　室内供暖系统图

任务 4 识读室内供暖详图

如图 6.6 所示为供暖热力入口详图，供回水管管径为 DN70、泄水管管径为 DN32、循环管管径为 DN50。供水管按照水流方向分别安装闸阀、压力表、调节阀、压力表、温度计、闸阀、热计量表、闸阀。回水管按照水流方向分别安装温度计、压力表、闸阀。供回水管之间安装循环管，循环管（管径为 DN50）上安装闸阀。

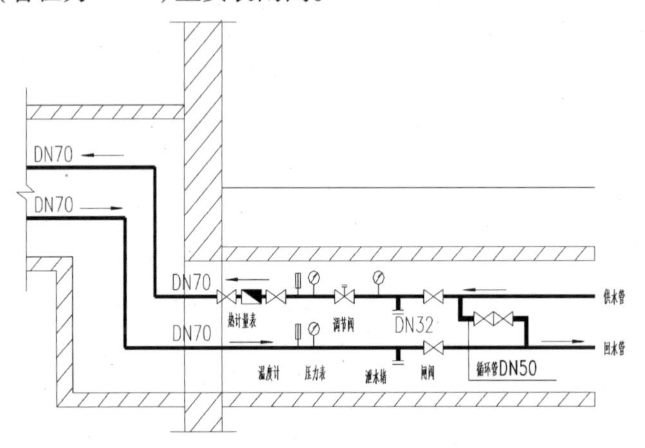

图 6.6 供暖热力入口详图

热力入口供水干管阀门、仪表统计见表 6.10。

表 6.10 热力入口回水干管阀门、仪表统计表

序号	名称	规格	单位	数量	备注
1	闸阀	DN70	个	3	
2	压力表		个	2	
3	调节阀	T40H－16	个	1	
4	温度计		个	1	
5	热计量表	DN70	个	1	
6	泄水堵	DN32	个	1	

习题 6.4

根据图 6.6 统计热力入口回水干管阀门、仪表数量及规格，填写表 6.11。

表 6.11 热力入口供水干管阀门、仪表数量及规格统计表

序号	名称	规格	单位	数量	备注
1					
2					

续表 6.11

序号	名称	规格	单位	数量	备注
3					
4					
5					
6					

6.2 室内供暖施工图的绘图实训

任务1 绘制室内供暖平面图

1. 管线设置

在【采暖管线】下拉菜单中点选【管线设置】，打开【管线样式设置】对话框，如图6.7所示。

在【颜色】选项中点取颜色，可按照用户的习惯选择管线图层的颜色。

在【线宽】选项中设定加粗以后显示的线宽，即为实际出图时的线宽，如果在【初始设置】中设置默认管线以细线方式显示，则选择屏幕菜单中【管线设置】→【管线粗细】命令加粗管线，或点击快捷工具条中的管线粗细图标。

在【线型】选项中选择管线的线型。

2. 绘制热力入口

室外管网由建筑物北侧③轴与④轴之间热力入口进入建筑物，采用同时绘制采暖供、回水双管的方式。

在菜单点选【采暖双线】或命令行输入“CNSX”后，执行该命令，系统弹出如图6.8所示的对话框。

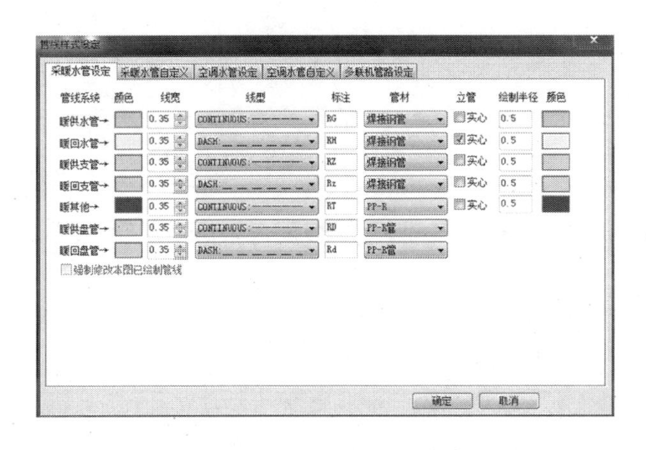

图6.7 管线样式设置

图6.8 采暖双线对话框

【管线设置】见管线初始设置。

【管线样式】:绘制管线前,先选取相应类别的管线,供水 + 回水在水平方向绘制时,供水在上回水在下,垂直方向绘制时,供水在右回水在左;回水 + 供水情况相反。

【系统图】:选择系统图选项后,所绘制的管线均显示为单线管,没有三维效果。

在【间距】中设定采暖供水管与回水管之间的距离。

在【管径】中选择或输入管线的管径。由于管线与其上的文字标注是定义在一起的实体,故选择或输入管线信息后,绘制出的管线就带有管径、标高等信息,但不显示,可从对象特性工具栏中查阅。用【专业标注】下拉菜单中的【多管标注】命令可自动读并取标注这些信息,如图 6.9 所示。

在【标高】中输入管线的标高,简化生成系统图的步骤。

【等标高管线交叉】:管线交叉处的处理,有生成四通、管线置上和管线置下三种方式。

在标高相同情况下,对已生成四通的管线使用【管线连接】命令,相当于绘制管线置上或置下,只改变遮挡优先关系。

标高不同的情况下,标高高的管线自动遮挡标高低的管线。选择相应的管线类型,进行管线的绘制。

3. 绘制采暖管线

在菜单点取【采暖管线】或命令行输入“CNGX”后,执行该命令,系统弹出如图 6.10 所示对话框。

【管线设置】见管线初始设置。

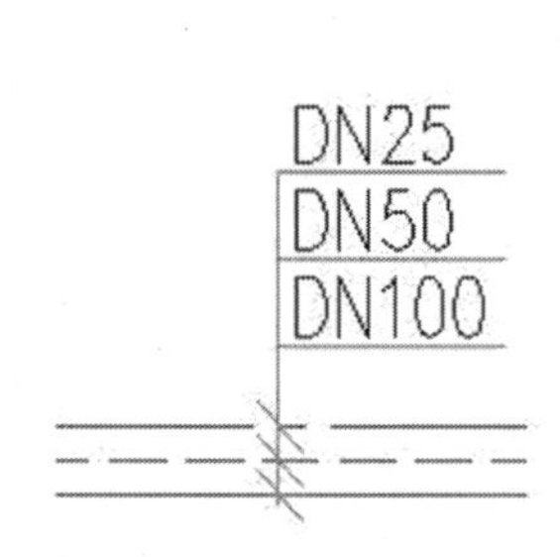

图 6.9　多管标注

图 6.10　采暖管线对话框

【管线类型】:绘制管线前,先选取相应类别的管线,管线类型包括供水干管、回水干管、供水支管和回水支管。

【系统图】:选择系统图选项后,所绘制的管线均显示为单线管,没有三维效果。

在【标高】中输入管线的标高,简化生成系统图的步骤。

在【管径】中选择或输入管线的管径。由于管线与其上的文字标注是定义在一起的实体,故选择或输入管线信息后,绘制出的管线就带有管径、标高等信息,但不显示,可在【专业标注】下拉菜单中的【单管管径】命令自动读取标注这些信息。

【等标高管线交叉】与【采暖双管】意义相同,此外不再赘述。

管线的绘制过程中伴随有距离的预演,如图 6.11 所示。

4. 绘制采暖立管

在菜单点选【采暖立管】或命令行输入“CNLG”后,执行该命令,系统弹出如图 6.12 所示的对话框。

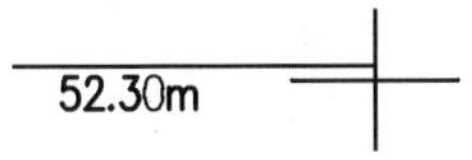

52.30m

图 6.11　管线的绘制中距离的预演

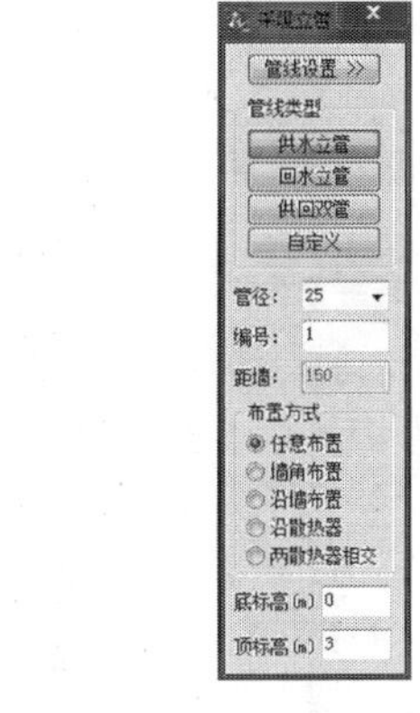

图 6.12　采暖立管对话框

【管线设置】见管线初始设置。

【管线类型】:绘制立管前,选取相应类别的管线。管线类型包括供/回水立管、供回双管。

在【管径】中选择或输入管线的管径,默认管径在初始设置中设定。

【编号】:立管的编号由程序以累计加一的方式自动按序标注,也可手动输入编号。

【距墙】是指从立管中心点到所选墙之间的距离,可在【设置】→【初始设置】→【暖通设置】中进行设定,如图 6.13 所示。

【布置方式】分为五种,如图 6.14 所示。

任意布置:立管可以随意放置在任何位置。

墙角布置:选取要布置立管的墙角,在墙角布置立管。

沿墙布置:选取要布置立管的墙线,靠墙布置立管。

沿散热器:选取要布置立管的散热器,沿散热器布置立管。

两散热器相交:选取两散热器,在其管线相交处布置立管。

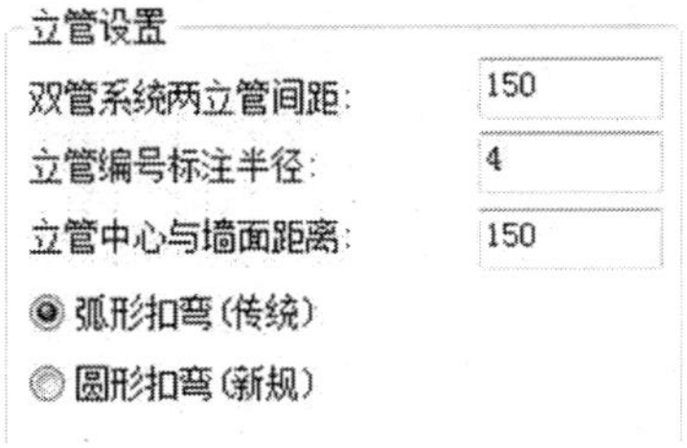

立管设置
双管系统两立管间距: 150
立管编号标注半径: 4
立管中心与墙面距离: 150
弧形扣弯(传统)
圆形扣弯(新规)

图 6.13　立管墙距设置

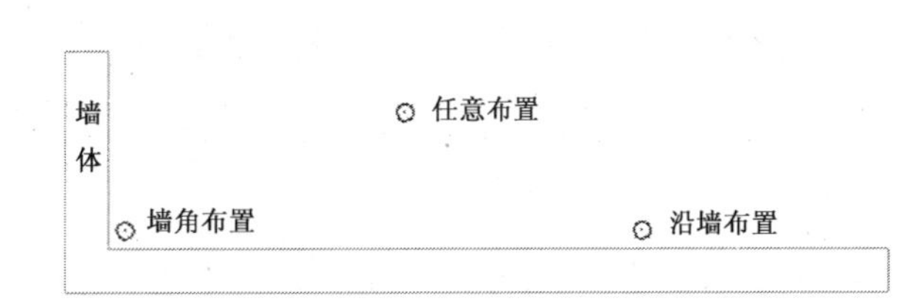

图 6.14　立管布置方式

【底标高、顶标高】根据需要输入立管管底、管顶标高,此步可以简化生成系统图的步骤。

在绘制管线和布置立管时,可以先不用确定管径和标高的数值,而采用默认的管径和标高,在设计过程中确定管径和标高后,在用【单管标高】【管径标注】【修改管线】等命令对标高、管径进行赋值。

5. 绘制散热器

在平面图中布置散热器的方式为在菜单点选【散热器】或命令行输入"SRQ"后,会执行该命令。

【布置方式】分为 3 种布置方式(图 6.15),散热器布置方式如图 6.16 所示。

(a)任意布置

(b)沿墙布置

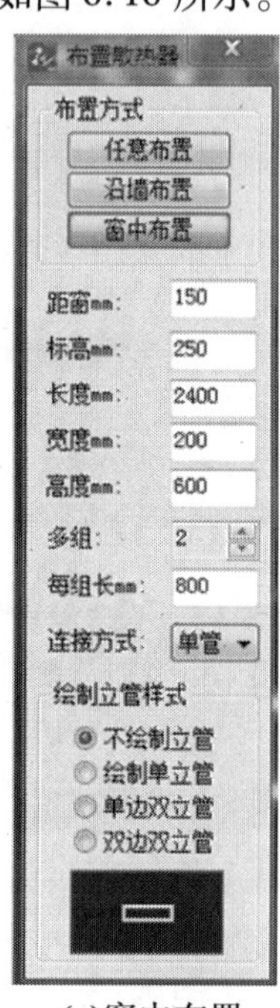

(c)窗中布置

图 6.15 散热器布置方式对话框

任意布置:散热器可以随意布置在任何位置,下面对应的设置有【角度】【标高 mm】等。

沿墙布置:选取要布置散热器的墙线,进行沿墙布置,下面对应的设置有【距墙 mm】【标高 mm】等。

窗中布置:选取要布置散热器的窗户,沿窗中布置;下面对应的设置有【距窗 mm】【标高 mm】等。

【距墙】指散热器中心线距墙的距离,如图 6.17 所示。

图 6.16 散热器布置方式

距墙mm: 150
标高mm: 150
长度mm: 250
宽度mm: 800
高度mm: 600

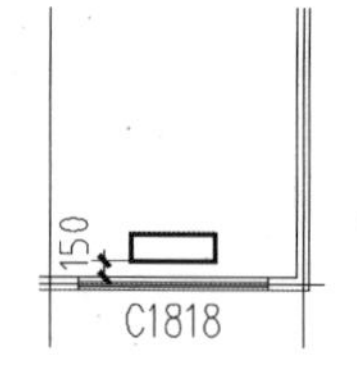

图 6.17 散热器中心线距墙的距离

【绘制立管样式】:绘制管线前,先选取相应类别的管线,如图 6.18 所示。

不绘制立管:单纯布置散热器。

绘制单立管:单管系统,绘制散热器时带立管,分跨越式和顺流式两种。

单边双立管:双管系统,绘制散热器时带立管,立管在散热器同侧。

双边双立管:双管系统,绘制散热器时带立管,立管在散热器两侧。

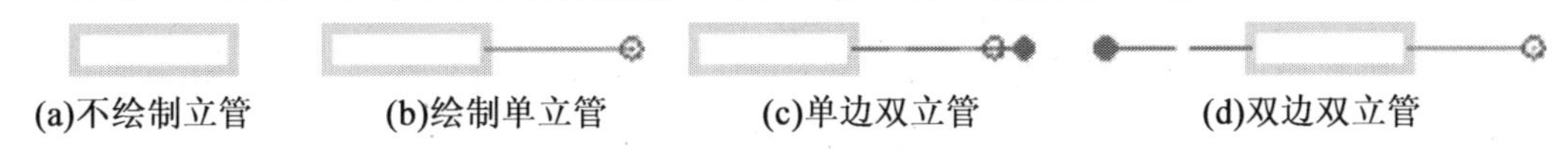

图 6.18　绘制立管样式

制图时,图中布置的散热器参数可以修改。

在菜单中点选【改散热器】或在命令行输入"GSRQ"后,会执行该命令,点取该命令,此时命令行提示:

请选择要修改的散热器 <退出>:

选择需要修改的散热器后,弹出如图 6.19 所示的对话框,可以选择修改散热器的参数,也可以双击散热器进行参数修改。

散热器包含长度、宽度和高度等几何参数信息,也包含负荷等物性参数信息。该功能支持某一项参数或多项参数同时修改,只需选择要修改的参数项目,在【散热器参数修改】中修改即可。点击【确定】按钮后,选中的散热器被修改。另外该功能支持散热器多选进行修改,但双击散热器进行参数修改时不可以多组同时进行,只能修改双击的散热器参数。

当散热器布置没有绘制立管时,可以使用自动连接进行设置,包括立干连接、散立连接、散干连接和散散连接四种自动连接命令,如图 6.19 所示。

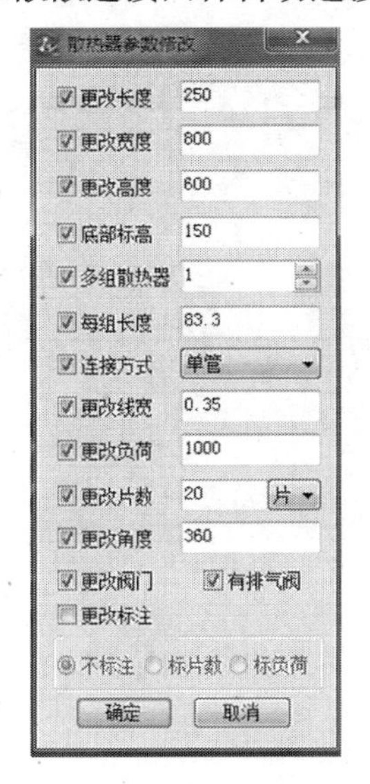

图 6.19　散热器参数修改对话框

图 6.20　散热器与立管连接命令栏

根据命令行提示，选择要连接的实体进行连接。散热器与立管连接情况见表6.12。

表6.12 散热器与立管连接情况

散热器与立管连接方式	图例
立干连接	
散立连接	
散干连接	
散散连接	

6. 采暖阀件

在管线上插入平面或系统形式阀门阀件的方法是在菜单中点选【采暖阀件】或在命令行输入“CNFJ”后，执行该命令，系统弹出如图6.20所示的对话框。

点击【采暖阀件的预览图】可调出水管平面阀门阀件的图库，如图6.21、6.22所示。

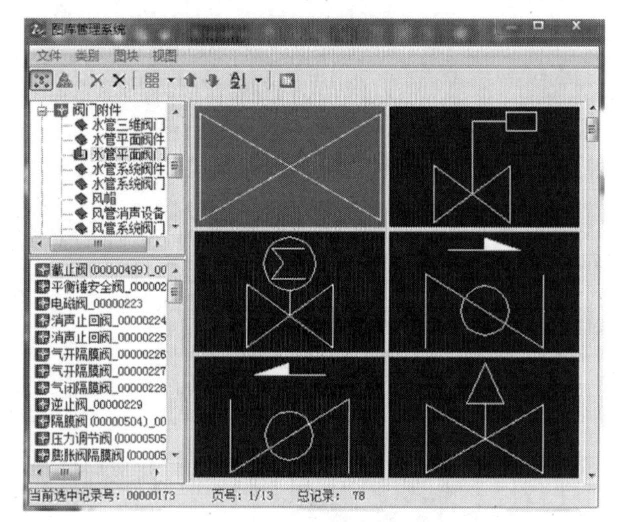

图6.21 插入采暖阀件对话框 **图6.22 阀门阀件的图库**

点取命令后，命令行提示：

请指定对象的插入点{放大【E】/缩小【D】/左右翻转【F】/上下翻转【S】/换阀门【C】}<退出>：

将阀门阀件插入在水管上，按E、D键，实现阀门阀件的放大缩小；按F、S键，实现阀门阀件的左右、上下翻转;按 C 键,调出水管阀门阀件的图库,可任意选择所需阀门阀件后插入。

7. 标注

在【专业标注】下拉菜单中分别执行立管标注、入户管号、入户排序、标散热器、管线文字、管道坡度、单管管径、多管管径、多管标注等命令,即可分别对各个参数进行标注,如图 6.23 所示。

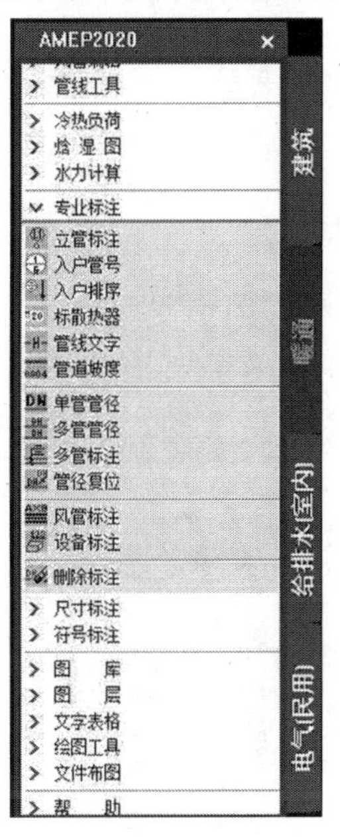

图 6.23　专业标注

任务 2　绘制室内供暖系统图

1. 生成系统图

在菜单中点选【生系统图】或在命令行输入“SXTT”后,执行该命令,选择图中要生成系统图的平面图实体,弹出如图 6.24 的对话框。

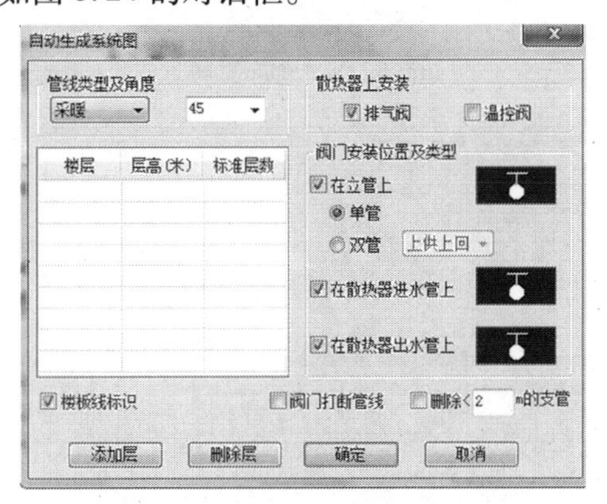

图 6.24　自动生成系统图对话框

可在操作窗口中添加多层平面图,以生成整个建筑的室内供暖系统图。在添加多层平面图时,要注意基准点的选择,以图中固定对齐点,如立管、墙角等。

2. 标楼板线

楼板线命令用于对生成的室内供暖系统图(传统采暖样式)的立管进行楼板线的标注;执行命令后,命令行提示:

请点取要标注楼板线系统图立管,标注位置:左侧【更改(C)】<退出>:

点取要标注的立管后,自动生成楼板线。也可在生成系统图的对话框中,直接选中楼板线标识,即可在生成系统图时自动标出楼板线。

任务 3　绘制室内供暖详图

【大样图库】:在图中可任意插入提供的大样图。

在【采暖】下拉菜单中点选【大样图库】,如图 6.25 所示,或在命令行输入“DYTK”后,执行该命令,系统会弹出如图 6.26 所示的对话框,在下拉菜单可以选需要的大样图。

可以在下拉菜单找到平面热力入口,点击【确定】即可,如图 6.27 所示。

图 6.25　大样图库

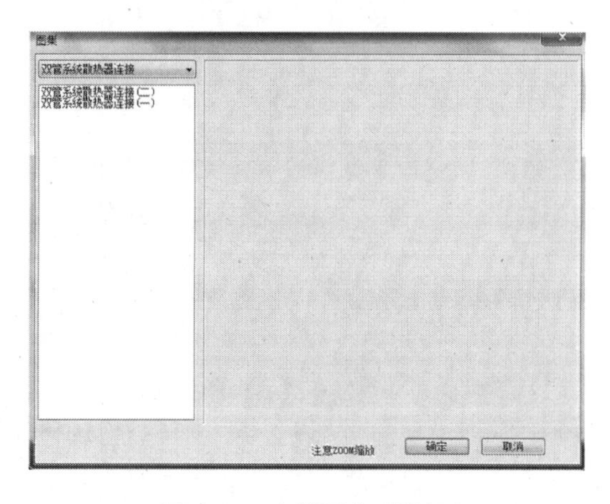

图 6.26　大样图库对话框

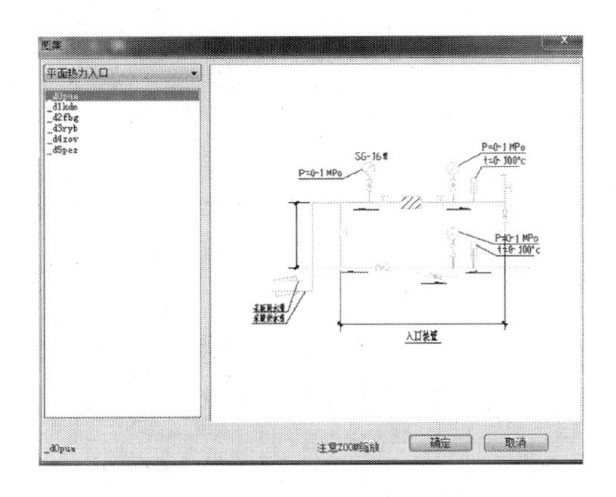

图6.27　平面热力入口大样图

习题6.5

绘制某宿舍室内供暖施工图。

1. 绘图要求

(1)根据建筑图纸绘制室内供暖工程各层平面图及系统图,CAD图纸如图6.28、6.29所示。

(2)采用双管同程式室内供暖系统,散热器接口形式为侧接。

(3)暖供水管图层名称设置为"暖供水",暖供水管线型采用"CONTINUOUS",颜色选择"3号"色型,线宽设置为0.35;暖回水管图层名称设置为"暖回水",暖回水线型采用"DASH",颜色选择2号线型,线宽设置为0.35。

(4)尺寸标注样式名为"CNBZ",其中文字样式名称设置为"XT",字体为"simplex",大字体选择"HZTXT",其他参数请按照国标相关要求进行设置。

2. 文件保存

将文件命名为"任务3",保存格式为.dwg。

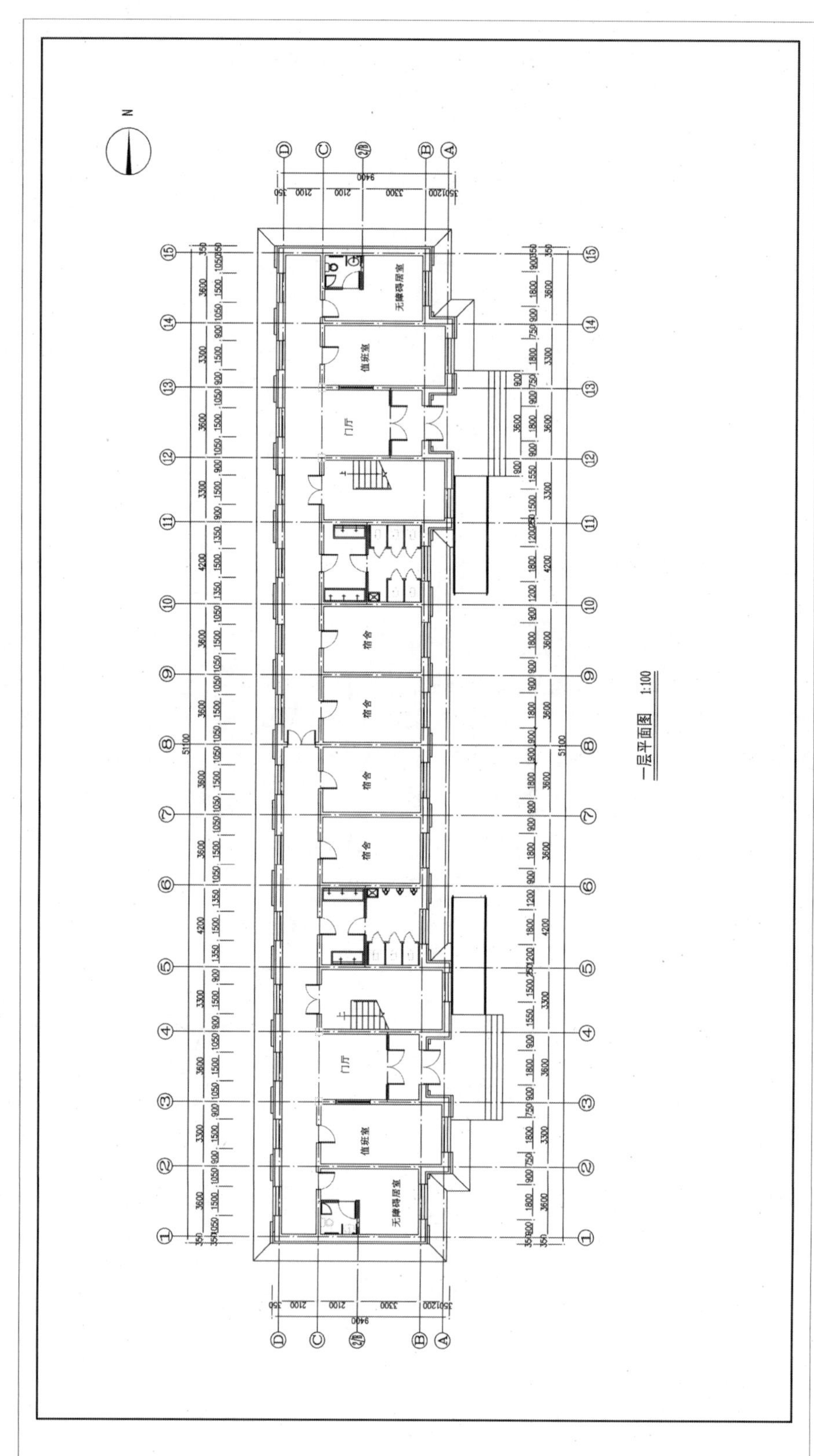

图 6.28 某宿舍一层平面图

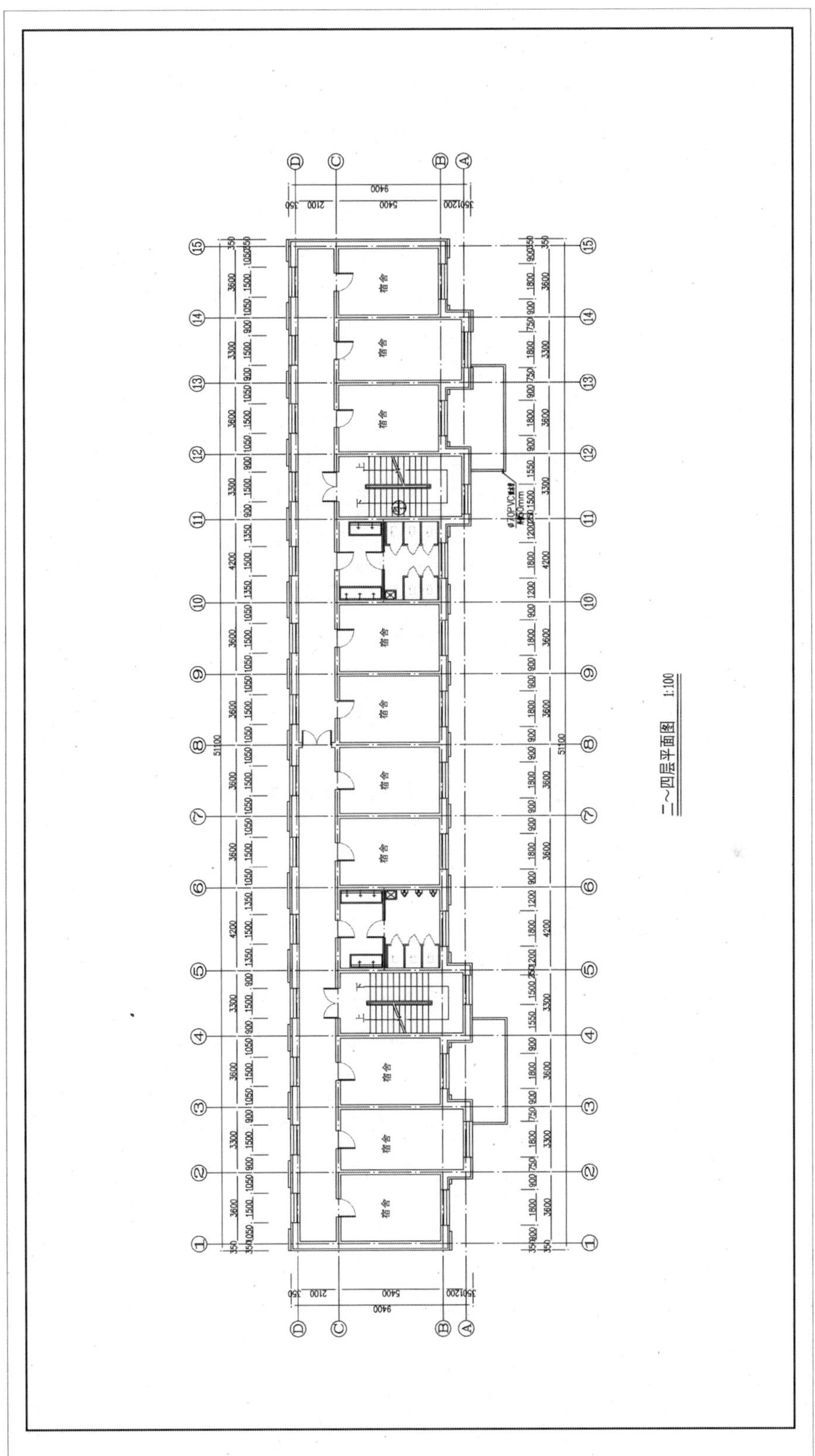

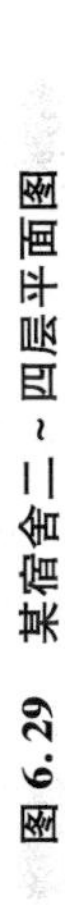

图 6.29　某宿舍二～四层平面图

知识链接

冬天,室外气温较低,室内的热量会通过建筑物的围护结构不断向外散失,使室内温度降低,影响建筑物的正常使用,为了满足室内温度要求,就必须向室内补给热量。我们把向室内补给热量的设备系统称为供暖系统。

供暖系统主要由三部分组成:热源、输热管道和散热设备。热源是蒸汽锅炉产生的蒸汽或热水锅炉产生的热水。将蒸汽或热水通过管道输送至室内的散热器加热室内空气,使空气温度升高到所需的室温。散出热量的蒸汽冷却冷凝成凝结水、热水放热后变成温度低的水再送回锅炉重新加热变成蒸汽或者高温水,然后通过输热管道输送到散热设备,如此往复循环,如图6.30所示。

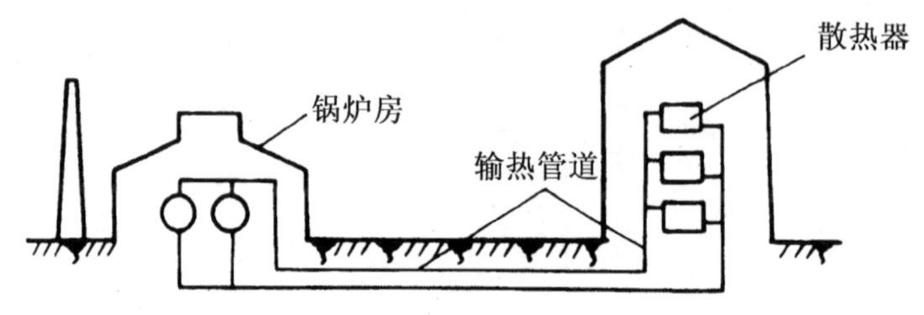

图6.30 供暖系统组成

供暖系统根据作用范围的不同,可分为局部供暖、集中供暖和区域供暖三类。供暖系统根据热媒的种类分为热水供暖、蒸汽供暖、热风供暖和烟气供暖(火坑、火墙等)四类。集中供暖系统又分为热水供暖和蒸汽供暖,是目前较为常用的供暖方式。

一、室内热水供暖系统

1. 自然(重力)循环热水供暖系统

(1)自然循环热水供暖系统的工作原理。

如图6.31所示,假设系统有一个加热中心(锅炉)和一个冷却中心(散热器),用供、回水管路把散热器和锅炉连接起来。在系统的最高处连接一个膨胀水箱,用来容纳受热膨胀的水。

运行前,先将系统内充满水,水在锅炉中被加热后,密度减小,水向上浮升,经供水管路流入散热器。在散热器内热水将热量散给环境而冷却,密度增加,水再沿回水管路返回锅炉。

在水的循环流动过程中,供水和回水由于温度差的存在,产生了密度差,系统就是靠供、回水的密度差作为循环动力的。这种系统称为自然(重力)循环热水供暖系统。

(2)自然(重力)循环热水供暖系统的形式。

自然(重力)循环热水供暖系统的主要形式有双管上供下回式系统和单管上供下回式(顺流式)系统。上供下回式系统的供水干管敷设在所有散热器之上,回水干管敷设在所有散热器之下。

①自然循环双管上供下回式系统。

图 6.32(a)是双管上供下回式系统示意图,其特点是各层散热器都并联在供、回水立管上,热水直接流经供水干管、立管进入各层散热器,冷却后的回水经回水立管、干管直接流回锅炉。

②自然循环单管上供下回式系统。

图 6.32(b)是单管上供下回式系统示意图,其特点是热水进入立管后,由上向下依次流过各层散热器,水温逐层降低,各组散热器串联在立管上。

比较图 6.32(a)、(b)可知,单管、双管系统由连接各层散热器立管根数确定。供、回水立管共用为单管,供、回水立管分别设置为双管。

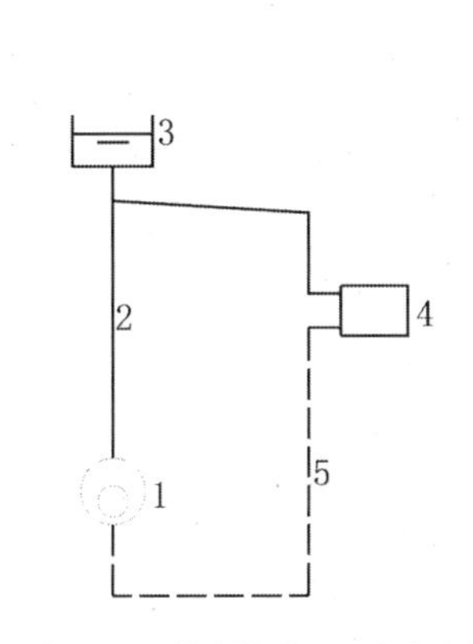

1—锅炉;2—供水管路;3—膨胀水箱;
4—散热器;5—回水管路

图 6.31　自然循环热水供暖系统的工作原理

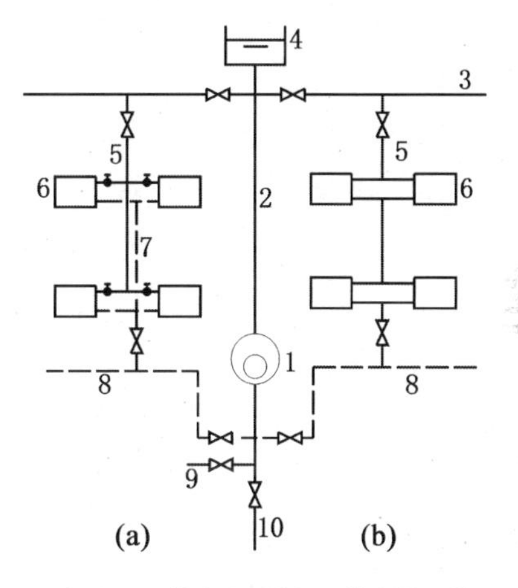

1—锅炉;2—供水总立管;3—供水横干管;
4—膨胀水箱;5—供水立管;6—散热器;
7—回水立管;8—回水横干管;9—注水管;10—泄水管

图 6.32　自然循环双管上供下回式系统

2. 机械循环热水供暖系统

与自然循环热水供暖系统比较,机械循环热水供暖系统中的水是靠水泵提供循环动力,而不是依靠供、回水压力差来实现。机械循环热水供暖系统的形式可分为垂直式系统和水平式系统。

(1)垂直式系统。

①双管上供下回式。

如图 6.33 所示,双管上供下回式供暖系统工作流程是热水锅炉产生热水热源—室外供热管道—室内供热干管—供热立管—散热器进水支管—散热器—散热出水支管—回水立管—回水干管—循环水泵—锅炉。膨胀水箱起容纳膨胀水量和定压的作用,集气罐用于排出系统中空气。

②双管下供下回式。

双管下供下回式系统的供水干管和回水干管均敷设在所有散热器之下,如图 6.34 所示。当建筑物设有地下室或平屋顶建筑物顶棚下不允许布置供水干管时,可采用这种布置形式。其工作流程与上供下回式系统相同。

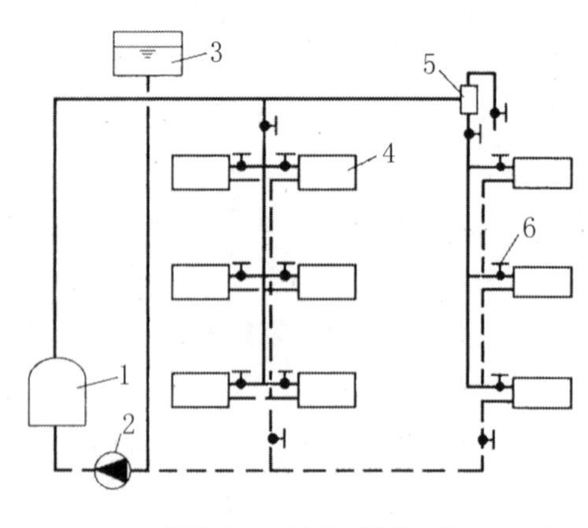

1—锅炉;2—水泵;3—膨胀水箱;
4—散热器;5—集气罐;6—阀门

图 6.33 机械循环双管上供下回式供暖系统

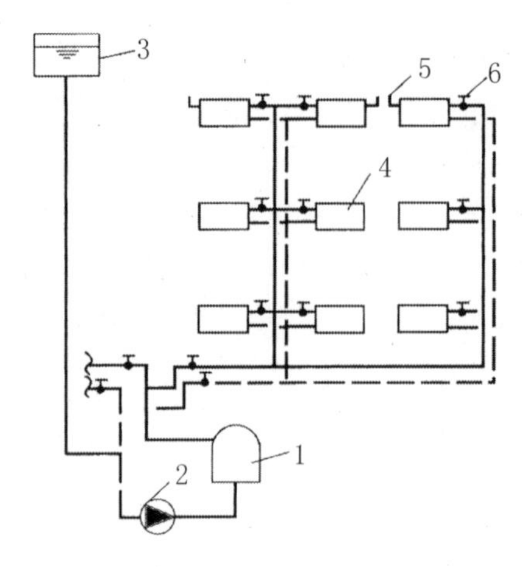

1—锅炉;2—水泵;3—膨胀水箱;
4—散热器;5—手动跑风;6—阀门

图 6.34 机械循环双管下供下回式供暖系统

③中供式。

如图 6.35 所示,中供式系统将供水干管设在建筑物中间某层顶棚之下。中供式系统适用于顶层梁下不能布置供水干管的情况。上部是下供下回式系统,下部是上供下回式系统。

④下供上回(倒流)式。

如图 6.36 所示,机械循环下供上回式系统供水干管设在所有散热设备之下,回水干管设在所有散热设备之上,膨胀水箱连接在回水干管上。

⑤混合式。

如图 6.37 所示,在混合式系统中,Ⅰ区系统直接引用外网高温水,采用下供上回(倒流)式系统。经散热器散热后,Ⅰ区的回水温度满足Ⅱ区的供水温度要求前提下,再引入Ⅱ区,Ⅱ区采用上供下回低温热水供暖形式,Ⅱ区回水水温降至最低后,返回热源。

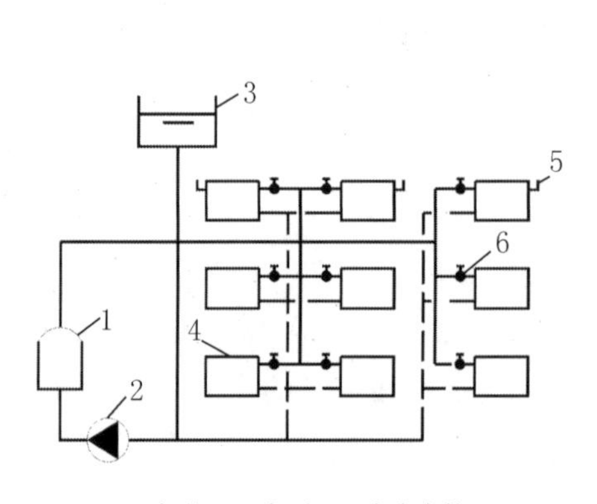

1—锅炉;2—水泵;3—膨胀水箱;
4—散热器;5—手动跑风;6—阀门

图 6.35 机械循环中供式供暖系统

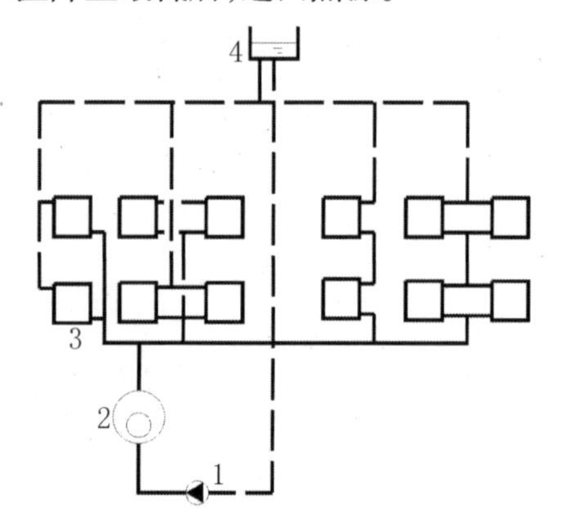

1—水泵;2—锅炉;
3—散热器;4—膨胀水箱

图 6.36 机械循环下供上回(倒流)式供暖系统

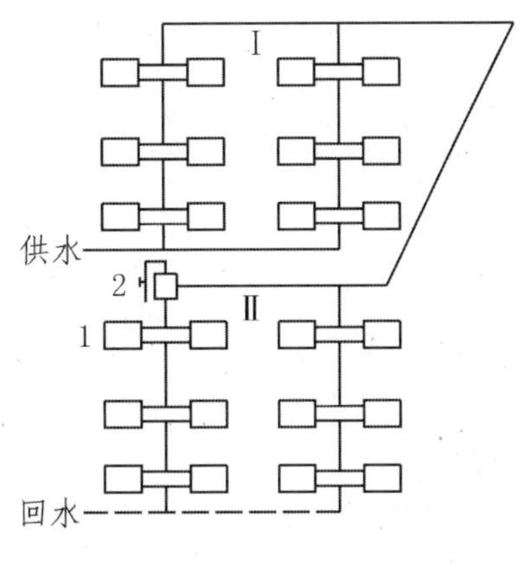

1—散热器;2—集气罐

图6.37 机械循环混合式供暖系统

(2)水平式系统。

图6.38所示为水平单管顺流式系统。水平单管顺流式系统将同一楼层的各组散热器串联在一起,热水沿水平方向依次流过各组散热器。

图6.39所示为水平单管跨越式系统,该系统在散热器的支管间连接跨越管,热水一部分流入散热器,一部分经跨越管直接流入下组散热器。

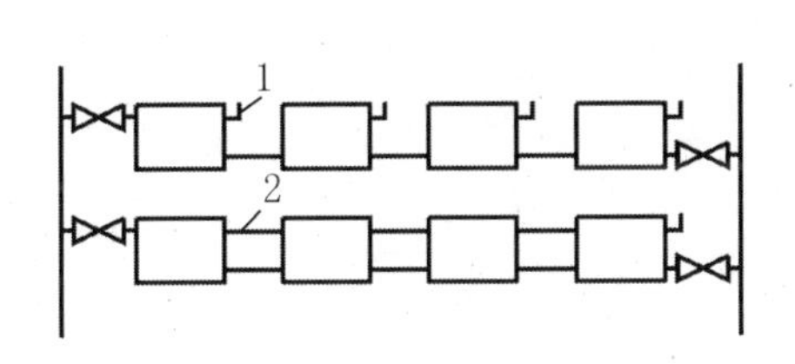

1—放气阀;2—空气管

图6.38 水平单管顺流式系统

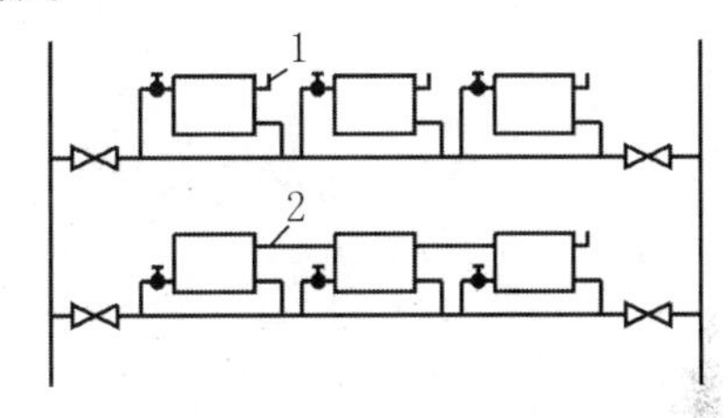

1—放气阀;2—空气管

图6.39 水平单管跨越式系统

(3)同程式和异程式系统。

根据供暖系统中各环路的管道长度可分为同程式和异程式。同程式指各环路的路程相等,异程式指各环路的路程不等,如图6.40、6.41所示。

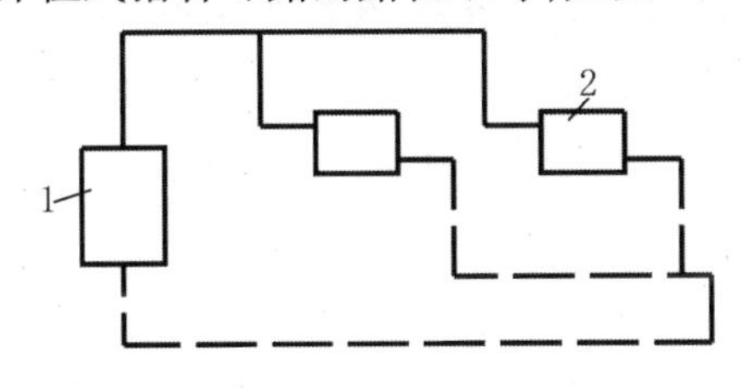

1—锅炉;2—散热器

图6.40 同程式系统

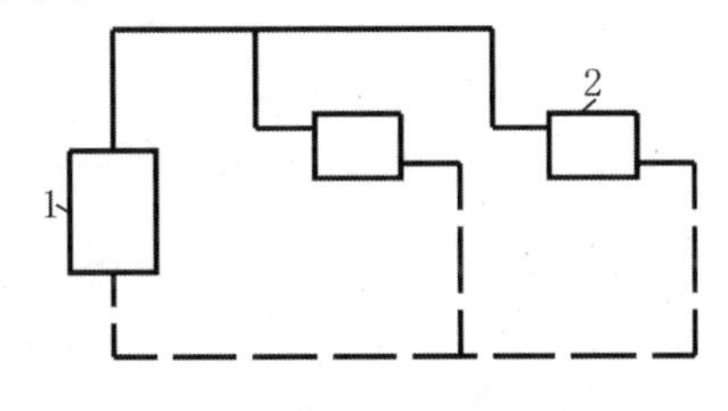

1—锅炉;2—散热器

图6.41 异程式系统

(4)高层建筑热水供暖系统形式。

①竖向分区式供暖系统。

高层建筑热水供暖系统在垂直方向上分成两个或两个以上的独立供暖系统称为竖向分区式供暖系统,竖向分区供暖系统的低区通常直接与室外管网相连接。高区与外网的连接形式主要有以下几种。

a. 设热交换器的分区式供暖系统。

图 6.42 中的高区水与外网水通过热交换器进行热量交换,热交换器作为高区热源,高区又设有循环水泵、膨胀水箱,使之成为一个与室外管网压力隔绝的、独立的完整系统。

b. 设双水箱的分区式供暖系统。

图 6.43 为双水箱分区式供暖系统。该系统将外网水直接引入高区,当外网压力低于该高层建筑的静水压力时,可在供水管上设加压水泵,使水进入高区上部的进水箱。高区的回水箱设非满管流动的溢流管与外网回水管相连,利用进水箱与回水箱之间的水位差克服高区阻力,使水在高区内自然循环流动。

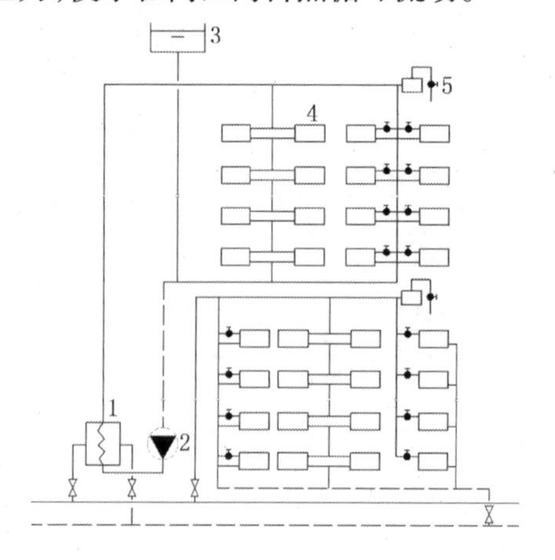

1—热交换器;2—水泵;3—膨胀水箱;
4—散热器;5—集气罐

图 6.42 设热交换器的分区式供暖系统

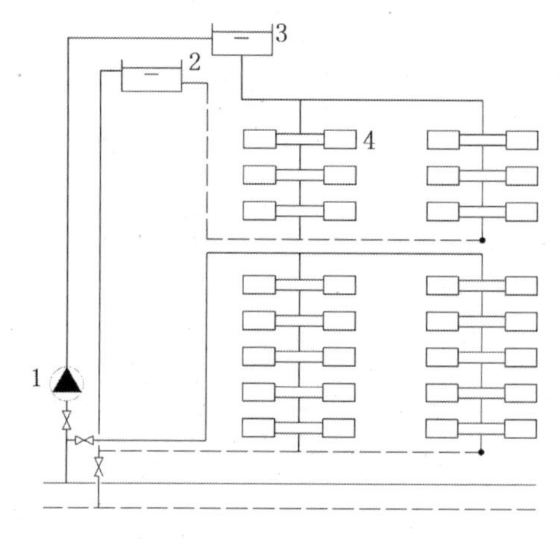

1—水泵;2—高区供水水箱;
3—高区回水水箱;4—散热器

图 6.43 设双水箱的分区式供暖系统

c. 设阀前压力调节器的分区式供暖系统。

如图 6.44 所示为设阀前压力调节器的分区式热水供暖系统,该系统高区水与外网水直接连接。在高区供水管上设加压水泵,水泵出口处设有止回阀,高区回水管上安装阀前压力调节器,阀前压力调节器可以保证系统始终充满水,不出现倒空现象。

d. 设断流器和阻旋器的分区式供暖系统。

如图 6.45 所示为设断流器与阻旋器的分区式热水供暖系统,该系统高区水与外网水直接连接。在高区供水管上设加压水泵,以保证高区系统所需压力。高区采用倒流式系统形式,有利于排除系统内的空气;该系统断流器安装在回水管路的最高点处。系统运行时,高区回水流入断流器内,使水高速旋转,流速增加,压力降低,此时断流器可起减压作用。回水下落到阻旋器处,水流停止旋转,流速恢复正常,使该点压力与室外管网的静水压力相同,以使水流经过阻旋器之后的回水压力能够与低区系统压力平衡。断流器流出的高速旋转水流到阻旋器处停止旋转,流速降低会产生大量空气,断流器引出连通管阻旋器,空气可通过连通管上升至断流器处,通过断流器上部的自动排气阀排出。

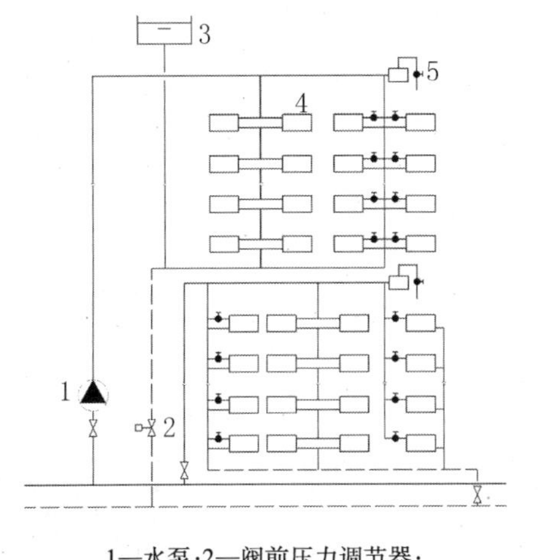

1—水泵;2—阀前压力调节器;
3—膨胀水箱;4—散热器;5—集气罐

图 6.44　设阀前压力调节器的分区式供暖系统

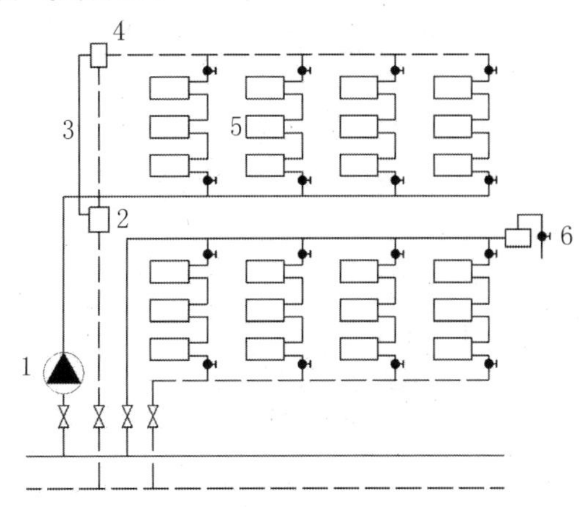

1—水泵;2—阻旋器;3—连通管;
4—断流器;5—散热器;6—集气罐

图 6.45　设断流器和阻旋器的分区式供暖系统

②双线式供暖系统。

高层建筑的双线式供暖系统有垂直双线单管式供暖系统(图 6.46)和水平双线单管式供暖系统(图 6.47)两种形式。双线式单管系统是由垂直或水平的"∩"形单管连接而成。

在垂直双线式系统中,散热器立管是由上升立管和下降立管组成。在水平双线式系统中,各组散热器沿水平方向连接。

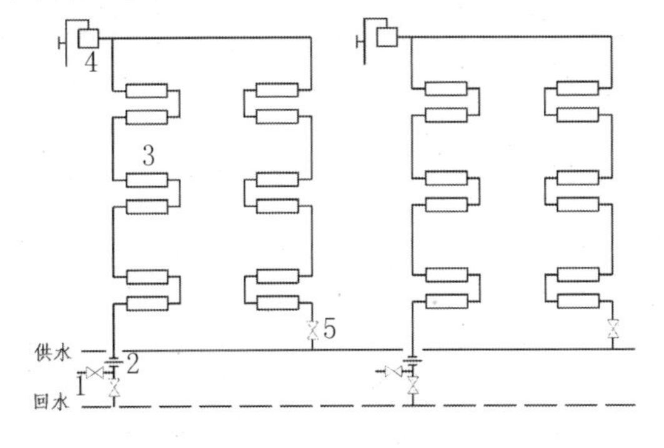

1—排水管;2—节流孔板;
3—散热器;4—集气罐;5—截止阀

图 6.46　垂直双线单管式供暖系统

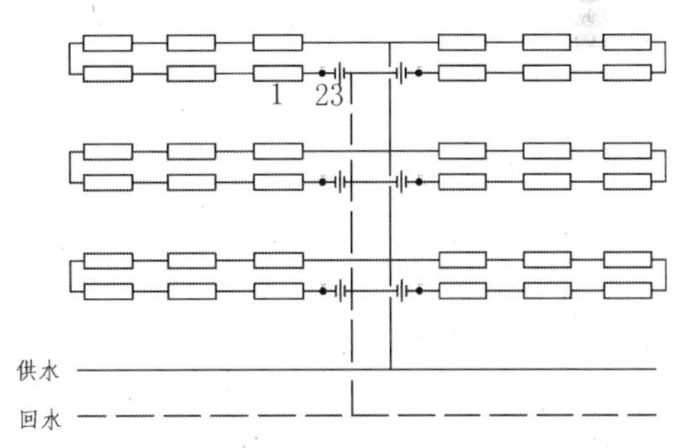

1—散热器;2—闸阀;3—节流孔板

图 6.47　水平双线单管式供暖系统

③单、双管混合式。

如图 6.48 所示,在高层建筑热水供暖系统中,将散热器在垂直方向分成若干组,每组有 2 ~ 3 层,各组内散热器采用双管连接,组与组之间采用单管连接。这就组成了高层建筑的单、双管混合式供暖系统。

3. 低温辐射供暖系统

辐射供暖是热量利用建筑物内部顶面、墙面、地面或其他表面向房间通过热辐射进行热量传递的系统。低温地板辐射供暖形式近几年应用广泛，它适合于民用建筑与公共建筑中考虑安装散热器会影响建筑物协调和美观的场合。

地板辐射供暖系统是将加热盘管埋设在地面或楼板混凝土层内，比较常用的加热盘管布置形式有直列式、旋转式和往复式三种，如图6.49所示。加热管内热媒目前常采用的是60 ℃低温热水，管材使用较多的是交联聚乙烯管。

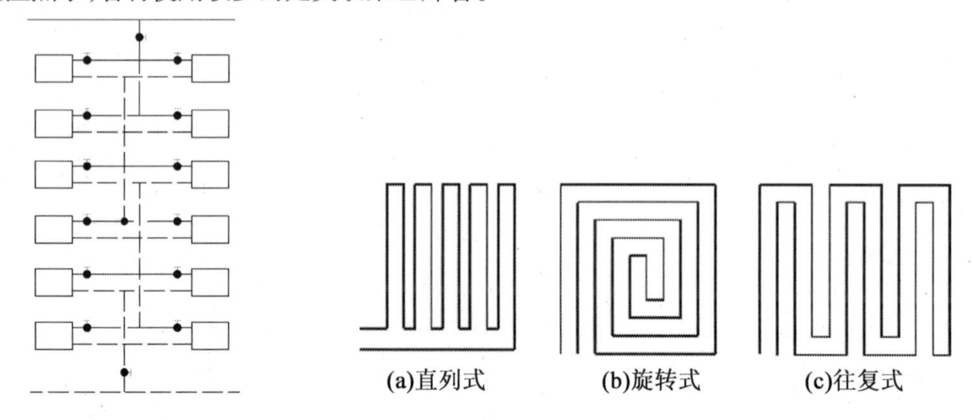

图6.48 单、双管混合式供暖系统

图6.49 常用的加热盘管布置形式

热源制备出来的低温热水通过供水管道输送到用户的分水器中，然后分配给各支环路供水管，热水在流动过程中，加热与其接触的墙面、地面等，将热量散入室内，散失热量的热水流回集水器，最后通过管道回到锅炉重新被加热。

4. 分户热计量系统常见形式

适合热计量的室内供暖系统形式大体分为两种：一种是按户设置热量表的单户水平系统；另一种是改造传统的垂直上下贯通的单管式和双管式系统。前者直接由用户热表计量；后者通过在每组散热器上安装热量分配表及建筑物入口的总热表进行计量。

(1)单户水平系统形式。

①章鱼式双管异程式供暖系统，小型分、集水器，散热器之间相互并联，布管方式呈放射状，如图6.50所示。

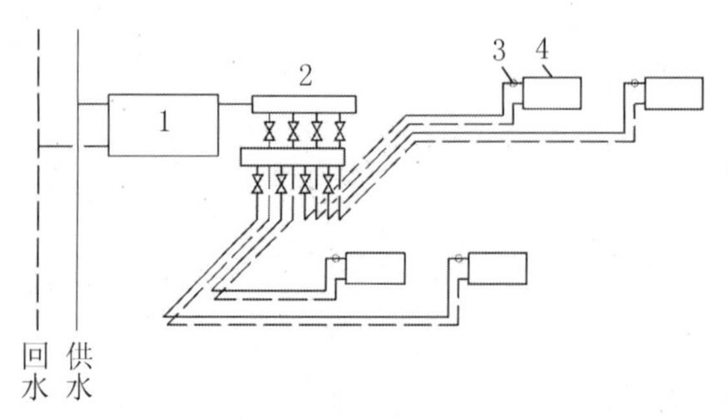

1—户内系统热力入口；2—分、集水器；3—温控器；4—散热器

图6.50 章鱼式双管异程式供暖系统

②户内所有散热器串联或并联成环形布置。常用系统形式包括下分式双管供暖系统(图6.51)、下分式单管跨越式供暖系统(图6.52)、上分式双管供暖系统(图6.53)、上分式单管跨越式供暖系统(图6.54)。

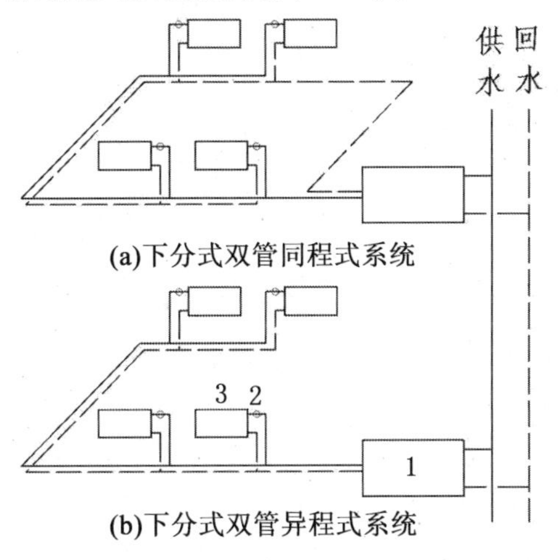

1—户内系统热力入口;2—温控器;3—散热器

图6.51　下分式双管式供暖系统

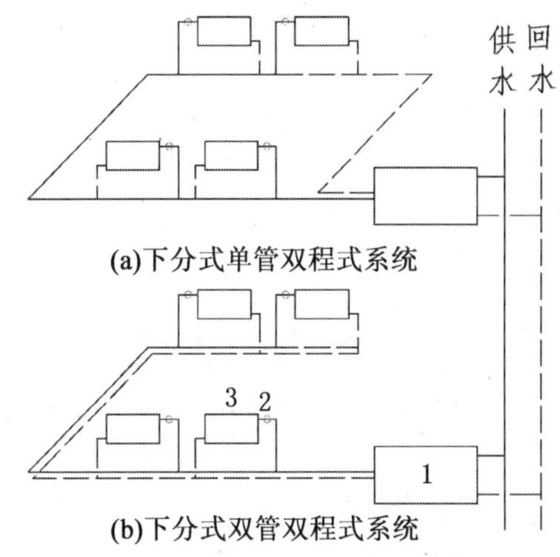

1—户内系统热力入口;2—温控器;3—散热器

图6.52　下分式单管跨越式供暖系统

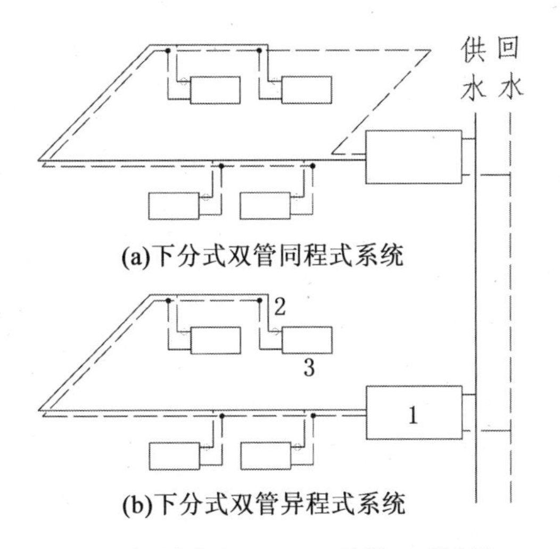

1—户内系统热力入口;2—温控器;3—散热器

图6.53　上分式双管式供暖系统

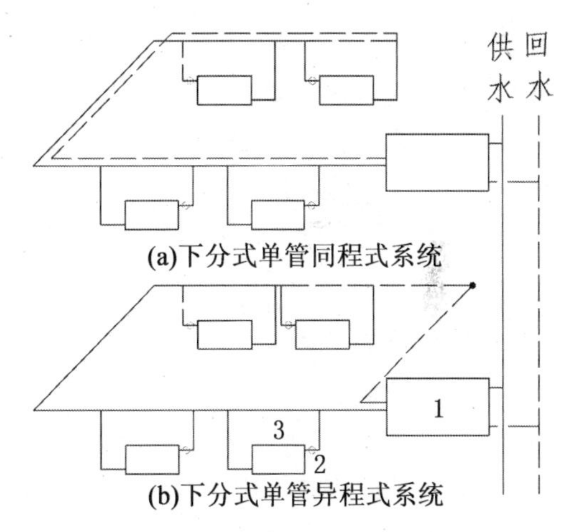

1—户内系统热力入口;2—温控器;3—散热器

图6.54　上分式单管跨越式供暖系统

(2)改造传统的垂直式系统。

①垂直单管顺流式系统可加装旁通管,使之变为单管跨越式系统,如图6.55所示。通过在每组散热器上安装热量分配表,在建筑物入口处安装热量总表实现热量计量;通过每组散热器环路的温控阀和旁通管实现温度调节。

②垂直双管式系统可直接在每组散热器入口处安装温控阀和热量分配表进行热量的调节和计量,如图6.56所示。

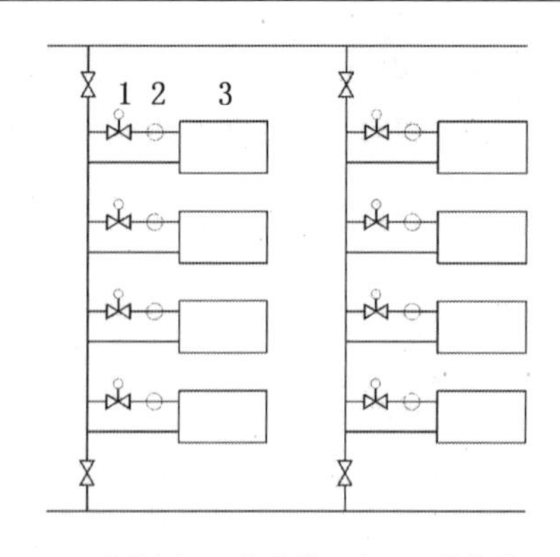

1—温控阀;2—热量分配表;3—散热器

图 6.55 设热量分配表和温控阀垂直单管供暖系统

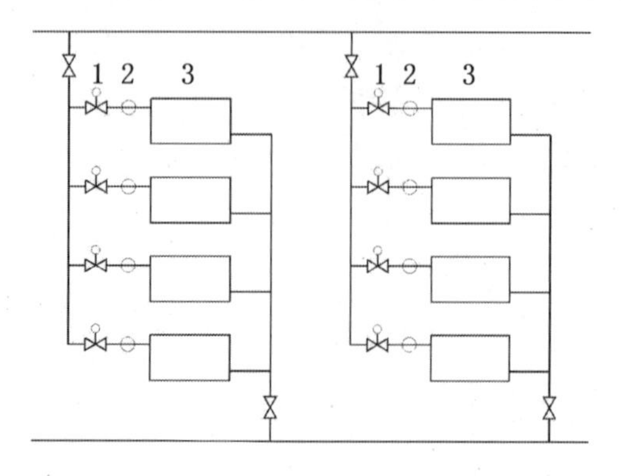

1—温控阀;2—热量分配表;3—散热器

图 6.56 设热量分配表和温控阀垂直双管供暖系统

二、室内蒸汽供暖系统

1. 蒸汽供暖系统及特点

(1)蒸汽供暖系统的分类。

按供汽压力的大小,蒸汽供暖系统可分为三类:供汽压力等于或低于 70 kPa 的系统称为低压蒸汽供暖系统;供汽压力高于 70 kPa 的系统称为高压蒸汽供暖系统;供汽压力低于大气压的系统称为真空蒸汽供暖系统。按蒸汽干管的布置形式不同,蒸汽供暖系统可分为上供式、中供式和下供式三种。按立管的布置特点,蒸汽供暖系统可分为单管式和双管式,目前国内大多数蒸汽供暖系统采用双管式。按凝水回流动力的不同,蒸汽供暖系统还可分为重力回水、余压回水和加压回水系统。

(2)蒸汽供暖系统的特点。

以水蒸气作为热媒的供暖系统称为蒸汽供暖系统,如图 6.57 所示为蒸汽供暖系统的原理图。水在锅炉内被加热成具有一定压力和温度的蒸汽,蒸汽靠自身压力作用通过管道流入散热器内,在散热器内放热后,蒸汽变成凝结水,凝结水靠重力经过疏水器(阻汽疏水)后沿凝结水管道返回凝结水箱内,再由凝结水泵送入锅炉重新被加热成蒸汽。

2. 室内低压蒸汽供暖系统

(1)低压蒸汽供暖系统的形式。

①双管上供下回式低压蒸汽供暖系统。

如图 6.58 所示为双管上供下回式低压蒸汽供暖系统,该形式是室内低压蒸汽供暖系统经常采用的一种形式。从锅炉产生的低压蒸汽经分汽缸分配到管路系统,蒸汽在自身压力的作用下,克服流动阻力经室外蒸汽管、室内蒸汽主管、蒸汽干管、立管和散热器支管进入散热器内。蒸汽在散热器内热后变成凝结水。凝结水从散热器流出后,经凝结水支管、立管、干管进入室外凝结水管网流回锅炉房内的凝结水箱,再经凝结水泵注入锅炉,重新被加热成蒸汽后送入供暖系统。

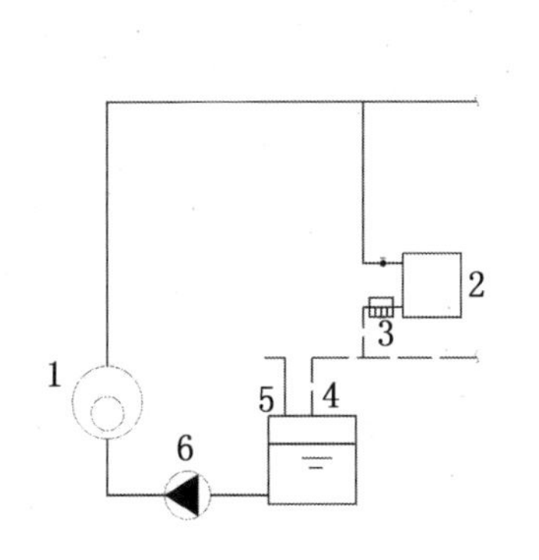

1—蒸汽锅炉;2—散热器;3—疏水器;
4—凝水箱;5—空气管;6—凝结水泵

图6.57　蒸汽供暖系统的原理图

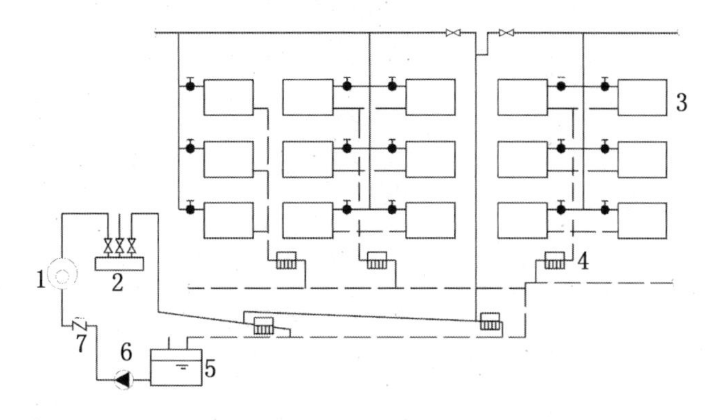

1—锅炉;2—分气缸;3—散热器;4—疏水器;
5—凝水箱;6—凝结水泵;7—止回阀

图6.58　双管上供下回式低压蒸汽供暖系统

②双管下供下回式低压蒸汽供暖系统。

如图6.59所示为双管下供下回式低压蒸汽供暖系统。该系统的室内蒸汽干管与凝水干管同时敷设在地下室或特设的地沟内。在室内蒸汽干管的末端设置疏水器以出除室内沿途凝水。

③双管中供式低压蒸汽供暖系统。

如图6.60所示为双管中供式低压蒸汽供暖系统。如果多层建筑顶层或顶棚下不便设置蒸汽干管,可采用中供式系统,中供式系统不必像下供式系统需设置专门的蒸汽干管末端疏水器,总立管长度也比上供式短,蒸汽干管的沿途散热也可得到有效利用。

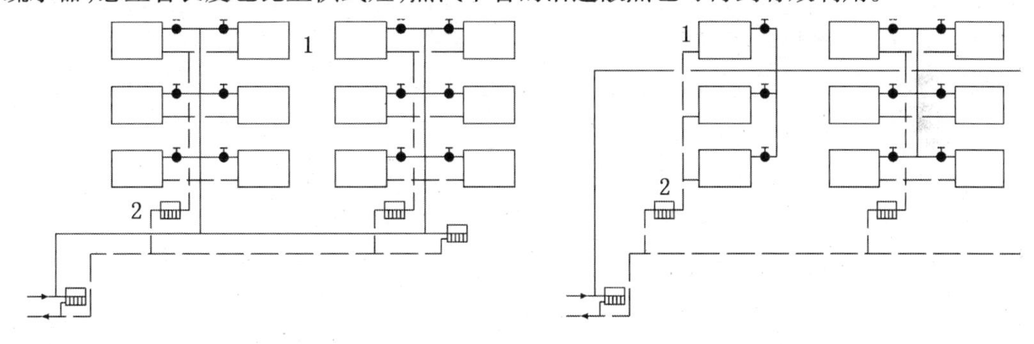

1—散热器;2—疏水器

图6.59　双管下供下回式低压蒸汽供暖系统

1—散热器;2—疏水器

图6.60　双管中供式低压蒸汽供暖系统

④单管上供下回式低压蒸汽供暖系统。

图6.61为单管上供下回式低压蒸汽供暖系统,该系统采用单根立管。

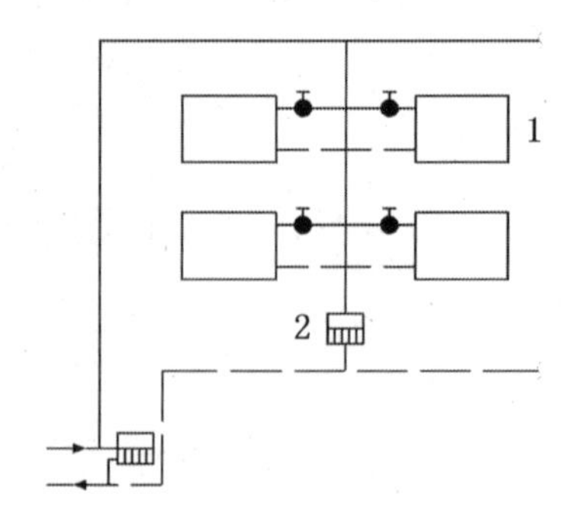

1—散热器;2—疏水器

图6.61 单管上供下回式低压蒸汽供暖系统

3. 室内高压蒸汽供暖系统

在工厂中,生产工艺往往需要使用高压蒸汽,厂区内的车间及辅助建筑也常常利用高压蒸汽作为热媒进行供暖,高压蒸汽供暖是厂区内常见的供暖方式。

(1)高压蒸汽供暖系统的形式。

①双管上供下回式高压蒸汽供暖系统。

高压蒸汽供暖系统多采用双管上供下回式高压蒸汽供暖系统形式,如图6.62所示。高压蒸汽通过室外蒸汽管路输送到热用户入口的高压分汽缸中,根据各热用户的使用情况和要求的压力,从高压分汽缸上引出不同的蒸汽管路分送给不同的热用户。如果外网蒸汽压力超过供暖系统和生产工艺用热的工作压力,应在室内系统入口处设置减压装置,减压后的蒸汽再进入低压分汽缸分送给不同的热用户。送入室内各供暖系统的蒸汽,在散热设备处冷凝放热后,凝结水经凝水管道汇流到凝水箱,凝水箱与大气相通,称为开式凝水箱。凝水箱中的凝结水再通过凝结水泵加压送回锅炉重新加热。

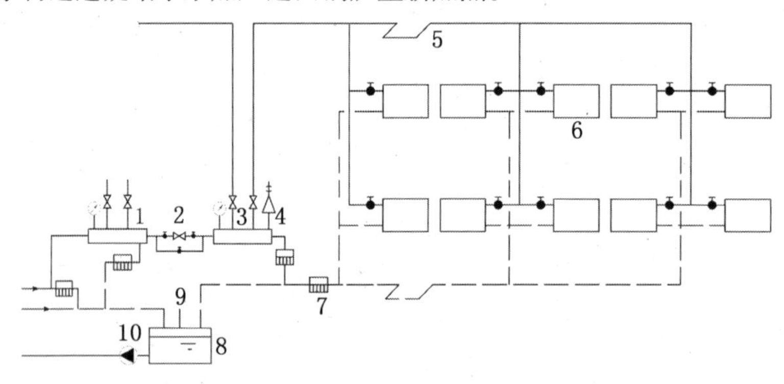

1—高压分汽缸;2—减压装置;3—低压分汽缸;4—安全阀;5—补偿器;6—散热器;

7—疏水器;8—凝水箱;9—空气管;10—凝结水泵

图6.62 双管上供下回式高压蒸汽供暖系统

②双管上供上回式高压蒸汽供暖系统。

当车间地面之上不便于布置凝水管时,也可以将系统的供汽干管和凝水干管设于房间的上部,即采用上供上回式系统,如图6.63所示。

凝结水依靠疏水器的余压作用上升到凝水干管,再返回室外管网。在每组散热器的凝结水出口处,除安装疏水器外,还应安装止回阀,防止停止供汽后,散热设备被凝水充满。系统还需要考虑设置泄水管和排空气管,以便及时排出每组散热设备和系统中的空气和凝结水。

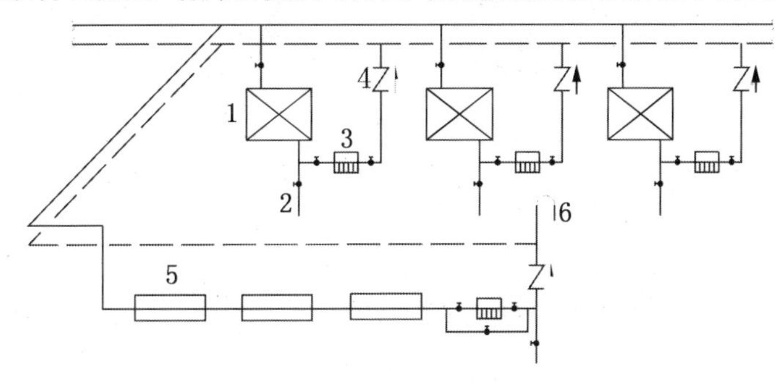

1—暖风机;2—泄水管;3—疏水器;4—止回阀;5—散热器;6—排空气管

图 6.63　双管上供上回式高压蒸汽供暖系统

三、供暖工程施工图相关图例

1. 管道、附件图例

各种管道代号、管路附件图形符号和管道设施图形符号及代号见表 6.13 ~6.15。

表 6.13　管道代号

管道名称	代号	管道名称	代号
供热管道(通用)	HP	生产热水供水管	P
蒸汽管(通用)	S	生产热水回水管(或循环管)	PR
饱和蒸汽管	S	生活热水供水管	DS
过热蒸汽管	SS	生活热水循环管	DC
二次蒸汽管	FS	补水管	M
高压蒸汽管	HS	循环管	CI
中压蒸汽管	MS	膨胀管	E
低压蒸汽管	LS	信号管	SI
凝结水管(通用)	C	溢流管	OF
有压凝结水管	CP	取样管	SP
自流凝结水管	CG	排水管	D
排水管	EX	放气管	V
给水管(通用)自来水管	W	冷却水管	CW
生产给水管	PW	软化水管	SW
生活给水管	DW	除氧水管	DA
锅炉给水管	EW	除盐水管	DM
连续排污管	CB	盐液管	SA
定期排污管	PB	酸液管	AP
冲灰水管	SL	碱液管	CA

续表 6.13

管道名称	代号	管道名称	代号
供暖供水管(通用)	H	亚硫酸钠溶液管	SO
供暖回水管(通用)	HR	磷酸三钠溶液管	TP
一级管网供水管	H1	燃油管(供油管)	O
一级管网回水管	HR1	回油管	RO
二级管网供水管	H2	污油管	WO
二级管网回水管	HR2	燃气管	G
空调用供水管	AS	压缩空气	A
空调用回水管	AR	氮气管	N

表 6.14 管路附件图形符号

名称	图形符号	名称	图形符号
同心异径管	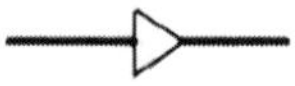	放气装置	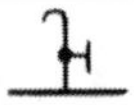
偏心异径管		放水装置	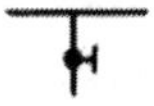
活接头		经常疏水装置	
法兰盘		保温管	
法兰盖		保护套管	
盲板		伴热管	
丝堵		挠性管软管	
管堵	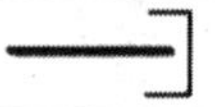	漏斗	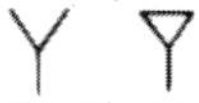
减压孔板	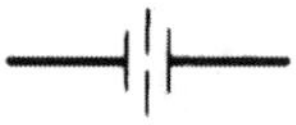	排水管	
可曲挠性橡胶接头		排水沟	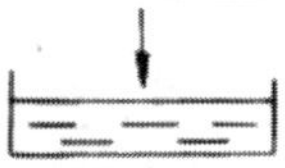

表 6.15 敷设方式、管道设施图形符号及其代号

名称	图形符号		代号
	平面图	纵剖面图	
架空敷设			

续表 6.15

名称		图形符号		代号
		平面图	纵剖面图	
管沟敷设				
直埋敷设				
套管敷设				C
管沟人孔				SF
管沟安装孔				IH
管沟通风孔	进风口			IA
	排风口			EA
检查室(通用)				W
保护穴				D
管沟方形补偿器穴				UD
入户井				CW
操作平台				OP

2. 阀门图例

管道图中常用阀门画法表示见表 6.16。

表 6.16 管道图中常用阀门画法表示

名称	俯视	仰视	主视	侧视	轴测投影
截止阀	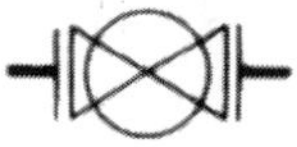		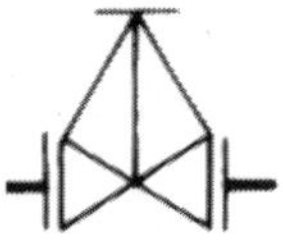	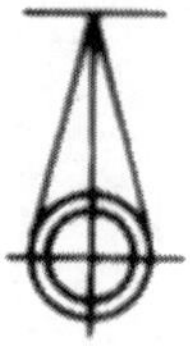	
闸阀			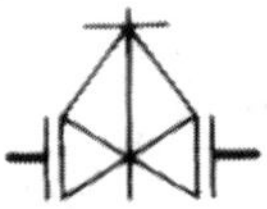		
蝶阀			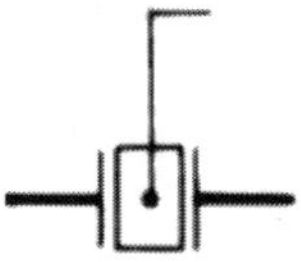		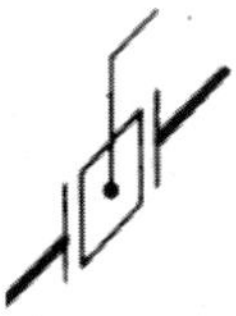
弹簧式安全阀					

注:本表以阀门与管道法兰连接为例说明。

控制元件和执行机构的图形符号见表 6.17。

表 6.17 控制元件和执行机构的图形符号

名称	图形符号	名称	图形符号
自力式温度调节阀	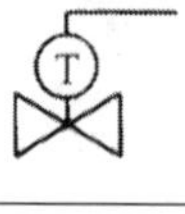 T	烟风管道手动调节阀	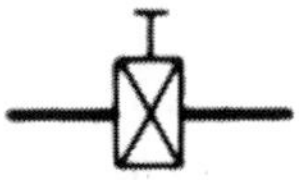
自力式压差调节阀		烟风管道蝶阀	
手动执行机构		烟风管道插板阀	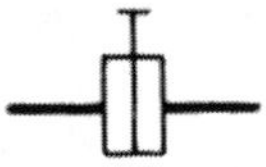

续表6.17

名称	图形符号	名称	图形符号
电动执行机构		插板式煤闸门	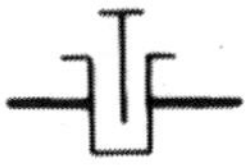
电磁执行机构		插管式蝶闸门	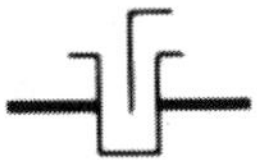
呼吸阀		浮球元件	
自力式压力调节阀		重锤元件	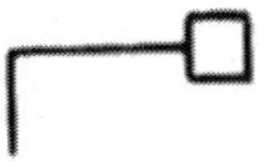
气动执行机构		弹簧元件	
液动执行机构	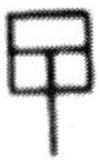		

3. 补偿器图例

补偿器图形符号及其代号见表6.18。

表6.18　补偿器图形符号及其代号

名称		图形符号		代号
		平面图	纵剖面图	
补偿器(通用)				E
方形补偿器	表示管道上补偿器节点			UE
	表示单根管道上补偿器			
波纹补偿器	表示管道上补偿器节点			BE
	表示单根管道上补偿器			

续表 6.18

<table>
<tr><th colspan="2" rowspan="2">名称</th><th colspan="2">图形符号</th><th rowspan="2">代号</th></tr>
<tr><th>平面图</th><th>纵剖面图</th></tr>
<tr><td colspan="2">套筒补偿器</td><td></td><td></td><td>SE</td></tr>
<tr><td colspan="2">球形补偿器</td><td></td><td></td><td>BC</td></tr>
<tr><td rowspan="2">一次性补偿器</td><td>表示管道上补偿器节点</td><td></td><td></td><td rowspan="2">SC</td></tr>
<tr><td>表示单根管道上补偿器</td><td></td><td></td></tr>
</table>

4. 管道支座、支吊架和管架图例

管道支座、支吊架和管架图形符号及其代号见表 6.19。

表 6.19 管道支座、支吊架和管架图形符号及其代号

<table>
<tr><th colspan="2" rowspan="2">名称</th><th colspan="2">图形符号</th><th rowspan="2">代号</th></tr>
<tr><th>平面图</th><th>纵剖面图</th></tr>
<tr><td colspan="2">支座(通用)</td><td></td><td></td><td>S</td></tr>
<tr><td colspan="2">支架、支墩</td><td></td><td></td><td>T</td></tr>
<tr><td rowspan="2">固定支座(固定墩)</td><td>单管固定</td><td rowspan="2"></td><td rowspan="2"></td><td rowspan="2">FS
(A)</td></tr>
<tr><td>多管固定</td></tr>
<tr><td colspan="2">活动支座(通用)</td><td></td><td></td><td>MS</td></tr>
<tr><td colspan="2">滑动支座</td><td></td><td></td><td>SS</td></tr>
<tr><td colspan="2">滚动支座</td><td></td><td></td><td>RS</td></tr>
<tr><td colspan="2">导向支座</td><td></td><td></td><td>GS</td></tr>
<tr><td colspan="2">刚性吊架</td><td></td><td></td><td>RH</td></tr>
</table>

续表 6.19

名称		图形符号		代号
		平面图	纵剖面图	
弹簧支吊架	弹簧支架			SH
	弹簧吊架			
固定管架	单管固定			FT
	多管固定			
活动管架(通用)				MT
滑动管架				ST
滚动管架				RT
导向管架				GT

5. 设备和器具图例

设备和器具图形符号见表6.20。

表 6.20　设备和器具图形符号

名称	图形符号	名称	图形符号
电动水泵		板式换热器	
蒸汽往复泵		螺旋板式换热器	
调速水泵		分汽缸 分(集)水器	
真空泵		磁水器	N S

续表 6.20

名称	图形符号	名称	图形符号
过滤器		热力除氧器、真空除氧器	
水射器、蒸汽喷射器		闭式水箱	
换热器(通用)		开式水箱	
套管式换热器		除污器(通用)	
管壳式换热器		Y 形过滤器	
过滤器		离心式风机	
单级水封		消声器	
安全水封		阻火器	
沉淀罐		斜板锁气器	
取样冷却器		锥式锁气器	
离子交换器(通用)		电动锁气器	M

6. 检测、计量仪表及元件图形符号

检测、计量仪表及元件图形符号见表 6.21。

表6.21　检测、计量仪表及元件图形符号

名称	图形符号	名称	图形符号
压力表(通用)		流量孔板	
压力控制器		冷水表	
压力表座		热量计	
温度计(通用)		玻璃液面计	
流量计(通用)		视镜	

第7章　识读与绘制通风空调工程施工图

7.1　识读通风空调工程设计施工说明

识读通风空调施工图的基本方法与步骤如下：

(1)通过图纸目录，了解图纸构成情况与每张图纸的主题、设计人员等；

(2)通过设计施工说明、图例、设备材料表等其他文字说明，了解整个工程的概况、系统划分、施工要求、主要设备材料等内容，并掌握图纸上所使用的符号与线型所代表的含义；

(3)从平面图开始，分析图纸的内容，初步了解每张图上的设备、管道等构成情况，系统划分情况及其相互关系；

(4)结合剖面图、系统轴测图、原理图和详图，分析平面图上表达不清的内容；

(5)综合各视图上的内容，构思出图纸所表达比较复杂的空间物体或系统的结构与外貌。

任务1　识读通风空调工程图纸目录

识读设计施工说明前，首先要读图纸目录，这是读图过程中的第一步，只有通过阅读图纸目录，才能清楚建设工程的名称、性质及设计单位，同时，可以明确整套工程图纸共有多少张，共分多少类，以便于后续快速查找图纸。

表7.1所列为某综合大厦通风空调的施工图纸目录。由目录可知，该综合大厦的通风空调施工图纸共有13张，其中空调工程设计与施工说明1张，编号为01，图幅为A1；通风空调平面图7张，对应不同楼层编号分别为02～08；图幅为A1；空调水系统图1张，编号为09，图幅为A2；空调风管系统图1张，编号为10，图幅为A2；制冷机房平、剖面图1张，编号为11，图幅为A2；制冷机房原理图1张，编号为12，图幅为A2；空调设备安装大样图1张，编号为13，图幅为A2。通过该图纸目录的识读，明确整套工程图纸的数量、组成和编号等内容，可以使读者随时都能快速地找到所需要的图纸，为熟悉图纸打下基础。

表7.1　某综合大厦通风空调的施工图纸目录

序号	图纸编号	图纸名称	张数	图幅大小	备注
1	01	空调工程设计与施工说明	1	A1	
2	02	地下层通风平面图	1	A1	
3	03	一层空调平面图	1	A1	
4	04	二层空调平面图	1	A1	

续表 7.1

序号	图纸编号	图纸名称	张数	图幅大小	备注
5	05	三层空调平面图	1	A1	
6	06	四～六层空调平面图	1	A1	
7	07	七层空调平面图	1	A1	
8	08	屋顶空调平面图	1	A1	
9	09	空调水系统图(二层)	1	A2	
10	10	空调风管系统图(二层)	1	A2	
11	11	制冷机房平、剖面图	1	A2	
12	12	制冷机房原理图	1	A2	
13	13	空调设备安装大样图	1	A2	

习题 7.1

识读图 7.1 所示某工程施工图纸目录，填写表 7.2 的内容

<table>
<tr><td rowspan="4" colspan="2">年　月　日</td><td colspan="2">图纸目录</td><td>工程编号</td><td colspan="2"></td></tr>
<tr><td>建设单位</td><td></td><td>阶段</td><td colspan="2"></td></tr>
<tr><td>工程名称</td><td>某建筑通风空调设计</td><td>专业</td><td colspan="2"></td></tr>
<tr><td>单项名称</td><td></td><td colspan="3">共页第页</td></tr>
<tr><td rowspan="2">序号</td><td rowspan="2">图号</td><td rowspan="2" colspan="2">图纸名称</td><td></td><td>图幅</td><td>备注</td></tr>
<tr><td>图号</td><td></td><td></td></tr>
<tr><td>1</td><td>N(施)-01</td><td colspan="2">通风及防排烟设计说明</td><td></td><td></td><td>A2</td></tr>
<tr><td>2</td><td>N(施)-02</td><td colspan="2">一层通风、防排烟平面图</td><td></td><td></td><td>A1</td></tr>
<tr><td>3</td><td>N(施)-03</td><td colspan="2">二层通风、防排烟平面图</td><td></td><td></td><td>A1</td></tr>
<tr><td>4</td><td>N(施)-04</td><td colspan="2">三层通风、防排烟平面图</td><td></td><td></td><td>A1</td></tr>
<tr><td>5</td><td>N(施)-05</td><td colspan="2">四、五层通风、防排烟平面图</td><td></td><td></td><td>A1</td></tr>
<tr><td>6</td><td>N(施)-06</td><td colspan="2">六层通风、防排烟平面图</td><td></td><td></td><td>A1</td></tr>
<tr><td>7</td><td>N(施)-07</td><td colspan="2">机房层通风、防排烟平面图</td><td></td><td></td><td>A2</td></tr>
<tr><td>8</td><td>N(施)-08</td><td colspan="2">一层空调平面图</td><td></td><td></td><td>A0</td></tr>
<tr><td>9</td><td>N(施)-09</td><td colspan="2">二层空调平面图</td><td></td><td></td><td>A0</td></tr>
<tr><td>10</td><td>N(施)-10</td><td colspan="2">三层空调平面图</td><td></td><td></td><td>A0</td></tr>
<tr><td>11</td><td>N(施)-11</td><td colspan="2">四、五层空调平面图</td><td></td><td></td><td>A0</td></tr>
<tr><td>12</td><td>N(施)-12</td><td colspan="2">六层空调平面图</td><td></td><td></td><td>A0</td></tr>
<tr><td>13</td><td>N(施)-13</td><td colspan="2">机房层空调平面图</td><td></td><td></td><td>A2</td></tr>
<tr><td>设计</td><td></td><td>校核</td><td></td><td>专业负责人</td><td colspan="2"></td></tr>
<tr><td>审核</td><td></td><td>审定</td><td></td><td>项目负责人</td><td colspan="2"></td></tr>
</table>

图 7.1　某工程施工图纸目录

表 7.2 某工程施工图纸目录信息表

序号	项目	内容
1	图纸数量	
2	图号前缀	
3	通风图纸数量	
4	空调图纸数量	
5	图幅种类	
6	图幅名称	

任务 2 识读通风空调工程设计施工说明

清楚整套图纸的图纸目录后，可以根据图纸目录中的图纸编号找到设计施工说明，进行设计施工说明的识读。

设计施工说明主要用于表达工程的概况和总体要求等方面的内容，对这部分的内容清晰掌握，才能顺利地对整套施工图纸进行识读。

图 7.2 所示为某大厦通风空调工程设计及施工说明，该设计施工说明指出了本工程的设计依据、工程概况及施工总要求、设计范围、设计标准、空调风系统、空调水系统和防排烟系统的有关事项。这些内容既是识读通风空调工程施工图的基础，也是施工方进行通风空调系统预算及施工安装的指导。

某大厦通风空调工程设计及施工说明

一、设计依据

1. 建设投资方提出的各种要求。

2. 本工程其他专业对本专业提出的条件。

3. 有关设计规范

《工业建筑供暖通风与空气调节设计规范》（GB 50019—2015）；

《建筑设计防火规范》（GB 50016—2014）；

《通风与空调工程施工及验收规范》（GB 50243—2016）。

二、工程概况及施工总要求

1. 本工程是 × × 大厦综合楼，该楼占地面积为 1 400 平方米，建筑面积为 10 180 平方米，空调面积为 7 360 平方米。对该楼主要进行夏、冬两季的通风空调工程的设计。

2. 本工程设备安装前，施工单位必须仔细阅读图纸，理解设计意图，做好施工方案；电气、暖通空调、给排水专业必须相互协调，精心组织，制定出施工方案，定出施工计划。

3. 所有设备的基础必须待设备到货，核对尺寸无误后方能施工。

4. 各种管道同一标高相碰时，一般按如下原则处理：

（1）首先保证排水管、风管、压力管和重力管；

图 7.2 某大厦通风空调工程设计及施工说明

(2)保证风管,小管让大管。

三、设计范围

本工程的通风空调系统。

四、设计标准

1. 室外气象参数

夏季空调室外设计计算干球温度为 33.5℃;

夏季空调室外设计计算湿球温度为 27.7℃;

冬季空调室外设计计算温度为 5℃;

冬季空调室外设计计算相对湿度为 70%。

2. 室内设计计算参数如下

场所	温度/℃		相对湿度/%		新风量标准 $/m^3 \cdot h^{-1} \cdot p$	噪声标准
	夏季	冬季	夏季	冬季		
商场	24	23	≤65	≤40	18	NC50
办公室、会议室等	25	24	≤55	≤50	25	NC30
桑拿间	27	24	≤60	≤60	40	
酒吧	26	23	≤60	≤40	25	NC40
更衣室	26	22	≤65	≤40	25	NC40
大堂	24	23	≤65	≤40	18	NC40
KTV 间	26	20	≤65	≤40	30	
舞厅	25	20	≤60	≤40	40	
健身房	24	19	≤60	≤40	60	NC40
客房	24	24	≤55	≤50	50	NC30

五、空调风系统

1. 本工程根据各区域的功能,设置两类空调系统,一层商场采用吊顶空调机组,其他均采用风机盘管加独立新风的空调方式,新风不承担室内负荷。夏季供冷、冬季供热。各区域均按四星级建筑适性空调设计。

2. 空调系统的总新风管上均设手动对开多叶调节阀,以调节不同季节系统对新风的不同要求。

3. 风管采用法兰连接,法兰垫料采用闭孔海绵或橡胶板;对排风、排烟合用的风管,其法兰垫料采用浸油石棉板;厚度均为 5 mm。

4. 空调系统的风管均采用 30 mm 厚的超细玻璃棉外包铝箔保温。风管、吊顶式空调机组及风机盘管均应采用支吊架固定,与风机盘管相连的冷冻水供、回水管均采用软接头连接。

5. 通风及空调系统的风管均采用镀锌钢板制作,钢板厚度应符合 GB 50243—2016 规定。

6. 所有吊顶空调机组、风机盘管均采用减振支、吊架。

7. 风管与空调机组。

通风机进出口处采用柔性连接,柔性短管长度为 200 mm,接口应牢固严密,内外刷防火涂料。排烟系统的柔性短管应采用不燃材料制作。

8. 风管上的可拆卸接口不得设置在墙体或楼板内。

续图 7.2

9. 所有水平或垂直的风管必须设置必要的支、吊或托架,其构造形式由安装单位在保证牢固、可靠的原则下根据现场情况选定,详见国标。

10. 未尽事宜,须严格遵照 GB 50243—2016 和《民用建筑设计防火规范》(GB 50016—2014)执行。

六、空调水系统

1. 水管 DN≤70 采用镀锌钢管,DN > 70 采用无缝钢管,规格满足《通风与空调工程施工及验收规范》要求。

2. 阀门 DN≤32 采用截止阀,DN > 32 采用闸阀。

3. 冷凝水管采用 PVC 管。

4. 冷冻水管、冷凝水管及阀门均保温,保温材料采用外包铝箔的超细玻璃棉管壳,接缝处用不干胶铝箔封条粘贴密封。保温层厚度 DN≤80 时为 35 mm,DN > 80 时为 40 mm。

5. 系统安装完毕后,应进行综合水压试验,试验压力为 1.0 MPa 并在五分钟内压力降不超过 0.02 MPa 时,将试验压力降至工作压力作外观检查,不漏为合格。

七、防排烟系统

1. 防排烟楼梯间及其前室、合用前室和消防电梯间前室设置机械加压送风系统。

2. 地下室设置机械排烟系统,同时设置送风系统,送风量不宜小于排烟量的 50%。

续图 7.2

习题 7.2

根据图 7.2 某大厦通风空调工程设计及施工说明,回答下面问题。

(1)空调水系统中,冷凝管的管材是(　　)。

A. PB 管　　B. PE 管　　C. PPR 管　　D. PVC 管

(2)风管与空调机组、通风机进出口处连接的柔性短管长度是(　　)。

A. 200 mm　　B. 150 mm　　C. 150 m　　D. 200 m

(3)空调水系统的管径为 DN50,则与其连接的阀门应为(　　)。

A. 蝶阀　　B. 闸阀　　C. 截止阀　　D. 球阀

(4)空调系统的风管如何进行保温处理?

(5)机械加压送风系统设置在什么位置?

任务 3　识读通风空调工程设备材料表及图例

1. 识读设备材料表

表 7.3 所列为某综合大厦通风空调施工图纸的主要设备材料表(节选),该表详细地列出了本工程所选用的主要设备、附件的名称、型号、规格、数量、主要性能参数等内容。

表 7.3　某综合大厦通风空调施工图纸的主要设备材料表(节选)

序号	名称	型号及规格	数量	单位	备注
1	直燃式制冷机组	BZ－75VI 制冷量:872 kW　制热量:696 kW	1	台	

续表 7.3

序号	名称	型号及规格	数量	单位	备注
2	直燃式制冷机组	BZ－65VI 制冷量:756 kW　制热量:603 kW	1	台	
3	冷冻水泵	IS150－125－400 $Q=120\ m^3/h$　$H=46\ m$　$N=45\ kW$	3	台	
4	冷却水泵	IS200－150－315 $Q=200\ m^3/h$　$H=28\ m$　$N=55\ kW$	3	台	
5	冷却塔	DBNL3－700 $Q=700\ m^3/h$　$L=393\ 500\ m^3/h$　$N=18.5\ kW$	1	台	
6	消防专用双速风机	YT22－S $L=28\ 000\ m^3/h$　$n=760\ r/min$　$N=11\ kW$	1	台	
7	新风机组	BFP－10W $L=12\ 000\ m^3/h$　$LQ=72\ 000\ W$　$N=2.1\ kW$	4	台	
8	风机盘管	FP－3.5WA $L=365\ m^3/h$　$LQ=2\ 110\ W$　$N=39\ W$	48	个	
9	风机盘管	FP－10WA $L=1\ 050\ m^3/h$　$LQ=5\ 400\ W$　$N=99\ W$	18	个	
10	防火调节阀	630×400	40	个	
11	方形散流器	540×540　$L=4\ 200\ m^3/h$	50	个	
12	圆形散流器	$\phi257$　$L=750\ m^3/h$	96	个	
13	防雨百叶风口	1 600×320	6	个	

习题 7.3

识读表 7.3 内容，填写表 7.4 某工程主要设备材料信息表。

表 7.4　某工程主要设备材料信息表

序号	项目	内容
1	工程所用直燃机组的数量及制冷量	
2	冷冻水泵的基本参数	
3	防火调节阀的数量	
4	型号为 FP－3.5WA 设备名称	
5	方形散流器的基本参数	
6	本工程冷却塔型号	

2. 识读图例

图例是工程识图的重要指导材料,国家标准中规定的通风空调部分的相关图例,是必须熟识的内容,但是标准中的图例不能穷尽所有的设备、附件,而且有些设计人员依旧沿用已有的习惯绘图,导致施工图中的某些设备表示方法不是常用的。图例恰恰解决了这个问题,如果在施工图纸中存在不熟悉的设备表示方法,只要在所看图纸的图例中寻找即可。所以在识图过程中,一定要对图例有足够的重视。

如表 7.5 所列为某综合大厦通风空调施工图纸的图例列表(节选),该表列出了本工程施工图纸中的部分管道、设备和阀门等的表示方法。

表 7.5 某综合大厦通风空调施工图纸的图例列表(节选)

图例	名称
——— L1 ———	冷冻水供水管
— — — L2 — — —	冷冻水回水管
——— LQ1 ———	冷却水供水管
— — — LQ2 — — —	冷却水回水管
——— N ———	空调冷凝水管
	膨胀水管
	Y 形过滤器
	电动阀
	软接头
	消声器
	止回阀
	帆布接头
	电动对开多叶调节阀

7.2　识读通风空调工程施工图

任务1　识读通风空调平面图

在通风空调工程施工图中,有代表性的图纸基本上都是反映通风空调系统布置、通风空调机房布置、制冷机房布置等的平面图,因此,在通风空调工程设计与施工安装中,平面图是所有施工图中最重要的图样,下面仅针对平面图的识读进行详细介绍。

1. 地下一层通风平面图

识读通风空调工程施工图各种图纸时均应按不同的通风空调系统和其空气流向顺次读图,逐步搞清楚每个系统的全部流程和各个系统之间的关系,同时按照图中设备及部件编号与设备材料明细表对照阅读。

如图7.2所示为某综合大厦地下一层通风平面图的一部分。为了方便使用,设计人员在该平面图标题栏上方附有本层设备材料表一份,见表7.6所列,表中的序号与图纸中各设备、附件标注的编号一致,可以根据图纸中的编号查到相应设备的名称、规格和型号等参数。

表7.6　地下一层设备材料表

序号	名称	型号及规格	单位	数量	备注
1	消防专用双速风机	YT21 - S	台	1	
2	消防专用双速风机	YT22 - S	台	1	
3	柜式离心通风风机	T4 - 72No. 10C	台	1	
4	消声器	1 000 mm × 800 mm × 630 mm	个	2	
5	消声器	1 450 mm × 800 mm × 630 mm	个	1	
6	止回阀	1 000 mm × 320 mm	个	2	
7	电动对开多叶调节阀	1 000 mm × 320 mm	个	1	
8	电动式百叶加压送风口	600 mm × 400 mm	个	1	底标高为300 mm
9	铝合金单层百叶风口	250 mm × 450 mm	个	18	
10	铝合金单层百叶风口	250 mm × 650 mm	个	22	
11	防火卷帘		个	1	耐火极限大于3小时

(1)划分系统。

由该平面图可知绘图比例为1:100。结合表7.6,由图中③轴、⑤轴、Ⓔ轴间的通风机房可以看出,该层共分四个系统。

设备1、2均为消防专用双速风机,且与排风/烟井相连接,气流方向标示为向风井排风,同时由图中注释第一条可知本层排风系统与排烟系统合用,故可以断定两系统为机械排风、排烟共用系统。平时排风,发生火灾时排烟。

设备3为柜式离心通风风机,且与新风井相连接,气流方向标示为由风井引风,故可知该系统为机械送风系统。平时向室内补充人员消耗的氧气,发生火灾时则用来弥补排烟系统排出的大量空气。

第四个系统位于③轴、④轴、Ⓔ轴间部件8所处的位置,部件8为电动式百叶加压送风口,该风口直接连接一个垂直风井,所以该系统为机械加压送风系统,发生火灾时向防烟楼梯间送风,保证楼梯间维持正压,以利于人员疏散及消防员进行营救。

(2)识读机械排风、排烟系统。

以系统1为例进行识读介绍。该系统承担空调机房、配电房与走廊三个区域的排风、排烟,空调机房中设置有五个风口,风口间距均为3 m,排风、排烟风管布置于Ⓓ轴、Ⓔ轴之间,且为矩形风管,尺寸为630 mm×400 mm;配电房中设置有三个风口,风口间距也为3 m,排风、排烟风管布置于Ⓑ轴、Ⓒ轴之间,尺寸为630 mm×400 mm;空调机房、配电房两个区域的排风、排烟风管在走廊上经合流三通汇总在一起,风管尺寸变为800 mm×630 mm,走廊上设置一个风口。所有排风、排烟口均为侧吸风口,尺寸为250 mm×450 mm。

结合注释可知标注“排烟风口”字样的风口为排烟专用风口,平时关闭,火灾时打开排烟,未做任何标注的风口为排烟、排风合用风口。平时排风,火灾时排烟。所有的风口均配置有70℃的防火排烟调节阀。

总排风、排烟风管经走廊进入通风机房,在机房中先后经过280℃防火排烟阀、消声器、变径管、软连接等部件再与消防专用双速风机连接,然后经过软连接、止回阀后与排烟、风井相连,最终经排烟、风井将空气、烟气排入大气中。

该系统中的风机、消声器等设备以及各个风管、风口等部件的定位尺寸在平面图中标注。另外,注释中也明确了排风/排烟系统风管安装时,应底面相平且底面标高为2.8 m。

(3)识读机械送风系统。

该系统承担整个地下一层的送风,图7.3所示平面图中只体现了空调机房与配电房两个区域的送风,以此为例进行识读。机械送风系统首先通过新风井将室外新风引入系统中,经电动对开多叶调节阀、软连接后与柜式离心通风风机相连,然后经软连接、变径管、消声器后与送风干管相连接,并将空气送出机房,在流出机房的位置处设置一个70℃的防火阀,送风干管尺寸为1 250 mm×6 300 mm。

送风干管在④轴、⑤轴、Ⓐ轴、Ⓑ轴间的配电房内经分流三通分为两路送风分支,其中一路分支为空调机房和配电房送风;另外一路为图中未体现的地下一层其他区域送风,其也包含一个配电房的送风口。送风支管沿送风方向先经过配电房再进入空调机房,送风管与排风、排烟管分列房间的两侧。

配电房中设置有三个送风口,风口间距分别为4.5 m和5.6 m,送风管尺寸为800 mm×630 mm;空调机房中设置有四个送风口,风口间距均为4.5 m,送风管尺寸为630 mm×400 mm。所有送风口均为侧送风口,尺寸为250 mm×650 mm。

该系统中的风机、消声器等设备及各个风管、风口等部件的定位尺寸在图纸中标注,送风管安装时,应底面相平且底面标高为2.8m。

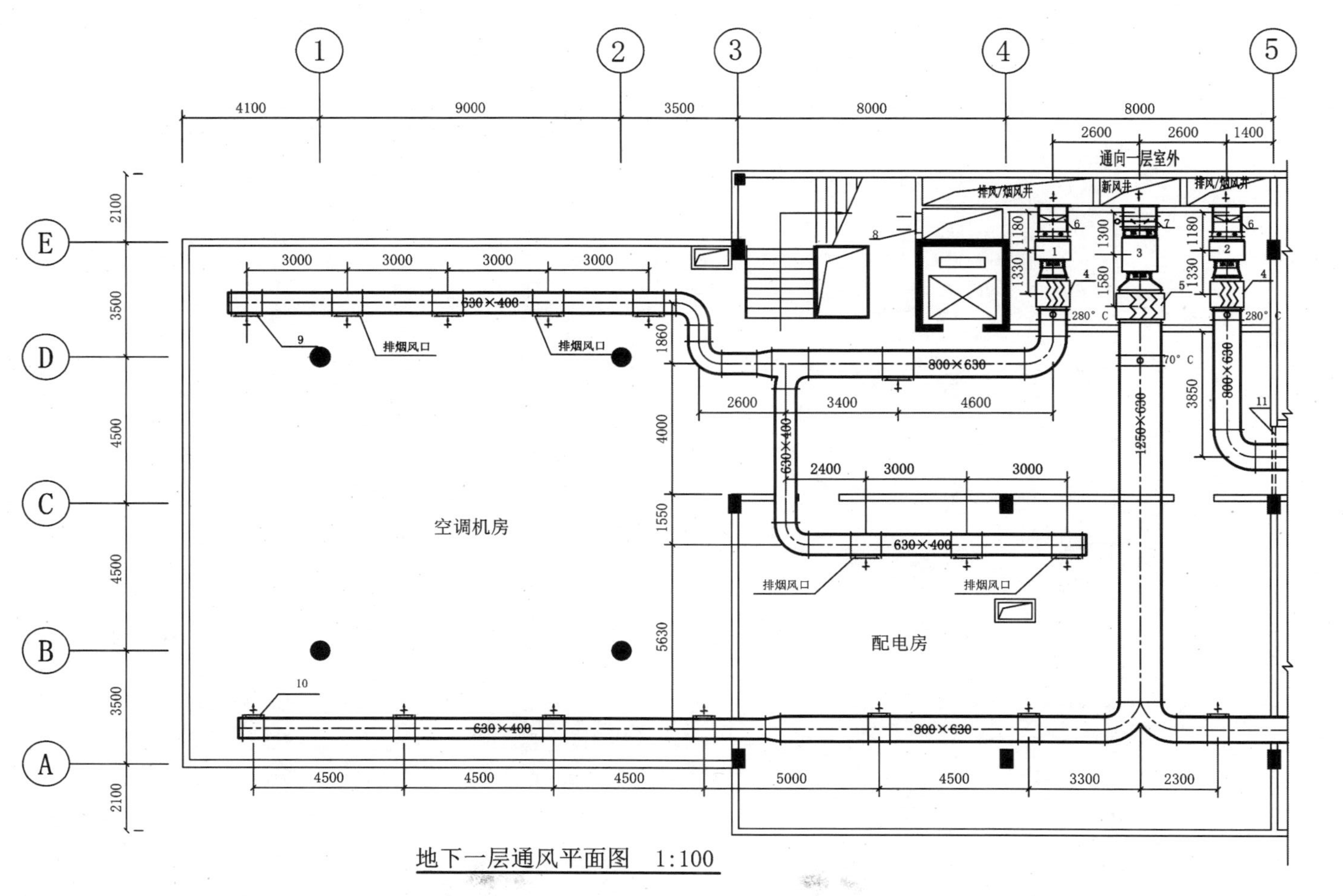

注:1. 排风系统与排烟系统合用;2. 排烟、排风风口和送风风口均配70 ℃防火调节阀;3. 排风、排烟系统中,未做说明的风口均为排烟、排风合用风口,平时排风,火灾时排烟;4. 排风、排烟系统与通风系统安装时,风管底面相平,底面标高为2.8 m。

图7.3 某综合大厦地下一层通风平面图(1)

(4)识读机械加压送风系统。

该系统比较简单,在该平面图中只体现出了加压送风口与加压送风竖井两部分。由图7.3可知,加压送风竖井位于④轴、Ⓔ轴交汇处。由表7.6可知,电动式百叶加压送风口的尺寸为600 mm×400 mm,安装时底标高为0.3 m。

习题7.4

识读图7.4所示地下一层通风平面图(2),结合图7.3和表7.6,回答下列问题。

(1)从这张平面图上可以看出几个系统,分别是什么?

(2)设备2、设备3分别是什么设备?起到什么作用?

(3)本图的机械排风、排烟系统承担了那些区域的排风、排烟?分别设了几个风口?风口间距是多少?

(4)本图的机械送风系统首先通过(　　)将室外新风引入到系统中,经(　　)、(　　)后与(　　)相连,然后经软连接、(　　)、消声器后与(　　)相连接,并将空气送出机房,在流出机房的位置处设置一个(　　)防火阀,送风干管尺寸为(　　)。

(5)洗衣房中设置有(　　)个送风口,风口间距(　　),送风管尺寸为(　　);所有送风口均为(　　)。

2. 一层空调平面图

如图7.5为某综合大厦一层空调平面图的一部分,表7.7为平面图标题栏上方的一层设备材料表。

(1)划分系统。

由图7.5了解到该图为一层商场的空调平面图,绘图比例为1:100,而且由图纸左下角的指北针可知此建筑坐西朝东。需要注意的是,通风空调施工图纸一般仅在一层平面图上有指北针,所以在识图时要注意,本章后续识图中建筑朝向与一层平面图一致,请与此平面图对照识读。

通风空调系统的复杂性在于它不仅存在风系统,还存在水系统、冷热源系统等。冷热源系统单独成图,系统大且复杂时水系统也单独成图。这就要求施工人员在识读通风空调平面图时对风、水系统都要进行识读。本图中风、水系统在同一个平面图上体现。

①风系统。由Ⓐ轴、Ⓑ轴间的通风空调设备可知,该层图示区域共有5个风系统,其中4个为采用吊顶式空调机组的空调系统,另外一个为新风系统,分别为各空调系统提供新风。

②水系统。由图可知,③轴、Ⓔ轴相交处与④轴、Ⓑ轴、Ⓒ轴间分别有一个管井,且均有水管引出分别与各吊顶式空调机组连接,一层共有隶属于1区管井和2区管井的两个水系统,它们分别为本区的空调机组提供冷冻水。

(2)识读新风系统。

该层新风系统紧贴着建筑东侧墙面(Ⓐ轴)布置,新风系统入口位于建筑南墙面上Ⓐ轴附近,外墙面入口上设置有铝合金防雨百叶风口,尺寸为800 mm×320 mm。然后沿着气流方向识读系统,新风引入后经电动对开多叶调节阀、软连接进入框式离心通风风机(型号T4－72No.8C),在风机的推动下继续前行,经软连接与新风干管相连。

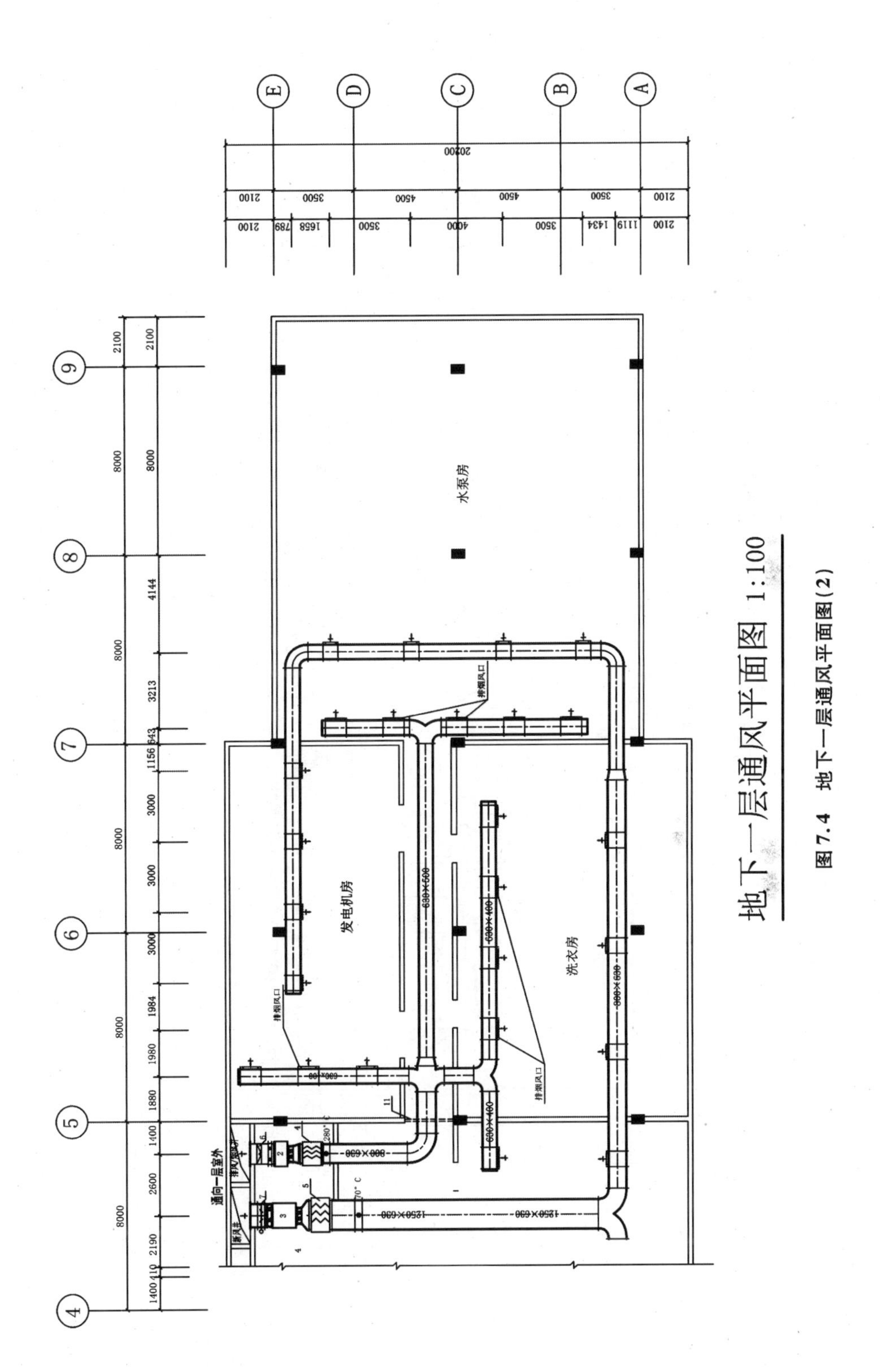

图 7.4　地下一层通风平面图(2)

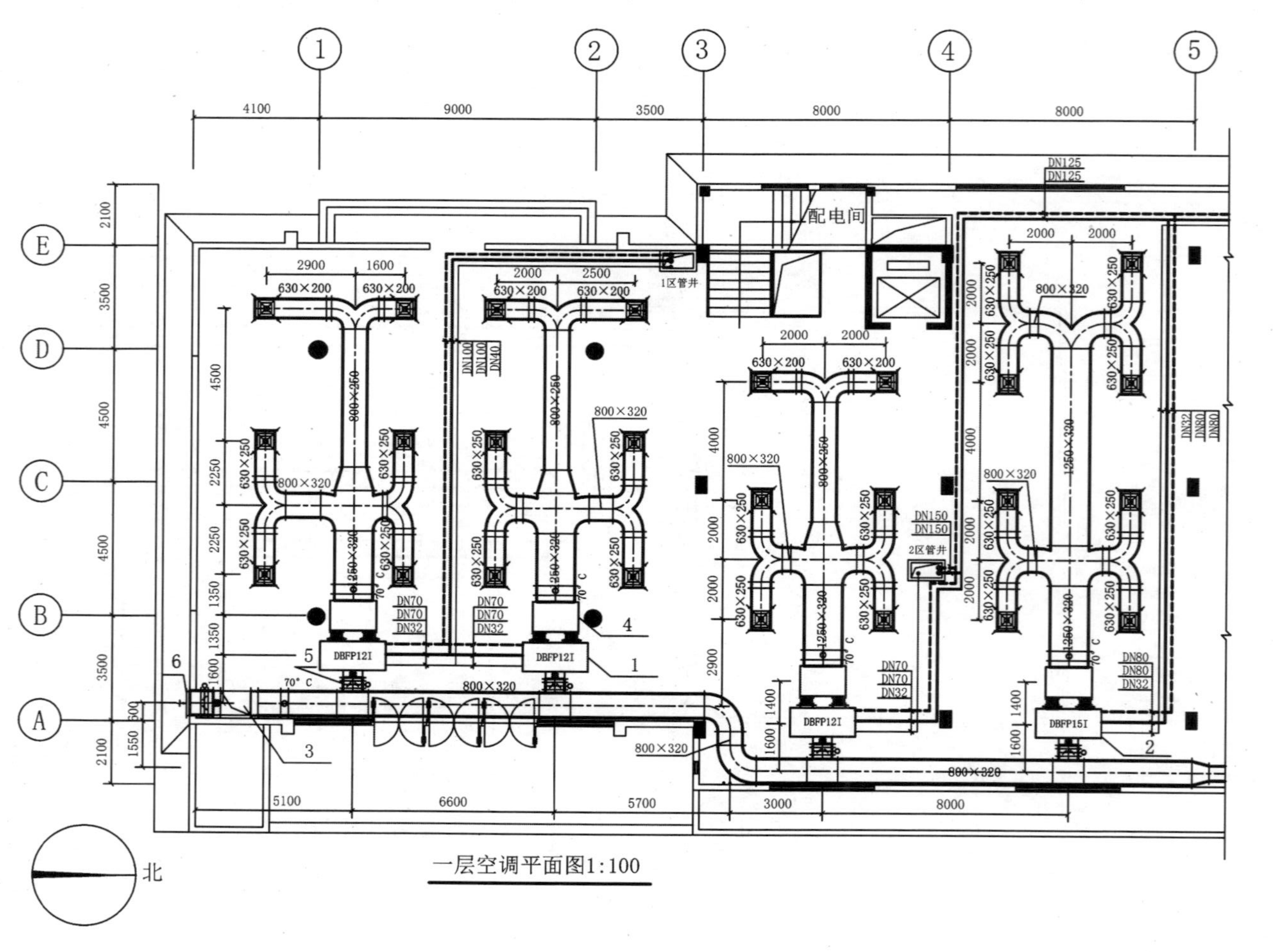

注:1. 图中 DBFP12I 机组进、出水管径为 DN70,凝水管径为 DN32;DBFP15I 机组进、出水管径为 DN80,凝水管径为 DN32;2. DBFP 机组自带回风箱,图中未表示;3. 空调机组进、出水管匀设软接头、闸阀,进水管上设 Y 形过滤器。

图 7.5 某综合大厦一层空调平面图(1)

表 7.7　一层设备材料表

序号	名称	型号及规格	单位	数量	备注
1	吊顶式空调机组	DBFP12I	台	4	
2	吊顶式空调机组	DBFP15I	台	3	
3	柜式离心通风风机	T4 - 72No. 8C	台	1	
4	消声静压箱	1 500 mm × 1 000 mm × 320 mm	个	7	
5	电动对开多叶调节阀	DN1000	个	7	
6	防雨百叶风口(铝合金)	800 mm × 320 mm	个	1	

新风干管与风机连接处设置一个 70℃的防火阀,干管尺寸为 800 mm × 320 mm。在空气流动方向上,新风干管先后与四个空调系统的吊顶式空调机组相连接,不断地向各个机组供应新风。与这四个空调机组连接的这段新风管尺寸没有变化,在与这四个空调机组全部连接完毕后干管管路尺寸减小,所以在⑤轴处存在一个变径管。同时需注意到,在③轴位置处存在一个 Z 形弯管,这是由于建筑东墙面突变而新风管又紧贴该墙面布置引起的。

该系统中的风机、风阀等部件及各分支管的定位尺寸在该图纸中均有明确标注。

(3)识读空调风系统。

本层的四个空调系统形式类似,以①轴处的空调系统为例进行识读。该空调系统采用 DBFP12I 吊顶式空调机组,控制区域为①轴附近 4.5 m 的范围内,空气处理上采用一次回风空调系统形式,即引用一次室内回风与新风混合后经空调机组处理,达到送风状态点后送入室内。

该机组的回风部分在图纸中没有体现,但是在注释中有明确说明“机组自带回风箱”,回风口则位于相应的顶棚处,该部分在施工时可查阅设备厂家的产品安装手册。

该机组的新风口与新风管路相连接,连接管上设置有电动对开多叶调节阀、软连接,从而引入新风到机组中。新风、回风混合经空调机组处理后送入尺寸为 1 500 mm × 1 000 mm × 320 mm 的消声静压箱中,两设备间采用软连接形式。经消声均压后,空气进入空调干管,干管尺寸为 1 250 mm × 320 mm,干管与消声静压箱连接处设置有 70℃防火阀。空调干管在Ⓒ轴处经过分流四通分出两个支路,其中干管沿原方向继续前行,两个支路(风管尺寸为 800 mm × 320 mm)则与干管垂直分流,每个支路再分别经过分流三通分为两路(风管尺寸为 630 mm × 250 mm)后最终经散流器送风口送入室内。分流后的干管在Ⓓ轴、Ⓔ轴间经分流三通后又分为两支路(风管尺寸为 630 mm × 200 mm)后最终经散流器送风口送入室内。该系统共设置 6 个散流器送风口,散流器送风口的尺寸为 540 mm × 540 mm。

该系统中的吊顶式空调机组、消声静压箱和风阀等部件及各分支管、散流器送风口的定位尺寸在该图纸中已明确标注。

图 7.5 中其他三个空调系统与该系统类似,此处不再赘述。需要注意的是,④轴、⑤轴间的空调系统略有不同:吊顶式空调机组型号不同,该机组型号为 DBFP15I;散流器风口数

量不同,该系统风口数量为 8 个。

(4)识读空调水系统。

空调机组为了实现对空气进行热湿处理,需要有相应的冷却介质或者加热介质,以完成与空气的热湿交换。这就决定了水系统的存在,下面就以本层空调图纸为例说明水系统识读的方法。

正如前文所述,本层水系统共有两个区:1 区管井对应的水系统;2 区管井对应的水系统。空调水系统共有冷冻水供水管、冷冻水回水管及冷凝水管三条水管道组成。

如图 7.5 所示,1 区管井对应的水系统是为①轴和②轴的两个吊顶式空调机组服务的,这两个空调机组的冷冻水供水管、冷冻水回水管汇总后分别与 1 区管井的供水立管和回水立管相连接,两个机组的冷凝水管汇总后也接入 1 区管井中,这说明这两个机组的产生的冷凝水通过 1 区管井的冷凝水立管最终排至建筑的排水系统中。本系统中与机组连接的冷冻水供水管、冷冻水回水管与冷凝水管的管径分别为 DN70、DN70 和 DN32,与管井立管连接的冷冻水供水管、冷冻水回水管与冷凝水管的管径分别为 DN100、DN100 和 DN40。

2 区管井对应的水系统是为本层其他的吊顶式空调机组服务的,该系统的识读方法与 1 区管井对应的水系统相同,此处不再赘述。

在图纸中可以看出水系统管路的具体走向以及连接方法。结合注释,可以读出水管路与机组连接的要求:空调机组进、出水管之间均设软接头、闸阀,进水管上设 Y 形过滤器等。

习题 7.5

识读图 7.6 所示某综合大厦一层空调平面图(2),结合图 7.5 和表 7.7,回答下列问题。

(1)该层图示区域共有(　　)个风系统,采用(　　)空调系统。

(2)⑥轴处的空调系统采用(　　)吊顶式空调机组,控制区域为(　　),空气处理上采用的是(　　)空调系统形式。该机组空调干管尺寸为(　　),干管与消声静压箱连接处设置有(　　)。

该系统共设置(　　)个散流器送风口,通过查材料设备表可知,散流器送风口尺寸为(　　)。

(3)空调水系统由(　　)管、(　　)管及(　　)管三条水管道组成。本系统中与机组连接的冷冻水供水管、冷冻水回水管与冷凝水管的管径分别为(　　)、(　　)和(　　)。

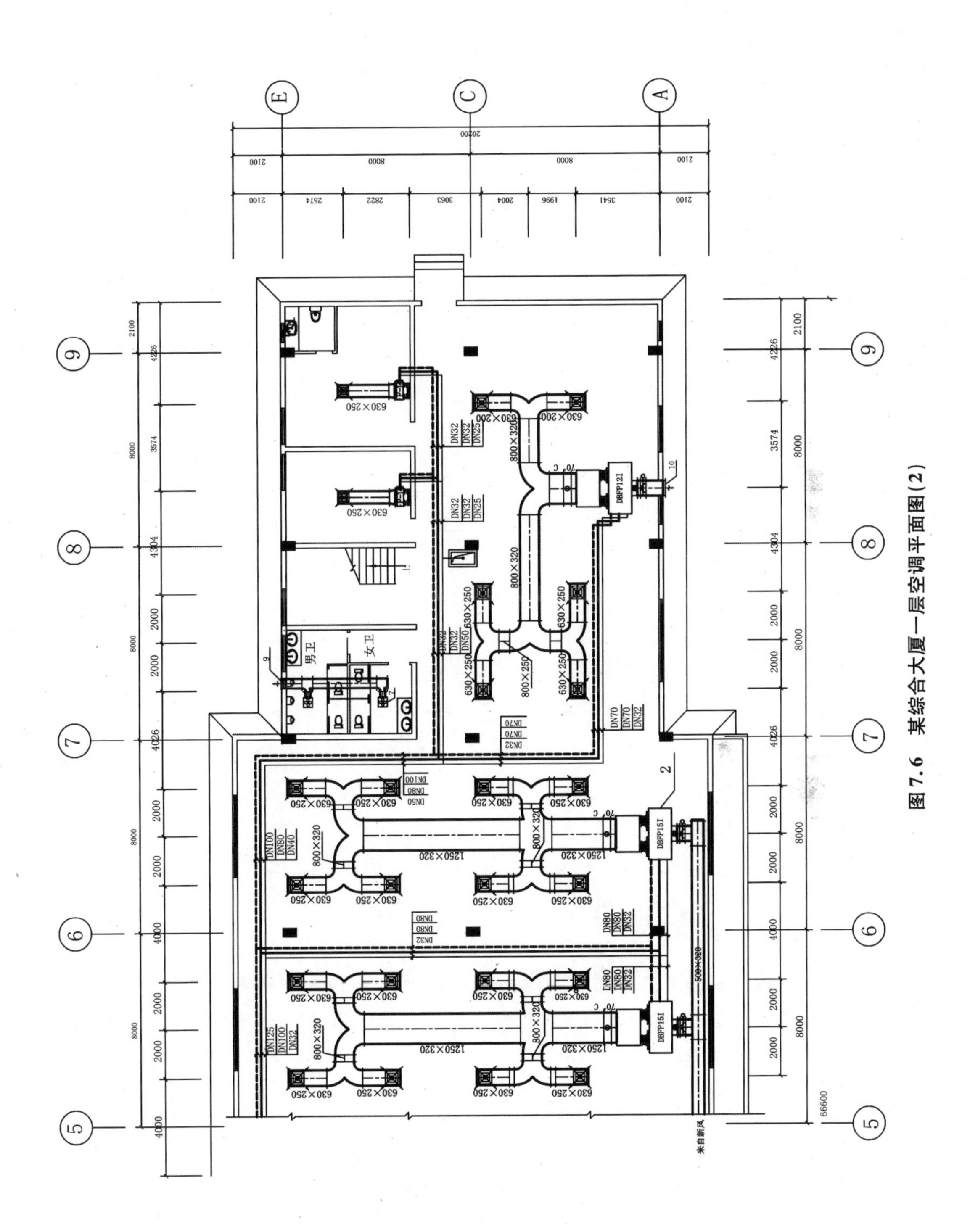

图 7.6　某综合大厦一层空调平面图(2)

3. 二层空调平面图

如图 7.7 所示为的某综合大厦二层空调平面图的一部分，表 7.8 是该平面图标题栏上方附的本层设备材料表。

表 7.8　二层设备材料表

序号	名称	型号及规格	单位	数量	备注
1	卧式新风机组	BFP－15W	台	1	
2	吊柜式风机盘管	G－7WD/B	台	1	
3	消声静压箱	1 500 mm×1 000 mm×320 mm	个	1	
4	消声静压箱	2 000 mm×1 000 mm×320 mm	个	1	
5	电动对开多叶调节阀	1 600 mm×320 mm	个	1	
6	排风扇	DPS－23	台	23	
7	电动式百叶加压送风口	600 mm×400 mm	个	1	底标高为 300 mm
8	防雨百叶风口（铝合金）	1 600 mm×320 mm	个	1	
9	圆形散流器	ϕ154　L=270 m^3/h	个	24	
10	圆形散流器	ϕ257　L=750 m^3/h	个	16	

（1）划分系统。

该图纸为二层空调平面图，比例为 1:100。由设计施工说明可知，除一层商场外该建筑其他区域均采用风机盘管加独立新风的空调方式，新风不承担室内负荷。对该层的空调系统有了初步的认识后，再结合本层平面图，即可得出详细的系统划分方案。

①风系统：该层图示区域共包含四类风系统，一为各个房间的风机盘管系统；二为集中式新风系统，分别为各个风机盘管及走廊、前厅等处提供新风；三为各客房、卫生间的通风系统；四为消防楼梯间的机械加压送风系统。

②水系统：与一层空调平面图一样，共有隶属于 1 区管井和 2 区管井的两个水系统，它们分别为新风机组系统及不同的风机盘管提供冷冻水系统。

（2）识读新风系统。

该层新风系统需要为每个房间的风机盘管供应新风，所以风管需要接入每个房间。该系统较一层新风系统要复杂得多，新风风管遍布走廊及各房间，识读时要按新风走向识读图纸，理解设计意图，理解图纸表达内容。

新风入口位于建筑西墙面上④轴、⑤轴之间，入口外墙面上设置有标号为 8 的铝合金防雨百叶风口，尺寸为 1 600 mm×320 mm。然后沿着气流方向进行系统识读，新风引入后先经过标号为 5 的电动对开多叶调节阀（尺寸为 1 600 mm×320 mm）、软连接与标号为 1 的卧式新风机组（型号为 BFP－15W）连接，经机组进行热、湿处理后，新风经软连接进入到标号为 4 的消声静压箱中（尺寸为 2 000 mm×1 000 mm×320 mm）。

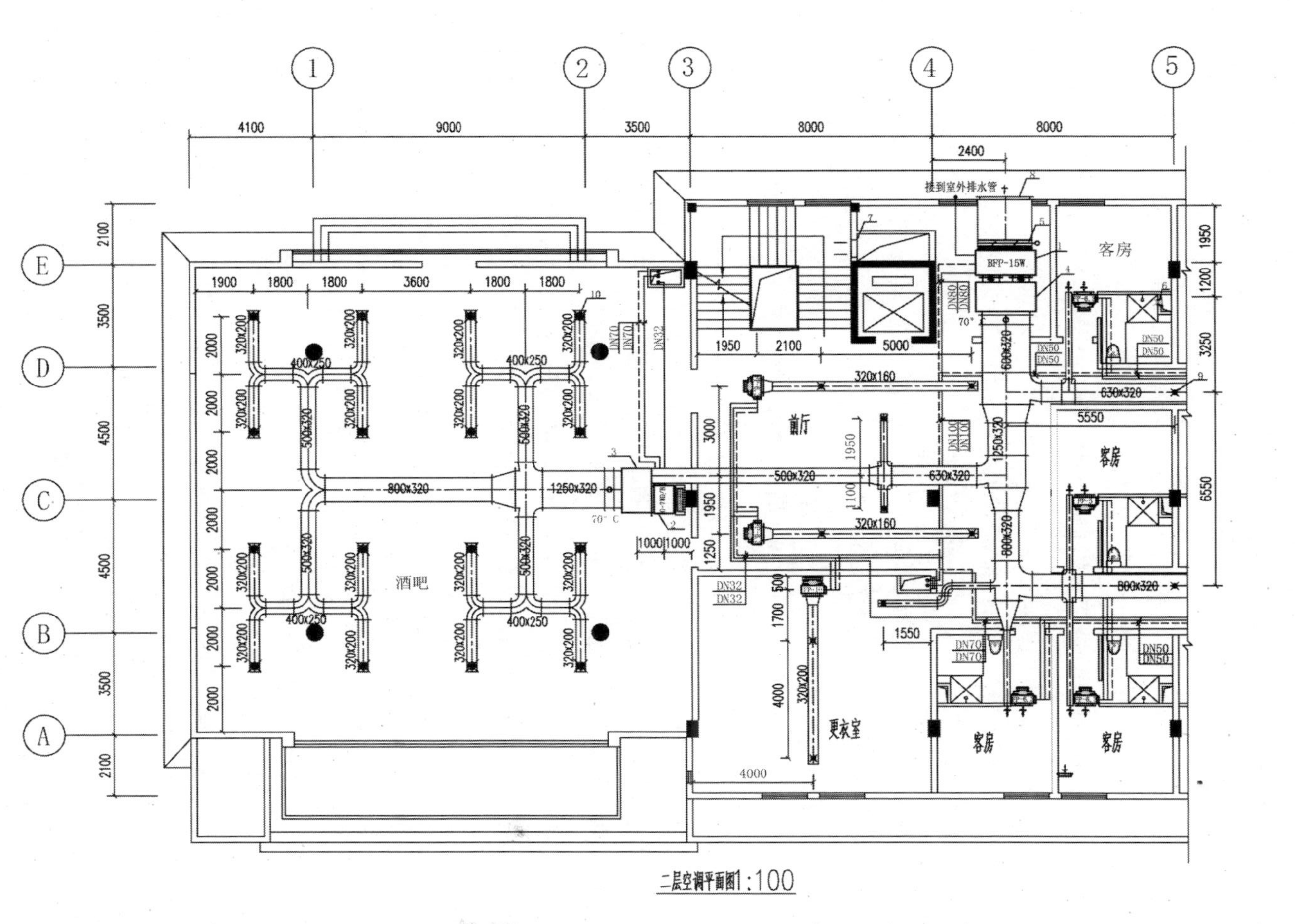

注:1. 图中没标的新风风管的尺寸均为 200×120(mm×mm);2. 进入客房内的新风支管,均安装蝶阀,新风支管的端头应靠近风机盘管;3. 卫生间装带止回阀的排风扇,通过管道井排出屋面;4. 风机盘管进、出、凝水管管径均为 DN20;新风机组进、出水管管径为 DN80,凝水管管径为 DN32;吊柜式风机透管进、出水管管径为 DN70,凝水管管径为 DN32;5. 风机盘管和新风机组的进、出水管均设软接头、闸阀,进水管设过滤器;6. 图中没标的风机盘管的冷水供水管管径为 DN25,回水管管径为 DN25;7. 凝结水集中排到管井中,图中未标管径、干管管径均为 DN32,支管管径均为 DN25。

图 7.7 某综合大厦二层空调平面图(1)

新风由消声静压箱流出后进入新风干管，干管与消声静压箱连接处设置一个70 ℃防火阀，新风干管尺寸为1 600 mm×320 mm。在Ⓒ轴、Ⓓ轴间且靠近Ⓓ轴处，新风干管经分流三通分出系统的第一个支路，干管尺寸变为1 250 mm×320 mm，方向不变继续前行，支管（尺寸为630 mm×320 mm）则拐入北侧的走廊并沿走廊前行，以便向该走廊及两侧客房的风机盘管供应新风。沿该支管流向可知，该支管在④轴、⑤轴中间经分流三通又分出一个支路为④轴、⑤轴、Ⓓ轴、Ⓔ轴间客房内的风机盘管供应新风，进入客房的新风支管（由注释知尺寸为200 mm×120 mm）接至风机盘管出口处，侧送风形式；在走廊上⑤轴位置处设置了一个标号为9的圆形散流器风口（尺寸为ϕ154 mm），向走廊送入新风。

沿新风干管气流方向，在Ⓒ轴、Ⓓ轴间且靠近Ⓒ轴处，干管经分流三通分出第二个支路，干管尺寸变为800 mm×320 mm，方向不变继续前行，支管（尺寸为630 mm×320 mm）则拐入南侧的前厅向酒吧方向前行，目的是向该前厅及酒吧的风机盘管供应新风。沿该支管流向可知，该支管在③轴、④轴间靠近④轴位置处经分流四通又分出向东和向西的两个支路（尺寸为200 mm×120 mm），两条支路分别接有一个圆形散流器风口（尺寸为ϕ154 mm），为前厅提供新风；方向不变的支管（尺寸为500 mm×320 mm）继续向南前行，直接接入酒吧的消声静压箱，为酒吧提供新风。

继续沿新风干管气流方向识读，在Ⓑ轴、Ⓒ轴间且靠近Ⓑ轴处，干管经分流四通分出第三、第四个支路，干管尺寸不变但方向转为向北前行。第三支管（尺寸为200 mm×120 mm）拐入南侧的更衣室，通过圆形散流器风口（尺寸为ϕ154 mm）为室内提供新风。第四支管（尺寸为200 mm×120 mm）流向向东，进入客房接至风机盘管出口处，向该房间送入新风。

新风干管流向转入北侧后继续沿走廊前行，在④轴、⑤轴中间经分流四通分出第五、第六个支路，这两个支管（尺寸为200 mm×120 mm）直接进入客房接至风机盘管出口处，为客房内风机盘管提供新风；在走廊上⑤轴位置处设置了一个尺寸为ϕ154 mm的圆形散流器风口为走廊提供新风。

另外，该系统中的卧式新风机组、消声静压箱等设备及各个分风管、风口等的定位尺寸在该图纸中也有明确标注。

（3）识读风机盘管风系统。

本层不同的房间、区域分别设置了一个或两个风机盘管，下面针对不同区域的风机盘管分别进行介绍。

①酒吧的风机盘管系统。该房间的控制面积较大，由图9.7可知该房间选用了一个标号为2的吊柜式风机盘管，型号为G-7WD/B，该风机盘管回风口布置于机器下方顶棚上，回风经过机器处理后送入标号为3的消声静压箱（尺寸为1 500 mm×1 000 mm×320 mm），而新风直接引入到该静压箱内，在静压箱内新风与处理后的回风混合，然后进入到空调干管，干管尺寸1 250 mm×320 mm，干管与静压箱之间设置有70 ℃的防火阀。在①轴、②轴间靠近②轴处，空调干管经分流四通分出了向东、向西的两个一级支路，干管尺寸变为800 mm×320 mm方向不变。这两个一级支管（尺寸为500 mm×320 mm）在向东、向西行进过程中，分别在Ⓑ轴和Ⓓ轴处经分流三通进一步分为向南、向北的两个二级支路；这两个二级支管（尺寸为400 mm×250 mm）分别在②轴和①轴、②轴中间又经分流三通分为了向东、

向西的两个三级支路；每个三级支管的尺寸为320 mm×200 mm，并在端部接有标号为10的圆形散流器，其尺寸为φ257 mm，通过散流器向室内送入空气。空调干管向南继续前行，在①轴处经分流三通再次分出一级、二级、三级的支路，最后经散流器向室内送入处理空气。

②前厅和更衣室的风机盘管系统。这两个区域的系统仅仅是风机盘管的数量不同，前厅设有两个型号为FP-6.3的风机盘管而更衣室设有一个FP-10的风机盘管，其他形式是一样的，下面以更衣室为例进行解读。更衣室的控制面积也比较大，所以风机盘管在处理完回风后，将空气送入空调干管中，干管尺寸为320 mm×200 mm，干管与机器连接处设有变径管。空调干管没有任何分支，只在Ⓑ轴处和Ⓐ轴附近且靠近东墙处分别设置一个尺寸为φ154 mm的圆形散流器风口，向该房间送入处理空气。与酒吧系统不同的是新风引入方式，酒吧是将新风引入到静压箱，与处理的回风先混合之后送入室内，而更衣室则是单独通过③轴、④轴、Ⓑ轴、Ⓒ轴间一个散流器引入新风，新风与处理的回风是在送入室内后的流动过程中混合的。

③客房的风机盘管系统。由于客房的特殊性，该房间的风机盘管系统比较简单，风机盘管布置于进入室内后的小走廊内，它在处理完室内回风后，直接以侧送风的形式将空气送入室内，机器不再连接空调管路。该系统引入新风的方式是直接经新风支管接至风机盘管的侧送风口处，新风与处理后的回风在风口位置处边混合边送入室内。

(4)识读卫生间通风系统。

该系统为简单的排风系统，即在卫生间装上标号为6的带止回阀的排风扇，型号为DPS-23，卫生间内空气通过各管道井排出建筑。

(5)识读机械加压送风系统。

该系统比较简单，在该平面图中只体现出了加压送风口与加压送风竖井两部分。由图7.7可知，加压送风竖井位于④轴、Ⓔ轴交汇处。电动式百叶加压送风口的尺寸为600 mm×400 mm，安装时底标高为0.3 m。

(6)识读风机盘管水系统。

风机盘管水系统的识读方法与在一层空调平面图识读中介绍的方法一样，此处不再赘述，仅说明几个要点。

该层水系统仍然分为两个区，1区管井对应的水系统只为酒吧中的吊柜式风机盘管服务，该机组的冷凝水管也接入了1区管井中冷凝水立管上。2区管井对应的水系统是为本层其他房间的风机盘管和卧式新风机组服务，该区风机盘管的冷凝水集中在一起后统一排放，而新风机组的冷凝水管则直接在④轴附近的西墙面上引出排到建筑室外排水管中。

在图纸中可以看出水系统管路的具体走向以及连接方法。结合注释，也就清楚了水管路与机组连接的要求、方法等及图纸中未明确标出的水管径的大小。

习题7.6

识读图7.8所示某综合大厦二层空调平面图(2)，结合图7.7和表7.8，回答下列问题。

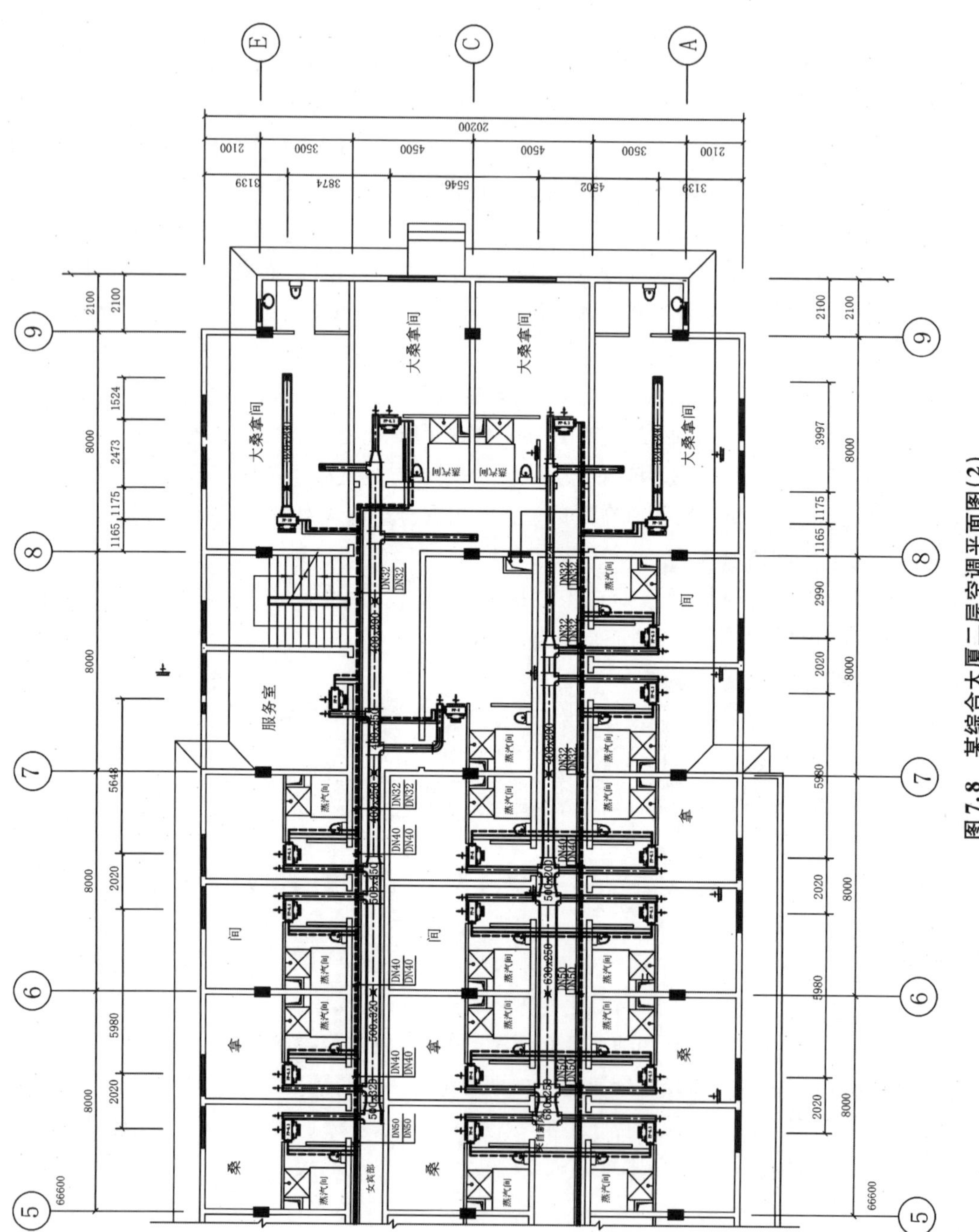

图 7.8 某综合大厦二层空调平面图(2)

(1)大桑拿间设有多少个风机盘管,型号分别是什么?

(2)左上角的大桑拿间风机盘管在处理完回风后,将空气送入空调干管中,干管尺寸为(　　),干管与机器连接处设置有(　　)。空调干管由(　　)分支形成,干管上设置一个尺寸为(　　)的圆形散流器风口,向该房间送入处理空气。

4. 制冷机房平面图

建筑设置空调系统,主要就是对室内的空气进行冷却、加热、除湿和加湿等热湿处理,要想实现该功能,必须有相应的冷热源,也就是说要有能够产生冷水、热水或者蒸汽等热湿介质的设备,与此相对应的就是制冷机组与锅炉。制冷机组、锅炉与空调机组的连接也有相应的系统,针对该系统形成了制冷机房(也称冷冻站)图纸与锅炉房图纸,下面介绍制冷机房图纸的识读。

制冷机房(也称冷冻站)图纸同样也包含平面图、剖面图、详图和原理图等。首先针对制冷机房的平面图进行识读。

如图7.9所示为某综合大厦制冷机房平面图,表7.9为该平面图标题栏上方附的本层设备材料表。

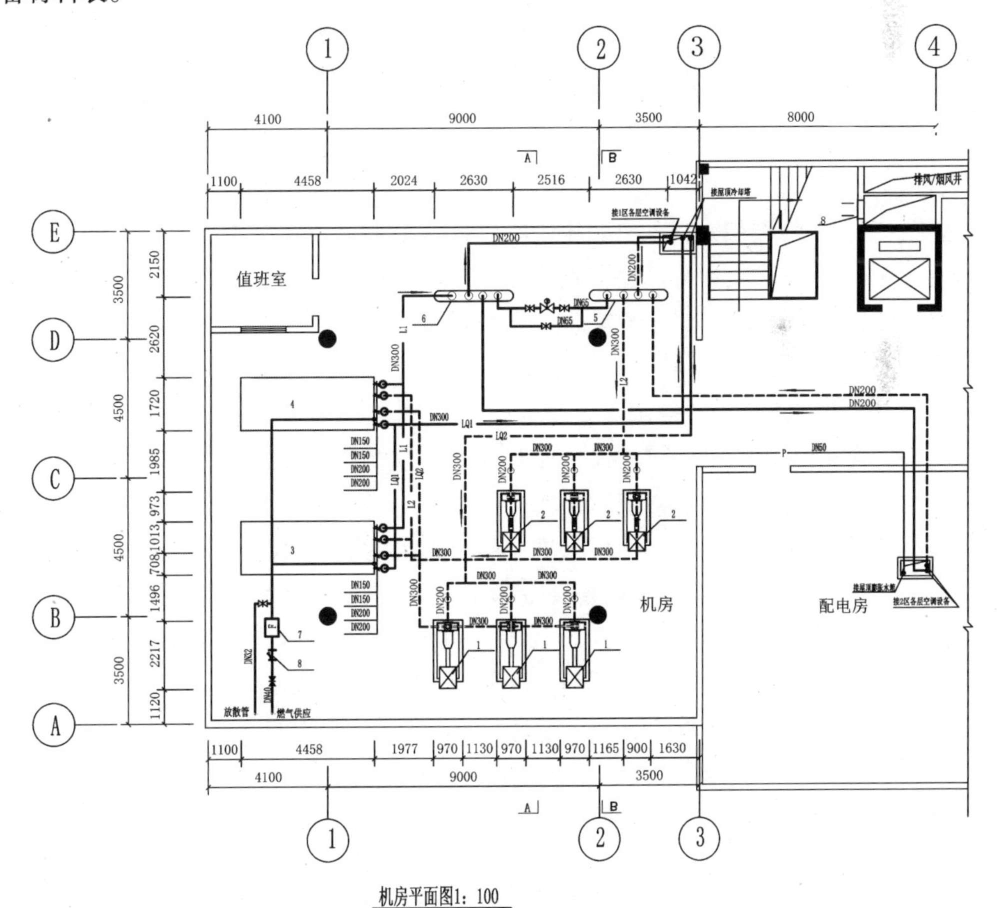

图7.9　某综合大厦制冷机房平面图

表 7.9 制冷机房设备材料表

序号	名称	型号及规格	单位	数量	备注
1	冷却水泵	IS200 - 150 - 315	台	3	
2	冷冻水泵	IS150 - 125 - 400	台	3	
3	直燃机组	BZ75VIC	台	1	
4	直燃机组	BZ65VIC	台	1	
5	集水器	Dg450 × 9	个	1	
6	分水器	Dg450 × 9	个	1	
7	流量计	DN40	个	1	底标高为 300 mm
8	过滤器	DN40	个	1	

由平面图可知，在Ⓑ轴、Ⓓ轴之间靠近南墙处布置有两台标号为 3 和 4 的直燃式冷水机组，由表 7.9 的设备表可知直燃机组 3 型号为 BZ75VIC，直燃机组 4 型号为 BZ65VIC。这两个机组上有五个管路接口，分别为燃气接口、冷冻水进水接口、冷冻水出水接口、冷却水进水接口和冷却水出水接口。从而形成了燃气供应系统、冷冻水系统和冷却水系统三个系统，下面对这三个系统分别进行介绍。

(1)识读燃气系统。

该机组的燃气系统比较简单，由图 7.9 可知，燃气由①轴与南墙之间靠近东墙的位置引入，引入管管径为 DN40，引入口处有截止阀以控制燃气供应，然后分别经过标号为 8 的过滤器和标号为 7 的流量计，而后分两路分别接入两个制冷机组。在流量计和分流三通之前接有一个管径为 DN32 的放散管，以便紧急情况释放燃气。

(2)识读冷冻水系统。

该系统是连接冷水机组和空调机组的水系统，本平面图标出了冷水机组到管井立管的连接。由前面介绍的图例可知，管道代号为 L1 的水管为冷冻水供水管，管道代号为 L2 的水管为冷冻水回水管，明确这一点对识读图纸非常关键。

两个机组的冷冻水供水管在Ⓒ轴、Ⓓ轴之间的直燃机组 4 的冷冻水出水口附近经合流三通汇合到一起，管径由合流前的 DN150 变为 DN300，合流管继续前行接入到①轴、②轴、Ⓓ轴、Ⓔ轴间的分水器上。经由分水器后，冷冻水供水系统分为两路：一路连接到③轴、Ⓔ轴相交位置处的 1 区管井冷冻水供水立管上，最终与 1 区各层空调设备连接，为它们供应冷冻水；另外一路连接到④轴、Ⓑ轴、Ⓒ轴间 2 区管井的冷冻水供水立管上，最终连接到 2 区各层空调设备上。这两路冷冻水供水管的管径均为 DN200。

制冷机房中的冷冻水回水管则分别由 1 区、2 区管井中的冷冻水回水立管引出，管径为 DN200，直接接入②轴、③轴、Ⓓ轴、Ⓔ轴间的集水器上。在集水器中汇合后，经管径为 DN300 的冷冻水回水干管引出，送入标号为 2 的三个冷冻水泵(型号 IS150 - 125 - 400)吸入口，最终由冷冻水泵将回水送入到两个直燃机组中。

同时要注意到该系统中的分水器和集水器之间连接有一个管径为 DN65 的旁通管，该管中间加设电动调节阀和手动调节支路，以便在分水器、集水器间的压差过大时开启旁通管，旁通一部分水流量。另外，冷冻水泵吸入口处也连接有管径为 DN50 的膨胀水管（管道代号 P），该膨胀水管经 2 区管井的立管连接到屋顶上的膨胀水箱。

（3）识读冷却水系统。

该系统是连接冷水机组和屋顶冷却塔的水系统，图 7.9 中标出了冷水机组到管井立管的连接。管道代号为 LQ1 的水管为冷却水供水管，管道代号为 LQ2 的水管为冷却水回水管。

两个机组的冷却水供水管在Ⓒ轴、Ⓓ轴之间的直燃机组 4 的冷却水出水口附近经合流三通汇合到一起，管径则由合流前的 DN200 变为了 DN300，合流管则继续前行直接接入 1 区管井冷却水供水立管上，最终与屋顶的冷却塔连接，以使升温后的冷却水实现冷却降温从而循环使用。

制冷机房中的冷却水回水管则由 1 区管井中的冷却水回水立管引出，管径为 DN300，直接接入标号为 1 的三个冷却水泵（型号为 IS200－150－315）吸入口，最终由冷却水泵将回水送入到两个直燃机组中。

另外，该图清楚地表达了冷水机组、水泵、分水器和集水器等设备的定位尺寸和定型尺寸。

习题 7.7

识读图 7.9，回答下列问题。

（1）图中有几台直燃式冷水机组？标号是多少？型号分别是什么？

（2）两组机组上有几个接口？分别是什么？

（3）图上燃气供应系统中，燃气由（　　）位置引入，引入管管径为（　　）。

（4）冷冻水系统中，管道代号（　　）的水管为冷冻水供水管，管道代号为 L2 的水管为（　　）。

（5）分水器的标号是多少？简述经分水器后，冷冻水供水的工作过程。

（6）集水器的标号是多少？简述在集水器汇合后，冷冻水的工作过程。

（7）冷却水供、回水管的管道代号分别是什么？

5. 屋顶通风空调平面图

建筑屋顶通风空调平面图反映的是安装在建筑屋面上的通风空调设备平面布局及管路连接方式，一般来说安装在室外屋面的设备主要有冷却塔、水箱、风冷冷水机组、防排烟系统的通风机和多联空调系统的室外机组等，这些设备并不是同时存在的，根据不同工程所采用的通风空调系统形式，在屋面布置相应的空调设备。

如图 7.10 所示为某综合大厦屋顶通风空调平面图，表 7.10 为该平面图标题栏上方附有的本层设备材料表。由图可知，该建筑屋面共布置有三类设备：位于⑤轴、⑥轴之间标号为 1 和 2 的冷却塔，由表 7.10 的设备表可知冷却塔 1 型号为 DBNL3－400，冷却塔 2 型号为 DBNL3－300；位于③轴、④轴之间标号为 3 的膨胀水箱，规格为国标 1#，且安装高度距楼面 1.0 m；位于④轴、⑤轴之间标号为 4 的轴流风机，型号为 T4－72No. 8C，该轴流风机由室外引入新风，并将空气送入到④轴、Ⓔ轴相交位置处的管井中，结合前文中地下一层和二层的平面图可知，该风机为机械加压送风风机，火灾发生时，该风机启动，向防烟楼梯间送入新风。

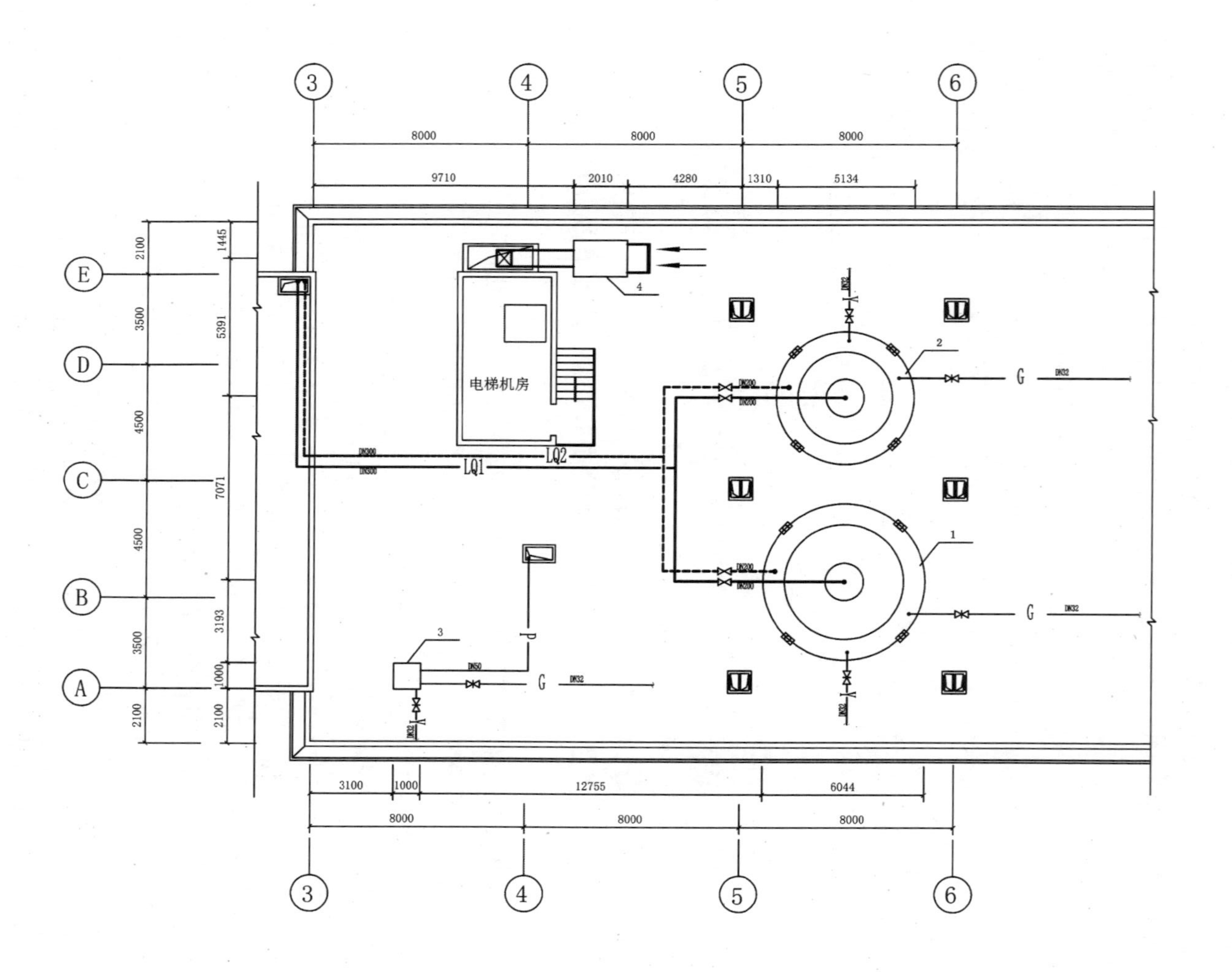

图 7.10 某综合大厦屋顶通风空调平面图(1:100)

图 7.10 中还标出了冷却塔、膨胀水箱的管路平面连接。两个冷却塔的进回水管路在④轴、⑤轴、Ⓒ轴、Ⓓ轴间连接到一起形成冷却水供水干管(管道代号 LQ1)和冷却水回水干管(管道代号 LQ2),两个干管连接到③轴、Ⓔ轴相交位置处的 1 区管井立管上,最终与制冷机房的两个直燃式冷水机组连接,向机组持续的供应冷却水。冷却塔上还接有管道代号为 G 的补给水管及管道代号为 Y 的溢流管。这些管路与冷却塔连接时均设置截止阀。

膨胀水箱连接有管道代号为 P 的膨胀管,该膨胀管连接到④轴、Ⓑ轴、Ⓒ轴间 2 区管井的膨胀立管上,最终连接到制冷机房冷冻水泵的吸入管上。与冷却塔一样,膨胀水箱也接有代号为 G 的补给水管及代号为 Y 的溢流管。

该建筑屋顶上所有设备的定位尺寸在图中均已标明。各种管路的管径大小在图中也有明确的标注。

表 7.10　屋顶设备材料表

序号	名称	型号及规格	单位	数量	备注
1	冷却塔	DBNL3 - 400	台	1	
2	冷却塔	DBNL3 - 300	台	1	
3	膨胀水箱	国标 1#	台	1	安装高度距楼面 1.0 m
4	轴流风机	T4 - 72No. 8C	台	1	

习题 7.8

识读图 7.10,回答下列问题。

(1)图中有几个主要设备?分别是什么?简述型号及规格。

(2)简述冷却塔、膨胀水箱的管路平面连接。

任务 2　识读通风空调剖面图

剖面图是对平面图的补充,它与平面图相对应,用来补充说明平面图中无法清楚表达的事情。一般制冷机房、通风空调机房、特别复杂的管路系统等需要绘制剖面图。

如图 7.11 所示为某综合大厦制冷机房 *A—A* 剖面图。

在识读剖面图时,首先要明确其对应平面图上的剖切位置、剖面编号、剖视方向,并结合平面图进行阅读。下面结合图 7.9 的制冷机房平面图来介绍制冷机房 *A—A* 剖面图的识读。

由制冷机房平面图可知 *A—A* 剖面位于①轴、②轴之间靠近②轴处,剖视方向为由北向南。

该剖面图中展示出了两个冷水机组、冷冻水泵、冷却水泵、分水器等设备,以及 1 区、2 区管井立管之间的连接管路在垂直方向上的布局、位置关系、标高和管径等内容。这些在制冷机房平面图中无法表达。

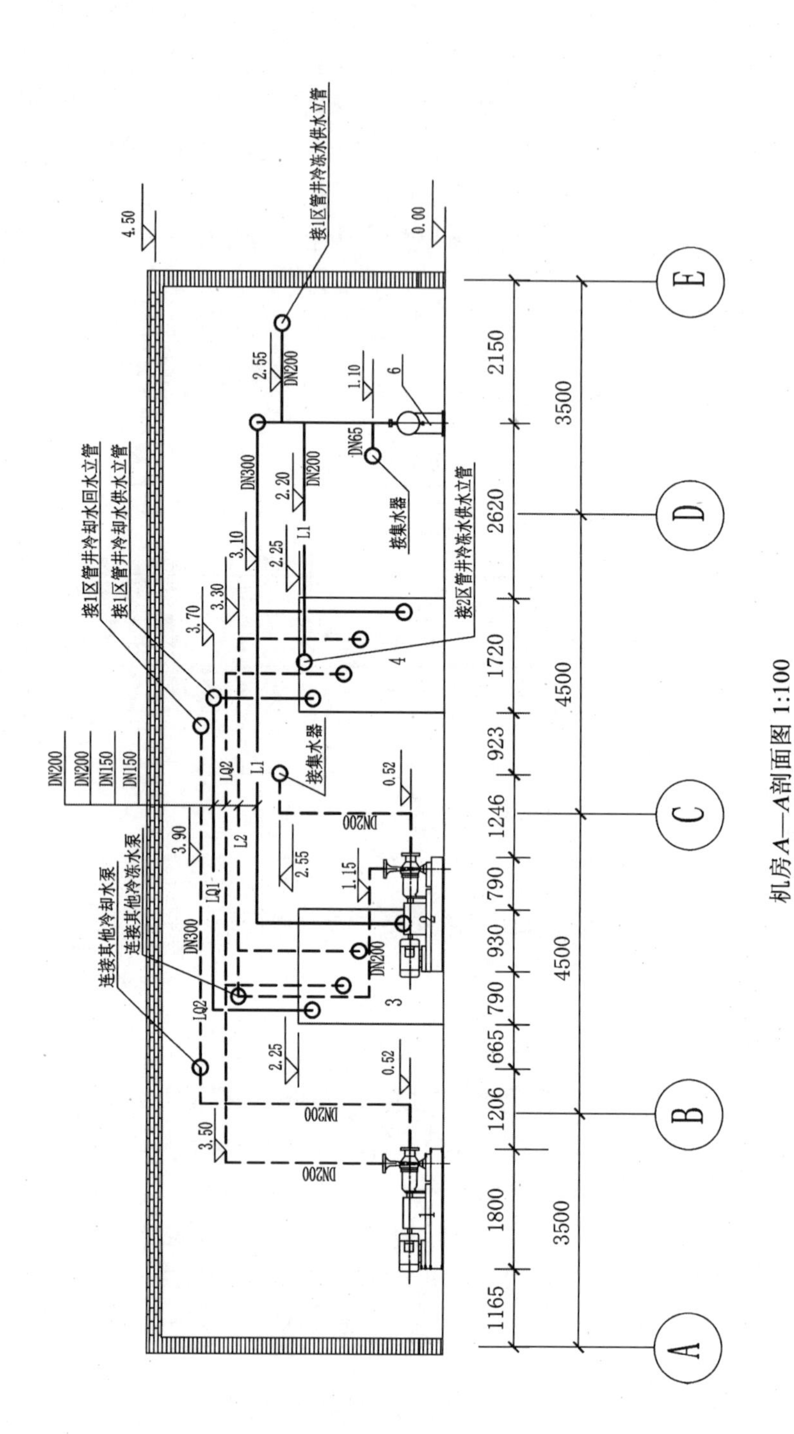

机房A—A剖面图 1:100

图 7.11 某综合大厦制冷机房 A—A 剖面图 1:100

与 1 区管井冷却水回水立管相连接的机房冷却水回水管安装高度为 3.9 m，经冷却水泵加压后送入到机组的冷却水回水干管（安装高度为 3.5 m），由机组出来连接 1 区管井冷却水供水立管的冷却水供水干管安装高度为 3.7 m。

由机组流出连接分水器的冷冻水供水干管的安装高度为 3.1 m，分水器与 1 区管井冷冻水供水立管连接的管路安装高度为 2.55 m，分水器与 2 区管井冷冻水供水立管连接的管路安装高度为 2.2 m，集水器与冷冻水泵连接的水平冷冻水回水干管安装高度为 2.55 m，冷水机组与冷冻水泵连接的水平冷冻水回水干管安装高度为 3.3 m，分水器与集水器连接的旁通管安装高度为 1.1 m。

设备、管路的定位尺寸及各段管路的管径大小在图中都已标明，该图与平面图中均有标注的尺寸，数值是一一对应的。

习题 7.9

识读图 7.12 某综合大厦制冷机房 *B—B* 剖面图，回答下列问题。

（1）*B—B* 剖面位于②轴、③轴之间靠近②轴处，剖视方向为（　　）。

（2）连接 1 区管井冷冻水回水立管与集水器的管路安装高度为（　　）m，连接 2 区管井冷冻水回水立管与集水器的管路安装高度为（　　）m，连接冷冻水泵与集水器的水平冷冻水回水干管安装高度为（　　）m，连接（　　）与 2 区管井膨胀立管的水平膨胀管的安装高度为 2.55 m。

任务 3　识读通风空调系统图

系统轴测图是采用三维坐标绘制的，可以清晰地表达出通风空调系统设备及风、水管路的空间布局，其上下、左右、前后的位置关系可以直观地体现出来，使读者从整体上了解系统构成情况及各种设备、部件等的尺寸、规格和数量等，让读者对平面图、剖面图的理解更加深刻。

系统轴测图与平面图在设备及管道的相对位置、相对标高、实际走向上是一一对应的，鉴于两者的对应关系，在识读时两个图应该交替着看、对照着看，更利于理解。

图 7.13、7.14、7.15 分别为的某综合大厦 2 区空调水立管系统图、二层新风系统图及二层 2 区空调水系统图。

1. 识读 2 区空调水立管系统图

如图 7.13 所示，该区空调冷冻水立管采用同程式系统，这样有利于系统水力平衡。图中每一层的地面标高、每一层的冷冻水供回水的水平干管标高、各段冷冻水供回水立管的管径大小均已标明。同时，每层的供回水干管与立管连接处均设调节阀，回水管上还设平衡阀。

2. 二层新风系统图

如图 7.14 所示，新风系统中的新风机组、消声静压箱、防雨百叶风口和电动对开多叶调节阀等设备附件及风管、风口等部件的空间位置关系表达清晰明确。同时每段风管的管径也在图中标出。结合注释，了解到该层新风系统的风管安装时要求底面平齐，风管标高为 3.2 m。

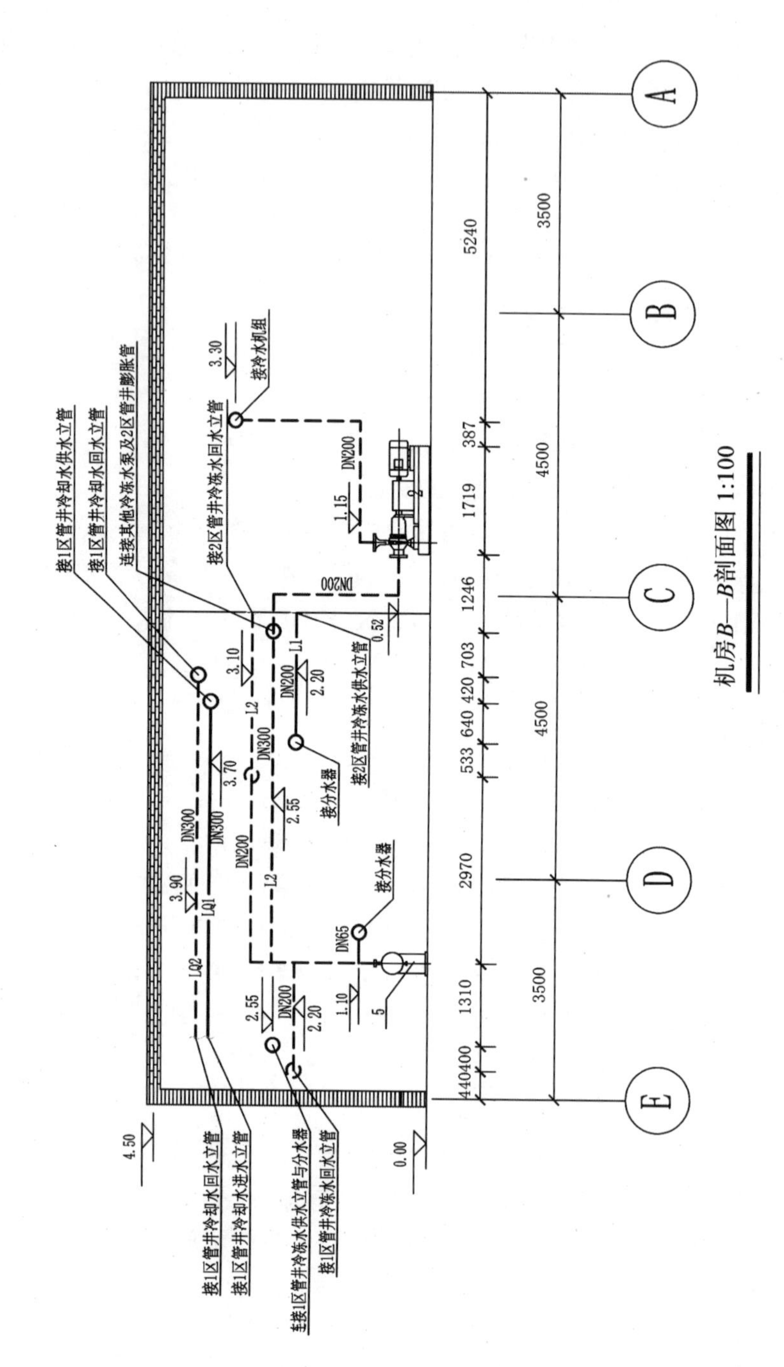

机房B—B剖面图 1:100

图 7.12 某综合大厦制冷机房 B—B 剖面图

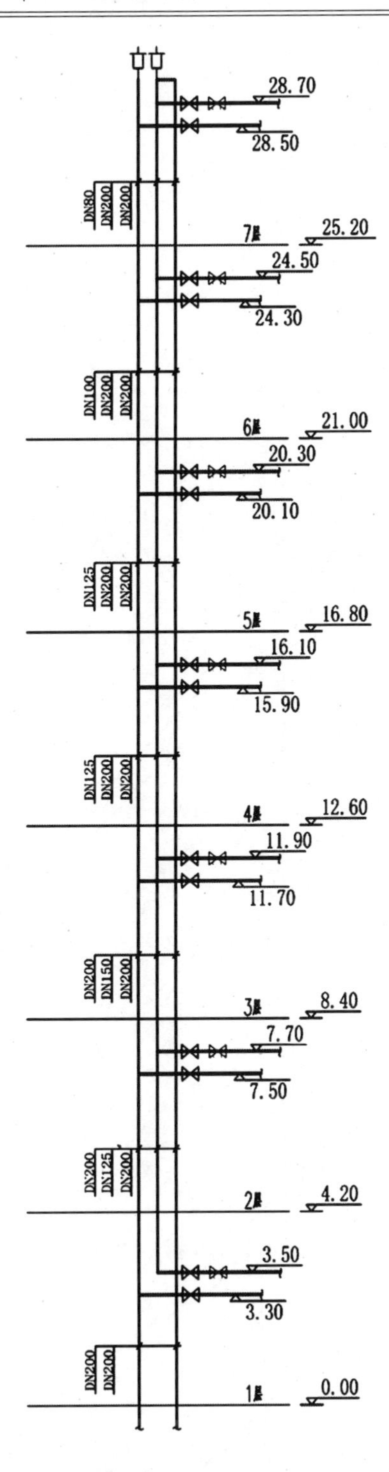

2区空调水立管系统图 1:100

图 7.13　某综合大厦 2 区空调水立管系统图

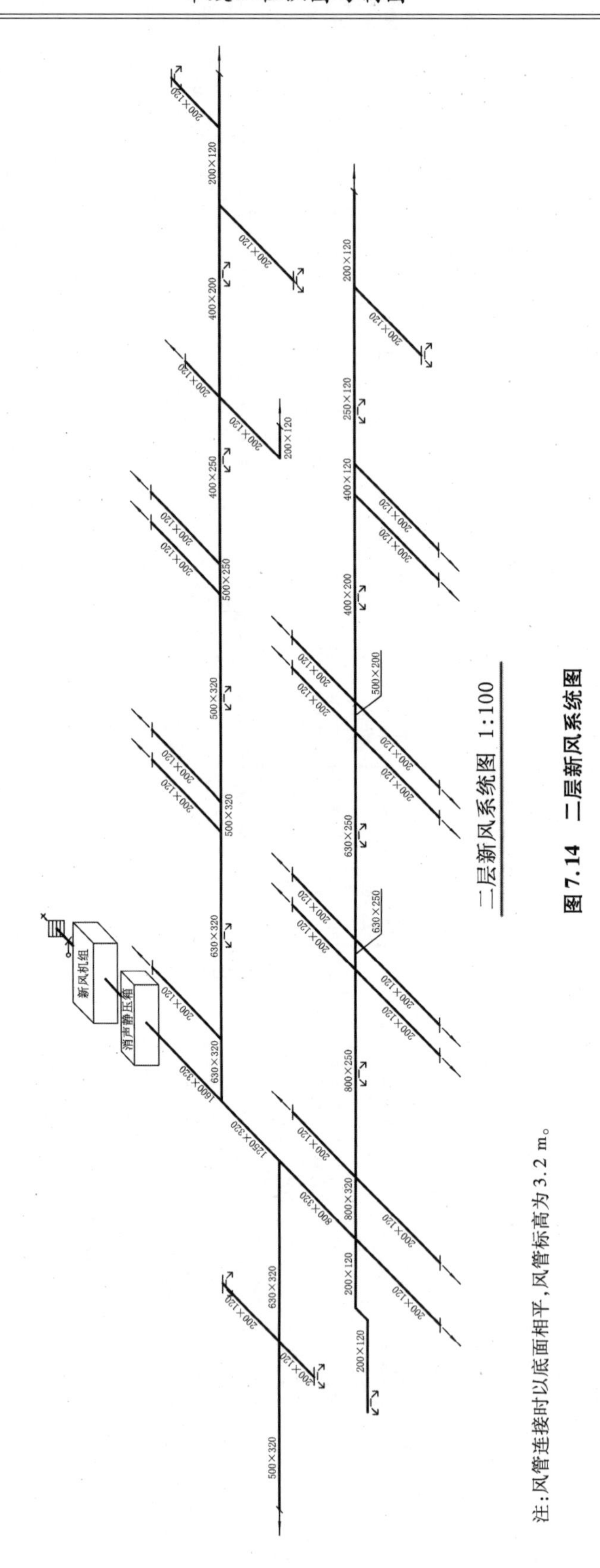

注：风管连接时以底面相平，风管标高为3.2 m。

图 7.14 二层新风系统图

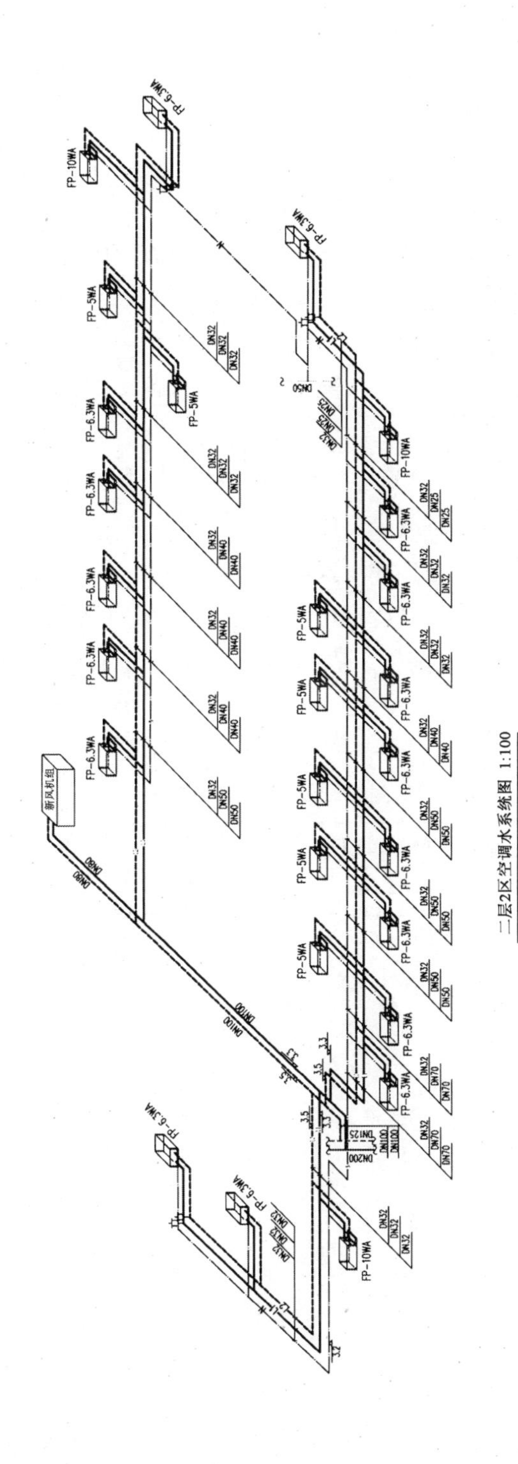

注:1. 图中所注标高为管中心标高,且为距二层地面的相对标高;2. 凝结水管道采用 PVC 管;3. 图中未注管径均为 DN25。

图 7.15　二层 2 区空调水系统图

结合系统图再次去识读前文中的二层空调平面图，更容易理解平面图中关于新风系统部分所表述的内容，该系统图的新风管路走向、各区域送风形式等与平面图一一对应，详见二层空调平面图中新风系统识读部分的介绍。

3. 二层 2 区空调水系统图

通过图 7.15 可以清晰地了解到 2 区空调水系统所服务的空调机组的位置、数量和型号。同时，冷冻水系统的空间走向、冷凝水系统的空间走向、冷冻水及冷凝水干管与各空调机组的连接、各段管路的管径、水平干管与立管的连接等在图 7.15 中均已标明。

若结合图 7.15 再次去识读图 7.7，就会更容易理解平面图中关于风机盘管水系统部分所表述的内容，该系统图的水管路走向、与机组的连接形式等与平面图一一对应，详见二层空调平面图中风机盘管水系统识读部分的介绍。

任务 4 识读通风空调原理图

系统原理图（流程图）是一种示意图，可不按比例绘制，主要表示系统的工作原理及流程，使读者对整个系统的连接与原理有全面的了解。为了能够快速进入主题，读图时也可先阅读原理图，以便迅速理解系统的工作原理及流程。

如图 7.16 所示为的某综合大厦制冷机房原理图（流程图），该原理图清晰地表示出了制冷系统各设备之间的连接和介质流向等。表 7.11 所列为该平面图标题栏上方附有的本层设备材料表。

表 7.11 机房原理图设备材料表

序号	名称	型号及规格	单位	数量	备注
1	冷却水泵	IS200 - 150 - 315	台	3	两用一备
2	冷冻水泵	IS150 - 125 - 400	台	3	两用一备
3	直燃机组	BZ75VIC	台	1	
4	直燃机组	BZ65VIC	台	1	
5	Y 形过滤器	DN300	个	1	
6	集水器	Dg450 × 9	个	1	
7	分水器	Dg450 × 9	个	1	
8	冷却塔	DBNL3 - 400	台	1	
9	冷却塔	DBNL3 - 300	台	1	
10	膨胀水箱	国标 1#	台	1	

1. 冷冻水系统

冷冻水系统将标号为 3 和 4 的直燃冷水机组，标号为 6 和 7 的冷却塔，标号为 2 的冷冻水泵，以及标号为 10 的膨胀水箱连接在一起，起到提取制冷机组蒸发器冷量的作用，再将提取的冷量供给各层的空调机组。

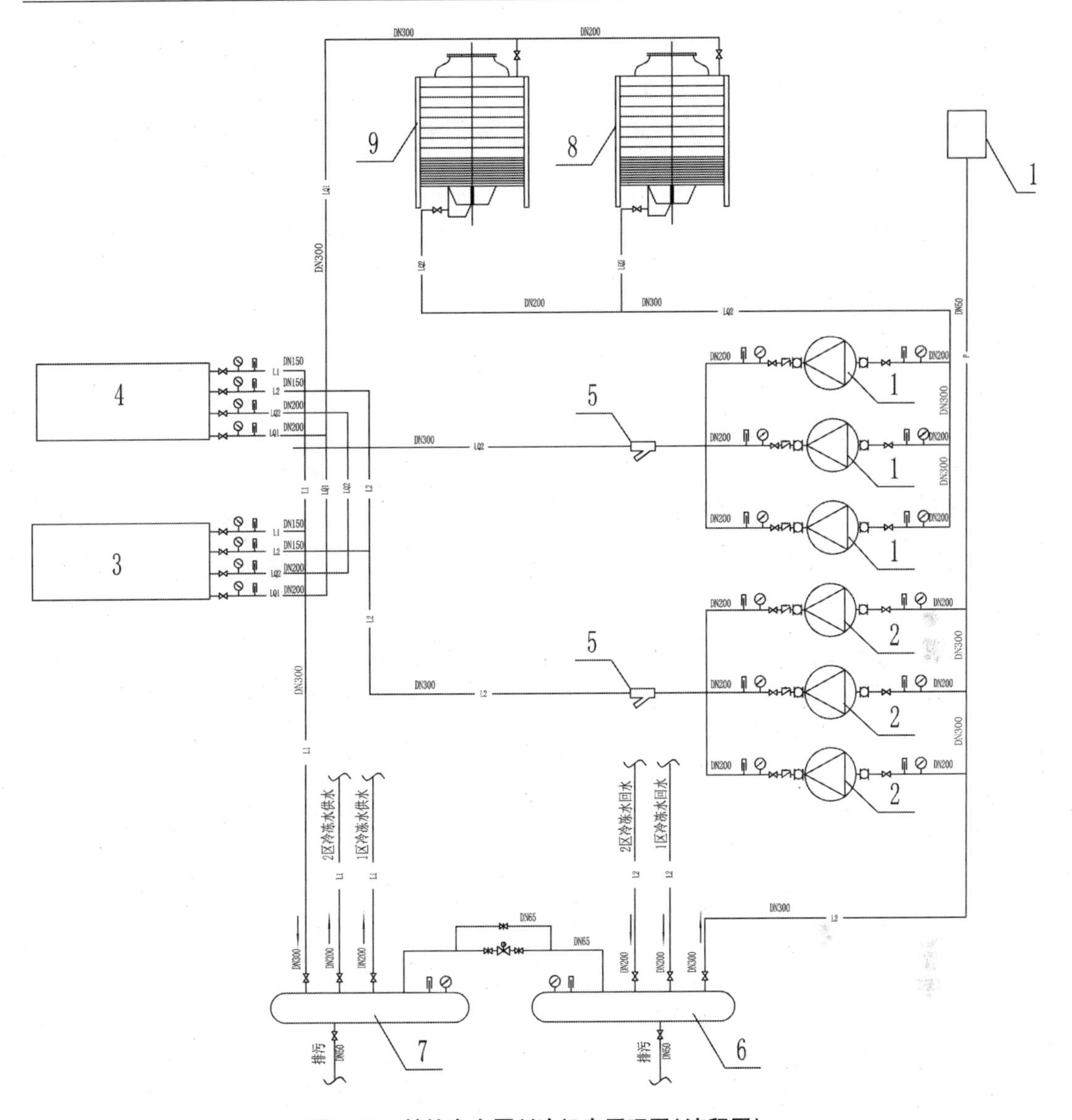

图 7.16　某综合大厦制冷机房原理图(流程图)

该系统的工作流程及原理为冷冻水在制冷机组蒸发器中放出热量后温度降低,低温冷冻水被送入到分水器中,从而分为两路送至各层空调机组中,吸收空气热量使空气降温,而低温冷冻水温度升高,升温后的高温冷冻水由两路汇至集水器,并在冷冻水泵的推动下由集水器转移至机组蒸发器继续放热降温,完成整个冷冻水循环。

为了维持系统内压力稳定并容纳温度变化引起的膨胀水量,在冷冻水泵吸入口侧接入膨胀水箱。

2. 冷却水系统

冷却水系统将标号为 3 和 4 的直燃冷水机组,标号为 8 和 9 的冷却塔,以及标号为 1 的冷却水泵连接在一起,起到转移制冷机组冷凝器热量的作用。

该系统的工作流程及原理为冷却水吸收制冷机组冷凝器放散热量后温度升高，高温冷却水被送入冷却塔中，在冷却塔中与周围的空气进行热湿交换，从而将热量传递给周围的空气，高温冷却水温度降低，降温后的低温冷却水在冷却水泵的推动下进入机组冷凝器继续吸收热量，完成整个冷却水循环。

习题 7.10

(1)简述冷冻水系统的工作流程及原理。

(2)简述冷却水系统的工作流程及原理。

任务5 识读通风空调详图

通风空调施工图所需要的详图较多，总的来说，有设备、管道的安装详图，设备、管道的加工详图，以及设备、部件的结构详图等。它主要是表示设备、局部管件和部件的制作方法和安装工艺，是指导施工的重要图样。下面以某综合大厦的部分大样图介绍通风空调详图的识读方法。

如图 7.17、7.18 分别为冷却塔配管图、膨胀水箱配管图。在前文介绍的平面图和原理图中无法获取这两个设备的具体的管路安装方法，而这两个大样图则清晰地表达出了设备的管路连接方法及相应的阀门设置，为施工提供详细的指导，这正是通风空调详图最重要的作用。

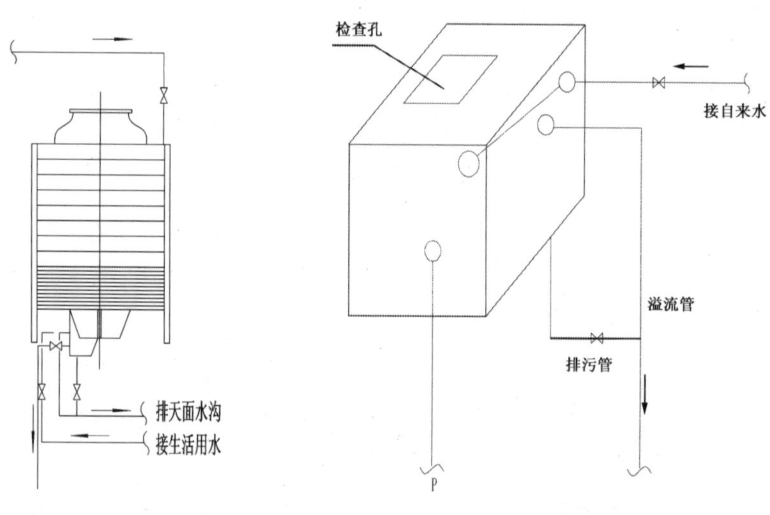

图 7.17 冷却塔配管图　　图 7.18 膨胀水箱配管图

如图 7.19 所示为新风机组配管图，由图可知新风机组的进出水管路与机组连接时均需采用软管连接形式，且均要设置截止阀。同时，在回水管上设有电动二通阀，该阀由新风机组的出风口处空气温度来控制调整，以保证送风参数满足要求。另外，冷凝水管与机组连接处需要设置 U 形存水弯。

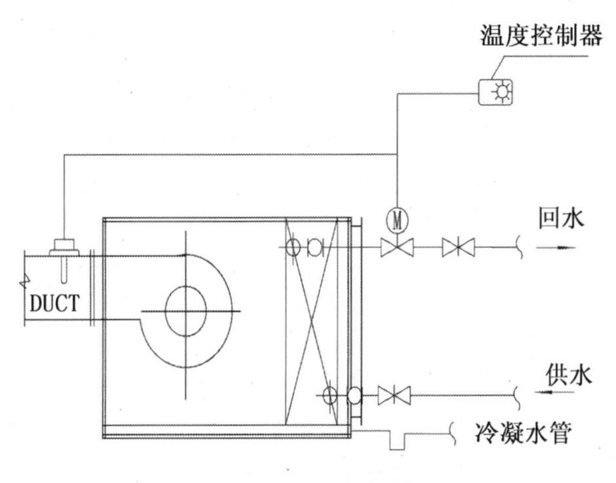

图7.19　新风机组配管图

如图7.20所示为风机盘管配管图,由图可知新风机组的进出水管路与机组连接时均需采用风机盘管用金属软管接头,且均要设置截止阀。同时,在供水管上设有电动二通阀,该阀由布置于室内的温控器来控制调整,以保证送风参数满足要求。

如图7.21所示为水泵配管图,由图可知水泵进出水管的配管要求。水泵的进出水管路与机组连接时均需采用软管连接形式,且均要设置截止阀。同时,在水泵出水管上设有止回阀,止回阀后连有旁通管。进出水管路上均设有温度计和压力表。

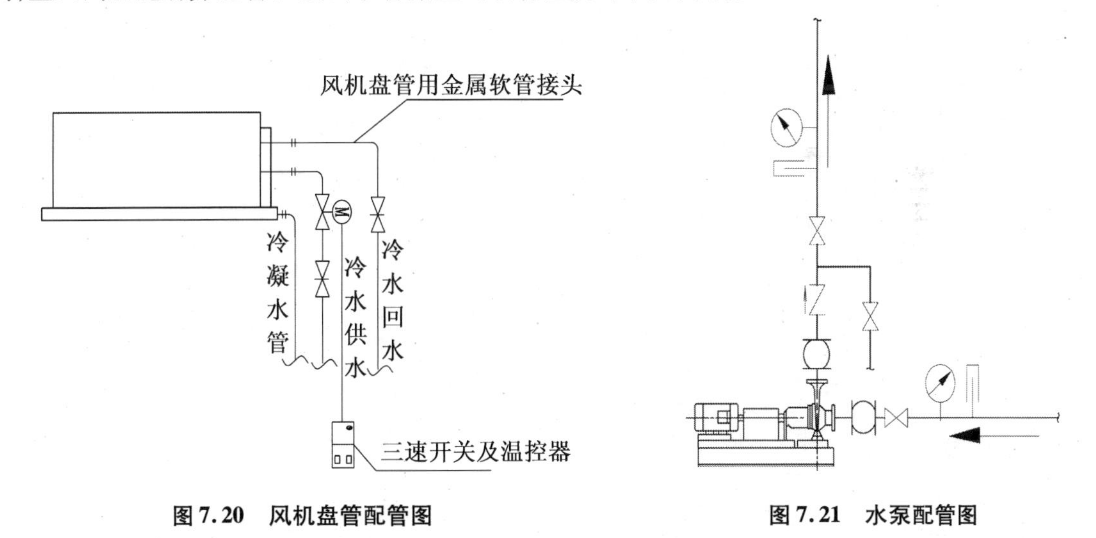

图7.20　风机盘管配管图　　图7.21　水泵配管图

如图7.22所示为吊顶式空调机组配管图,吊顶式空调机组的进出水管路与机组连接时均需采用软管连接形式,且均要设置截止阀、压力表和温度计。同时,在回水管上设置有电动二通阀,二通阀前后均设有截止阀,与二通阀并联且设有带手动调节阀的旁通管,以便二通阀损坏或更换时启动该旁通管。另外在机组的供回水管之间设有带调节阀的旁通管(管径为DN40),该旁通管是进行系统冲洗时使用的,在系统管路安装清洗完毕后,需拆除旁通阀并封堵。电动二通阀是通过检测到的回风温度来控制调整的。冷凝水管与机组连接处设置U形存水弯。

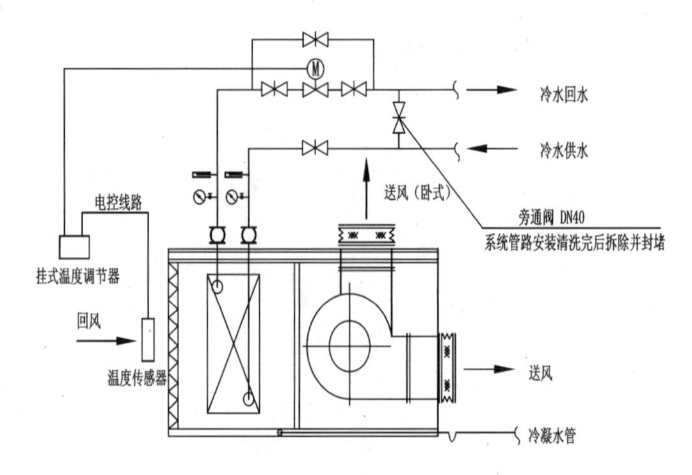

图7.22 吊顶式空调机组配管图

7.3 绘制通风工程施工图

通风空调施工图的绘制要求如下。

(1)一张图幅内有平、剖面图等多种图样时,平面图、剖面图、安装详图按从上至下,从左至右的顺序排列;一张图幅内有多层平面图时,往往是按建筑层次由低至高,由下至上顺序排列。

(2)平面图、剖面图中的水、汽管道一般用单线绘制,而风管常用双线绘制。

(3)在管道系统图、原理图中,水、汽管道及通风和空调管道系统图均为单线绘制。一个工程设计中同时有供暖、通风、空调等两个及以上的不同系统时,常按表7.12所列的代号对系统编号。

表7.12 系统代号

序号	字母代号	系统名称	序号	字母代号	系统名称
1	N	(室内)供暖系统	9	X	新风系统
2	L	制冷系统	10	H	回风系统
3	R	热力系统	11	P	排风系统
4	K	空调系统	12	JS	加压送风系统
5	T	通风系统	13	PY	排烟系统
6	J	净化系统	14	P(Y)	排风兼排烟系统
7	C	除尘系统	15	RS	人防送风系统
8	S	送风系统	16	RP	人防排风系统

任务1　绘制通风空调风系统管路

1. 初始设置

利用中望绘图软件绘图时，在绘制通风空调风系统管路前，可以进行相关的初始设置。在【风管绘制】拉下菜单中找到【设置】对话框，点击打开得到如图7.23所示界面。

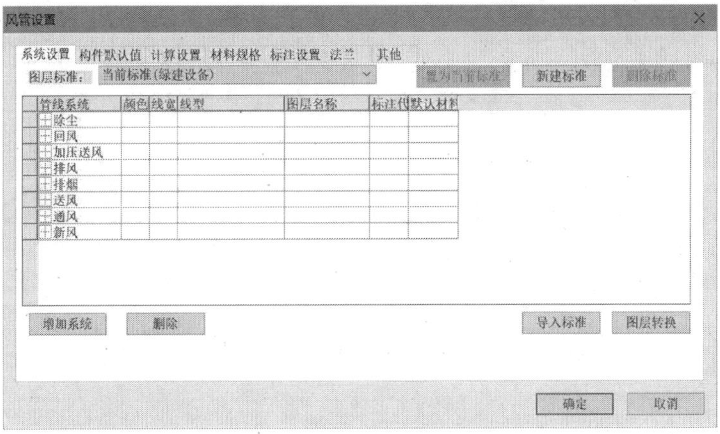

图7.23　风管设置界面

【系统设置】中列出了软件自带的管线系统，可根据不同的管线系统按用户习惯对管路的组成部分分别设置颜色、线宽及线型。这里不仅可以对已有系统的参数进行修改，还可以通过“增加系统”和“删除”来进行扩充和删减。

如图7.24所示的【构件默认设置】中左侧列表为构件类型，中间图片部分为所选构件类型的不同样式，其中框选的样式为连接和布置时默认的样式，构件参数项目列表可设置所选构件的默认参数值。“风口与风管默认连接形式”“立管默认样式”可以通过点击右侧图片进行选择。

同时在此对话框中，可以通过勾选“锁定角度”的方式设置绘图时角度的辅助功能，并且可以设置角度间隔。当绘制过程标高发生变化时，可设置自动生成的连接管件。

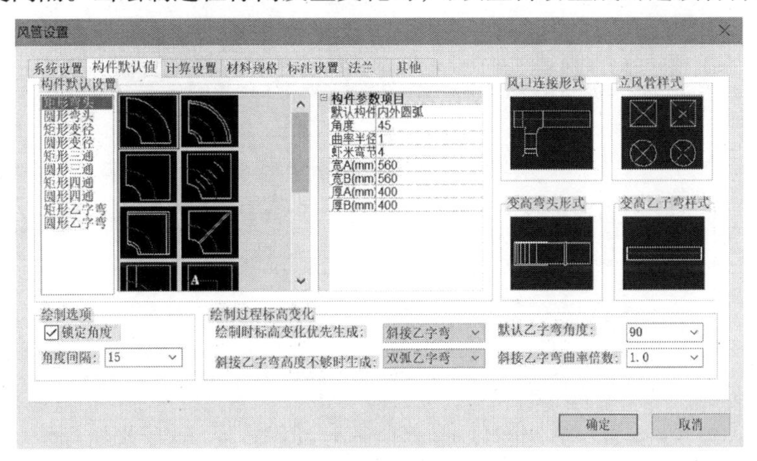

图7.24　构件默认设置界面

如图 7.25 所示为【风管设置】中的【标注设置】对话框，可以对标高基准和自动标注位置进行设置。同时可以设置标注样式、标注内容、标高前缀、风管长度和距墙标注等。在这部分中需要注意的是标注样式的选择、文字高度的设定要与其他图纸一致。标注内容提供自动标注和斜线引标两种形式，可根据设计习惯进行自定义设置。在绘制风管过程中可自动进行标注，也可通过【风管标注】命令进行标注。

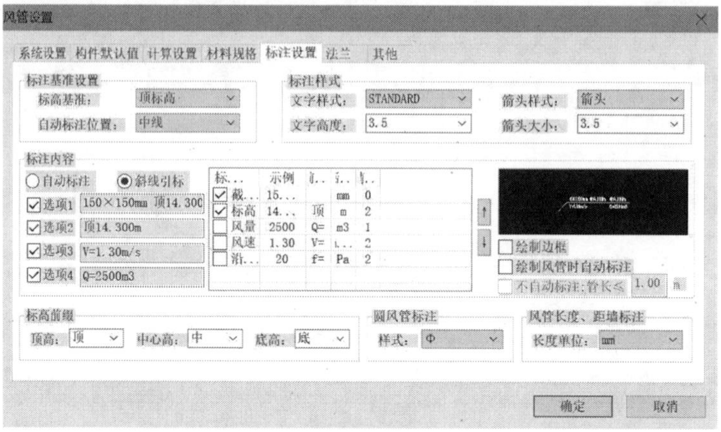

图 7.25　风管设置

在【法兰】对话框中（图 7.26），给出默认的法兰样式，改变默认法兰样式后可通过“更新图中法兰”对图面上已有法兰进行更新。需注意法兰出头尺寸设置，风管最大边范围中的“ - ”表示无穷大或无穷小，可增加或删除行，修改参数后同样可以通过“更新图中法兰”对已有法兰进行更新。

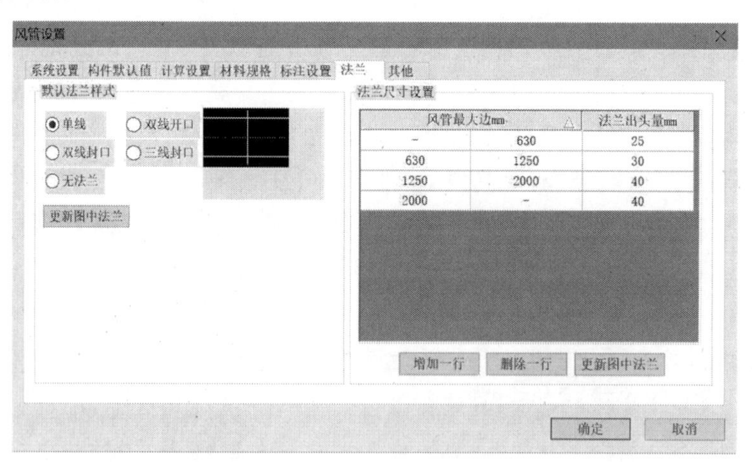

图 7.26　法兰设置

在【风管设置】的【其他】列表中（图 7.27），风管厚度设置的风管最大边范围中的“ - ”表示无穷大或无穷小，可增加或删除行，修改参数后同样可以通过“更新图中风管”来对已有风管壁厚进行更新。

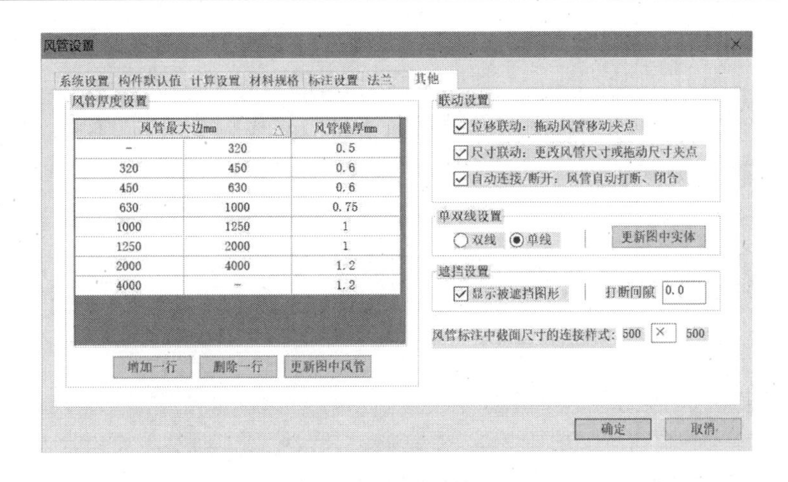

图 7.27　风管设置的其他列表

在【联动设置】列表中，“位移联动”可以通过拖动风管夹点实现构件与风管的联动；“尺寸联动”可以通过更改风管尺寸或拖动调整尺寸夹点，使与其有连接关系的构件及风管尺寸自动随之变化；勾选“自动连接/断开”后可以实现移动、复制阀门到新管，原风管自动闭合，新风管自动打断等功能。

【单双线设置】可以控制风管的单双线形式，并可以通过“更新图中实体”来对图中已绘制的风管进行单双线强制转化。

【遮挡设置】：当风管上下遮挡的时候，可通过此功能来控制风管是否以虚线显示出来。

2. 布置风口

点取【布置风口】或在命令行输入“BZFK”后，执行该命令，系统弹出如图 7.28 所示的对话框。

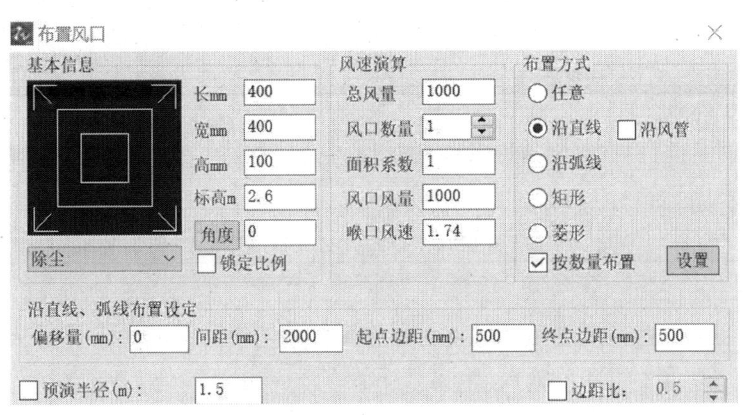

图 7.28　布置风口对话框

在【基本信息】选项框中可根据实际设计，更改设备的长、宽、高、标高和角度等信息；在【风速演算】选项框中可根据总风量、风口数量等参数计算风速和风口风量等。在【布置方式】选项框中提供了任意、沿线、矩形、菱形、按行列数布置等布置方式。选择【沿直线】布置时，选择【沿风管】布置，则可以直接在风管上进行风口的布置。选择【沿弧线】可以沿弧线布置风口。选择【矩形】【菱形】布置，可以对风口布置间距等进行设置。

同时鼠标点击对话框上图块的预览图会弹出风口的系统图库，如图 7.29 所示；在这里可以根据实际需要选择默认风口。

3. 风管绘制

点选【风管绘制】或在命令行输入“FGGX”后，执行该命令，系统弹出如图 7.30 所示的对话框。

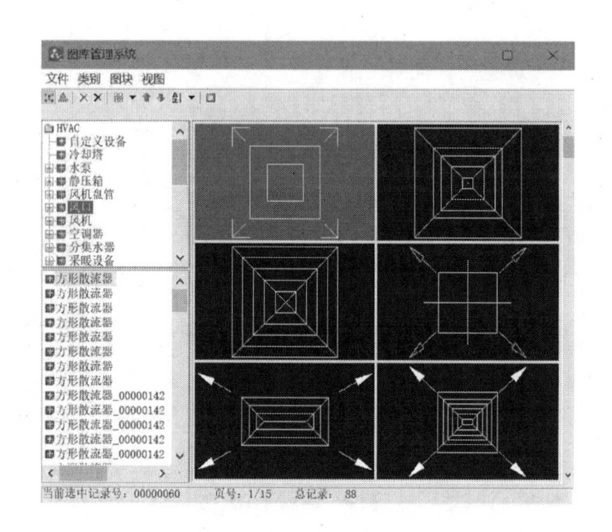

图 7.29 风管图库管理系统界面

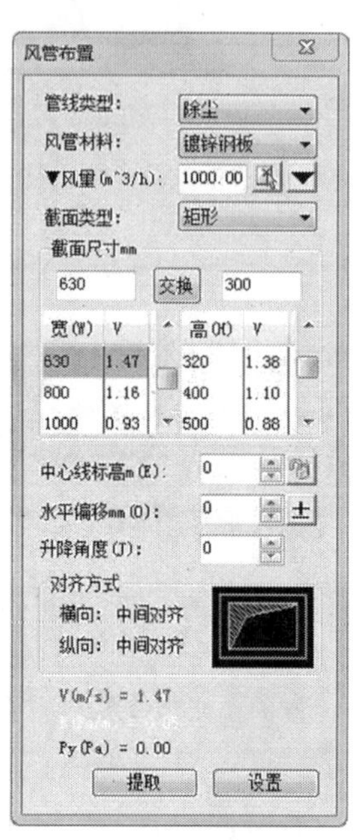

图 7.30 风管绘制对话框

【管线类型】：点击下拉箭头可以看到系统自带管线类型，同时还可以在【设置】中的系统设置处进行扩充。

【风管材料】：点击下拉箭头可以看到系统自带风管材料，同时还可以在【设置】中的材料规格处进行扩充。

【风量】：点击下拉箭头可切换风量单位，点击右边拾取按钮可在图面上提取风口来统计风量。

【截面类型】功能可以实现矩形风管与圆形风管的切换。

【截面尺寸】功能支持手动输入，也可从下面的列表中选择，通过“交换”按钮可使风管宽、高值进行对换。

【中心线标高】功能可手动输入并且可通过右边功能按钮来锁定中心线标高。

【水平偏移】：从圆心引出的线应为无偏移时风管中心线位置，设置偏移后即可得如图 7.31 所示的效果，可达到沿线定距绘制风管的目的。

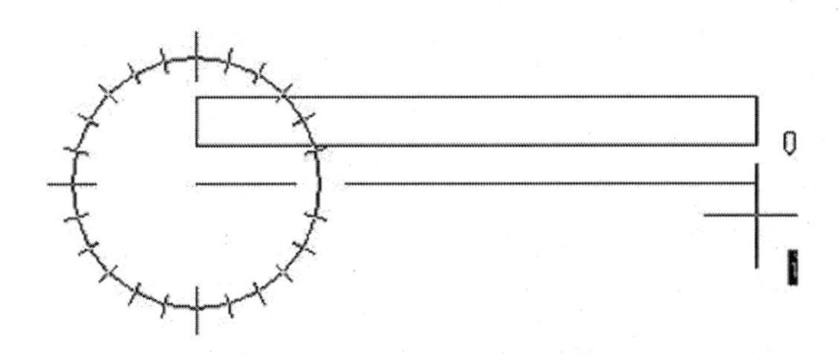

图 7.31　风管绘制水平偏移设置效果

【升降角度】:绘制带升降角度的风管,此处的角度即为“俯视图”情况下风管与水平方向夹角。

【对齐方式】:包括了 9 种对齐方式,可以根据实际需要点击预览图进行选择。

【V,R,Py】:提供风速、比摩阻、沿程阻力的即时计算值以供参考。

【提取】:可提取管线的信息,将对话框的参数自动设置成所提取管线的信息,方便绘制。

【设置】:可调出风管的设置对话框。

启动绘制命令后,命令行提示:

请输入管线起点【宽(直径)(W)/高(H)/标高(E)/参考点(R)/两线(G)/墙角(C)】<退出>:

输入起始点后的命令行提示:

“请输入管线终点【宽(直径)(W)/高(H)/标高(E)/弧管(A)/参考点(R)/两线(G)/墙角(C)/回退(U)】:”

输入字母【A】,可绘制弧线风管;

输入字母【R】,选取任意参考点为定位点;

输入字母【G】,选取两条参考线来定距布置风管;

输入字母【C】,选取墙角利用两墙线来定距布置风管;

输入字母【U】,回退到上一步的操作,重新绘制出错的管线,而不用退出命令。

立风管的设置及绘制方法与风管绘制相似,此处不再赘述。

4. 管路连接管件的画法

以弯头为例,菜单中点取【弯头】或在命令行中输入“WT”后,会执行该命令,也可以选中任意风管或连接件通过右键菜单调出,执行命令后系统会弹出如图 7.32 所示的对话框。

在【截面设置】选项框中可根据实际需要对截面进行选取,各种截面对应不同的弯头类型。此处还可以设置弯头的单双线表示形式。

【系统类型】:任意布置时可通过点击下拉箭头设定其所属的风系统,当执行连接操作时,无需设置,软件会根据风管类型自动判断。

【默认连接件】:此处显示默认样式的名称,默认连接样式可以在【设置】中进行修改。

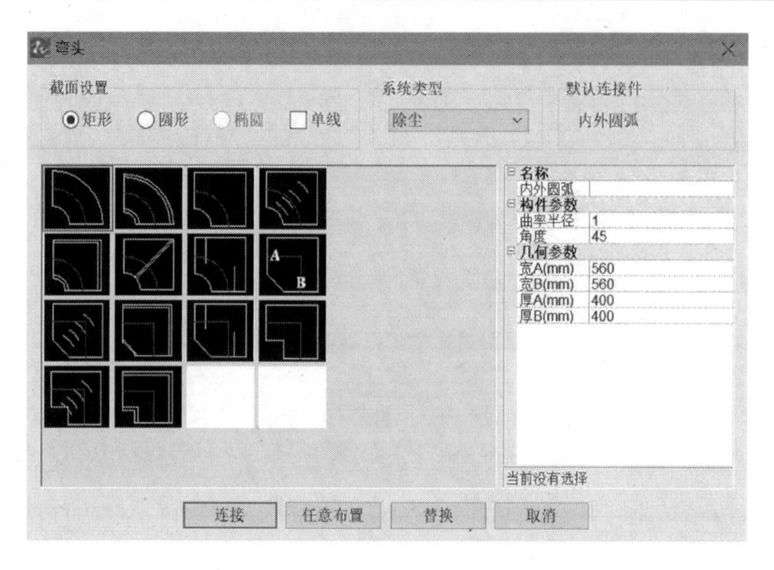

图 7.32 弯头的设置对话框

【弯头样式预览图】:图中框选样式即为当前选中样式,即进行连接、替换时使用的弯头样式。

【弯头参数设置】:这里包括构件参数与几何参数。

【连接】:两段等高风管进行弯头连接,点击按钮命令行提示:

“请选择弯头连接的风管 <退出>:”

选中一根风管之后命令行提示:“请选择另一根风管 <退出>:”

右键确定完成连接。需要注意的是,双击预览图中的弯头样式,可同时实现选中该样式并启动连接命令。

【任意布置】:可将当前弯头样式任意布置到图中。

夹点操作:任意布置弯头如图 7.33 所示,选中的弯头有“ + ”形状夹点和方块夹点,方块夹点可拖拽移动弯头位置;弯头两端的“ + ”夹点可以直接拖拽引出风管,如图 7.34(a)所示;中间的“ + ”夹点可以拖拽引出风管并且使当前弯头变为三通,如图 7.34(b)所示。

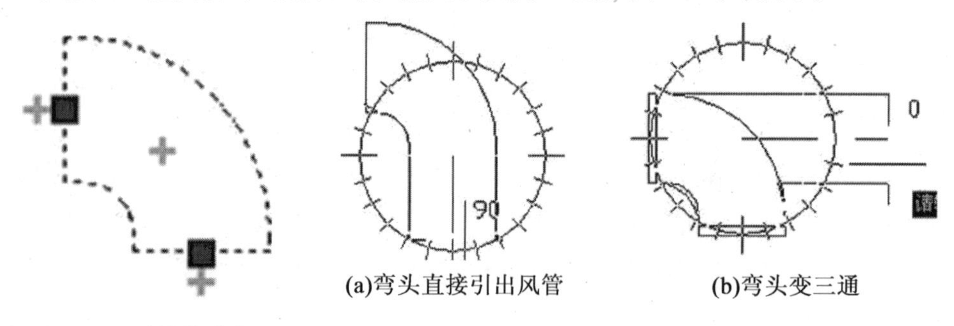

(a)弯头直接引出风管　(b)弯头变三通

图 7.33 弯头的夹点　**图 7.34 夹点操作示例**

【替换】:可将图中弯头替换为当前弯头样式。

变径、乙字弯、三通和四通的设置和画法与弯头相似,此处不再赘述。

5. 法兰

在菜单中点取【法兰】或在命令行输入“FL”后，会执行该命令，系统弹出如图7.35所示的对话框。

【法兰形式】：有单线、双线（封口或开口）和三线的形式，可根据实际需要进行选取；选择“无法兰”时，在图中框选确定，则框选范围内的所有法兰将被删除。

【法兰出头设定】有两种，在“指定出头尺寸”后边直接输入出头尺寸即可；还可以点击“自动确定出头尺寸”按钮，启动【设置】中的“法兰”页面，进行设定。

【管上布置】功能可以在风管上任意位置插入法兰。

【连接端布置】功能可对图面上风管和连接件之间的法兰进行删除或更新等操作。

6. 变高弯头

变高弯头命令在水平风管端部布置立管时使用，并且管路用弯头连接。

执行命令后，命令行提示：

“选择水平风管一端；请点取水平风管上要插入弯头的位置 <退出>：”

选择风管端部后，命令行提示：

当前风管标高，输入新的标高值；输入竖风管的另一标高（米），当前标高 =0.000 <退出>：

7. 管道风机

管道风机功能用来在图中布置轴流风机。在菜单中点取【轴流风机】或在命令行输入“ZLFJ”后，会执行该命令，弹出如图7.36所示的对话框。

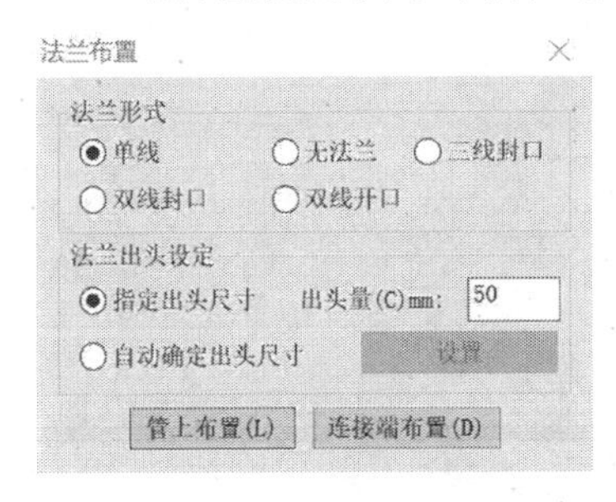

图7.35　法兰布置对话框

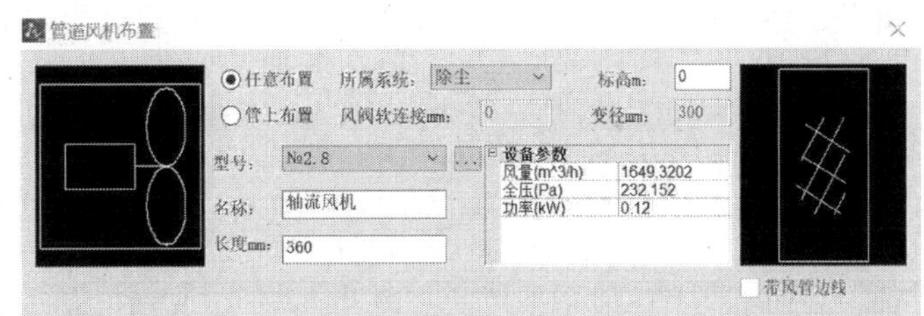

图7.36　管道风机设置对话框

点击左侧图例可以调出“图库管理系统”，图库可以自由扩充，在这里可以切换设备样式。

点击【型号】下拉菜单，这里列举出了数据库中入库的设备型号，可根据需要进行选取；长度、名称、标高信息也可根据需要进行修改。当选择任意布置时，需要设置所属的风管系统。按照不同系统布置到图中，方便按系统整体执行图层开闭、锁定等操作。

点击右侧图例同样可调出“图库管理系统”选择软连接的样式，同样软连接样式也可自由扩充。型号、长度、名称和标高可根据需要进行选择输入，软件会根据管线自动判断轴流风机所属系统。管上布置在激活状态下，可以设置软连接的长度。拖拽两侧夹点可移动轴流风机的位置，拖拽中间夹点可改变轴流风机的方向。

8. 布置阀门

布置阀门功能可以布置图中风管上的阀门。在菜单中点取【布置阀门】或命令行输入“BZFM”后会执行该命令,系统会弹出如图 7.37 所示的对话框。

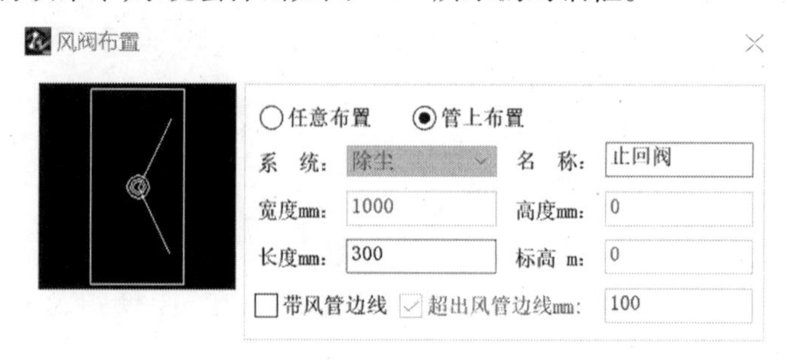

图 7.37 风阀布置对话框

【布置方式】分为任意布置和管上布置两种。

选择【任意布置】时,命令行提示:

“请指定风阀的插入点{旋转 90 度【A】/换阀门【C】/名称【N】/长【L】/宽【K】/高【H】/标高【B】}<退出>:”

其中,系统、名称、宽度、高度、长度和标高可在对话框进行修改,也可以在命令行中修改,命令行还可以实现阀门的角度旋转,要改变阀门开启方向可通过拖拽夹点完成。

选择【管上布置】时,系统、宽度、高度和标高都由所要插入的风管来决定,名称和长度可自由设定,同时可以设置插入的阀件是否显示风管边线。

需要说明的是,在这个命令中可以进行夹点的操作。阀门中间三个夹点是用来拖拽移动阀门位置的,阀门文字上会有一个夹点,拖拽此夹点可单独调整文字的位置,拖拽上部或下部的夹点可以改变阀门开启的方向。

此外,通过点击菜单中【布置设备】【空气机组】【设备连管】命令,还可以对设备(包括风机盘管、风机、冷却塔等)进行布置,并实现布置设备和管线的自动连接。

9. 风管系统图

在中望绘图软件中,框选通风空调平面图,系统可以自动生成风管系统图。在菜单中点选【风系统图】或在命令行输入“FXTT”后,执行该命令,此时光标变为拾取框,命令行提示:

“请选择该层中所有平面图管线<上次选择>:”

框选风管平面管线,命令行提示:

“请点取该层管线的对准点{输入参考点【R】}<退出>:”

选定对准点后,系统会弹出如图 7.38 所示的对话框。

如果是单层系统图,标准层数为 1,点击确定即可生成。如果是多层系统图,可通过修改标准层数来实现,也可通过“添加层”来完成。需要注意的是在生成多层系统图时基准点一定要统一,以达到上下对齐的目的。

【管线类型】功能可以过滤掉选择之外的其他系统,只生成所选择系统的系统图,便于图面复杂时系统图的生成。

勾选【楼板线标识】,系统图生成的同时会自动生成楼板线标识。

10. 风管剖面图

在中望绘图软件中,框选通风空调平面图,系统可以自动生成风管剖面图。在菜单中点取【剖面图】或在命令行中输入“PMT ”后执行该命令,系统会弹出如图7.39所示的对话框。

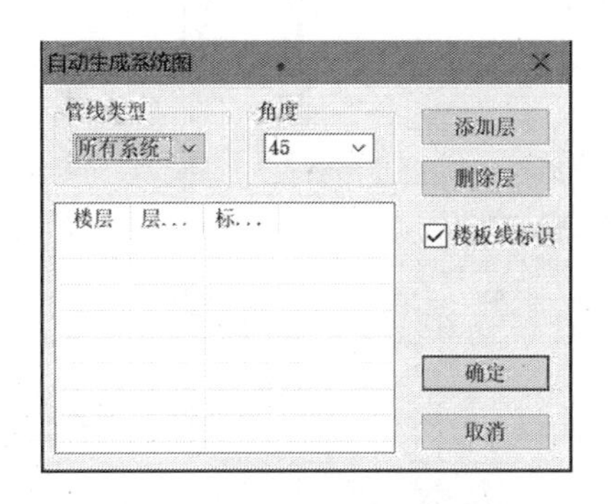

图7.38　自动生成系统图对话框

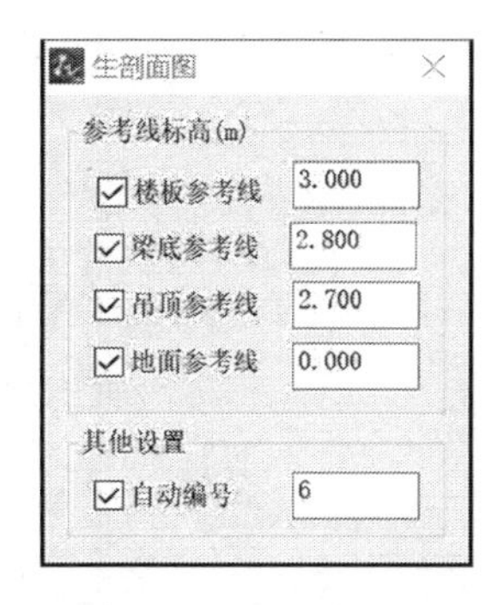

图7.39　生剖面图对话框

在对话框中,需要勾选图中需要显示的参考线,并设置相应参考线的标高。当勾选【自动编号】选项后,可在右边给定起始编号后,实现编号向后自动排序。

生成剖面图步骤如下。

执行命令,命令行提示:

请点取第一个剖切点【按S点取剖切符号】<退出>点取第一个剖切点

请点取第二个剖切点<退出>:点取第二个剖切点 请点取剖视方向<当前>:选择剖切方向

请点取剖面图位置<取消>:在图面上点取剖面图的插入位置

如果图上已经存在剖切符号,执行命令后,直接在命令行输入S,然后点取剖切符号,选择剖切图形,即可输出剖面图。

习题7.11

参照图7.5完成图7.40中设备DBFP12I及DBFP15I处的风管绘制,风管、风口尺寸及位置同图7.5。绘制要求如下:

(1)对所有风口和风管进行定位标注,每段风管标注管径,风口统一标注风口形式、尺寸、个数和风量信息;

(2)双线风管图层名称为“暖通-风管-边线”,管径、风口标注和定位标注图层名为“暖通-风管-标注”,阀门图层名称为“暖通-风管-阀门”,风口图层名称为“暖通-风管-风口”,每个图层设置不同颜色区分表示;

(3)尺寸标注样式名为“HVAC”,其中文字样式名称设置为“XT”,字体为“simplex”,大字体选择“HZTXT”,其他参数请按照国标相关要求进行设置。

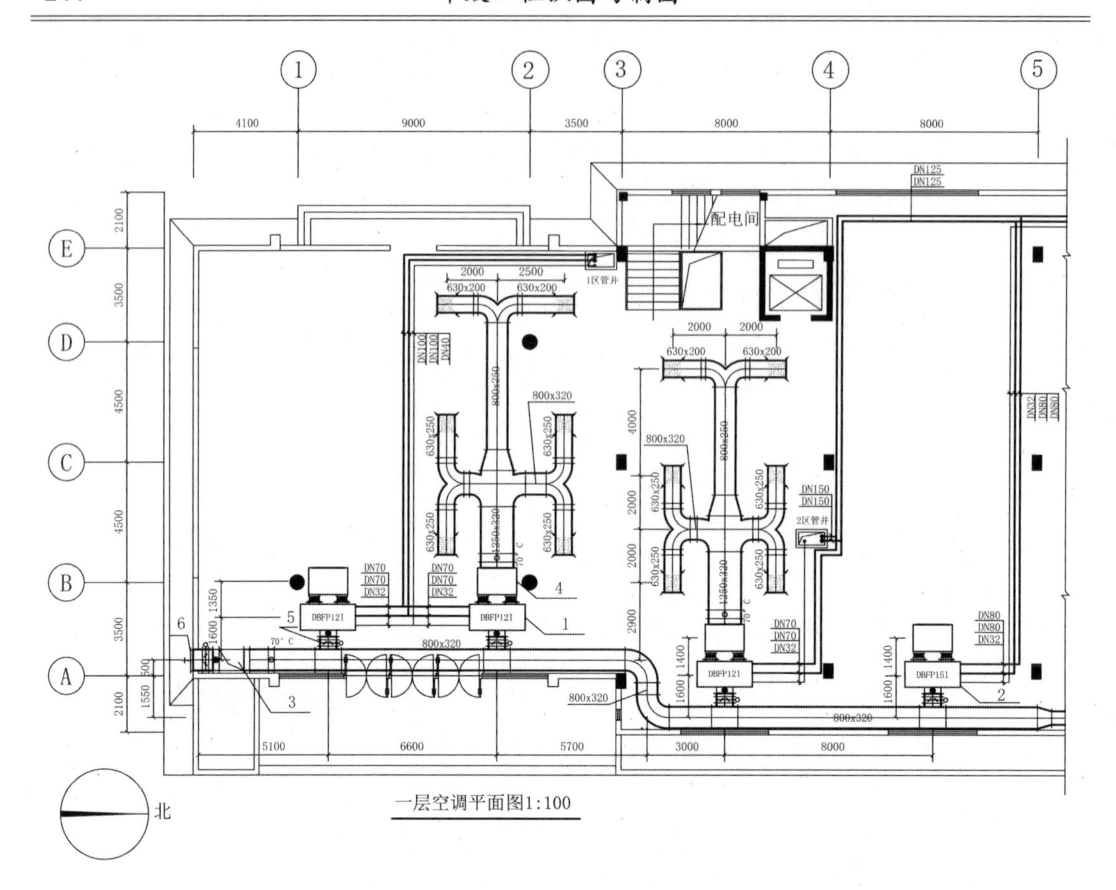

图7.40 某综合大厦一层空调平面图

任务2 绘制通风空调水系统管路

1. 水管管线的绘制

在【空调水路】下拉菜单中点选【水管管线】或在命令行中输入“SGGX”后,系统弹出如图7.41所示对话框。

点击【管线设置】后可以对管线绘制颜色、线宽、线型、标注和管材等设置进行编辑与修改。

绘制管线前,先选取相应类别的管线。系统提供的管线类型包括冷水供水、冷水回水、热水供水、热水回水、冷(热)水供水、冷(热)水回水、冷却水供水、冷却水回水、冷凝水、其他管线和自定义管线。自定义管线可由用户扩充管线,方便之后与设备进行自动连接。自定义管线的名称、颜色、线宽、线型等设置可以在【管线设置】中的【空调水管自定义】中修改。

【系统图】:勾选这个选项后,所绘制的管线均显示为单线管,没有三维效果。

【标高】:输入管线的标高,可简化生成系统图的步骤。

【管径】:用来选择或输入管线的管径,这样做后管线与其上的文字标注是定义在一起的实体,绘制出的管线即带有管径、标高等信息,但不显示,可从对象特性工具栏中查阅。

在绘制管线时可以不用输管径,也可采用默认管径,之后在设计过程中确定管径后再用

【标注管径】或【修改管径】功能对管径进行赋值或修改，默认管径在初始设置中设定。

对于【等标高管线交叉】系统给出三种方式：生成四通、管线置上和管线置下，可以根据实际管线遮挡情况进行选择。

设置完成后就可以进行管线的绘制，点取命令后，命令行提示：

"请点取管线的起始点【参考点(R)/距线(T)/两线(G)/墙角(C)】<退出>："

点取起始点后，命令行反复提示：

"请点取终点【参考点(R)/距线(T)/两线(G)/墙角(C)/轴锁 0【A】/30【S】/45【D】/回退(U)】<结束>："

输入字母【R】，选取任意参考点为定位点。

输入字母【T】，选取参考线来定距布置管线。

输入字母【G】，选取两条参考线来定距布置管线。

输入字母【C】，选取墙角利用两墙线来定距布置管线。

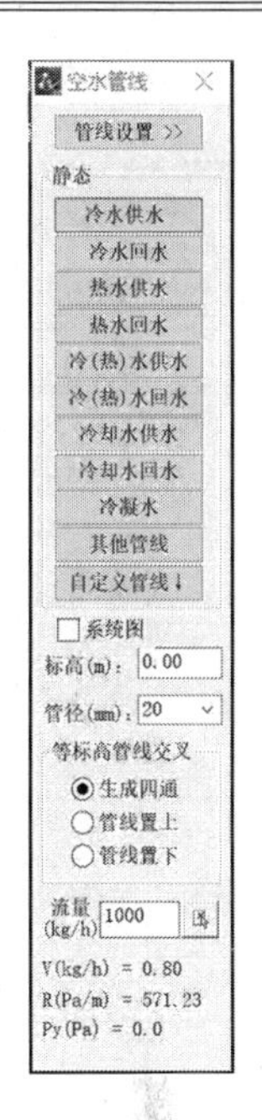

图 7.41　水管管线对话框

输入字母【A】，进入轴锁 0°，在正交模式关闭的情况下，可以任意角度绘制管线。

输入字母【S】，进入轴锁 30°方向上绘制管线。

输入字母【D】，进入轴锁 45°方向上绘制管线。

输入字母【U】，回退到上一步的操作，重新绘制出错的管线，而不用退出命令。

管线的绘制过程中伴随有距离的预演。

2. 水管立管

在【空调水路】下拉菜单中点选【水管立管】或在命令行中输入"SGLG"后，执行本命令。弹出的对话框及设置方法和【水管管线】命令大致相同如图 7.42 所示。下面仅对不同之处做简要说明。

【管径】同绘制管线，默认管径在初始设置中设定。

【编号】立管的编号由软件以累计加一的方式自动按序标注，也可采用手动输入编号。

【距墙】指立管中心距墙的距离，立管距墙距离是指从立管中心点到所选墙之间的距离。

【布置方式】系统将其分为任意布置、墙角布置和沿墙布置三种。

任意布置：立管可以随意放置在任何位置。

墙角布置：选取要布置立管的墙角，在墙角布置立管。

沿墙布置：选取要布置立管的墙线，靠墙布置立管。

【底标高】【顶标高】：根据实际需要输入立管管底、管顶标高，可以简化生成系统图的步骤。

提示：在绘制管线和布置立管时，可以先不用确定管径和标高的数值，采用默认的管径和标高，之后在设计过程中确定了管径和标高，在用【单管标高】【管径标注】【修改管线】命令对标高、管径进行赋值，或者选择管线后在对象特征工具栏中进行修改，如果在已知管径和标高的情况下，在绘制时编辑输入管径和标高，所绘制出的管线即为所需。

点取命令后,命令行提示:

“请指定立管的插入点【输入参考点(R)】<退出>:”

除了以上几种的布置方式,还可以输入参考点来定位立管。

3. 绘制通风空调水路系统图

在【空调水路】下拉菜单中点选【生系统图】或在命令行中输入“SXTT”后,执行该命令,选择图中要生成系统图的平面图,弹出如图 7.43 所示对话框。

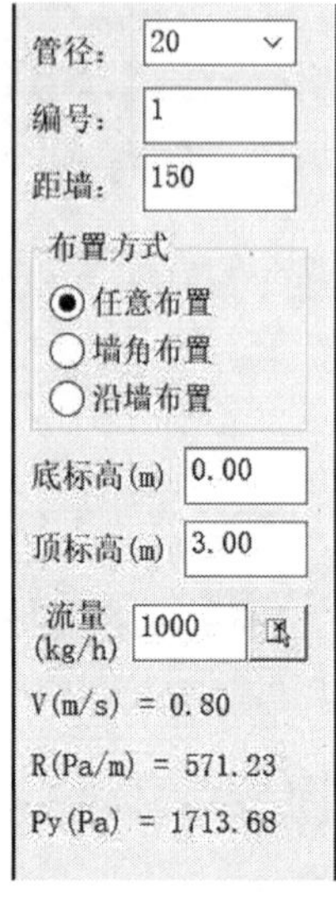

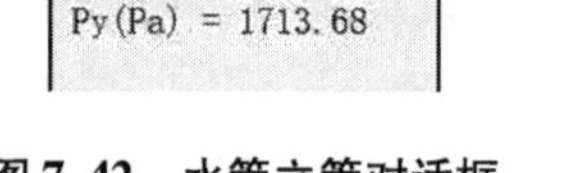

图 7.42 水管立管对话框

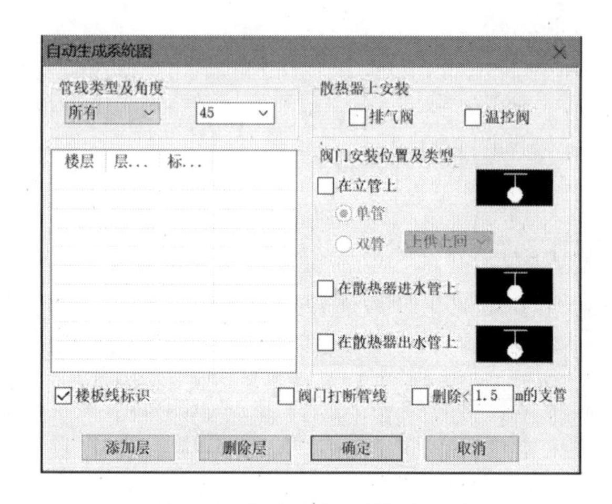

图 7.43 自动生成系统图对话框

在【管线类型及角度】中选择空调水路,然后输入系统图绘制角度,同时可在窗口添加多层平面图,以生成整楼的系统图。在添加多层平面图时,要注意基准点的选择,以图中特殊点对齐点,如立管、墙角等。

习题 7.12

参照图 7.7、7.8、7.15,补充完成图 7.44 中未完成的空调水管绘制。绘制要求如下:

(1)冷冻水供水图层名称设置为“冷水供水”,冷冻水管线型采用“CONTINUOUS”;冷冻水回水图层名称设置为“冷水回水”,冷冻回水线型采用“DASH”;冷凝水图层名称设置为“冷凝水”,冷凝水管线型采用“CONTINUOUS”;每个图层设置不同颜色区分表示。

(2)尺寸标注样式名为“CNBZ”,其中文字样式名称设置为“XT”,字体为“simplex”,大字体选择“HZTXT”,其他参数请按照国标相关要求进行设置。

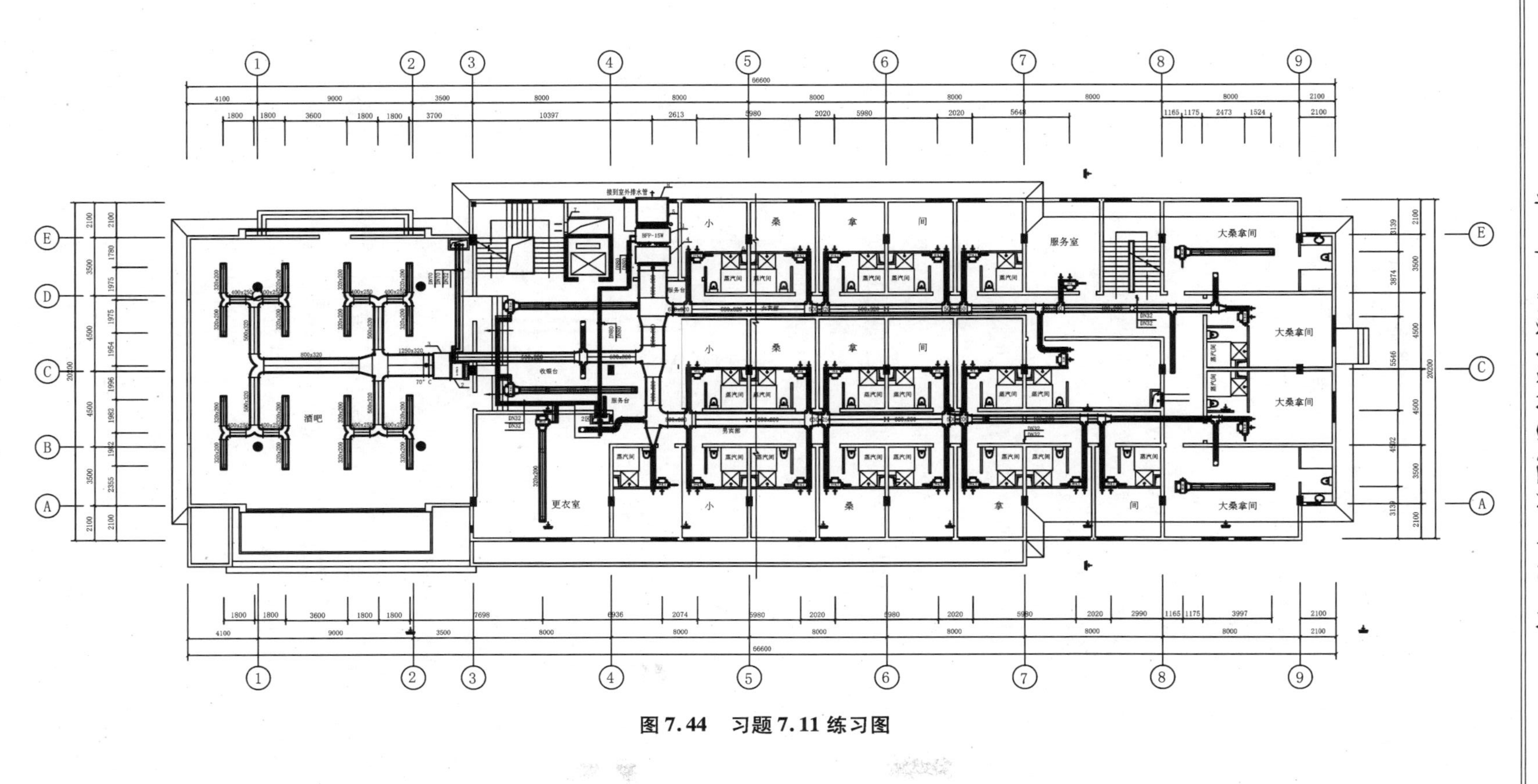

图 7.44　习题 7.11 练习图

知识链接

无论是工业建筑中为了保证施工人员的身体健康和产品质量,还是在公共建筑中为了满足人的各种活动对舒适度的要求,都需要维持一定的空气环境。通风与空气调节即采用某些设备对空气进行适当处理(热、湿处理和过滤净化等),通过对建筑物进行送风和排风,同时保护大气环境,以保证为人们生活或生产产品正常进行提供需要的空气环境。

一、通风空调系统

通风与空调系统实际上包括通风系统、防排烟系统和空调系统三部分。而通风系统、防排烟系统和空调系统还可分为多个不同的类别。因分类方法众多,本书篇幅有限,不能逐一介绍,现就最常用的分类方法给予介绍。

1. 通风系统

按动力不同,将通风系统分为自然通风和机械通风。

自然通风是依靠室内外空气温度差所造成的热压和室外风力造成的风压来实现换气的通风方式。可分为热压作用下的自然通风(图7.45)、风压作用下的自然通风(图7.46)和热压与风压共同作用下的自然通风。自然通风方式是通过在建筑的合适位置设置进、排风窗口来实现的,无需风机且一般不设置风管,系统简单。读图时,应读懂热源及上下窗口的位置,即热空气和冷空气的流向;应读懂风向、迎风面和背风面,即空气流动的方向。

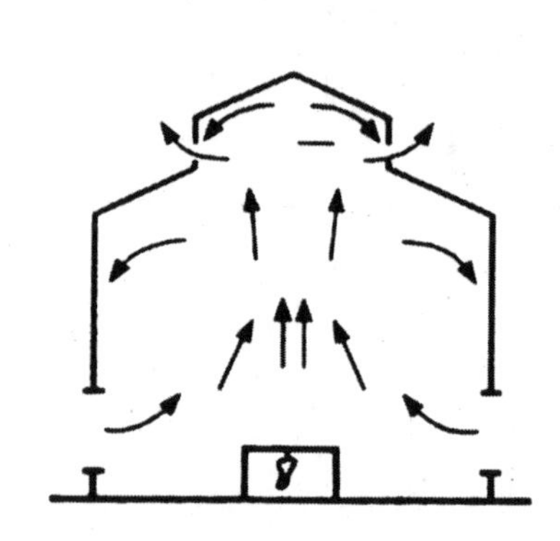

图7.45 热压作用下的自然通风示意图

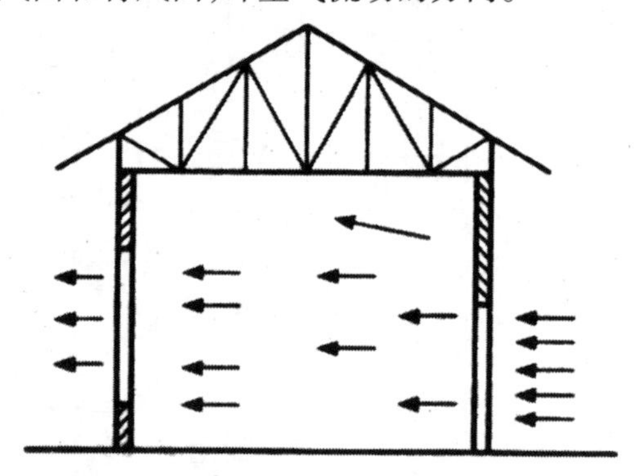

图7.46 风压作用下的自然通风示意图

机械通风是利用通风机产生的动力,进行换气的。机械通风系统中需要设置风机和风管,系统复杂,但因其通风效果稳定,应用最多。如图7.47所示为机械送风系统示意图,它在组成上包括风机、管道、空气处理设备及其他附件。读机械通风图时,沿风向读图,应读懂风机、处理装置、风管和送(排)风口等设备的位置、形式、型号、数量和尺寸等。

2. 防排烟系统

建筑防排烟系统可以看作是一种特殊的通风形式,该系统对建筑的火灾防控和扑救、对防止烟气的扩散和保证人员的安全疏散起着重要的作用。常按功能不同,将防排烟系统分为排烟系统和加压送风防烟系统。

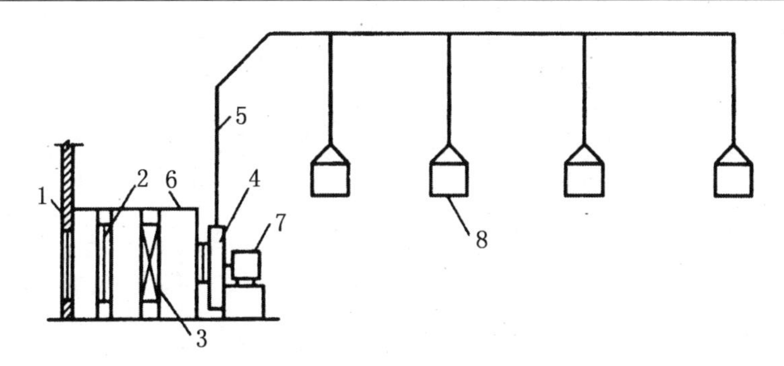

1—百叶窗;2—空气过滤器;3—空气加热器;4—通风机;5—风管;6—空气处理室;7—电动机;8—空气分布器

图7.47　机械送风系统示意图

防烟的目的是通过送风使疏散通道维持正压,以阻止烟气流入,确保疏散通道畅通无烟,该系统属于机械送风系统。一般在建筑中的防烟楼梯间及其前室、消防电梯间前室、合用前室需要设置该系统。如图7.48所示为某防烟楼梯间加压送风系统示意图。

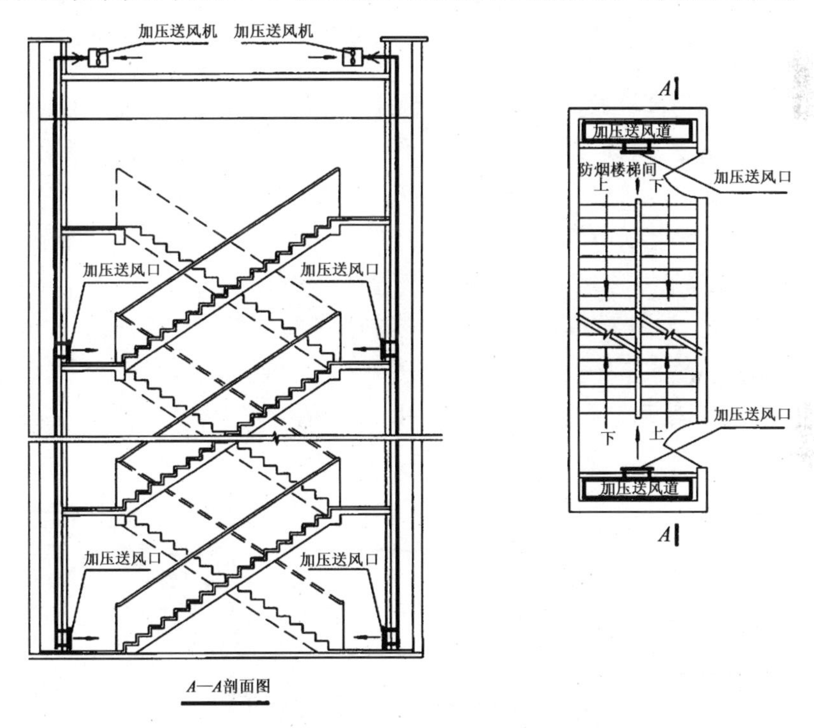

图7.48　某防烟楼梯间加压送风系统示意图

排烟的目的是将火灾时产生的烟气及时排除,防止烟气向防烟分区外扩散,以确保疏散通道无烟并尽可能延长疏散所需时间,可分为机械排烟系统和自然排烟系统。自然排烟系统结构简单、经济,不使用动力和专用设备,但需要对排烟部位的有效可开启的外窗面积进行校核计算,故使其应用受到一定限制。机械排烟系统(图7.49)采用排烟风机进行强制排烟,它由挡烟壁、排烟口、防火排烟阀门、排烟风道、排烟风机和排烟出口等组成。

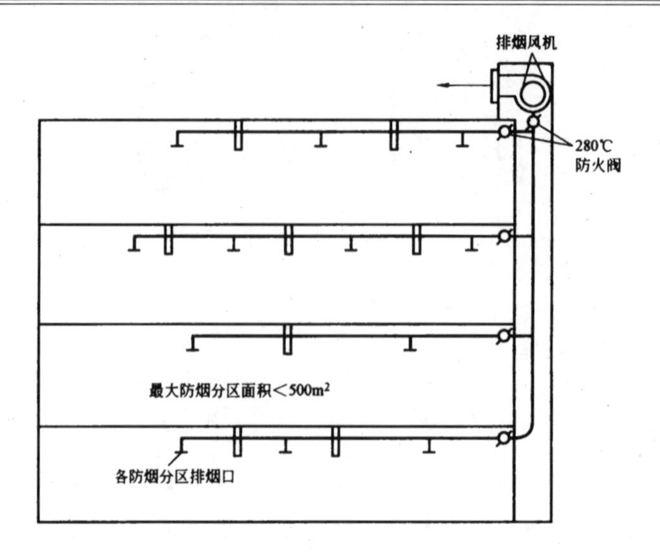

图 7.49　机械排烟系统示意图

3. 空调系统

空调系统也被称为高级通风系统，它不仅可以实现一般的通风功能，而且能实现更加复杂精确的空气处理过程，故其应用范围更加广泛。常按空气处理设备的集中程度不同，将空调系统分为集中式空调系统、半集中式空调系统和分散式空调系统三类。

集中式空调系统是指所有空气处理设备(包括风机、加热、冷却设备、加湿、减湿设备和过滤器等)都集中设置在一个空调机房内，空气经过集中处理后，再送往各个空调房间，该系统又称为全空气系统，如图 7.50 所示。识读该图时，应按空气流动方向进行，即沿进风口百叶窗—空气过滤器—喷水室—空气加热器—送风机—送风管道上消声器—送风管道—送风口的顺序读图。读送风系统时，按照回风口—回风管道上消声器—回风机—回风管的顺序读图。

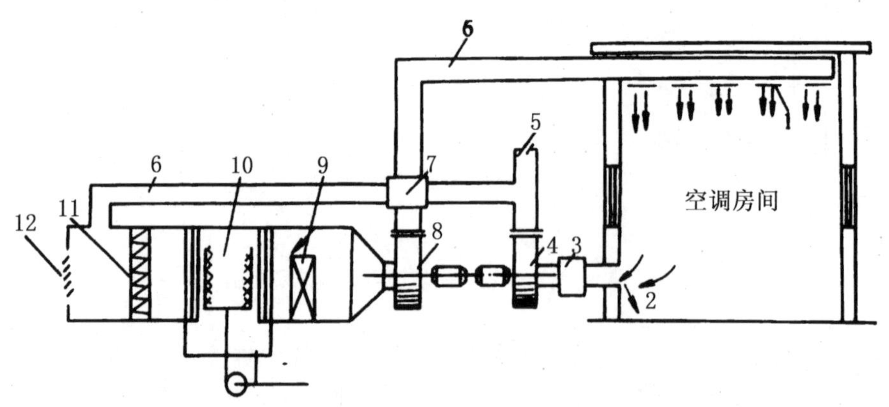

1—进风口；2—回风口；3、7—消声器；4—回风机；5—排风口；6—送风管；8—送风机；

9—空气加热器；10—喷水室；11—空气过滤器；12—百叶窗

图 7.50　集中式空调系统示意图

半集中式空调系统除了设有集中的空调机房外,还设有分散在各个房间的二次空气处理设备(又称为末端装置)来承担一部分冷热负荷。半集中式空调系统中的末端装置包括风机盘管和诱导器两种,如图7.51所示为半集中式空调系统中的诱导器系统。识读该图时,除按集中式空调系统识图方法外,还要注意系统中的末端装置。实际上,目前半集中式空调系统工程中最常见的末端设备是风机盘管,在本章施工图识读部分,已对风机盘管系统进行了详细的介绍。

分散式空调系统又称为局部空调系统,也就是冷剂空调系统或直接蒸发式空调系统。它是把空气处理所需的冷热源、空气处理和输送设备、控制设备等集中设置在一个箱体内,组成一个紧凑的空调机组。可按照需要,灵活、方便地设置在需要空调的地方。全分散式空调系统不需要集中的空气处理机房,如图7.52所示。常用的有单元式空调器系统、窗式空调器系统和分体式空调器系统。

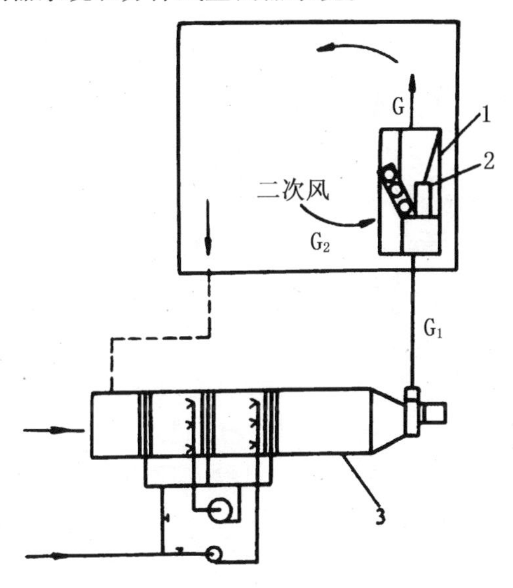

1—诱导器;2—喷嘴;3—集中空气处理机组

图7.51 半集中式空调系统中的诱导器系统

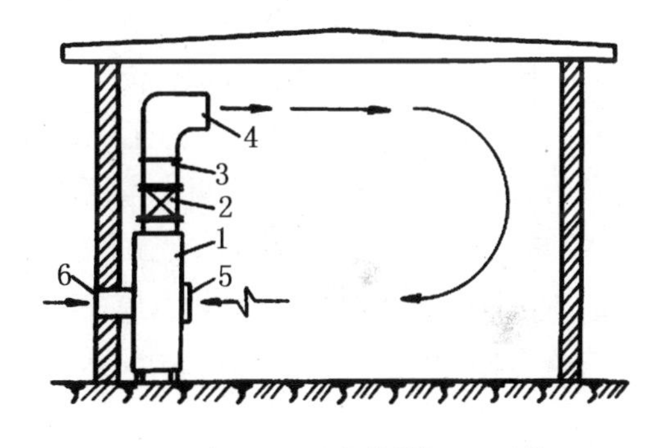

1—空调机组;2—电加热器;3—送风管;
4—送风口;5—回风口;6—新风口

图7.52 分散式空调系统

二、通风空调工程施工图的组成

一套完整的通风空调施工图一般由文字部分与图纸部分组成。文字部分主要包括图纸目录、设计施工说明及设备材料表等。图纸部分又可分为基本图和详图两部分。基本图包括平面图、剖面图和系统轴测图等原理图;详图包括大样图、节点图和标准图。

1. 图纸目录

为了查阅方便,在众多施工图纸设计工作完成后,设计人员要按一定的图名和顺序将它们逐项归纳编排成图纸目录,并将其放在本套图纸的最前面。通过图纸目录可以了解整套图纸的大致内容,包括图纸组成、顺序、编号、名称、张数和图幅大小等。

2. 设计施工说明

设计施工说明主要表达的是在施工图纸中无法表示清楚，而在施工中施工人员必须知道的技术、质量方面的要求，它无法用图的形式表达，只能以文字形式表述。

设计施工说明在内容上一般包括本工程主要技术数据，如工程概况、设计参数、设计依据、系统划分与组成、系统施工说明、系统调试与运行，以及工程验收等有关事项。很多设计人员习惯在设计施工说明中纳入图例和选用图集（样）目录两部分，这两部分是识图的重要辅助材料，为能够读懂施工图打下基础。设计说明也是编制施工图预算和进度计划的依据之一。

3. 设备材料表

在设备材料表内明确表示了工程中所选用的设备、附件的名称、型号、规格、数量、主要性能参数及安装地点等；工程中所选用的各种材料的材质、规格、强度要求等在材料表中亦有清楚的表达。

4. 系统原理图（流程图）

系统原理图（流程图）是综合性的示意图，用示意性的图形表示出所有设备的外形轮廓，用粗实线表示管道。从图中可以了解系统的工作原理、介质的运行方向，同时也可以对设备的编号、建（构）筑物的名称及整个系统的仪表控制点（温度、压力、流量及分析的测点）有全面的了解。另外，通过了解系统的工作原理，还可以在施工过程中协调各个环节的进度，安排好各个环节的试运行和调试的程序。

施工图中是否需要原理图（流程图）视情况而定，一般对于热力、制冷、空调冷热水系统及复杂的风系统应绘制系统原理图（流程图）。系统原理图（流程图）应绘出设备、阀门、控制仪表和配件，并标注介质流向、管径及设备编号。原理图可不按比例绘制，但管路分支应与平面图相符。空调、制冷系统设有监测与控制时，应有控制原理图，图中以图例绘出设备、传感器及控制元件位置，并说明控制要求和必要的控制参数。

5. 平面图

平面图是施工图中最基本的图样，是施工的主要依据。它主要表示建筑物及设备的平面布局，设备的位置、形状轮廓及设备型号，管路的走向分布及其管径、标高、坡度坡向等数据，设备、风管、风口、调节阀等的定位尺寸，剖面图的剖切位置及其编号。平面图主要包括每层通风空调系统平面图、冷冻机房平面图和空调机房平面图等。

管道和设备布置平面图应以正投影法绘制，按假想除去上层楼板后俯视规则绘制，否则应在相应垂直剖面图中标示出平剖面的剖切符号，剖视的剖切符号应由剖切位置线、投影方向线及编号组成，剖切位置线和投影方向线均应以粗实线绘制。用于通风空调系统设计的建筑平面图，应用细实线绘出建筑轮廓线和与通风空调有关的门、窗、梁、柱和平台等建筑构配件，并标明相应定位轴线编号、房间名称和平面标高。在平面图中，一般风管用双线绘制，水、汽管用单线绘制，常采用的绘图比例为1:100。

6. 剖面图

剖面图主要表示建筑物和设备、管道的在垂直方向的布置及尺寸关系，管道在垂直方向上的排列和走向，横纵向管道的连接，以及管道的编号、管径和标高。当风管或管道与设备连接交叉复杂，光靠平面图表达不清时，应绘制剖面图或局部剖面图。一般情况下，制冷机房与通风空调机房需要绘制剖面图，其他区域一般无需绘制。

剖面图应在平面图基础上尽可能选择清晰且反映全貌的部位垂直剖切后绘制。断面的剖切符号用剖切位置线和编号表示。一般风管用双线绘制，水、汽管用单线绘制，并注明管道和设备标高，常采用的绘图比例为 1:100。

识读剖面图时要根据平面图上标注的断面剖切符号（剖切位置线、投影方向线及编号）对应识读。

7. 系统轴测图

系统轴测图直接反映管道在空间的布置及交叉情况，它可以直观地反映管道之间的上下、前后、左右关系，从而完整地将管道、部件及附属设备之间的相对位置的空间关系表达出来。系统轴测图还应注明管道、部件及附属设备的标高、通风空调系统的编号、管道断面尺寸、设备名称及规格型号等。

系统轴测图是以轴测投影法绘制，宜采用与相应的平面图一致的比例，按正等轴测或斜等轴测的投影规则绘制。管道系统图的基本要素应与平、剖面图相对应。水、汽管道及通风空调风管道系统图均可用单线绘制。图中管道重叠、密集处，可采用断开画法，断开处宜以相同的小写英文字母表示，也可用细虚线连接，常采用的绘图比例为 1:100。

8. 详图

详图就是对施工图中某部分的详细阐述，这些内容是在其他图纸中无法表达但却又必须表达清楚的内容。

(1) 大样图。

大样图也称为详图，它为了详细表明平、剖面图中局部管件和部件的制作、安装工艺，而将此部分单独放大，绘制成图。常采用绘图比例为 1:20 或 1:50。一般在平、剖面图上均标注有详图索引符号，根据详图索引符号可将详图和总图联系起来识读。通用性的工程设计详图，通常使用国家标准图，此时只需标出标准图号，供施工人员从标准图中查阅。

(2) 节点图。

节点图能够清楚地表示某一部分管道的详细结构及尺寸，是对平面图及其他施工图不能表达清楚的某点图形的放大。节点用代号来表示它所在的位置，如“A 节点”，则需在平面图上对应标注“A”所在的位置。

(3) 标准图。

标准图是一种具有通用性的图样，一般由国家或有关部委出版标准图集，作为国家标准或行业标准的一部分予以颁发。标准图中标有成组管道设备或部件的具体图形和详细尺寸，但它不能作为单独施工的图纸，只能作为某些施工图的组成部分。中国建筑设计研究院出版的《暖通空调标准图集》是目前暖通空调专业中主要使用的标准图集。

第8章　识读与绘制市政给排水管线工程施工图

市政给排水管线工程施工图是进行市政给排水管线工程施工的指导性文件，它采用图形符号、文字标注、文字说明相结合的形式，将市政管线工程中给排水管道的规格、型号、位置、管道间的连接布置表达出来。

8.1　识读市政给排水管线施工图封面目录

根据市政工程的规模和要求不同，市政给排水施工图的种类和图样数量也有所不同，常用的市政给排水施工图主要包括封面、目录、说明、平面图、断面图、节点图和图集。

任务1　识读市政给排水管线工程施工图封面

如图8.1所示，施工项目名称为××路新建DN300给水管线工程，专业类别为市政给排水专业，图纸的设计阶段为施工图，设计单位为××市××设计院有限责任公司，设计时间为2020年5月。

××路（××路—××路）道路配套工程

××路（××路—××路）新建DN300给水管线工程

黑龙江省施工图出图统一专用章			
企业名称	哈尔滨市给水工程规划设计院有限责任公司		
证书编号	A223004967	级别	乙级
业务范围	市政行业（排水工程、给水工程）"专业"乙级		
有效期	至2022年06月09日		
发证机关	黑龙江省住房和城乡建设厅		

××市××设计院有限责任公司

××年××月

图8.1　施工图封面

习题8.1

识读图8.2，填写表8.1。

××公路供水工程

××公路（××桩号—××桩号）新建DN800给水管线工程

黑龙江省施工图出图统一专用章			
企业名称	哈尔滨市给水工程规划设计院有限责任公司		
证书编号	A223004967	级别	乙级
业务范围	市政行业（排水工程、给水工程）“专业”乙级		
有效期	至2022年06月09日		
发证机关	黑龙江省住房和城乡建设厅		

××市××设计院有限责任公司

××年××月

图8.2 某工程施工图封面

表8.1 某工程施工图封面信息表

序号	项目	内容
1	施工项目名称	
2	专业类型	
3	设计阶段	
4	设计单位	
5	设计时间	
6	出图专用章是否与设计单位一致	
7	设计资质范围	
8	设计资质等级	
9	设计证号	
10	设计图是否在有效期内，并填写原因	

任务2 识读市政给排水管线工程施工图目录

如图8.3所示，施工图目录可以分上下两部分，上部分为工程的基本情况，如设计单位、建设单位、工程名称、工程编号、设计阶段、专业、编制、校对、图号和日期等基本信息。施工图目录下部分主要表达的内容是序号、图号、图名、规格和备注。从序号可以看出本套图由6张图组成，图号从水(施)-01～水(施)-06，图名分别为给水管线施工图设计说明、给水管线平面图和纵断面图。

<table>
<tr><td rowspan="4">××市
××设计院
有限责任公司</td><td colspan="2" rowspan="2">图纸目录</td><td>专业</td><td>给排水</td><td>设计阶段</td><td>施工图</td></tr>
<tr><td>工程编号</td><td colspan="2">2020－004</td><td></td></tr>
<tr><td>建设单位</td><td>××市××有限责任公司</td><td>校对</td><td colspan="2"></td><td>第1页</td></tr>
<tr><td>工程名称</td><td>××路DN300给水管线工程</td><td>编制</td><td colspan="2"></td><td>共　页</td></tr>
</table>

序号	图号	图名	张数	折A1图	备注
1	水(施)－01	给水管线施工图设计说明	1		
2	水(施)－02	给水管线平面图(一)	1		
3	水(施)－02	给水管线平面图(二)	1		
4	水(施)－03	给水管线纵断面图(一)	1		
5	水(施)－04	给水管线纵断面图(二)	1		
6	水(施)－05	工程材料表	1		
7					
8					
9					
10					

图8.3　给水管线工程施工图纸目录

习题8.2

识读图8.4，填写表8.2。

<table>
<tr><td rowspan="4">××设计院</td><td colspan="2" rowspan="2">图纸目录</td><td>专业</td><td>市政工程</td><td>设计阶段</td><td>施工图设计</td></tr>
<tr><td>工程编号</td><td colspan="2"></td><td>2020－004</td></tr>
<tr><td>建设单位</td><td>××××××××××</td><td>校对</td><td colspan="2"></td><td>第1页</td></tr>
<tr><td>工程名称</td><td>某园区给水管线工程</td><td>编制</td><td colspan="2"></td><td>共　页</td></tr>
</table>

序号	图号	图名	张数	折A1图	备注
1	水(施)01	工业园区给水工程总平面图	1		
2	水(施)02	工业园区给水工程设计说明	1		
3	水(施)03	园区总材料表	1		
4	水(施)04	园区DE700输水管线平面图(一)	1		
5	水(施)05	园区DE700输水管线平面图(二)	1		
6	水(施)06	园区DE700输水管线平面图(三)	1		
7	水(施)07	园区DE700输水管线断面图(一)	1		
8	水(施)08	园区DE700输水管线断面图(二)	1		
9	水(施)09	园区DE700输水管线断面图(三)	1		

图8.4　某工程施工图纸目录

表 8.2　某工程施工图纸目录表信息表

序号	项目	内容
1	图纸张数	
2	图号前缀	
3	图纸设计阶段	
4	图纸名称	

任务 3　识读设计说明

凡是图纸中无法表达或表达不清的而又必须为施工技术人员所了解的内容，均应用文字说明，文字说明应力求简洁。设计说明应表达内容包括工程概况、设计依据、图中尺寸、给水管管材、管道基础及基坑、水压试验、施工要求和其他相关内容。图 8.5 所示为××路给水管线工程设计说明。

设计说明

1. 本工程为××路(××路—××路)道路配套工程——××路(××路—××路)新建 DN300 给水管线工程。采用 DN300 球墨铸铁管，管线长度为 827.53 m；××路预留 DN500 市政管线，长度约为 8 m；预留 2 处 DN200 消防水鹤，长度约为 2 m；预留 4 处 DN150 消防水栓，长度约为 4 m。

2. 设计依据：《室外给水设计规范》(GB 50013—2018)；《给水排水设计手册》(第 3 版)；

××路(××路—××路)道路施工图设计(电子版)——××市建筑设计院；

××路(××路—××路)道路管线综合规划(电子版)——××市城乡规划设计研究院；

3. 图中尺寸：长度标高单位为 m，管径单位为 mm，标高为绝对标高。新旧管线连接处标高以实际发生为准。

4. 给水管管材：K9 级承插球墨铸铁管，T 形胶圈接口；钢管，焊接或法兰连接。

管道安装：钢管管道焊接质量应达到《工业金属管道工程施工质量验收规范》(GB 50184—2011)要求，焊口应进行 100% 无损探伤检测。

钢管防腐：钢管内防腐采用无溶剂环氧陶瓷，外防腐采用 3PE；管道焊口经检测合格后，采用加强级环氧煤沥青涂料——四油一布对焊口外防腐进行补口处理，并符合《给水排水管道工程施工及验收规范》(GB 50268—2008)要求。

管道安装：钢管管道焊接质量，应达到《工业金属管道工程施工质量验收规范》(GB 50184—2011)要求，焊口应进行 100% 无损探伤检测。

5. 管道基础及基坑

沟槽开挖方式：采用明沟槽开挖方式。

地基处理：基础持力层为清除 1 层杂填土后原状土层，应满足地基承载力特征值 fak≥100 kPa。如管道基础层底标高未到持力层应继续开挖至持力层后采用最佳级配砂石进行换填处理，压实系数为 0.5，具体要求见《建筑地基处理技术规范》(JGJ 79—2012)中换填垫层法的有关要求。根据地勘报告揭示，基础持力层大部分落在 4 层粉质黏土层，fak = 170 kPa。该位置勘察深度内未现地下水，可不考虑地下水影响。

图 8.5　为××路给水管线工程设计说明

管道基础：采用砂垫层基础，如遇特殊地质情况应会同勘察、监理、设计各方共同处理，废除管线基坑与废除井室需填实。

回填方式：基槽内回填砂范围均采用水撼砂；回填砂范围以上至道路结构层由道路处理，井盖采用承载能力为36 t的四防井盖。

6. 水压试验

试验压力为1.1 MPa，水压试验管段应对管道、阀门及管件为整体进行打压。

预试验阶段：将管道内水压缓缓地升至试验压力并稳压30分钟，期间如有压力下降可注水补压，但不得高于试验压力；检查管道接口、配件等处有无漏水、损坏现象。

钢管主试验阶段：停止注水补压，稳定15分钟；当15分钟后无压力下降，将试验压力降至工作压力并保持恒压30分钟，进行外观检查，若无漏水现象则水压试验合格。

球墨铸铁管主试验阶段：停止注水补压，稳定15分钟；当15分钟后压力下降不超过0.03 MPa，将试验压力降至工作压力并保持恒压30分钟，进行外观检查若无漏水现象则水压试验合格。

当工程采用钢管及球墨铸铁管等两种以上管材时，水压试验应按不同管材分别进行；因不具备分别试验的条件必须组合试验时，采用钢管标准执行。

管道冲洗消毒合格后方可回填使用。

7. 施工前需做好各种管线的会签工作，需进行现场技术交底，施工时需严格按GB50268—2008进行，施工中如遇问题需及时与设计部门联系，不得擅自处理。

续图8.5

习题8.3

识读图8.5，填写表8.3。

表8.3 ××路给水管线工程施工图设计说明习题

设计说明		
序号	项目	内容
1	本工程的工程内容是什么？	
2	本图的设计依据有哪些？是哪些单位提供的？	
3	本图采用的标准、规范、规程有哪些？	
4	标准、规范、规程有何区别？	
5	《室外给水设计规范》(GB 50013—2018)中字母"GB"和数字"2018"是什么含义？	
6	给水管道的管材和防腐方式是什么？	
7	管道基础和基坑开挖有什么要求？	
8	管道水压试验要求是什么？	
9	施工前需做哪些准备工作？	

8.2　识读市政给水管线平面图

市政给水工程施工平面图是市政给水管线施工图纸中最基本也是最重要的图纸,它主要表明经管线规划部门确定线位后的管线在地形中的布置、管径及管长情况。

市政管线平面图根据地形可分为山区、丘陵和平原,根据地形图等高线的绘制情况,判断地形地势的走向,对地形进行初步了解。根据等高线的走势,可分为以下几种情况。

①山顶:等高线闭合,且数值从中心向四周逐渐降低。

②盆地或洼地:等高线闭合,且数值从中心向四周逐渐升高。如果没有数值注记,可根据示坡线来判断(示坡线——垂直于等高线的短线)。

③山脊:等高线凸出部分指向海拔较低处,等高线从高往低突,就是山脊。

④山谷:等高线凸出部分指向海拔较高处,等高线从低往高突,就是山谷。

⑤鞍部:正对的两山脊或山谷等高线之间的空白部分。

⑥缓坡与陡坡及陡崖:等高线重合处为悬崖。等高线越密集处,地形越陡峭;等高线越稀疏处,坡度越舒缓。

对地形图的面有初步了解后,对地形图的点进行进一步了解,以确定管线施工时采取相应的保护措施及需要设置的附属井室情况。

在识别市政给水管线平面地形之后,需按照市政给水管线平面的设计顺序按以下步骤进行识读工作:

(1)查明市政给水管线的平面布置、管径、走向、相互间的连接情况;

(2)弄清楚市政给水管线各种预留接头的平面位置、管径及长度;

(3)查明市政给水管线的各种附件及井室情况。

任务 1　识读市政给水管线平面布置

××路市政给水管线平面图如图 8.6、8.7 所示,××路为市政新设道路,配套建设 DN300 供水管线,起点由××路 DN500 管线接出,沿规划位置经××路、××路至××路,与××路现有 DN800 管线连接,管线长度为 827.53 m。

任务 2　识读市政给水管线各种预留接头

由图 8.6、8.7 可知××路新设 DN300 供水管线在××路预留 DN500 市政管线,长度约为 8 m;预留 2 处 DN200 消防水鹤,长度约为 2 m;预留 4 处 DN150 消防水栓,长度约为 4 m。

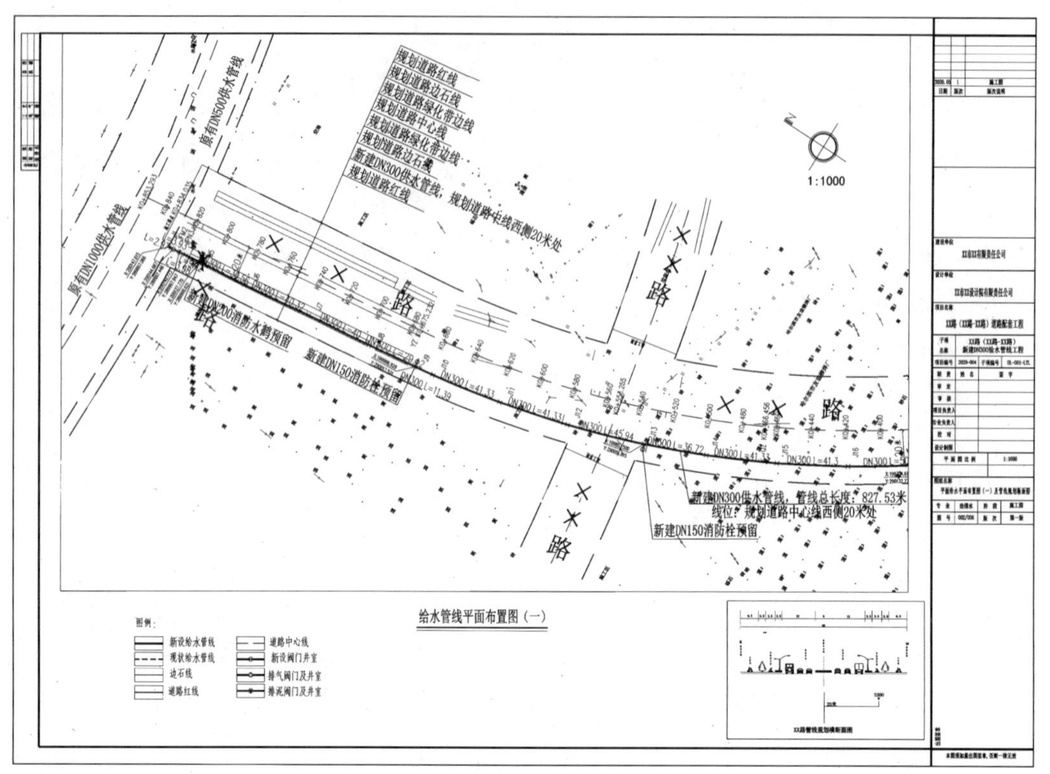

图 8.6　给水管线平面图(一)

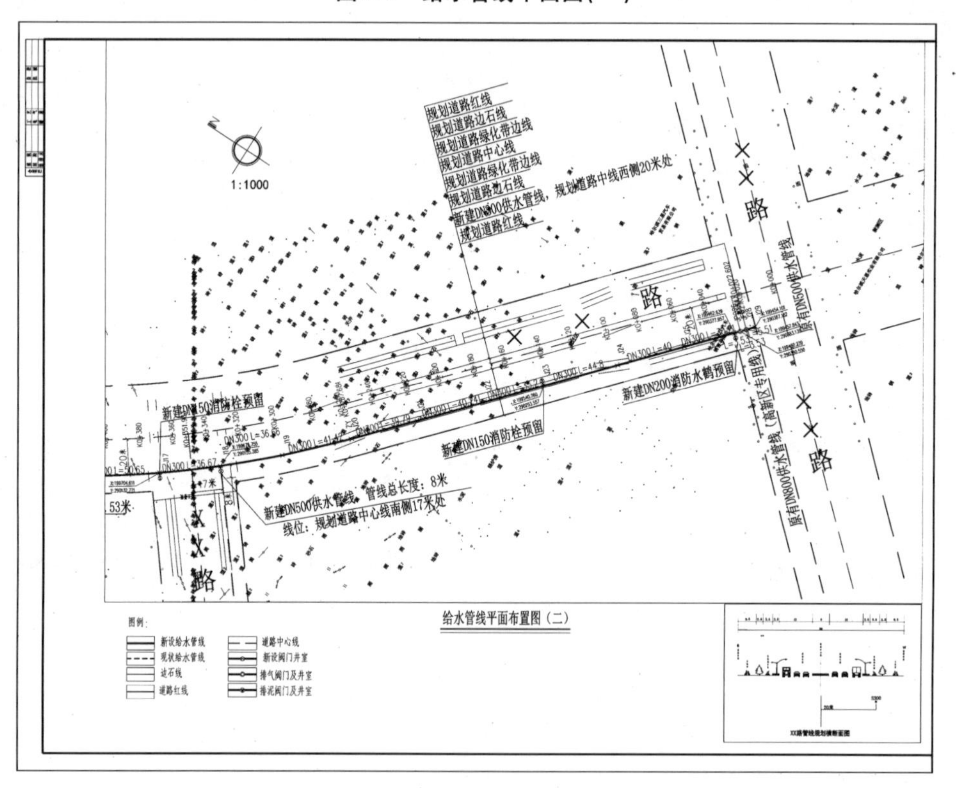

图 8.7　给水管线平面图(二)

任务 3　查明市政给水管线各种附件及井室

在市政给水管线平面图中，需要设置各种附件来保障供水管线的正常运行，给水管网的附件主要有调节流量用的阀门、供应消防用水的消防栓、监测管网流量的流量计，还包括控制水流方向的单向阀、排气阀和安全阀等。

为保证给水附件的正常使用，需要设置配套的井室，包括阀门井、排气阀井、水表井、流量计井和减压阀井。

8.3　识读市政给水管线断面图

任务 1　识读给水管线断面图左侧表格内容

如图 8.8、8.9 所示为××路 DN300 供水管线断面图，左侧表格的内容是设计地面标高、自然地面标高、设计管中心标高、管道埋深、挖深、管径及坡度、管材和接口形式、道路桩号、平面距离、累计长度、节点编号、管道基础。管道用单粗实线表示；被剖切的井（如阀门井、检查井、消火栓井）用中实线表示；其余用细实线表示。由于管道长度方向（水平方向）比直径方向（垂直方向）大得多，绘制纵断面图时，纵横向采用不同的比例。横向比例，城市（或居住区）为 1:5 000 或 1:10 000，工矿企业为 1:1 000 或 1:2 000；纵向比例为 1:100 或 1:200。

任务 2　识读给水管线断面图右侧图面内容

图 8.8、8.9 中自然地面标高线表示现状地面标高，设计地面标高线主要表达道路设计高程，设计管中心标高指的是给水管道中心高程，上述均以小数点后三位绝对高程表示，管道埋深表示管道管底埋设深度，挖深表示管道沟槽开挖深度，管径及坡度、管材和接口形式分别表示管道规格参数，平面距离、道路桩号、节点编号和管道基础表示管道沿道路桩号敷设的距离、节点数量及管道基础要求。

8.4　识读市政给水管线供水节点图和材料表

供水管线平面和断面中管线连接及阀门井位置，需以节点图形式表式。各管件（三通和四通、弯头等）间连接形式及阀门安装情况，同时在工程材料表中对节点图中各管件数量、规格进行统计（图 8.10）。

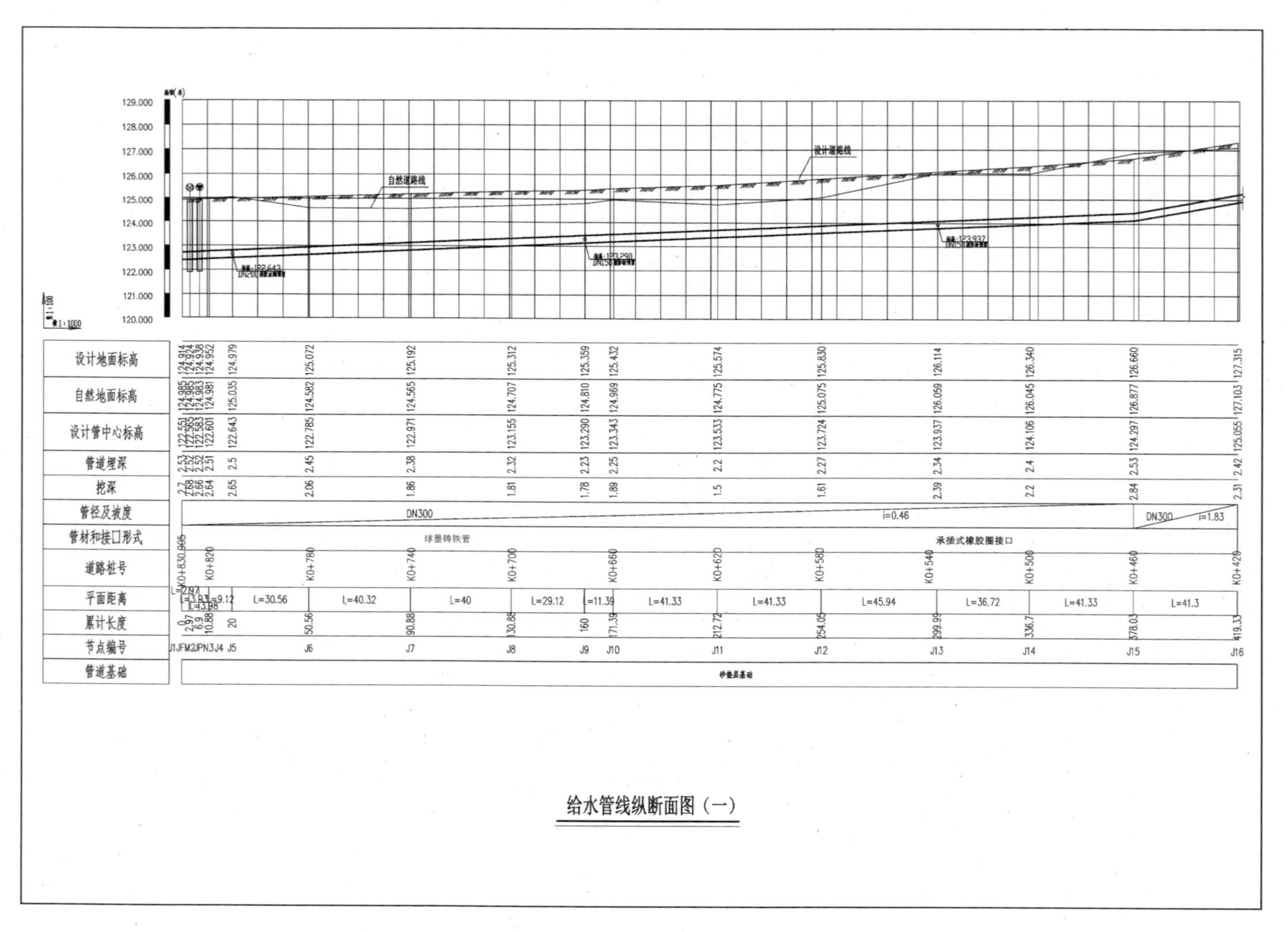

图 8.8 给水管线断面图(一)

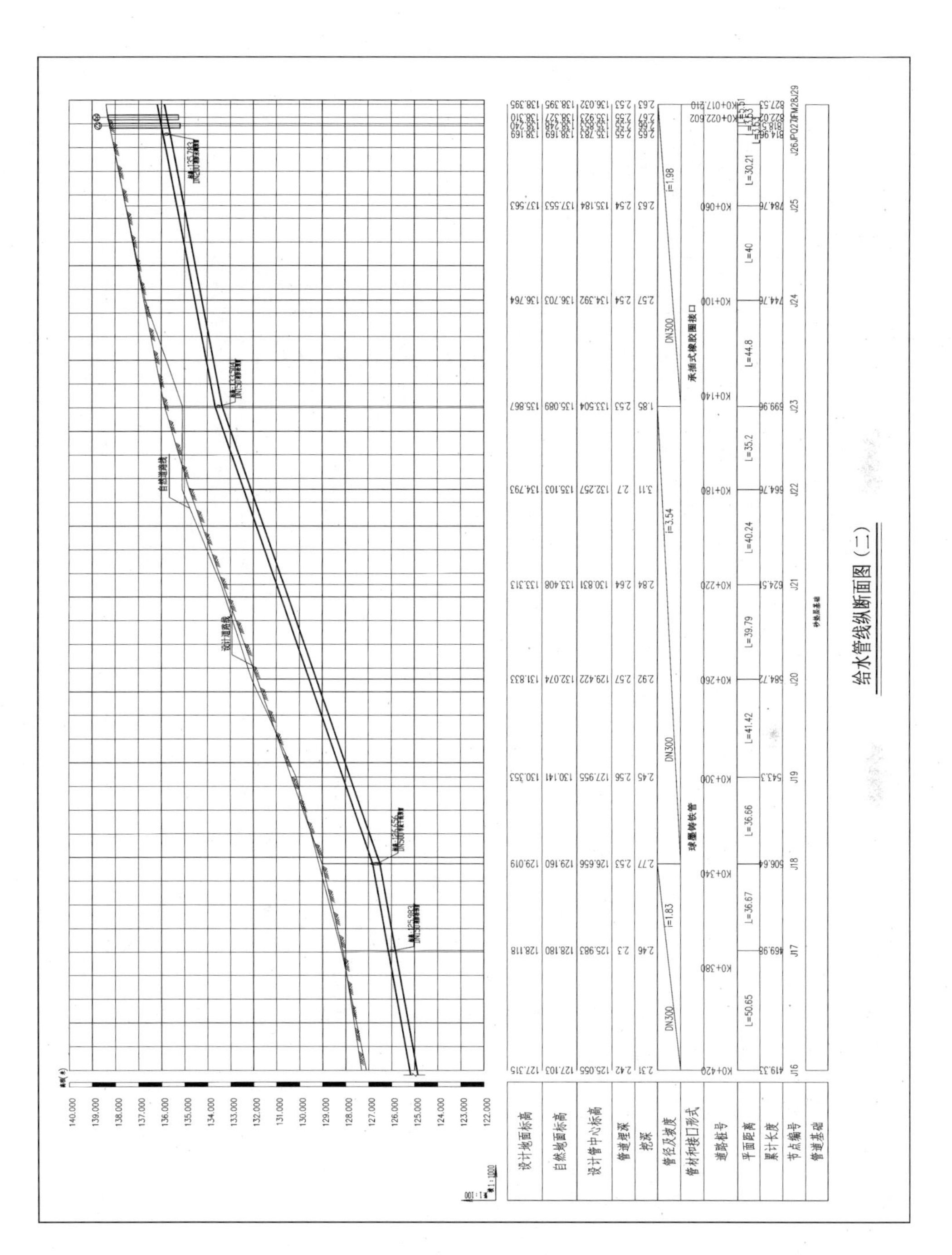

图 8.9　给水管线纵断面图(二)

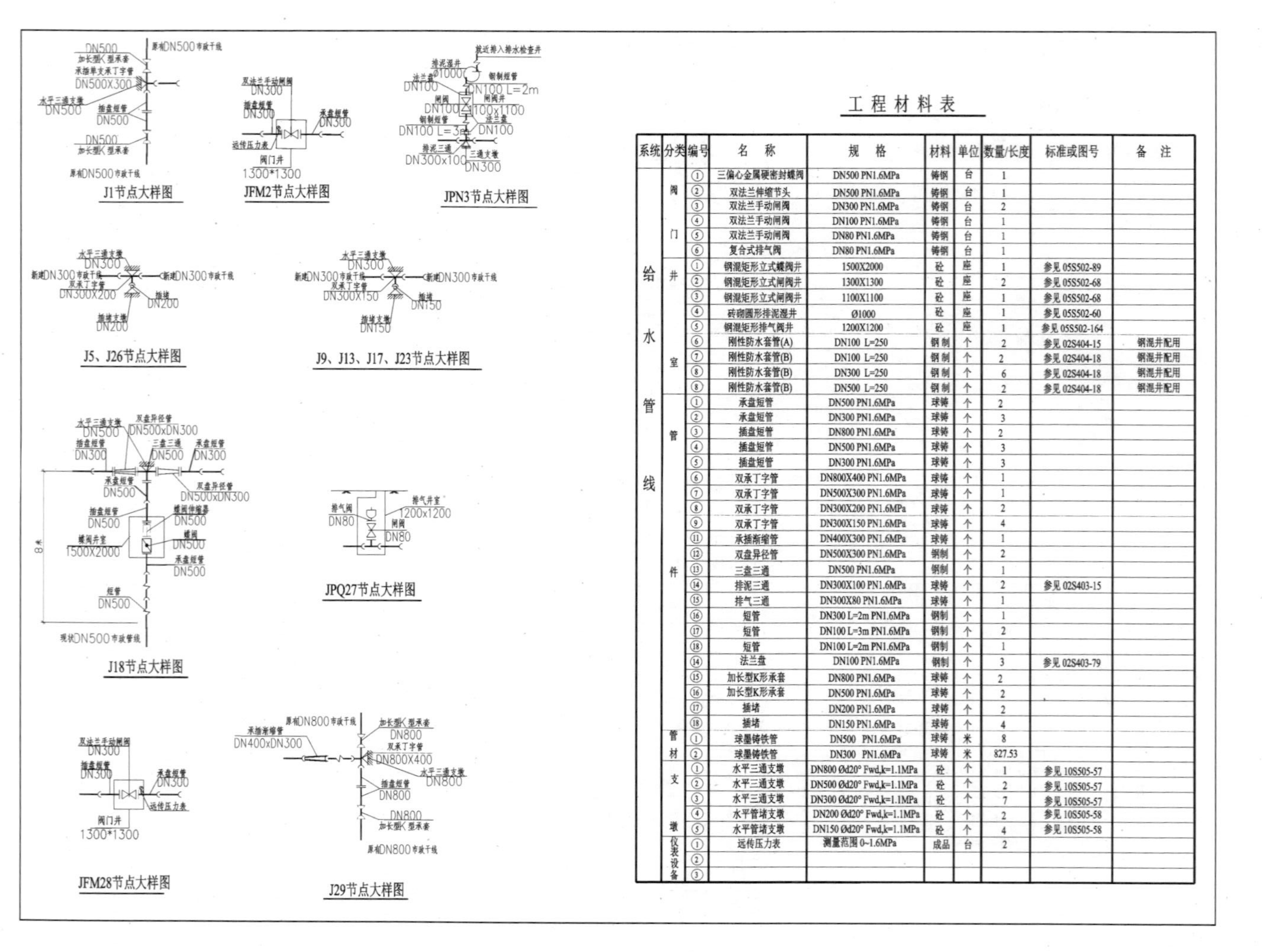

工程材料表

系统	分类	编号	名称	规格	材料	单位	数量/长度	标准或图号	备注
给水管线	阀门	①	三偏心金属硬密封蝶阀	DN500 PN1.6MPa	铸钢	台	1		
		②	双法兰伸缩节头	DN500 PN1.6MPa	铸钢	台	1		
		③	双法兰手动闸阀	DN300 PN1.6MPa	铸钢	台	2		
		④	双法兰手动闸阀	DN100 PN1.6MPa	铸钢	台	1		
		⑤	双法兰手动闸阀	DN80 PN1.6MPa	铸钢	台	1		
		⑥	复合式排气阀	DN80 PN1.6MPa	铸钢	台	1		
	井室	①	钢混矩形立式蝶阀井	1500X2000	砼	座	1	参见 05S502-89	
		②	钢混矩形立式闸阀井	1300X1300	砼	座	2	参见 05S502-68	
		③	钢混矩形立式闸阀井	1100X1100	砼	座	1	参见 05S502-68	
		④	砖砌圆形排泥湿井	Ø1000	砼	座	1	参见 05S502-60	
		⑤	钢混矩形排气阀井	1200X1200	砼	座	1	参见 05S502-164	
		⑥	刚性防水套管(A)	DN100 L=250	钢制	个	2	参见 02S404-15	钢混井配用
		⑦	刚性防水套管(B)	DN100 L=250	钢制	个	2	参见 02S404-18	钢混井配用
		⑧	刚性防水套管(B)	DN300 L=250	钢制	个	6	参见 02S404-18	钢混井配用
		⑧	刚性防水套管(B)	DN500 L=250	钢制	个	2	参见 02S404-18	钢混井配用
	管件	①	承盘短管	DN500 PN1.6MPa	球铸	个	2		
		②	承盘短管	DN300 PN1.6MPa	球铸	个	3		
		③	插盘短管	DN800 PN1.6MPa	球铸	个	2		
		④	插盘短管	DN500 PN1.6MPa	球铸	个	3		
		⑤	插盘短管	DN300 PN1.6MPa	球铸	个	3		
		⑥	双承丁字管	DN800X400 PN1.6MPa	球铸	个	1		
		⑦	双承丁字管	DN500X300 PN1.6MPa	球铸	个	1		
		⑧	双承丁字管	DN300X200 PN1.6MPa	球铸	个	2		
		⑨	双承丁字管	DN300X150 PN1.6MPa	球铸	个	4		
		⑪	承插渐缩管	DN400X300 PN1.6MPa	球铸	个	1		
		⑫	双盘异径管	DN500X300 PN1.6MPa	钢制	个	2		
		⑬	三盘三通	DN500 PN1.6MPa	钢制	个	1		
		⑭	排泥三通	DN300X100 PN1.6MPa	球铸	个	2	参见 02S403-15	
		⑮	排气三通	DN300X80 PN1.6MPa	球铸	个	1		
		⑯	短管	DN300 L=2m PN1.6MPa	钢制	个	1		
		⑰	短管	DN100 L=3m PN1.6MPa	钢制	个	2		
		⑱	短管	DN100 L=2m PN1.6MPa	钢制	个	1		
		⑭	法兰盘	DN100 PN1.6MPa	钢制	个	3	参见 02S403-79	
		⑮	加长型K形承套	DN800 PN1.6MPa	球铸	个	2		
		⑯	加长型K形承套	DN500 PN1.6MPa	球铸	个	2		
		⑰	插堵	DN200 PN1.6MPa	球铸	个	2		
		⑱	插堵	DN150 PN1.6MPa	球铸	个	4		
	管材	①	球墨铸铁管	DN500 PN1.6MPa	球铸	米	8		
		②	球墨铸铁管	DN300 PN1.6MPa	球铸	米	827.53		
	支墩	①	水平三通支墩	DN800 Ød20° Fwd,k=1.1MPa	砼	个	1	参见 10S505-57	
		②	水平三通支墩	DN500 Ød20° Fwd,k=1.1MPa	砼	个	2	参见 10S505-57	
		③	水平三通支墩	DN300 Ød20° Fwd,k=1.1MPa	砼	个	7	参见 10S505-57	
		④	水平管堵支墩	DN200 Ød20° Fwd,k=1.1MPa	砼	个	2	参见 10S505-58	
		⑤	水平管堵支墩	DN150 Ød20° Fwd,k=1.1MPa	砼	个	4	参见 10S505-58	
	仪表设备	①	远传压力表	测量范围 0~1.6MPa	成品	台	2		
		②							
		③							

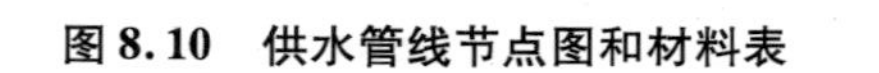
图 8.10 供水管线节点图和材料表

8.5　识读市政排水管线说明

如图 8.11 所示，某城市新建设市政排水管线工程施工图说明包括工程概况、设计依据、图中尺寸、管线位置、排水管管材、开挖方式、回填方式、管道基础及基坑、排水井形式和施工要求。

工程概况主要介绍工程名称、工程内容和主要工程量。

设计依据主要介绍设计中采用的标准、规范和文件的资料的名称。

图中尺寸主要介绍管线计量单位，井室预留情况。

管线位置介绍建设部门要求的答线位置要求。

排水管管材主要介绍管道材质、管道安装情况。

开挖方式介绍管道回填要求。

回填方式介绍管道回填要求。

管道基础介绍管道基础情况及基坑要求。

排水井形式介绍检查井结构及要求。

施工要求介绍施工会签、施工标准及闭水试验要求。

说明：

1. 本工程为 DN1000 污水主干线工程，全长 2144 m. 各主要路口及地块预留 DN600 污水支管.

2. 设计依据:《蓊家岗农场场部城镇总体规划》(电子版);《室外排水设计规范》(GB50014 – 2006);《给水排水设计手册》;现行国家相关规范标准.

3. 图中尺寸:长度标高以米计，管径以毫米计. 标高为相对标高，管道桩号 0 + 2 处地面标高设定为 100m，具体位置由建设单位提供.

4. 管线线位为西侧. 南侧边石外 6m，由建设单位提供，施工时须根据各专业管线综合规划进一步核实;预留支管线位及检查井位置，施工时由建设单位根据规划及现场实际情况确定.

5. 管材采用高密度聚氯乙烯双壁波纹管（HDPE 管）电热熔连接，管材须满足国家或行业现行的产品标准，并具有质量检测部门的检验报告和产品合格证书等. 施工前应由管材供应商提供相应管材管道工程施工安装手册，并指导施工单位施工.

管材选用应结合本工程的具体情况，如管道埋深超过管材设计强度要求时应根据管道埋深及地质情况对管材进行加强设计.

6. 沟槽开挖方式:采用明沟槽开挖方式.

7. 管道基础: 100mm 砂石基础. 管道基础及接口参见国家建筑标准设计图集《埋地塑料排水管道施工》(04S520).

8. 回填方式:由管底至管上皮 0.5m 为水撼砂，密实度达 95% 以上;其它部分原土回填，密实度达 95% 以上.

9. 排水检查井采用混凝土结构，参照国家建筑标准设计图集(02S515)进行施工. 检查井基础应座落在土质良好的原状土层上，地基承载能力不得小于 100KN/m2，如遇不良土层须及时与设计部门联系进行地基处理. 污水管线在道路以外时，井盖标高应高出地面标高 0.2m，位于路面上时，井盖标高应与新建路面标高持平. 道路上的井室必须使用重型井盖，且装配稳固，井盖应有防盗功能.

10. 施工前须做好各种管线的汇签工作，须进行现场技术交底，施工时须严格按《给排水管道工程施工及验收规范》(GB50268 – 2008)进行，施工中如遇问题需及时与设计部门联系，不得擅自处理.

图 8.11　某城市新建市政排水管线施工图说明

8.6 识读市政排水管线平面图

排水管线通常为重力流管道，因此管道布置要符合地形趋势，宜顺坡排水，取短捷路线。每段管道均应划分适宜的服务面积，尽量避免或减少管道穿越不容易通过的地带和构筑物，如高地、基岩浅露地带、基底土质不良地带、河道、铁路、地下铁道、人防工事及各种大断面的地下管道等。

图 8.12 中城区地势北低南高，西低东高，排水管线的上游起点设在南侧，下游终点设在西侧，沿城区现状道路敷设排水管线，在路口和有用户接入的地方预留检查井，同时沿主管线每间距 50 m 设污水检查井。

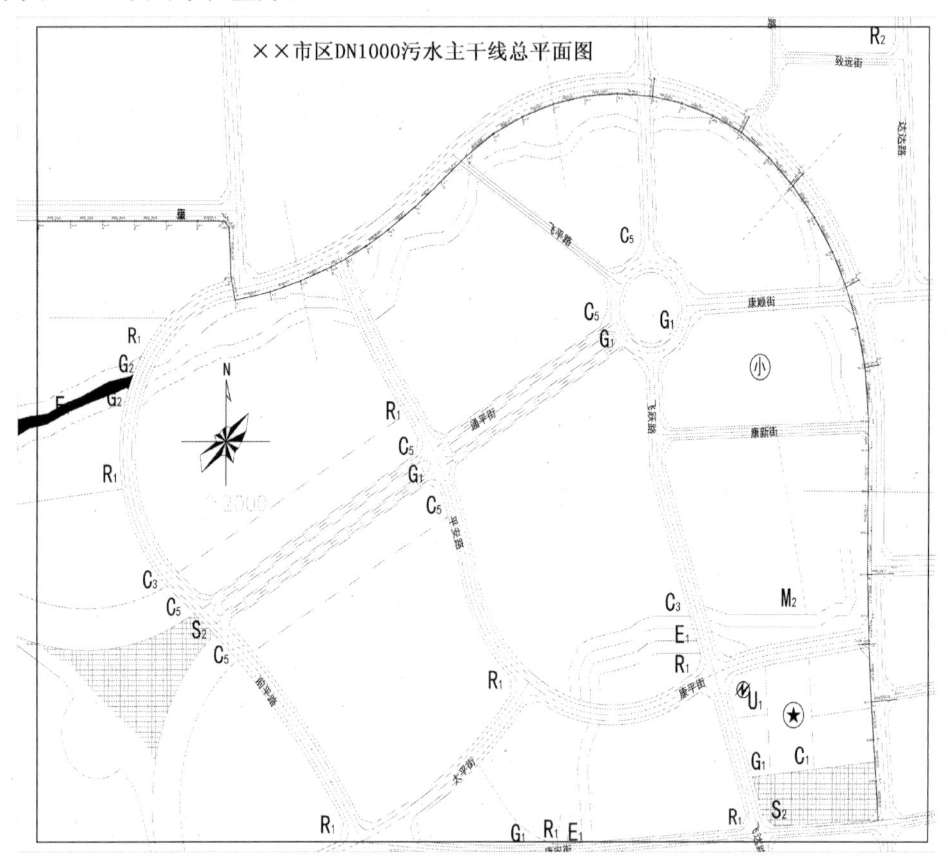

图 8.12 排水管线平面图

8.7　识读市政排水管线断面图

任务 1　识读排水管线断面图竖向布置

排水管线因为采用重力流，断面图表示的管线都是单向坡度，没有起伏（图 8.13），在断面图左侧表格的内容是自然地面标高、设计地面标高、设计管内底标高、管道坡度、管径、平面距离、编号、管道基础等，管道用双粗实线表示；由于管道长度方向（水平方向）比直径方向（垂直方向）大得多，绘制纵断面图时，纵横向采用不同的比例。

任务 2　识读排水管线断面图图面内容

图 8.13、8.14、8.15 中原始地面标高线表示现状地面标高，设计地面标高线主要表达道路设计高程，设计管内底标高指的是排水管道管内底高程，上述均以小数点后三位绝对高程表示，管道埋深表示管道管底埋设深度，挖深表示管道沟槽开挖深度，管径及坡度、管材和接口形式分别表示管道规格参数，平面距离、道路桩号、井编号和管道基础表示管道沿道路桩号敷设的距离、井数量及管道基础要求。

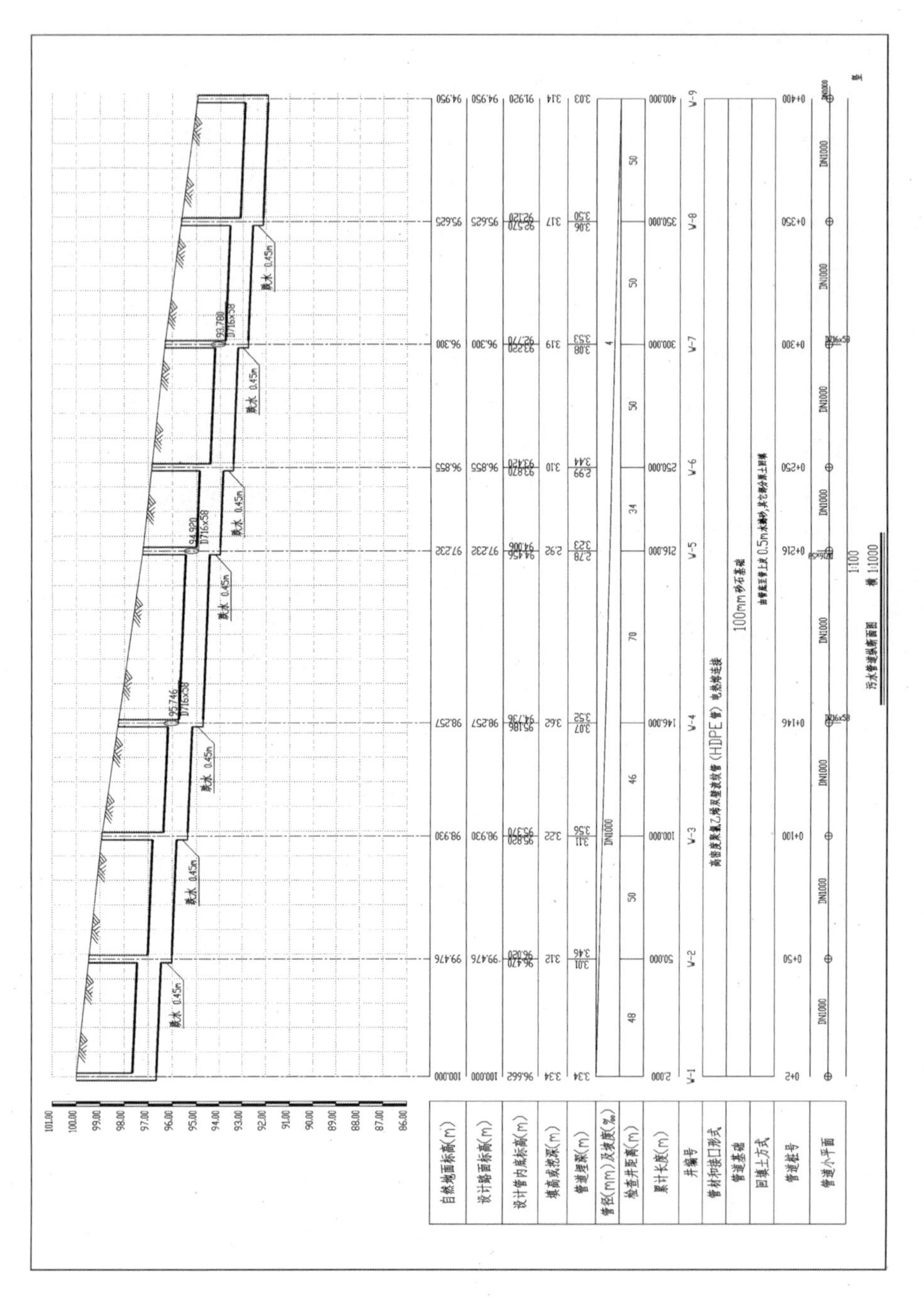

图 8.13 排水管线平面图(一)

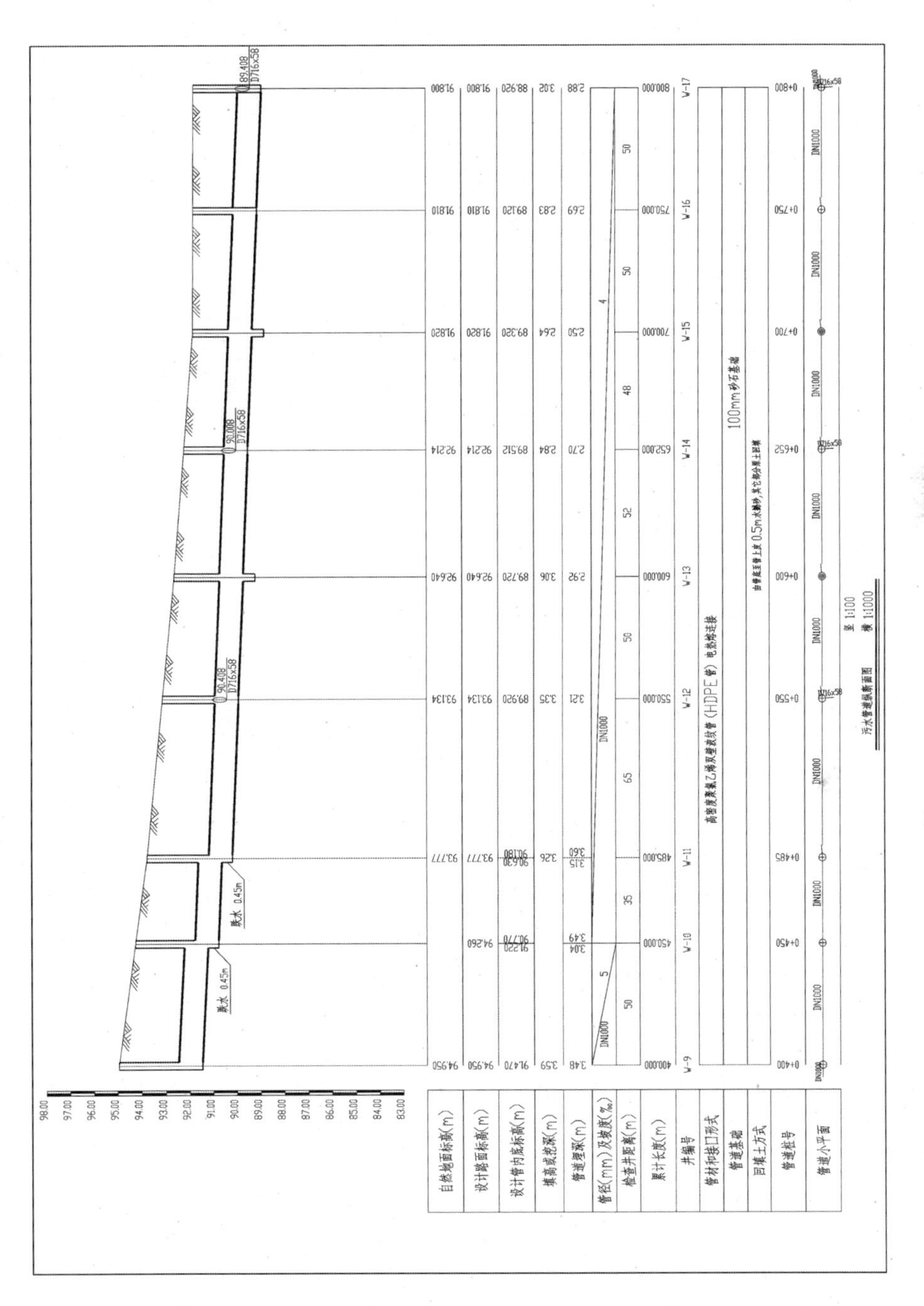

图 8.14　排水管线平面图(二)

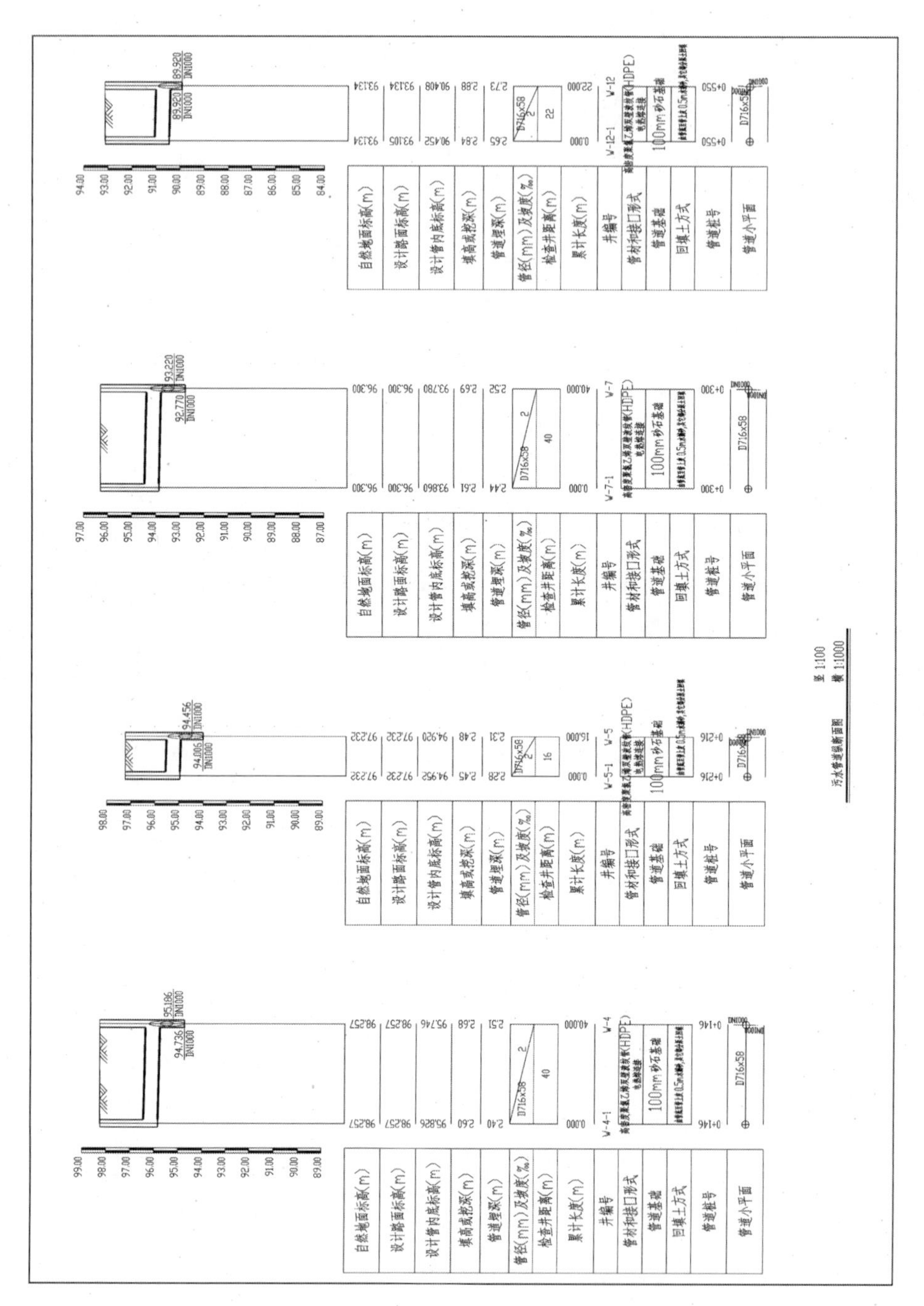

图 8.15 排水管线预留井接入断面图

8.8　识读市政排水管线工程量表

在排水管线中需设置各种规格的排水井室，以满足排水及管道接入要求，需对各种类型排水井室进行统计，汇总工程量(表 8.4)。

表 8.4　排水工程量表

系统	编号	标准或图号	名称	规格	单位	数量	备注
排水管	1		高密度聚氯乙烯双壁波纹管(HDPE 管)	DN1000	米	2 144	
	2		高密度聚氯乙烯双壁波纹管(HDPE 管)	DN600	米	206	
	3	02S515 P39	矩形直线混凝土污水检查井	A × B = 1 300 mm × 1 100 mm	个	22	W－20，W－24，W－26，W－28，W－30，W－31，W－32，W－33，W－34，W－35，W－36，W－38，W－42，W－44
	4	02S515 P135	圆形混凝土沉泥井 ϕ1 250		个	11	W－13，W－15，W－18，W－21，W－23，W－25，W－27，W－29，W－41，W－43，W－45
	5	02S515 P46	矩形 90°三通混凝土污水检查井	A × B = 1 650 mm × 1 650 mm	个	8	W－4，W－5，W－7，W－12，W－14，W－17，W－19，W－22
	6	02S515 P52	矩形 90°四通混凝土污水检查井	A × B = 2 200 mm × 1 700 mm	个	1	W－1
	7	02S515 P66	扇形混凝土污水检查井(90°)		个	2	W－37，W－46
	8	02S515 P80	扇形混凝土污水检查井(135°)		个	2	W－39，W－40
	9	02S515 P26	圆形混凝土污水检查井	ϕ1 250 mm	个	8	W－4－1，W－5－1，W－7－1，W－12－1，W－14－1，W－17－1，W－19－1，W－22－1

习题 8.4

1. 供水工程管线试验预试验阶段和主试验阶段各需稳压(　　)、(　　)分钟。

A. 30　15　B. 20　15　C. 30　20　D. 20　20

2. 管道开挖地基承载力和换填压实系数应达到(　　)、(　　)。

A. 100 0. 85　B. 150　0. 6　C. 100　0. 95　D. 100　0. 7

3. 供水管道钢管焊接接口检测数量和内防腐要求分别是(　　)。

A. 90% 和无溶剂环氧陶瓷　B. 100% 和水泥砂浆

C. 100% 和无溶剂环氧陶瓷　D. 90% 和水泥砂浆

4. 供水主管线管径是(　　)。

A. DN100　B. DN200　C. DN300　D. DN500

5. 供水消防水鹤和消防栓预留管径分别是(　　)、(　　)。

A. 200　200　B. 200　150　C. 150　150　D. 150　200

6. 供水管线纵断面要保证管道最小埋深(　　)米。

A. 2. 2　B. 2. 3　C. 2. 4　D. 2. 5

7. 排水主管线管材宜采用(　　),连接方式为(　　)。

A. HDPE　电热熔　B. 钢管　焊接　C. 铸铁　承插　D. 混凝土　抹带

8. 排水管线基础厚度为(　　),材料为(　　)。

A. 150　混凝土基础　B. 150　砂石基础

C. 100　混凝土基础　D. 100　砂石基础

9. 排水主管线管径是(　　)。

A. DN1000　B. DN800　C. DN700　D. DN500

10. 排水管线检查井的间距是(　　)米

A. 100　B. 80　C. 50　D. 60

8.9　绘制市政管线施工图

管立得三维智能管线设计系统是在广联达市政管线软件基础上开发的管线设计系列软件,它包括给排水管线设计软件、燃气管线设计软件、热力管网设计软件、电力管线设计软件、电信管线设计软件和管线综合设计软件。管线支持直埋、架空和管沟等埋设方式,电力电信等管道支持直埋、管沟、管块和排管等埋设方式。软件可进行地形图识别、管线平面智能设计、可视化设计、自动标注、自动表格绘制、自动出图,以及平面、纵断、标注、表格联动更新。软件可自动识别和利用广联达三维总图软件、广联达三维道路软件路易及广联达市政道路软件的成果,管线三维成果也可以与这些软件进行三维合成和碰撞检查,实现三维漫游和三维成果自执行文件格式汇报,满足规划设计、方案设计和施工图设计等不同设计阶段的需要。

管线采用二、三维一体化的设计方式,平面视图管线表现为二维形式,转换视角,管线表现为三维形式,可以直观查看管线与周围地形、地物、建构筑物之间的关系。

垂直方向设计完成后,可以将检查井、管道、阀门等转化为三维形式,在三维基础上可以针对具体情况进一步细化设计,也可以直接绘制三维管线,进行三维碰撞检查。

1. 管线设置

在【市政管线】对话框中打开【样式管理器】,如图 8.16 所示。

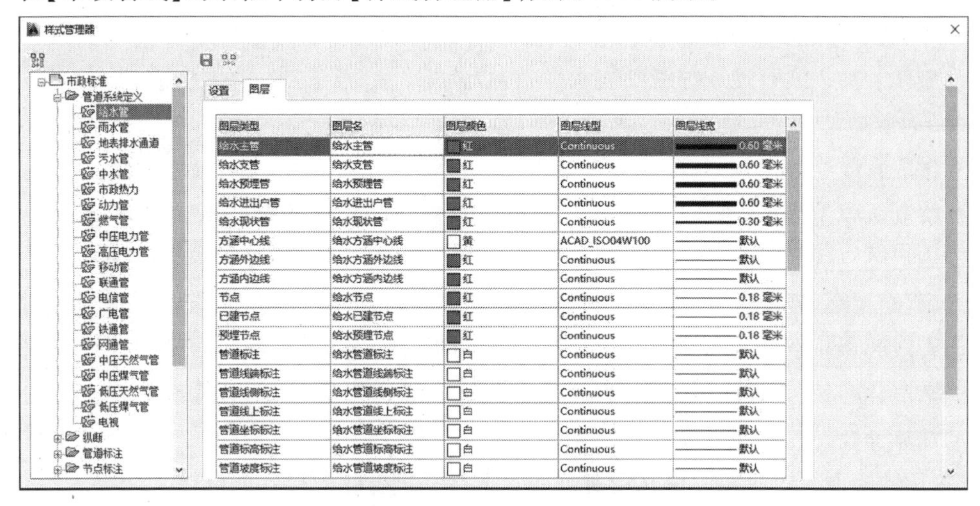

图 8.16　样式管理器对话框

【颜色】:点取颜色,可按照用户的习惯选择管线图层的颜色。

【线宽】:设定加粗显示以后的线宽,即为实际出图时的线宽,如果在【初始设置】中设置默认管线以细线方式显示,选择菜单【管线设置】中的【管线粗细】命令加粗管线,或点取快捷工具栏中的管线粗细图标。

【线型】:选择管线的线型。

2. 绘制纵断表头(图 8.17)

对纵断图中各项内容进行设置。点选不同管道类型可分别设置给水、雨水、污水、燃气、热力、动力、电力、电信、电视和合绘管道的纵断面图相关标注内容。不同类型管道纵断样式设置方法相同。在样式管理器纵断设置界面预览图中双击某一项内容可以自动定位到此项内容所在的界面。

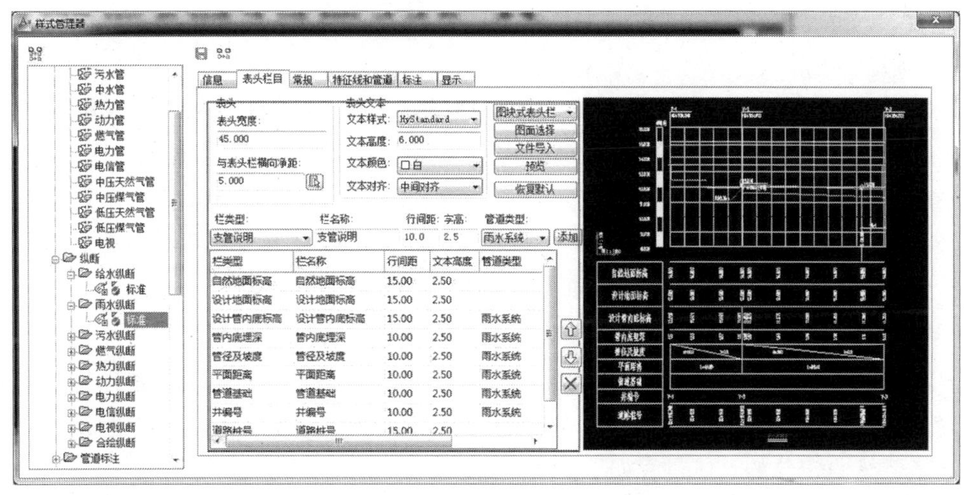

图 8.17　样式管理器界面

纵断表头可以是图块,也可以在绘制纵断面时按照设置进行参数化绘制,当选择图块式表头栏时,图面选择及文件导入按钮被激活。纵断栏目确定后,如果纵断表头采用图块式,纵断表头图块可以通过“图面选择”“文件导入”两种方式制作,或者在点取“确定”按钮时软件自动制作。如果没有现成的纵断表头图,可以点取“预览”按钮,软件生成表头,修改后再调用“图面选择”。

3. 市政管线绘制

在绘制市政给排水管线时,使用交互方式选择管道起止点一根根布置管道,布置管道的过程中用户可以随时改管道的专业参数。交互布管时,首先要通过对话框(图 8.18)输入管道代号、起点标高、坡度方向、覆土、管道基础、接口形式、平接方式、保温材料、敷设方式,然后确定管线起点止点。如果绘制点可以从总图模型、路易模型或者曲面模型计算出地面标高,则软件自动给节点地面标高赋值,界面上未输入起点标高时,压力管道可根据对话框覆土自动计算标高。此界面可设置每一类管道及每一种管道的管道标注风格。在此界面设置完成后,后续绘制管道可按照事先设置好的方案自动进行相应样式的标注。

图 8.18 创建管道 - 给水管对话框

(1)确定管道起点。

确定管道起点共有参考线、参考点、已有管线、桩号、坐标及图面直接点取几种方式。

①参考线。

采用参考线定位时,首先选择参考线,输入管线起点与参考线的距离,然后点选管道起点,软件由点选点向选择线作垂线,自动把选择点修正到该垂线上与参考线距离为输入值的点。采用这种方式,管道起点不是很准确,但在方案设计时比较有用。

②参考点。

采用参考点定位时,首先选择参考点,然后软件在选择点显示一个坐标系标志。如果在本次进入该图形时采用过参考点定位,坐标系的方向角为上次值,否则,默认坐标系 X 轴方向为 0°。参考点定位的具体过程如下。

“提示:选择参考点:”

选择参考点之后,命令行提示:

"输入相对 X 坐标或[重新定义坐标系角度(Z)]:输入相对 Y 坐标:"

直接在命令行输入距离,根据提示输入参考点坐标下的 X、Y 轴坐标即可。

③坐标系。

重新定义坐标系。软件会提示:

"输入坐标系角度或[选择平行线(X)]:"

输入坐标系 X 轴在当前 UCS 下的角度,或者选择平行线的方向作为坐标系的 X 轴方向。确定坐标系后,按提示输入 X 轴、Y 轴的坐标值。

④已有管线。

当管线从已有管线上绘制时,首先要选择给水管线,然后再精确确定管道起点:输入【E】把选择管段中距选择点较近的端点作为管线起点;输入【D】,然后输入管道起点与距选择点较近端点的距离,由软件计算出起点,直接按回车键把选择点作为管线起点。

⑤桩号。

如果图面上有已定义过桩号的道路中心线,可以采用桩号定位。采用桩号定位时,如果图面上有两个或两个以上的桩号序列,首先要确定以哪条桩号线为准,然后输入管道起点对应的桩号、管道起点与道路中心线的距离,以及管道起点位于道路的哪一侧即可。

⑥坐标。

采用坐标定位时,分别输入管线起点的横向坐标及纵向坐标,如果当前图形定义过大地测量坐标与图形坐标的相对关系,软件认为输入的坐标为大地测量坐标,并把它转换为图形上的点。如果当前图形没有定义过大地测量坐标与图形坐标的相对关系,软件会认为输入的坐标为图形坐标。

⑦直接点取。

直接在图面上点取,获得管道的起点和终点。

(2)确定管道到点。

确定管线到点的方式有参考点、方向和距离、管线上、桩号、坐标以及图面直接点取。

①参考点、桩号及坐标定位方式与管道起点定位方式相同,此处不再赘述。

②方向。如果想从起点沿某一方向上按一定距离确定管线到点,可以直接输入管线布置方向角度或在图面上点取方向,也可以输入【X】选取后续管段平行的直线,再点取在平行线的基础上的方向(这时点取的方向只需指明朝向平行线哪端即可),输入距离即可。

当管线要垂直拉到某条管线时,选择该管线,软件会自动求出从起点到该管线的垂点作为管线到点。如果垂点在选择管线以外,软件会自动添加不足的部分。如果想把管线接到某一条已有管线上而又不想垂直已有管线,则直接点取目标点而不能使用已有管线的方式。

(3)管道坡度。

坡度为可以编辑的组合框,可输入可选择(雨污水管道坡度必须大于 0,其他的可等于 0,压力管道坡度默认等于 0)。

(4)复制管线。

当道路较宽时,需在道路两边布置两条同类型管道。为方便设计和施工,设计人员常把它们设计成局部或全部相对道路中心线对称。复制管线可以将已布置好的管线复制到道路中心线的另一侧。新生成的节点包括管道系统、井类型、管代号、自然地面标高、设计地面标高和井规格等信息。新生成管道保持原管道所有信息,复制坡度和管道起点标高,终点标高按照坡度计算。

(5)布置节点(图8.21)。

布置节点就是在管道上布置选中的节点,不同的管道类型布置的节点也不同,如选择给水管道类型时,软件显示水表井、消火栓、阀门井和排泥井、排气井等给水的节点;选择雨水管道类型时,软件显示雨水检查井、雨水暗井和倒虹吸等雨水类型的节点。

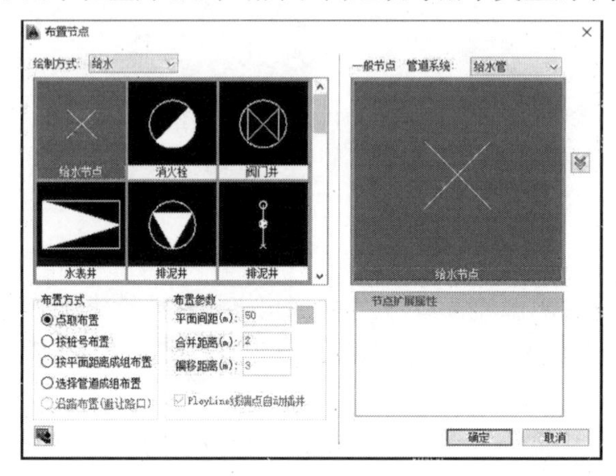

图8.19　布置节点对话框

布置消火栓时可以选择地上式支管安装、地上式干管安装Ⅰ、地上式干管安装Ⅱ、地下式支管安装和地下式干管安装等类型。不同类型的消火栓支持的平面表示形式也不相同,设计人员根据需要选择适当的表示形式,并输入布置参数,如图8.20所示。

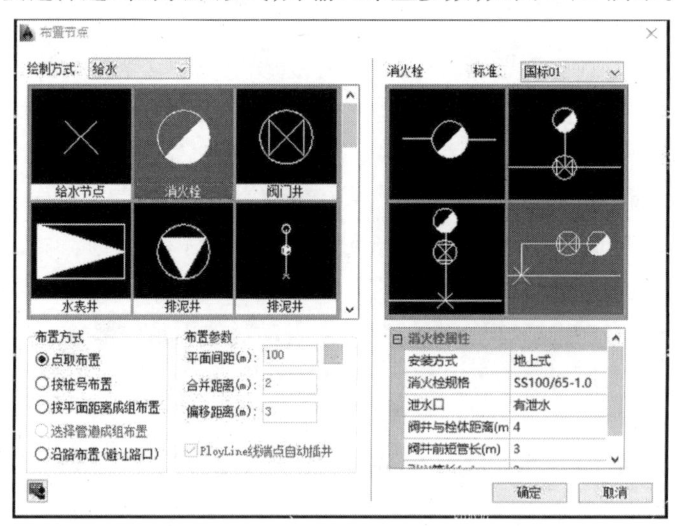

图8.20　布置消火栓对话框

4. 竖向编辑工具

竖向编辑工具如图 8.21 所示。

图 8.21　竖向编辑工具

5. 地面标高调整

地面标高调整功能可以调整节点标高和标高文件标高值，可以调整节点自然标高、设计标高、自然/设计标高文件，如图 8.22 所示。选择要修改的节点、标高文件等，输入高差值，软件会把节点/文件中的标高同时调高或降低一个差值。标高文件和节点标高可同时调整。

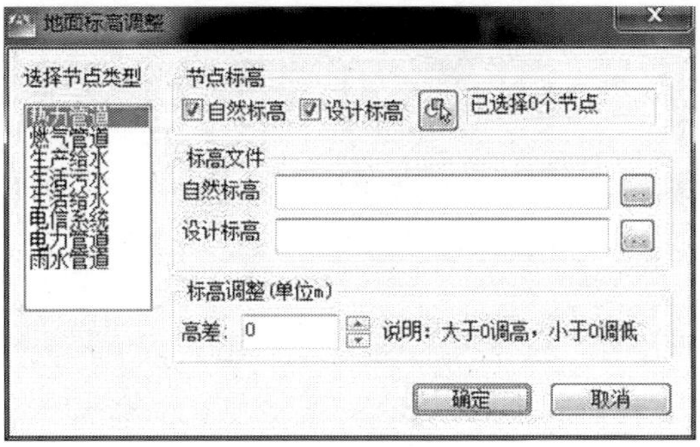

图 8.22　地面标高调整对话框

6. 设置管道坡度

在设置管道坡度后，由用户选择保持管道上游或者下游标高不变，推算相连接的管道标高，并且重力管道会自动检测上下游标高是否矛盾，有矛盾的进行整体调整。定义管道坡度分为直接输入管道坡度、管径对应坡度和取地面坡度三种方式。

点击【定管道坡度】命令。对于已知坡度的管段，可以一次选择坡度相同的管道，统一定义管道坡度。坡度以小数的形式表示，如 0.003。软件弹出【输入管道坡度】对话框，选择常用坡度或输入坡度，如图 8.23、8.24 所示。

7. 修改管道坡度

在工程设计时，同一工程应尽量使用同一种管材，但是总会有一些特殊情况要求某些管段采用与大多数管道不同的管材，这时可以利用修改管道坡度功能。如果修改重力管管材规格，在某些时候一定规格的管道对应有固定的管道坡度，可以使用“管径坡度对应”关系，在修改管材规格的同时，管道坡度也做相应的调整。如果是单纯修改管径，采用管径定义功能重新定义管径即可。运行该命令，软件弹出【管道类型选择】参数框，如图 8.25 所示。

8. 节点编号

节点编号可采用自动节点编号（环状）、自动节点编号（无回路）、主节点编号和附节点编号。节点编号的效果有三种：全部按主节点、分支按附节点和分类节点编号。

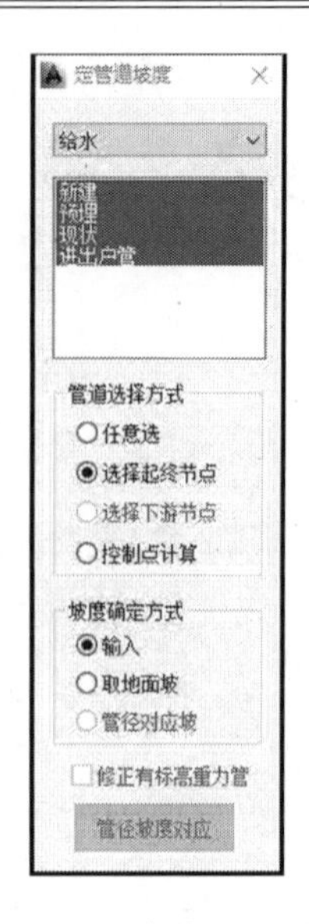

图 8.23 定管道坡度对话框

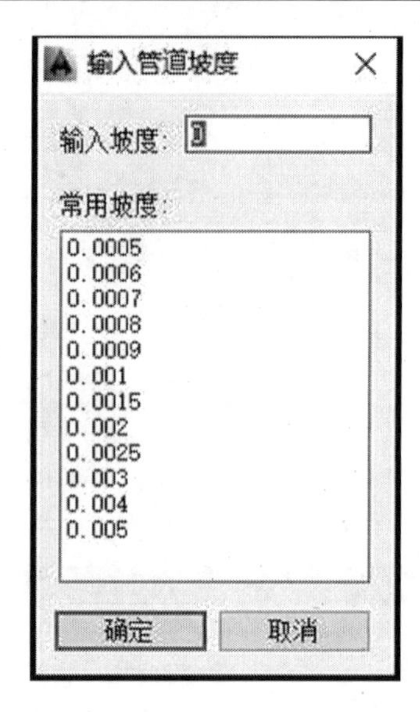

图 8.24 管道坡度的输入对话框

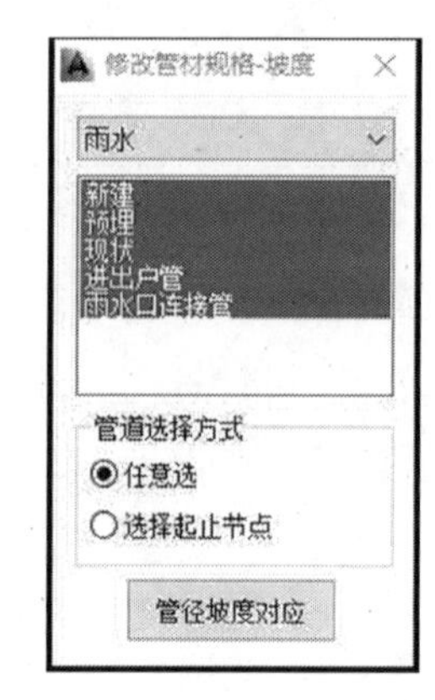

图 8.25 修改管材规格－坡度对话框

9. 定义节点地面标高

在软件中,地面的标高定义在节点上面,后续选择井标准图号、绘制选择断面和投影断面等功能均要求有节点地面标高。如果希望软件自动进行上述工作,定义节点地面标高是必须要做的。点击【定义节点地面标高】命令,系统弹出如图 8.26 所示对话框。

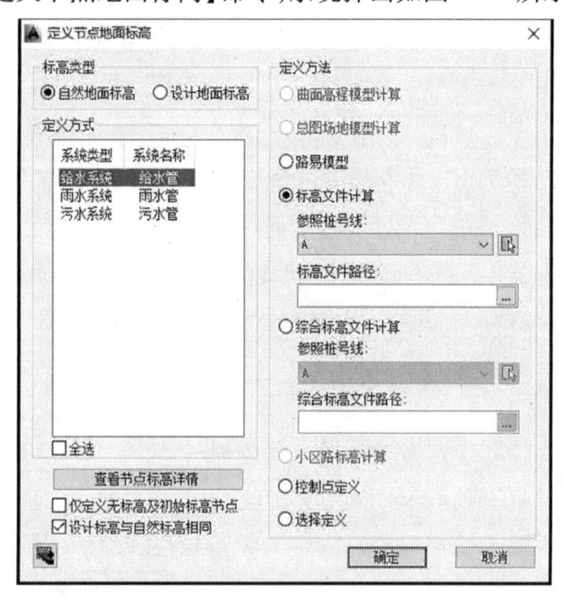

图 8.26 定义节点地面标高

10. 管道标高定义工具

【管中埋深定标高】:选择要定义的管道,根据提示输入管道中心的埋深,软件会提取管道端头连接的节点上定义的地面标高,推算出管道标高定义到图面上。采用该方式定义管高时,必须先定义节点地面标高,此方式仅限于非重力管道。

【管底埋深定标高】:"节点的设计地面标高 - 管底埋深 + 管内径/2"可确定管道的管中标高。采用该方式定义管高时,必须先定义节点地面标高,此方式仅限于非重力管道。

【管顶覆土定标高】:"节点的设计地面标高 - 覆土厚度 + 外径的/2"可确定管道的管中标高。采用该方式定义管高时,必须先定义节点地面标高,此方式仅限于非重力管道。

【输入管高】可通过直接输入或通过识别图面上的高程文字来定义管道标高,管道起点标高 = 管道终点标高 = 输入标高值。

11. 标注出图

【参照方向】:选择管道线上标注参照方向,包括桩号增大方向、桩号减小方向、0°水平方向和指定角度。

【管道系统】:选择当前标注的管道系统。

【选择方式】:如果选择标注方式是单选标注,则点选管道标注位置,直接在该位置显示标注内容。如果选择标注方式是组选标注,则框选需要标注的管道,以每一段管道的中心为标注插入位置。

【标注内容】:参考节点标注的相关内容。

【标注风格】:选择标注风格,每一种管道都可以选择不同的标注样式。

【标注方式】:选择当前标注的标注方式,分为引出平行与引出水平,此项设置只有在标注样式为管道线侧标注 2 或 3 时才能起作用。

【管道位置】:选择要标注管道所在的位置,分为任意、桩号线左侧和桩号线右侧。如果选择的是桩号线左侧,则软件只标注桩号线左侧的管道,反之软件只标注桩号线右侧的管道,如果选择的是任意则没有限制。

【标注位置】:选择在当前标注管道的上方或者下方标注内容,如果选择指定方式,则按照图面点取位置进行标注。

习题 8.5

根据图 8.7、8.12 绘制某市政管线施工图。

1. 绘图要求

(1)根据市政道路图纸绘制市政管线平面图及断面图。

(2)采用管径 DN500,管材为球墨铸铁管,接口形式为承插连接。

(3)供水管图层名称设置为"供水",供水管线型采用"CONTINUOUS",颜色选择"3 号"色型,线宽设置为 0.35;

(4)尺寸标注样式名为"CNBZ",其中文字样式名称设置为"XT",字体为"simplex",大字体选择"HZTXT",其他参数请按照国标相关要求进行设置。

2. 文件保存

将文件命名为"任务三",保存格式为. dwg。

第9章　识读道路工程施工图

道路是建筑在大地表面的带状构造物,它的中心线(简称中线)是一条空间曲线。道路具有狭长、高差大和弯曲多等特点。因此,道路工程施工图的表示方法与一般工程图不完全相同,有自己的一些特殊画法与规定。它用道路平面图作为平面图,道路纵断面图和路基横断面图分别代替立面图和侧面图,即道路工程图主要是由道路平面图、道路纵断面图和路基横断面图三部分组成。通过这三个图样来说明路线的平面位置、线形状况、沿线两侧一定范围内的地形和地物、纵断面的标高和坡度、路基宽度和边坡、土壤地质,以及沿线构造物的位置及其与路线的相互关系。道路平面图、道路纵断面图和路基横断面图都各自画在单独的图纸上,读图时可以相互对照。

9.1　识读道路平面图

道路平面图是绘有道路中线的地形图,通过它可以反映出路线的方位,平面线形(直线和左、右弯道),沿路线两侧一定范围内的地形、地物与路线的相互关系,以及构造物的平面位置,其内容包括地形和路线。可按下列顺序进行,读出如图9.1所示的信息。

1. 工程项目的基本情况

通过图签可知工程项目设计单位为××设计研究院,道路名称为××路,图纸为道路平面图,设计阶段为施工图阶段,图号为SD04,出图时间为2021年1月。

由图9.1中右上角标可知,该平面图共有1张图纸,设计从桩号K0+000到桩号K0+191.026。桩号K0+000中K后面的数字表示整公里,+号后面的数字表示不足整公里的米数,桩号K0+000意为沿着道路前进方向,起点处的桩号。

2. 识图路线平面图控制点

路中心线坐标表中可以看出各桩号K0+000的路中心X轴、Y轴坐标,在说明中采用坐标系为北京1954坐标系统。从表中可以看出,施工路段起点路中心线K0+000的坐标为$X=5\ 286\ 280.662$,$Y=487\ 273.394$,施工时,分别按坐标点进行定线施工。

3. 坐标网(或指北针方向)

通过坐标网或指北针确定工程的方位,从图9.1中可以看出正上方不是正北,指北针尖部为正北方向。

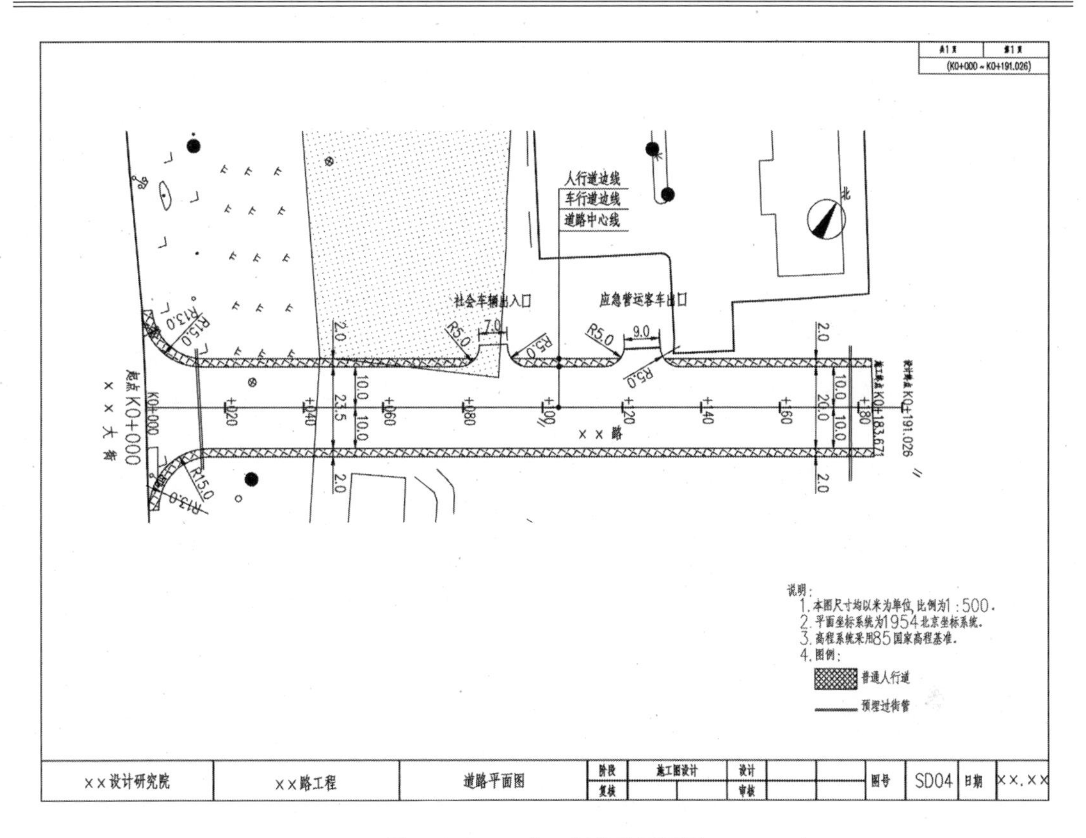

图9.1　××路工程道路平面图

4. 图纸比例

本图比例为1:500。

5. 道路平面走向、宽度

道路起点在××大街上的K0+000，设计终点为K0+191.026，施工终点为K0+183.671，全程车行道宽为20 m，人行道宽为2 m，在起点处的内外圆曲线半径R分别为13 m和15 m。

6. 交叉口

图9.1中共有2个交叉口，分别在K0+80和K0+120附近的社会车辆出入口和应急营运客车出入口，交叉口圆曲线半径R均为5 m。

7. 地面、地下构筑物

由图9.1可知地面无其他道路、铁路和河流交叉，地下有2条新建过路预埋过街管，分别在道路起点和终点附近，常见的平面图图例见图9.2所示。

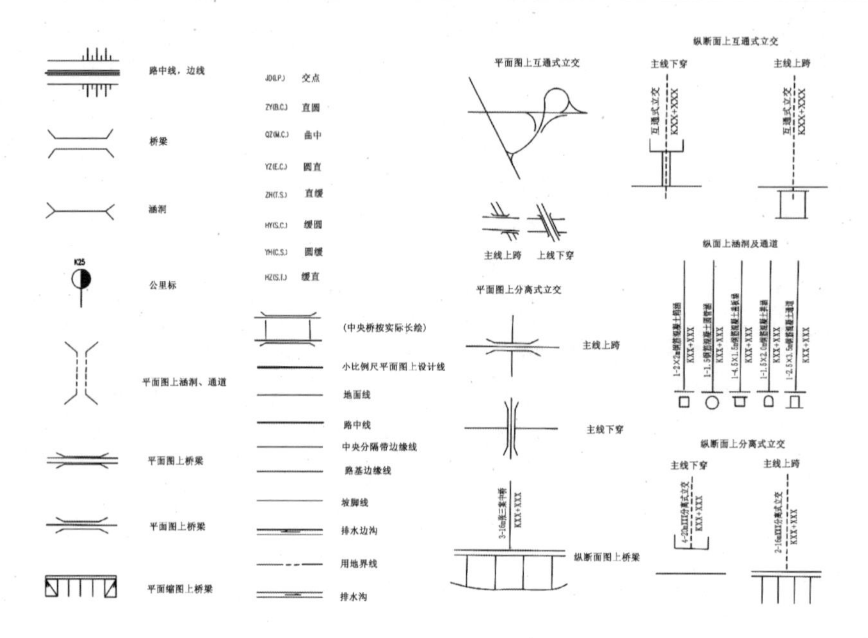

图9.2　常见的平面图图例

习题9.1

识读图9.3××路工程道路平面图，填写表9.1。

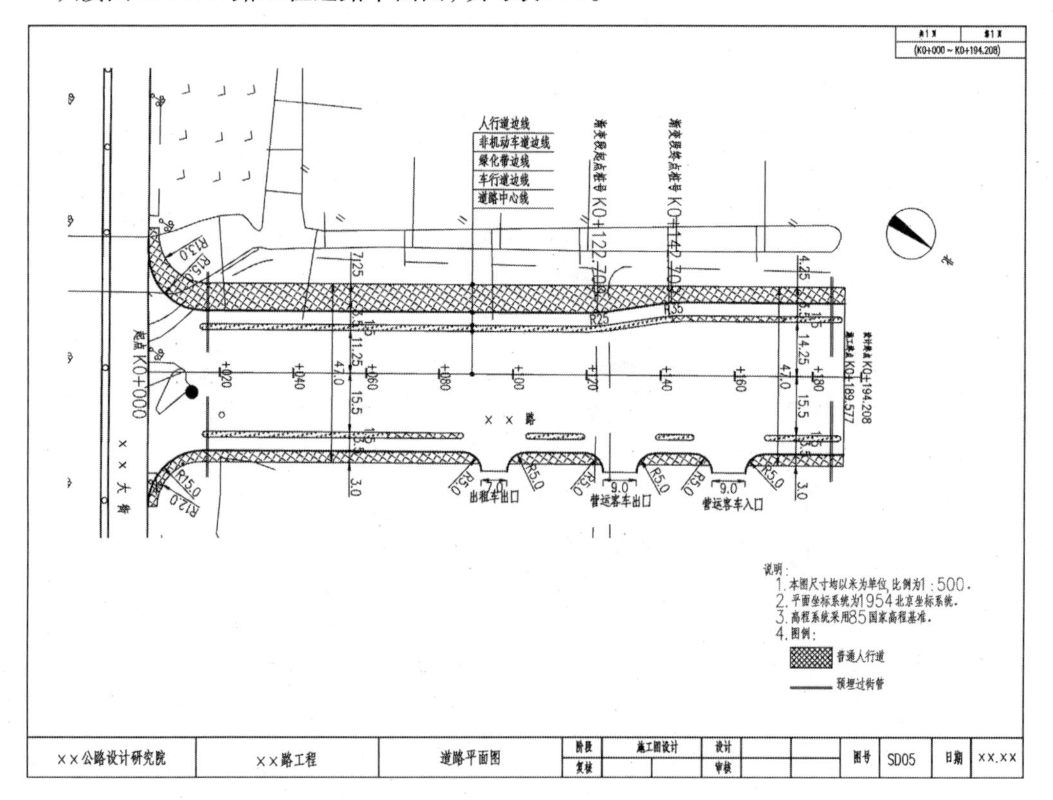

图9.3　××路工程道路平面图

表 9.1　××路工程道路平面图识读内容

序号	项目	内容	读图位置	备注
1	图名			
2	图号			
3	设计阶段			
4	施工桩号起止点			
5	K0 +000 坐标			
6	K0 +100 坐标			
7	图纸正上方方向			
8	图纸比例			
9	K0 +020 位置路总宽/m			
10	车行道宽/m			
11	非机动车道宽/m			
12	人行道宽/m			
13	出租车出口宽/m			

9.2　识读道路纵断面图

道路纵断面图主要反映道路沿纵向(即道路中心线前进方向)的设计高程变化、道路设计坡长和坡度、原地面标高、填挖方情况和平曲线要素等。在纵断面图中水平方向表示道路长度,垂直方向表示高程,一般垂直方向的比例按水平方向比例放大 10 倍,如水平方向为 1:1 000,则垂直方向为 1:100。图中粗实线表示路面设计高程线,反映道路中心高程;不规则细折线表示沿道路中心线的原地面线,根据中心桩号的地面高程连接而成,与设计路面线结合反映道路大致的填挖情况。道路纵断面图由高程标尺、图样和资料表三个部分组成,识读图 9.4 所示××路纵断面图,识读时要结合图 9.1,主要识读内容见表 9.2 所列,请补全表格内容。图 9.4 中方位角表示为 α,方位角是从某点的指北方向线起,按顺时针方向到目标方向线之间的水平夹角。

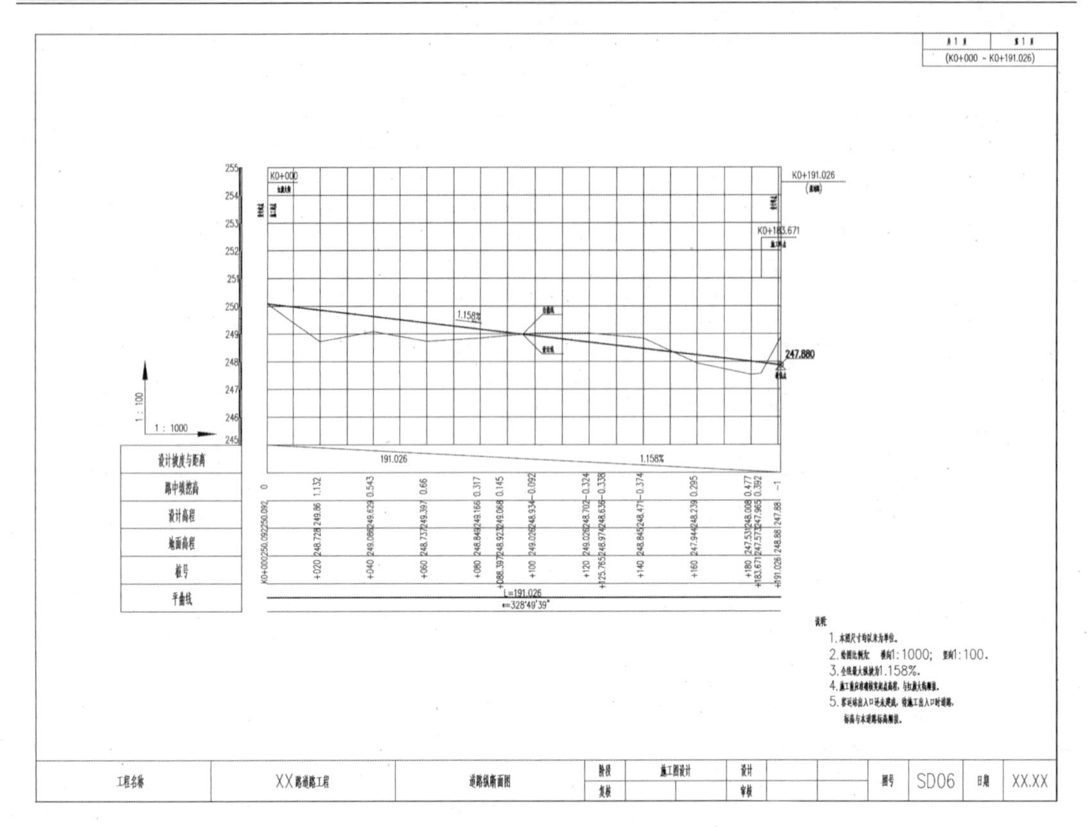

图 9.4 ××路纵断面图

表 9.2 ××路道路工程纵断面识读内容

序号	项目	内容	读图位置	备注
1	工程名称		图签	
2	图名			
3	设计阶段			
4	图号			
5	图纸总张数		右角标	
6	图中桩号范围			
7	纵向比例			
8	横向比例			
9	设计终点桩号			
10	施工终点桩号			
11	道路长度/m	191.026	测设数据表	
12	设计坡度			说明和测设数据表中均有
13	K0+020 位置填挖高/m	1.132		

续表 9.2

序号	项目	内容	读图位置	备注
14	K0 +020 设计高程/m	249.860		
15	K0 +020 地面高程/m	248.728		
16	K0 +120 位置填挖高/m			
17	K0 +120 设计高程/m			
18	K0 +120 地面高程/m			
19	K0 +160 位置填挖高/m			
20	K0 +160 设计高程/m			
21	K0 +160 地面高程/m			
22	方位角			

9.3　识读道路横断面图

城市道路横断面图一般用细点划线段表示道路中心线，用粗实线表示车行道、人行道，注明构造分层情况，并标明横向坡度。绿地、河 流、树木、灯杆等用相应的图例示出。在图中绘出红线宽度、车行道、人行道、绿化带、照明、新建或改建的地下管线等各组成部分的位置和宽度，并标注文字及必要的说明。

识读图 9.5 所示××路道路标准横断面图可知，此条道路为机非混行双幅断面形式，道路总宽为 24 m，单幅行车道宽分别为 3.75 m 和 3.5 m，非机动车道宽为 2.5 m，人行道宽为 2.0 m，挖方边坡为 1:1.0，填方边坡为 1:1.5。车道横向坡度由道路中心坡向路边，坡度为 1.5%，人行道横向坡度为 1.5%。

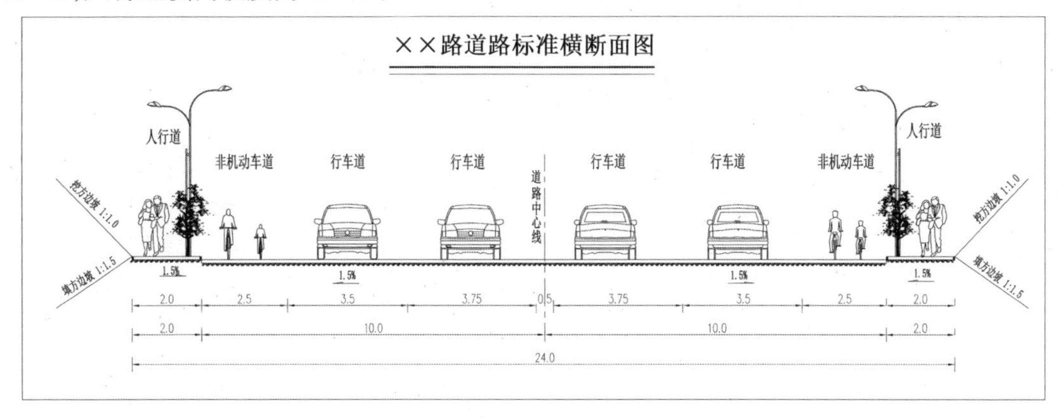

图 9.5　××路道路标准横断面图

习题 9.2

根据图 9.6 × ×路道路标准横断面图,填写表 9.3。

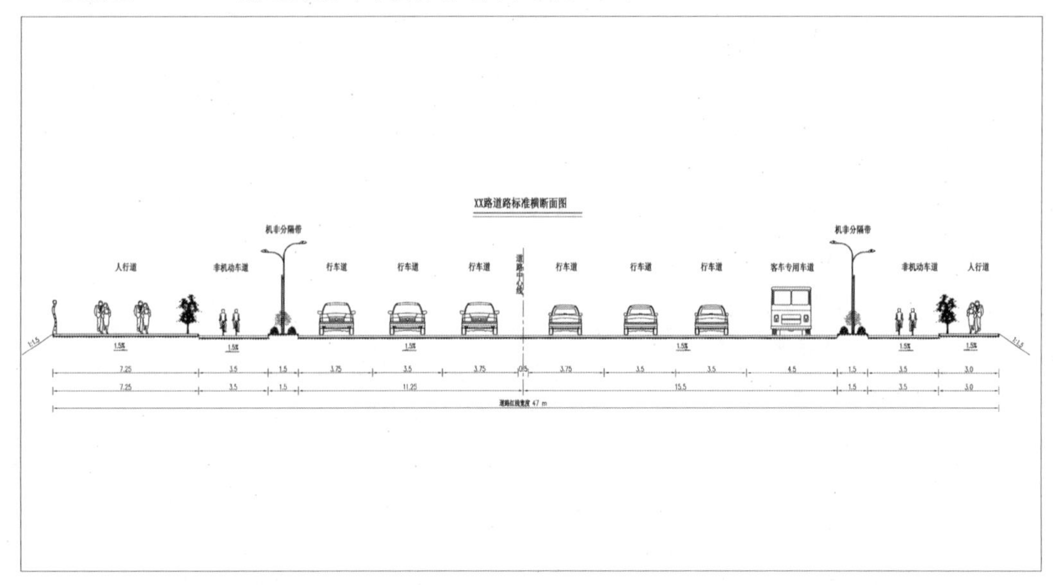

图 9.6 × ×路道路标准横断面图

表 9.3 × ×路道路标准横断面图识读内容

序号	项目	内容	读图位置	备注
1	道路总宽/m			
2	行车道数量			
3	客车专用车道数量			
4	非机动车道宽/m			
5	机非分隔带宽/m			
6	2 个人行道总宽度/m			
7	行车道坡度			

9.4 识读道路路基、路面结构图

路基是路面下用土或石料修筑而成的线形结构物,路基与路面共同承受行车荷载和自然力作用。如图 9.7 所示为路基处理图,图中分别在道路中心线两侧表达挖方路段、填方路段的路基的施工方案。

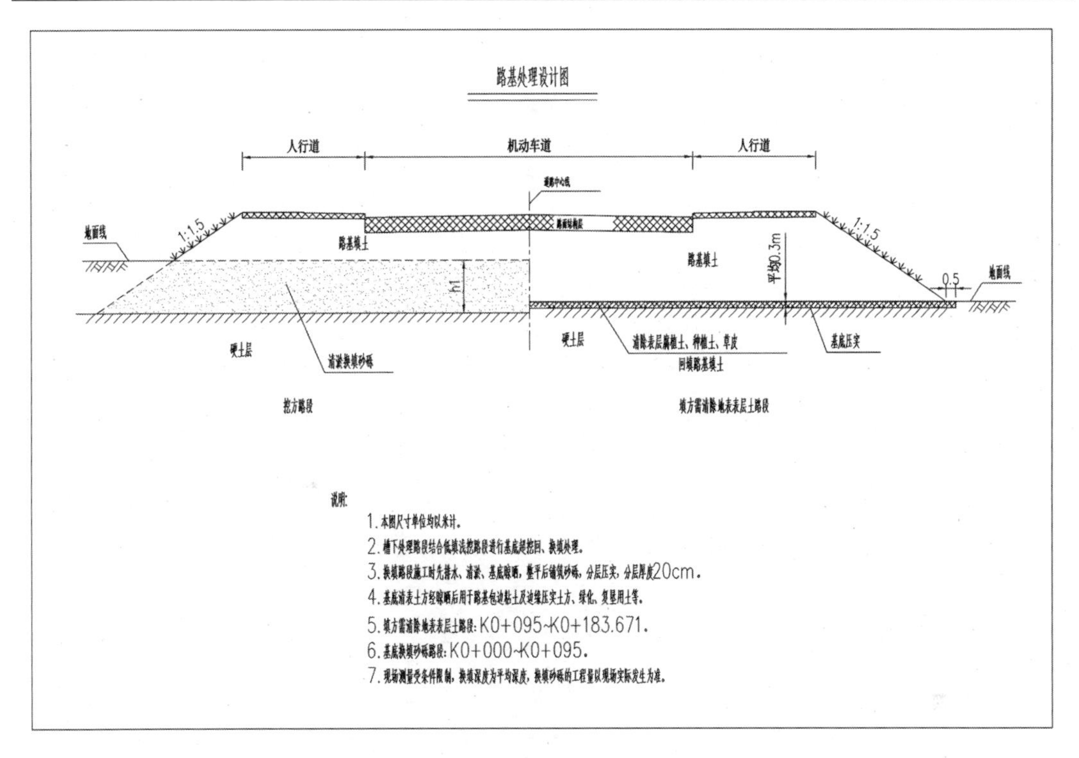

图9.7　路基处理图

路基边坡为1:1.5,左侧为挖方路段路基的结构,需清除地表表层土路段。挖方路段自下而上分别是硬土层、清淤填砂砾层和路基层。在长度方向基底换填砂路段为K0+000~K0+095,换填路段施工时先排水、清淤、基底晾晒,整平后铺筑砂砾,分层压实,分层厚度为0.2 m。右侧表示需清除地表表层土路段结构,自下而上分别是硬土层、腐殖土层、种植土层、草皮层、路基层,平均厚度为0.3 m,清除地表表层土路段桩号为K0+095~K0+183.671。

机动车道结构设计如图9.8所示,图中单位为cm,自下向上共分为5层,分别是天然砂砾20 cm、5%水泥稳定砂砾20 cm、6%水泥稳定砂砾20 cm、AC-25F粗粒式沥青混凝土7 cm和AC-16C中粒式沥青混凝土(改性沥青)5 cm。E_0土基回弹模量表征土基的承载能力大于等于30 MPa。

路边石采用机切花岗岩,尺寸为80 cm×35 cm×15 cm,有3 cm×3 cm倒角,伸出路面18 cm。路边石处结构自上向上分别为C15混凝土长为25 cm、高为12 cm+10 cm,M10水泥干拌砂长为15 cm、高为3 cm。

C15混凝土截面由矩形和直角梯形组成,矩形长为25 cm、宽为12 cm,直角梯形上底为5 cm,下底为10 m,高为10 cm,其总面积为$25\times12+(5+10)\times10/2=375(\text{cm}^2)$。

习题9.3

根据图9.9人行道结构设计图,填写表9.4。

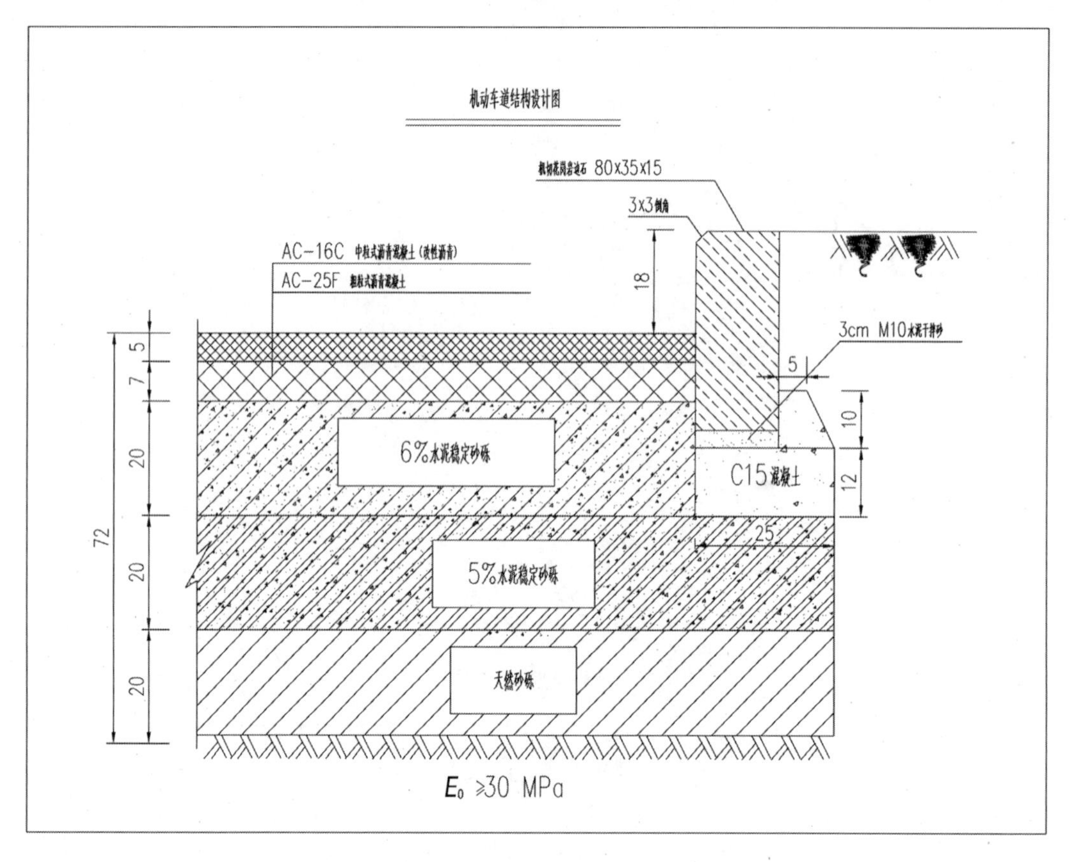

图 9.8 机动车道结构设计图

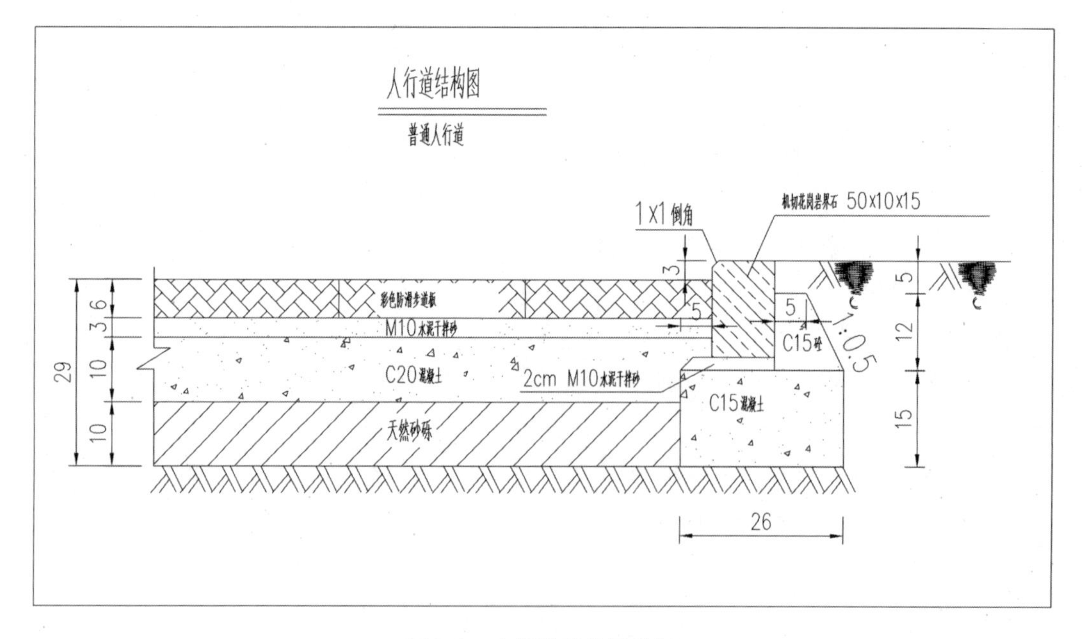

图 9.9 人行道结构设计图

表 9.4　人行道结构设计图内容识读

序号	项目	内容	读图位置	备注
1	人行道结构总厚度/cm			
2	天然砂砾层厚度/cm			
3	C20 混凝土厚度/cm			
4	M10 水泥干拌砂厚度/cm			
5	彩色防滑步道板厚度/cm			
6	界石材质及尺寸/cm			
7	C15 混凝土截面面积/cm^2			
8	M10 水泥干拌砂厚度/cm			
9	界石伸出路面高度/cm			

知识链接

在尧舜时代，道路曾被称为“康衢”。西周时期，人们曾把可通行三辆马车的地方称为“路”，可通行两辆马车的地方称为“道”，可通行一辆马车的地方称为“途”，“畛”是老牛车行的路，“径”是仅能走牛马的乡间小道。秦始皇统一中国后，“车同轨”，兴路政，最宽敞的道路，称为“驰道”，即天子驰车之道。唐朝时筑路五万里，称为“驿道”。后来，元朝将路称为“大道”，清朝将路称为“大路、小路”等。清朝末年，中国各省修建的现代交通道路，因当时主要是供汽车行驶就被称为“汽车路”了。交通道路的修筑，是供公共大众所使用的，是公共大众行驶的共用交通道路，所以人们就称之为“公路”，此名称比较确切合理，所以后来就统一称为“公路”了。

我国古代的道路，都是沙石或泥土路，还没有用沥青或水泥铺成的道路，我国最初的公路是 1908 年苏元春驻守广西南部边防时兴建的龙州—那堪公路，可惜没有全部完工。1913 年，湖南兴建了长约 50 千米的长沙到湘潭的公路，随着近代交通工具如火车、汽车的相继兴起，铁路、公路的不断开辟，我国古代的驿路交通系统终于完成了它的历史使命，逐渐趋于瓦解和废弃。

2020 年，我国公路总里程达到 519.81 万千米，在“十四五”时期，我国将新增公路通车里程 30.2 万千米。随着高速公路、城市道路、“村村通”道路的建设，中国的道路体系会更好为公众服务。

参考文献

[1] 陆耀庆. 实用供暖空调设计手册[M]. 北京:中国建筑工业出版社,1993.

[2] 贺平,孙刚. 供热工程[M]. 3 版. 北京:中国建筑工业出版社,2000.

[3] 王宇清. 供热工程[M]. 北京:中国建筑工业出版社,2018.

[4] 王宇清. 室内供暖工程施工[M]. 北京:中国建筑工业出版社,2021.

[5] 张悦,沈元勤给水排水设计手册:第 3 册[M]. 北京:中国建筑工业出版社,2017.

[6] 张悦,沈元勤给水排水设计手册:第 5 册[M]. 北京:中国建筑工业出版社,2017.